高职高专国家骨干院校
重点建设专业(机械类)核心课程“十二五”规划教材

AutoCAD 2008 实用教程

主　编　李　力　熊建强　彭卫东
副主编　郑志刚　曹昌林

合肥工业大学出版社

前　言

AutoCAD是由美国Autodesk公司推出的集二维绘图、三维设计、渲染及通用数据库管理和互联网通讯功能为一体的计算机辅助设计与绘图软件。自1982年推出以来，从初期的1.0版本，经多次典型版本更新和性能完善，现已发展到AutoCAD 2013。它功能强大、命令简捷、操作方便，不仅在机械、电子和建筑等工程设计领域得到了大规模的应用，而且在地理、气象、航海等其他领域也得到了广泛的应用。目前已成为微型计算机CAD系统中应用最为广泛的图形软件。

本书重点介绍了AutoCAD 2008中文版的基本内容、操作方法和应用实例。全书分为11章，主要包括AutoCAD 2008界面组成及基本操作，基本绘图环境，基本绘图命令，图形编辑命令，查询图形信息及图形显示，文本、表格、块及外部参照，尺寸标注，三维绘图基础，轴测图的绘制，图形输出及图形数据交换，设计中心与工具选项板，AutoCAD快捷命令的使用。

每章后面都附有思考与练习题，在每一章节中穿插了“应用举例”，旨在帮助学生理清基本概念、提高操作能力、满足理论教学与上机实践有机结合的要求。另外，我们结合教学实际，并根据工程图学的教学规律，设置了大型综合练习，体现了由零件图到装配图的绘制方法与步骤。相信通过这样的系统训练，读者一定会全面地了解AutoCAD知识，掌握图样的绘制过程，并从中领悟到AutoCAD的功能、特点和应用技巧。

本书由江西旅游商贸职业学院李力、江西渝州科技职业学院熊建强、广东工贸职业技术学院彭卫东任主编，江西陶瓷工艺美术职业技术学院郑志刚任副主编，江西旅游商贸职业学院曹昌林。参加本书编写的有李力（第1章、第2章、第3章）、熊建强（第4章、第7章）、彭卫东（第10章、第11章）、郑志刚（第5章、第6章）、曹昌林（第8章、第9章）。

本书由华东交通大学机电工程学院何柏林教授主审，在此表示衷心的感谢。

由于水平有限，加之时间仓促，书中错误及不妥之处在所难免，恳请广大读者批评指正。您可以通过电子邮件 liliecjtu@163. com 与我们联系。

编　者

目　录

第 1 章　AutoCAD 界面组成及基本操作

AutoCAD 是由美国 Autodesk 公司推出的，集二维绘图、三维设计、渲染及关联数据库管理和互联网通讯功能为一体的计算机辅助设计与绘图软件。自 1982 年推出以来，从初期的 1.0 版本，经多次典型版本更新和性能完善，现已发展到 AutoCAD 2013。其在机械、电子和建筑等工程设计领域得到了大规模的应用，目前已成为微型计算机 CAD 系统中应用最为广泛的图形软件。

AutoCAD 的主要功能如下：

1. 强大的二维绘图功能

AutoCAD 提供了一系列的二维图形绘制命令，可以方便地用各种方式绘制二维基本图形对象，如：点、直线、圆、圆弧、正多边形、椭圆、组合线、样条曲线等。并可对指定的封闭区域填充图案（如剖面线、非金属材料、涂黑、砖、砂石、渐变色填充等）。

2. 灵活的图形编辑功能

AutoCAD 提供了很强的图形编辑和修改功能，如：移动、旋转、缩放、延长、修剪、倒角、倒圆角、复制、阵列、镜像、删除等，可以灵活方便地对选定的图形对象进行编辑和修改。

3. 实用的辅助绘图功能

为了绘图的方便、规范和准确，AutoCAD 提供了多种绘图辅助工具，包括绘图区光标点的坐标显示、用户坐标系、栅格、捕捉、目标捕捉、自动捕捉、正交方式等功能。

4. 方便的尺寸标注功能

利用 AutoCAD 提供的尺寸标注功能，用户可以定义尺寸标注的样式，为绘制的图形标注尺寸、尺寸公差、几何形状和位置公差、注写中文和西文字体。

5. 显示控制功能

AutoCAD 提供了多种方法来显示和观看图形。“缩放”及“鹰眼”功能可改变当前视口中图形的视觉尺寸，以便清晰地观察图形的全部或某一局部的细节；“扫视” 功能相当于窗口不动，在窗口后上、下、左、右移动一张图纸，以便观看图形上的不同部分；“三维视图控制”功能能选择视点和投影方向，显示轴测图、透视图或平面视图，消除三维显示中的隐藏线，实现三维动态显示等；“多视窗控制”能将屏幕分成几个窗口，每个窗口可以单独进行各种显示并能定义独立的用户坐标系；重画或重新生成图形等。

6. 图层、颜色和线型设置管理功能

为了便于对图形的组织和管理，AutoCAD 提供了图层、颜色、线型、线宽及打印样式设置功能，可以对绘制的图形对象赋予不同的图层、用户喜欢的颜色、所要求的线型、线宽及打印控制等对象特性，并且图层可以被打开或关闭、冻结或解冻、锁定或解锁。

7. 图块和外部参照功能

为了提高绘图效率，AutoCAD 提供了图块和对非当前图形的外部参照功能，利用该功能，可以将需要重复使用的图形定义成图块，在需要时依不同的基点、比例、转角插入到新绘制的图形中，或将外部及局域网上的图形文件以外部参照的方式链接到当前图形中。

8. 三维实体造型功能

AutoCAD 提供了多种三维绘图命令，如创建长方体、圆柱体、球、圆锥、圆环、楔形体等，以及将平面图形经回转和平移分别生成回转扫描体和平移扫描体等，通过对立体间进行交、并、差等布尔运算，可以进一步生成更为复杂的形体。AutoCAD 提供的三维实体编辑功能可以完成对实体的多种编辑，如：倒角、倒圆角、生成剖面图和剖视图等。实体的查询功能可以方便地自动完成三维实体的质量、体积、质心、惯性矩等物性计算。此外，借助对三维图形的消隐或阴影处理，可以帮助增强三维显示效果。若为三维造型设置光源、并赋以材质，经渲染处理后，可获得像照片一样非常逼真的三维效果图。

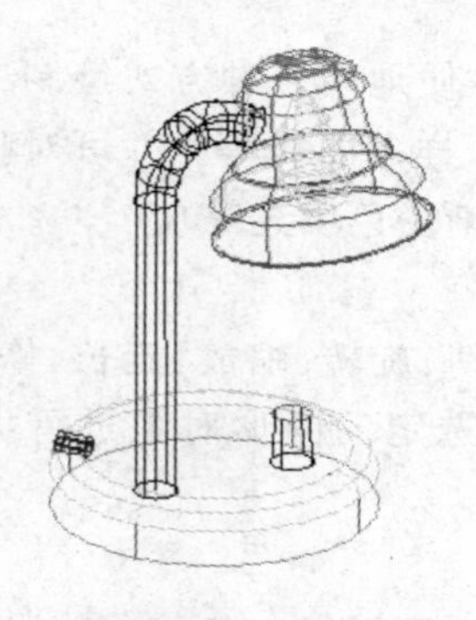

绘制的“台灯”三维图形

渲染生成的“台灯”三维真实感效果图

9. 幻灯演示和批量执行命令功能

在 AutoCAD 下可以将图形的某些显示画面生成幻灯片，以供对其进行快速显示和演播。可以建立脚本文件，如同 DOS 系统下的批处理文件一样，自动地执行在脚本文件中预定义的一组 AutoCAD 命令及其选项和参数序列，从而提高绘图的自动化成分。

10. 用户定制功能

AutoCAD 本身是一个通用的绘图软件，不针对某个行业、专业和领域，但其提供了多种用户化定制途径和工具，允许将其改造为一个适用于某一行业、专业或领域并满足用户个人习惯和喜好的专用设计和绘图系统。可以定制的内容包括：为 AutoCAD 的内部命令定义用户便于记忆和使用的命令别名、建立满足用户特殊需要的线型和填充图案、重组或修改系统菜单和工具栏、通过形文件建立用户符号库和特殊字体等。

11. 数据交换功能

在图形数据交换方面，AutoCAD 提供了多种图形图像数据交换格式和相应的命令，通过DXF、IGES等规范的图形数据转换接口，可以与其他CAD系统或应用程序进行数据交换。利用Windows环境的剪贴板和对象链接嵌入技术，可以极为方便地与其他Windows应用程序交换数据。此外，还可以直接对光栅图像进行插入和编辑。

12. 连接外部数据库

AutoCAD能够将图形中的对象与存储在外部数据库(如dBASE、ORACLE、Microsoft Access、SQL Server等)中的非图形信息连接起来，从而能够减小图形的大小、简化报表并可编辑外部数据库。这一功能特别有利于大型项目的协同设计工作。

13. 用户二次开发功能

AutoCAD提供有多种编程接口，支持用户使用内嵌或外部编程语言对其进行二次开发，以扩充AutoCAD的系统功能。可以使用的开发语言包括：AutoLISP、Visual Lisp、Visual C＋＋(ObjectARX)和Visual BASIC(VBA)等。

14. 网络支持功能

利用AutoCAD绘制的图形，可以在Internet/Intranet上进行图形的发布、访问及存取，为异地设计小组的网上协同工作提供了强有力的支持。

15. 图形输出功能

在AutoCAD中可以以任意比例将所绘图形的全部或部分输出到图纸或文件中，从而获得图形的硬拷贝或电子拷贝。

16. 完善而友好的帮助功能

AutoCAD提供了方便的在线帮助功能，可以指导用户进行相关的使用和操作，并帮助解决软件使用中遇到的各种技术问题。

1.1　AutoCAD 2008的安装与启动

随着软件的不断更新，安装AutoCAD 2008已经变得很容易。只要根据计算机的提示，输入数据和单击按钮就可以完成。下面就安装软件所需的系统配置、软件安装作一个简单的介绍。

1.1.1　安装软件所需的系统配置

AutoCAD所进行的大部分为制图操作，对系统的要求很高。下面列出了运行AUOTCAD2008所需的最低软件和硬件要求：

(1)Pentium(r)Ⅲ以上，或兼容处理器；

(2)1024×768真彩色显示器，建议使用1280×1024或更高配置；

(3)CD－ROM驱动器；

(4)Windows支持的显示卡；

(5)256MB内存，建议使用512MB；

(6)300MB剩余硬盘空间；

(7)鼠标、轨迹球或其他定点设备；

(8)Windows NT 4.0 或更高版本、Windows 2000、Windows XP Professional 等；

(9)可选硬件包括：打印机或绘图仪、数字化仪、串口或并口、网络卡、调制解调器或其他访问 Internet 的连接设备。

1.1.2 软件的安装

在安装 AutoCAD 2008 之前，请关闭所有正在运行的应用程序。要确保关闭了所有杀毒软件，将 AutoCAD 2008 的安装盘插入 CD－ROM 驱动器，稍后即可出现 AutoCAD 2008 的安装界面。

安装时屏幕上将显示安装向导，用户在它的引导下即可完成操作。如图 1-1 所示为简体中文 AutoCAD 2008，单击它的"安装产品"文本链接，即可进入该软件的安装向导，在它的引导下即可完成安装操作。

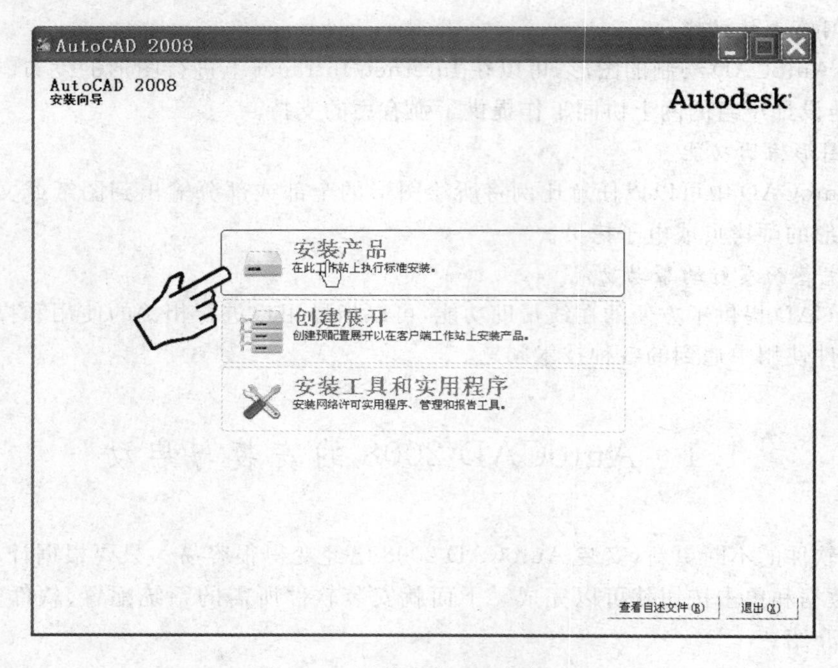

图 1-1　屏幕上将显示安装向导

1.1.3 启动 AutoCAD 2008

启动 AuctoCAD2008 的方法很多，下面介绍几种常用的方法：

(1)在 windows 桌面上双击 AutoCAD 2008 中文版快捷图标。

(2)单击 Windows 桌面左下角的"开始"按钮，在弹出的菜单中选择"程序"→"Autodesk"→"AutoCAD 2008－Simplified Chinese"→"AutoCAD 2008"。

(3)双击已经存盘的任意一个 AutoCAD 图形文件(＊.dwg 文件)。

安装这个软件后，用户按启动 Windows 应用程序的方法启动它，屏幕上将显示一个介绍新功能的对话框，用户打开它的"以后再说"单选按钮，然后单击"确定"按钮如图 1-

2 所示，即可看到这个软件的“二维草图与注释”工作空间，本书将由此开始讲述应用这个软件的操作步骤。

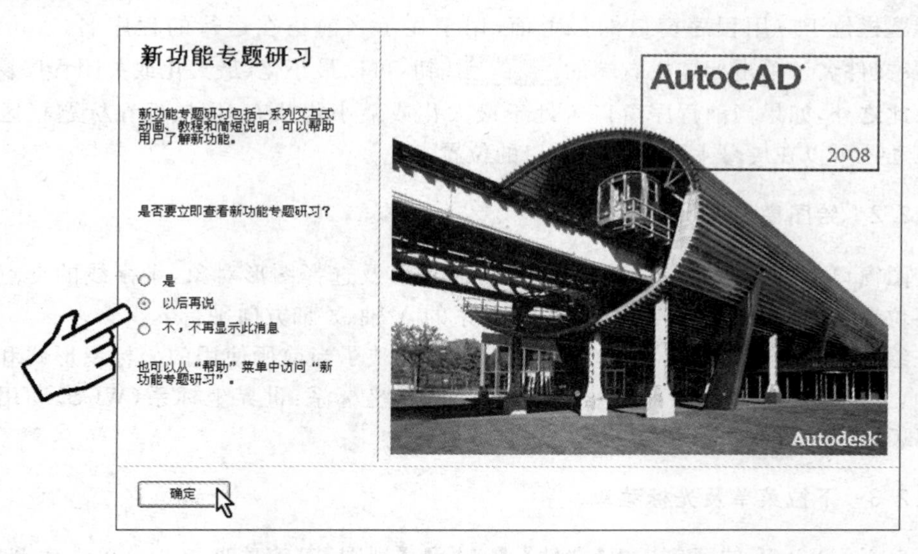

图 1-2　“以后再说”选项

1.2　AutoCAD 2008 用户界面

启动 AutoCAD 2008 后，其用户界面如图 1-3 所示，主要由标题栏、绘图窗口、菜单栏、工具栏、命令提示窗口、滚动条和状态栏等组成，下面分别介绍各部分的功能。

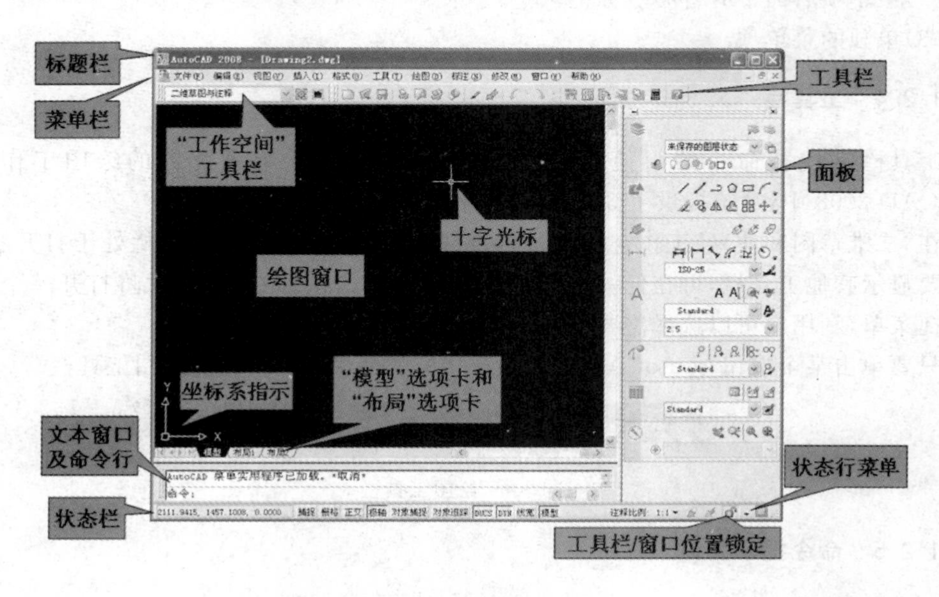

图 1-3　用户界面

1.2.1 标题栏

标题栏位于应用程序窗口的最上面，用于显示当前正在运行的程序名（AutoCAD 2008）及文件名。单击标题栏右端的按钮，可以最小化、最大化或关闭程序窗口。

除此之外，如果当前程序窗口未处于最大化或最小化状态，用鼠标在标题栏区域单击并拖动还可以在屏幕上移动程序窗口的位置。

1.2.2 绘图窗口

绘图窗口中的光标为十字光标，用于绘制图形及选择图形对象，十字线的交点为光标当前位置，十字线的方向与当前用户坐标系的 X 轴、Y 轴方向平行。

在绘图窗口的左下角有一个坐标系图标，它反映了当前所使用的坐标系形式和坐标系方向。在 AutoCAD 中绘制图形，可以采用两种坐标系：世界坐标系（WCS）和用户坐标系（UCS）。

1.2.3 下拉菜单及光标菜单

AutoCAD 2008 的菜单栏由【文件】、【编辑】、【视图】等菜单项组成。单击主菜单项，可弹出相应的子菜单（又称下拉菜单）。

除菜单栏外，在绘图区域、工具栏、面板、工具选项板、状态栏、模型与布局选项卡等位置单击鼠标右键，还将弹出相应的快捷菜单。该菜单中的菜单项与 AutoCAD 当前状态相关，使用它们可以快速完成某些操作。

AutoCAD 在执行相应的命令时。AutoCAD 菜单选项有以下 3 种形式：

（1）菜单项后面带有三角形标记。

（2）菜单项后面带有省略号标记“…”。

（3）单独的菜单项。

1.2.4 工具栏

工具栏是代替命令的简便工具，使用它们可以完成绝大部分的绘图工作。在 AutoCAD 2008 中，系统提供了 30 多个工具栏。

在“二维草图和注释”工作空间下，“标准注释”和“工作空间”工具栏处于打开状态。如果要显示其他工具栏，可在任一打开的工具栏中单击鼠标右键，这时将打开一个工具栏快捷菜单，利用它可以选择需要打开的工具栏。

只要单击某个按钮，AutoCAD 将会执行相应的命令，图 1-4 为绘图工具栏。

图 1-4 绘图工具栏

1.2.5 命令提示窗口

文本窗口是记录曾经执行的 AutoCAD 命令的窗口，它是放大的命令行窗口。可通过按【F2】键、选择【视图】>【显示】>【文本窗口】菜单，或者在命令行中输入 TEXTSCR 命令来打开它 。

命令提示窗口在 AutoCAD 绘图窗口和状态栏的中间。命令行是 AutoCAD 与用户进行交互对话的地方，它用于显示系统的信息以及用户输入信息，如图 1－5 所示。

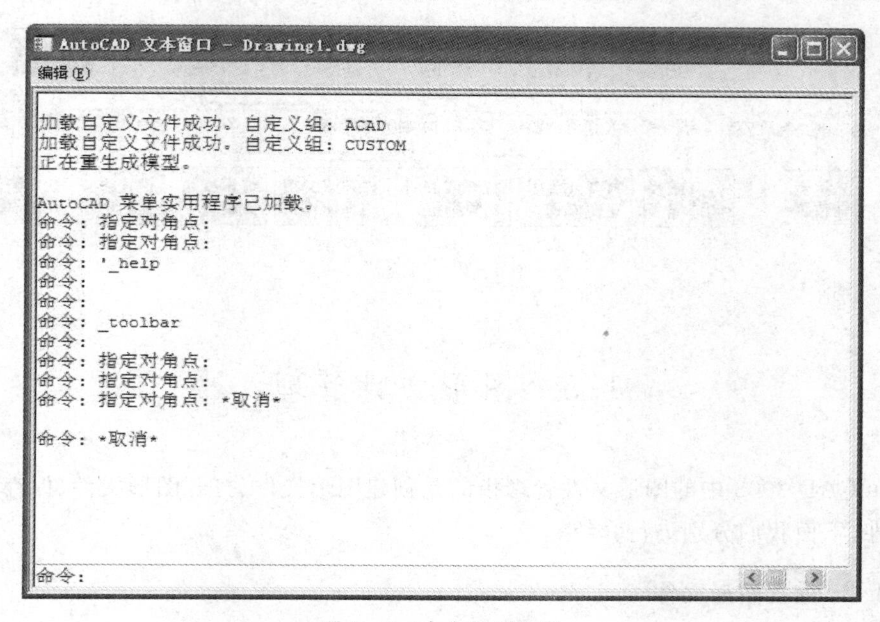

图 1－5　命令提示窗口

1.2.6　滚动条

在 AutoCAD 2008 中，用户可以同时打开多个绘图窗口，其中每个窗口的右边及底边都有滚动条。拖动滚动条上的滑块或单击两端的三角形箭头就可以使绘图窗口中的图形沿水平或垂直方向滚动显示，如图 1－6 所示。

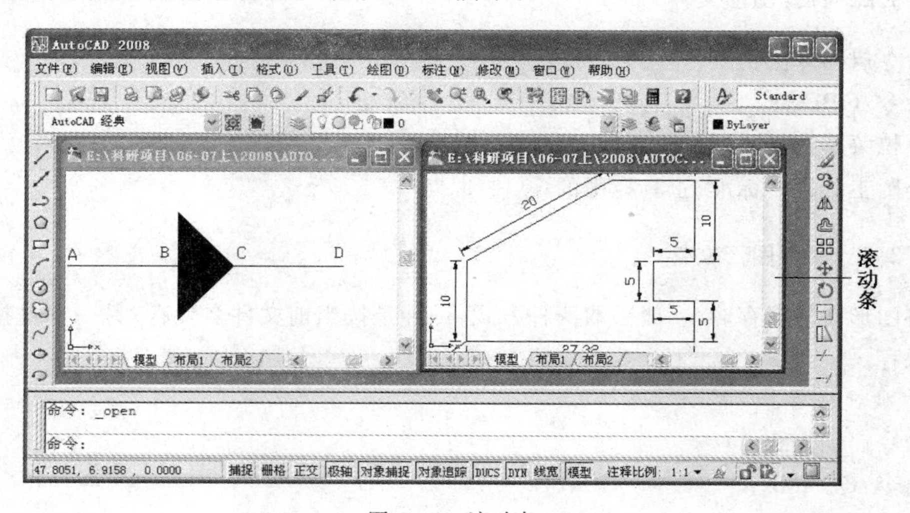

图 1－6　滚动条

1.2.7 状态栏

状态栏位于用户界面的最下方，主要用于显示当前光标的位置，并包含了一组捕捉、栅格、正交、极轴、对象捕捉、对象追踪等开关。如图 1－7 所示。

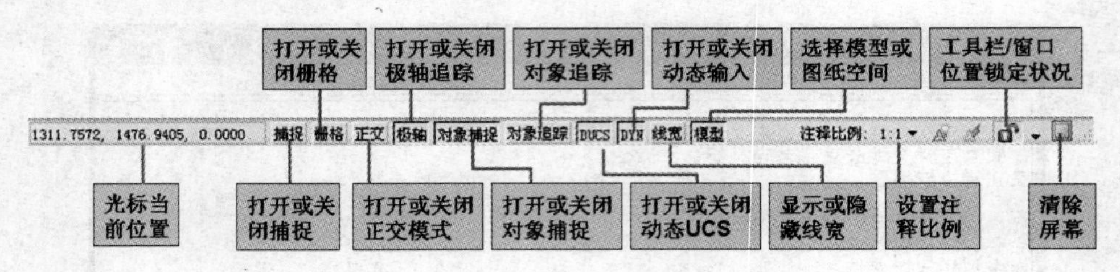

图 1－7 状态栏

1.3 图形文件管理

AutoCAD 2008 中的图形文件管理指的是创建图形文件、打开图形文件、保存文件和关闭文件，下面我们分别进行介绍。

1.3.1 建立图形文件

命令启动方法：

命令：NEW；

下拉菜单：文件→新建；

绘图工具栏："标准"工具栏中的按钮。

1.3.2 打开图形文件

命令启动方法：

命令：OPEN；

下拉菜单：文件→打开；

绘图工具栏："标准"工具栏中的按钮。

1.3.3 保存图形文件

将图形文件保存时，一般采取两种方式：一种是按当前文件名保存；另一种是按新文件名保存。

1. 快速保存

命令启动方法：

命令：QSAVE；

下拉菜单：文件→保存；

绘图工具栏:"标准"工具栏中的按钮。

2. 另存文件

命令启动方法:

命令:SAVEAS;

下拉菜单:文件→另存为。

1.3.4　关闭图形文件

由于 AutoCAD 从 2000 版开始支持多文档环境,因此提供了"close"命令来关闭当前的图形文件,而不影响其他已打开的文件。

命令启动方法:

命令行:close;

菜单:文件→关闭。

1.4　基本操作

在本节中将介绍 AutoCAD 的一些基本操作,如启动与撤销命令、缩放以及移动图形等。这些知识都是 AutoCAD 中绘图的一些基本知识,用户应当首先掌握。

1.4.1　撤销和重复命令

在 AutoCAD 中,当执行某一个命令时,可以随时使用 ESC 键来终止该命令,此时,AutoCAD 又回到了命令行。而在绘图过程中,经常要重复使用某个命令,重复使用命令的方法就是直接按下 ENTER 键。

1.4.2　取消操作

在使用 AutoCAD 绘图的过程中,不可避免的会出现错误,如果要修正这些错误,可使用 UNDO 命令或单击标准工具栏中的按钮。如果想取消前面执行的多个操作,可反复使用 UNDO 命令或反复单击按钮。

1.4.3　快速缩放及移动图形

AutoCAD 的图形缩放及移动是很完善的,使用起来也很方便。绘图时,我们经常使用标准工具栏上的(按住鼠标中键拖动不放)和(滚动鼠标中键)按钮来完成这两项功能。

(1)通过按钮缩放图形;

(2)通过按钮平移图形。

1.5 AutoCAD 坐标系统

AutoCAD系统在确定某点位置时使用坐标系统，AutoCAD系统提供了两种坐标系统。

1.5.1 笛卡尔坐标系

AutoCAD系统是采用笛卡尔坐标系来确定点的位置的，用X、Y、Z表示三个坐标轴，坐标原点(0,0,0)位于绘图区的左下角，X轴的正向为水平向右，Y轴的正向为垂直向上，Z轴的正向为垂直屏幕指向外侧。用(X,Y,Z)坐标表示一个空间点，在二维平面作图时，用(X,Y)坐标表示一个平面点。在AutoCAD系统中的世界坐标系(World Coordinate System—WCS)与笛卡尔坐标系是相同的。它是恒定不变的，一般称为通用坐标系。

1.5.2 用户坐标系

用户在通用坐标系中，按照需要定义的任意坐标系统，称为用户坐标系(User Coordinate System—UCS)。这种坐标系统在通用坐标系统内任意一点上，可以以任意角度旋转或倾斜其坐标轴。该坐标系的坐标轴符合右手定则，它在三维图形中应用十分广泛。

1.5.3 坐标系右手定则

AutoCAD坐标系统的坐标轴方向和旋转角度方向是用右手定则来定义的。规定如下：

(1)坐标轴方向定义。伸出右手，沿大拇指方向为X轴的正方向，沿食指方向为Y轴的正方向，沿中指方向为Z轴正方向。

(2)角度旋转方向定义。当坐标系统绕某一坐标轴旋转时，用右手“握住”旋转轴且使大拇指指向该坐标轴的正向，四指弯曲的方向就是绕坐标旋转的正旋转角方向。

1.6 命令的输入方法

在AutoCAD系统操作时，都是通过输入不同的命令来实现的。AutoCAD系统提供了多种命令的输入方法。

1. 键盘输入

在命令提示区出现“命令:”提示时(在命令执行过程中，如果按“ESC”键，则可中断命令，返回到“命令:”状态)，用键盘输入命令英文名，然后按回车键，执行该命令。

AutoCAD系统中的一些命令可以省略输入，即输入命令的第一个英文字母即可。

2. 菜单输入

(1)下拉菜单。在下拉菜单中，用光标拾取命令，完成命令的输入。

(2)右键菜单。将光标放置在绘图区内任意位置，单击鼠标右键，弹出一个与当前操作状态相关的快捷菜单，选择相应选项，完成命令的输入。

(3)图形输入板菜单输入。可用 AutoCAD 系统中提供的标准的 ACAD 图形输入板菜单，即 AutoCAD 全部命令都印在一张菜单上，可用触笔或游标指在某一菜单项上，按下拾取键，完成命令输入。

(4)按钮菜单输入。如果所用的定标器有多个按钮，则除了指定的拾取按钮外，还可使用其他按钮设置对应常用命令，当按下某一按钮时，就可执行相应的命令。

3. 工具条输入

在工具条中，用光标点取工具条命令图标按钮，完成命令输入。

4. 自动完成功能输入

在命令提示中，可输入系统变量或命令的前几个字母，然后按 Tab 键循环显示所有的有效命令，查找需要的命令，回车完成命令的输入。

5. 命令的重复

在命令输入过程中，当完成一个命令的操作后，接着在命令提示符再现后，再按一下空格键或回车键，就可以重复刚刚执行的命令。

6. 嵌套命令的输入

嵌套(或称透明)命令是一种允许在一条命令运行中间执行另外一条命令。当执行完一条嵌套命令后，又继续执行被中断的原命令。输入嵌套命令的方法是在该命令名前加一个撇号(′)。

(1)使用方法。例如，在 LINE 命令的执行过程中，使用嵌套 ZOOM 命令，其操作过程如下：

命令：LINE↓

指定下一点或[放弃(U)]：
指定下一点或[放弃(U)]：
指定下一点或[闭合/放弃(U)]：
指定下一点或[闭合/放弃(U)]：′ZOOM↓
》指定窗口角点，输入比例因子(nX or nXP)，或者[全部(A)/中心(C)/动态(D)/范围(E)/上一个(P)/比例(S)/窗口(W)/对象(O)]〈实时〉：W↓
》指定第一角点：(输入窗口第一角点）》；指定对角点：(输入窗口第二个角点)
正在执行恢复 LINE 命令。

(2)说明。在 AutoCAD 命令列表清单中，只有前面带撇号(′)的命令才能作为嵌套(或称透明)命令使用；当系统要求输入文本时，则不允许使用嵌套命令；不允许同时执行两条或两条以上的嵌套命令；不允许与使用的命令同名的嵌套命令。

1.7　数据的输入方法

AutoCAD 系统中执行一个命令时，通常还需要为命令的执行提供附加信息，如坐标点、数值和角度等。

在数据输入时，可以使用下列字符：

+ － 0 1 2 3 4 5 6 7 8 9 E″。

即正、负号（＋、－），字母 E，英文双引号（″）、单引号（′）、句号（。）。

下面介绍几种有关数据的输入方法。

1.7.1 点坐标的输入

当在“命令：”后出现提示“指定点”时，需要输入某个点坐标。可用不同的方式输入点坐标。

1．绝对坐标输入

绝对坐标是指相对于当前坐标系原点的坐标。当以绝对坐标的形式输入一个点时，可以采用直角坐标、极坐标、球面坐标和柱面坐标的方式实现。

2．相对坐标输入

相对坐标是指给定点相对于前一个已知点的坐标增量。相对坐标也有直角坐标、极坐标、球面坐标和柱面坐标四种方式，输入格式与绝对坐标相同，但要在相对坐标的前面加上符号“@”。例如，已知前一点的坐标为(10,13,8)，如果在点输入提示时，输入：@3，－4,2，则等于输入该点的绝对坐标为(13,9,10)。

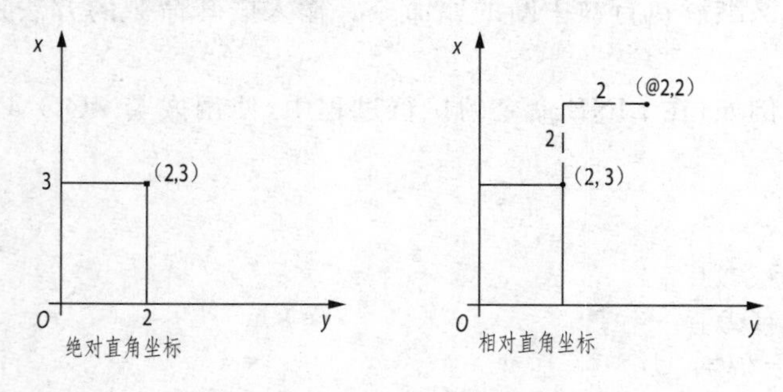

图 1－8　直角坐标

(1)直角坐标。用直角坐标系中的 X、Y、Z 坐标值，即(X,Y,Z)表示一个点。在键盘上按顺序直接输入数值，各数之间用英文逗号(,)隔开。二维点可直接输入(X,Y)的数值，如图 1－8 所示。例如：某点的 X 轴坐标为 2、Y 轴坐标为 3、，则该点的直角坐标的输入格式为：2,3。

(2)极坐标输入。对于一个二维点的输入，也可以采用极坐标输入。极坐标是通过输入某点距当前坐标系原点的距离及他在 XOY 平面中该点与坐标原点的连线与 X 轴正向的夹角来确定该点的位置，其形式为“距离＜角度”，如图 1－9 所示。例如：某点与原点的距离为 15、与 X 轴的正向夹角为 30°，则该点的极坐标的输入格式为：5＜30，@3＜80。

(3)球面坐标输入。对于一个空间三维输入时，可以采用球面坐标输入。空间三维点的球面坐标表达形式为：空间点距当前坐标系原点的距离、该点在 XOY 平面的投影同坐标系原点的连线与 X 轴正向的夹角，以及该点与 XOY 坐标平面的夹角，同时三者之间用“＜”号隔开，如图 1－10 所示。例如：某点与原点的距离为 15、在 XOY 平面上与 X 轴

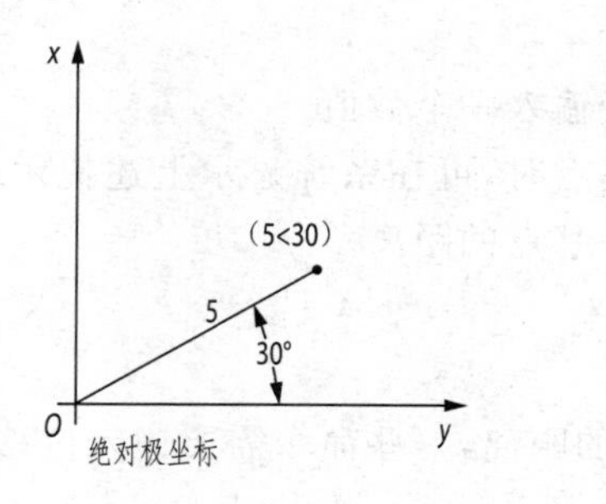

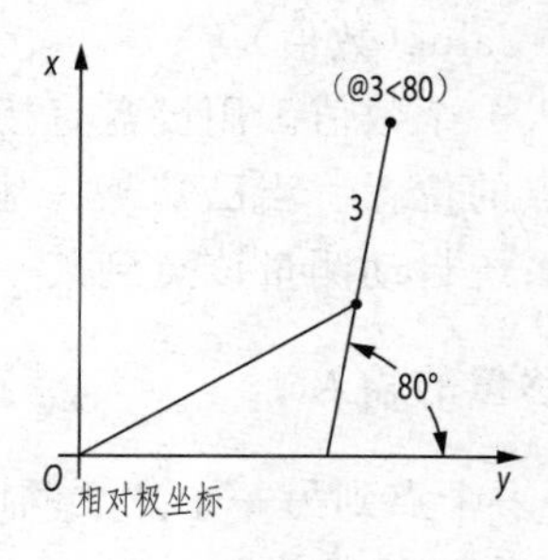

图 1-9　极坐标

的正向夹角为 45°，与 *XOY* 平面的夹角为 40°，则该点球面坐标的输入格式为：15<45<40。

(4)柱面坐标。对于一个空间三维点输入时，也可以采用柱面坐标输入。空间三维点的柱面坐标表达形式为：空间点距当前坐标系原点的距离、该点在 *XOY* 平面的投影同坐标系原点的连线与 *X* 轴正向的夹角，以及该点的 *Z* 坐标轴。距离与角度值之间用"<"号隔开，角度值与 *Z* 坐标值之间以英文逗号(,)隔开，如图 1-11 所示。例如：某点与原点的距离为 10、在 *XOY* 平面上与 *X* 轴的正向为 45°，该点的 *Z* 坐标轴值为 15，则该点的柱面坐标的输入格式为：10<45,30。

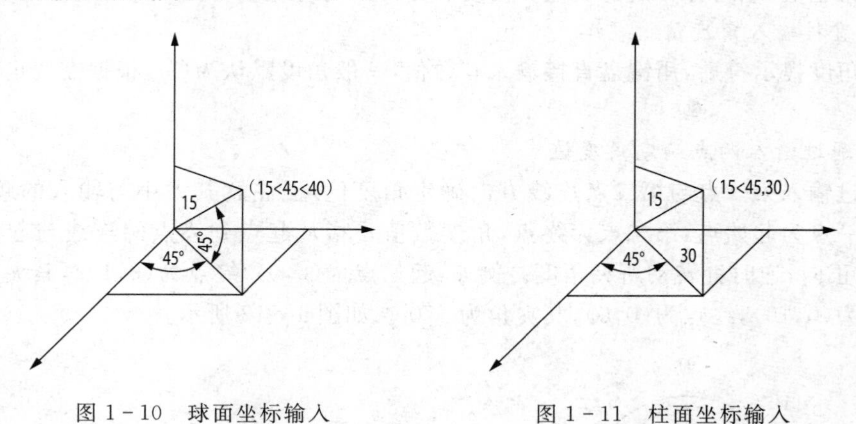

图 1-10　球面坐标输入　　　　图 1-11　柱面坐标输入

3. 用光标直接输入

移动光标到某一位置后，按下左键，就输入了光标所处位置点的坐标。

4. 目标捕捉输入

可用目标捕捉方式输入一些特殊点。

5. 直接距离输入

对于二维点，通过移动光标指定方向，然后直接输入距离，即完成该点坐标输入。

1.7.2　距离的输入

在 AutoCAD 系统中，许多提示符后面要求输入距离的数值，如：Height(高)、Column(列)、Width(宽)、Row(行)、Radius(半径)、Column Distance(列距)、Row

Distance(行距)、Value(数值)等。

(1)直接输入一个数值。用键盘直接输入一个数值。

(2)指定一点的位置。当已知某一基点时,可在系统显示上述提示时,指定另外一点的位置。这时,系统自动测量该点到某一基点的距离。

1.7.3 位移量的输入

位移量是从一个点到另一个点之间的距离,一些命令需要输入位移量。

1. 从键盘上输入位移量

输入两个位置点的坐标,这两点的坐标差即为位移量;输入一个点的坐标,用该点的坐标作为位移量。

2. 用光标确定位移量

在提示符下,用光标拾取一点,此时移动光标时,屏幕上出现与拾取点连接的一橡皮筋线,并出现提示符,此时用光标拾取另一点,则两点间的距离即为位移量。

1.7.4 角度的输入

当出现输入角度提示符时,需要输入角度值。一般规定,X 轴的正向为0°方向,逆时针方向为正值,顺时针方向为负值。角度和方向的对应关系如图 1-12 所示。

1. 直接输入角度值

在角度提示符后,用键盘直接输入其数值,一般角度默认为(°),根据需要也可设置为弧度。

2. 通过输入两点确定角度值

通过输入第一点与第二点连线方向确定角度值,但注意其大小与输入的顺序有关。规定第一点为起始点,第二点为终点,角度数值是指从起点到终点的连线与起点为原点的 X 轴正向,逆时针转动所夹角度。例如,起始点为(0,0),终点为(0,10),其夹角为 90°;起始点为(0,10),终点为(0,0),其夹角为 270°。如图 1-13 所示。

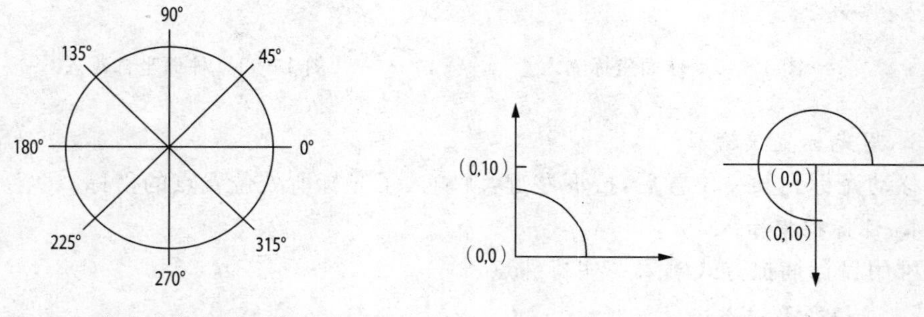

图 1-12 角度和方向的对应关系　　图 1-13 二点确定角度

1.7.5 最近的命令和数据的输入

在需要输入命令或数据时,如点、距离和字符串,可在命令行中按箭头的上、下键,或从右键菜单中选择“最近的输入”选项,可以输入最近使用的命令或数据,右键菜单如图

1-14所示。

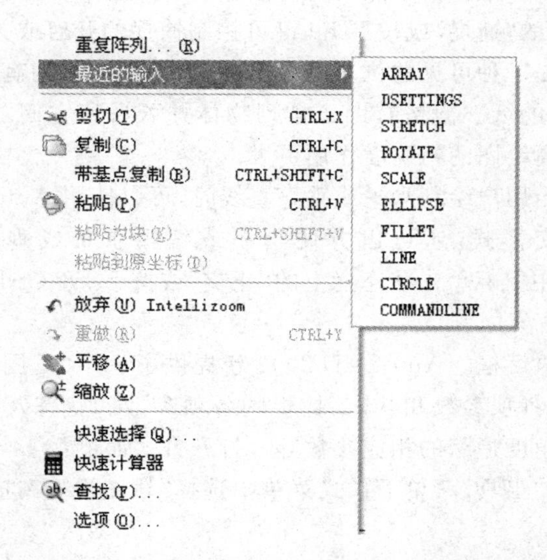

图 1-14　最近的输入和数据的输入右键菜单

1.8　精确绘图

1.8.1　点的基本输入方法

在 AutoCAD 中绘制工程图，既可按工程体的实际尺寸来绘图，也可按一定比例来绘图，这些都靠在绘图命令提示中输入一个一个点的位置来实现。如圆的圆心、直线的起点、终点等等。

AutoCAD 有多种输入点的方法，在此简要地介绍几种基本的输入方法。

(1)移动鼠标选点。当移动鼠标时，十字光标各坐标随着变化，状态行左边的坐标显示区将显示当前位置，单击左键确定。

(2)输入点的绝对直角坐标。输入点的绝对坐标(指相对于当前坐标系原点的直角坐标)"X，Y"。从原点 X 向右为正，Y 向上为正，反之为负，输入后按回车键确定。

(3)输入点的相对直角坐标。输入点的相对坐标(指相对于前一点的直角坐标)"@X，Y"，相对于前一点 X 向右为正，Y 向上为正，反之为负，输入后按回车键确定。

(4)直接距离。用鼠标导向，从键盘直接输入相对前一点的距离，按回车键确定。

1.8.2　常用辅助对象工具的设置

为了快速准确地绘图，AutoCAD 2000 提供了辅助绘图工具供用户选择。下面介绍常用的几种。它们位于屏幕底部的状态栏上，可以通过单击开启或关闭。

(1)捕捉。捕捉是 AutoCAD 约束鼠标每次移动的步长。即定鼠标每次在 X 轴或 Y 轴的移动距离，通过这个固定的间距可以控制绘图精确度。如果这个固定间距是 1，在捕捉模式打开的状态下，用鼠标拾取点的坐标值都是 1 的整数倍。使用命令“Snap”或直接用鼠标单击状态栏上的“捕捉”或按下 F9 键可控制捕捉的开启或关闭。

(2)栅格。栅格是一种可见的位置参考图标，它是由一系列有规则的点组成的，类似于在图形下放置栅格的纸。栅格有助于排列物体并可看清它们之间的距离。如与捕捉功能配合使用，对提高绘图的精确度作用更大。

(3)正交模式。当用户绘制水平或垂直直线时，可以使用 AutoCAD 的正交模式进行图形绘制。使用正交模式，还可以方便绘制或编辑水平或垂直的图形对象。使用“Ortho”命令或直接用鼠标单击状态栏上的“正交”或按下 F8(Ctrl+L)键，即可打开或关闭正交状态。

(4)“草图设置”对话框。AutoCAD 2008 新提供了一个“草图设置”对话框。如图所示。用于设置栅格的各项参数和状态、捕捉的各项参数和状态及捕捉的样式和类型、对象捕捉的相应状态、角度追踪的相应参数等。打开方式如下：

“工具”菜单。在“工具”菜单下拉式菜单中选择“草图设置”选项，打开“草图设置”对话框。

快捷方式。用鼠标右键单击状态栏上的“捕捉”、“栅格”、“正交”、“极轴”、“对象捕捉”及“对象追踪”按钮，并从弹出的快捷菜单中选择“设置”选项。

在“草图设置”对话框中，共有 3 张选项卡：“捕捉和栅格”、“极轴追踪”和“对象捕捉”。各选项卡含义如下：

“捕捉和栅格”选项卡。用于设置栅格的各项参数和状态、捕捉的各项参数和状态及捕捉的类型和样式。

“极轴追踪”选项卡。用于设置角度追踪和对象追踪的相应参数。该功能可以在 AutoCAD 要求指定一个点时，按预先设置的角度增量显示一条辅助线，用户可以沿辅助线追踪得到光标点。

“对象捕捉”选项卡。用于设置对象捕捉的相应状态。

准确实用的定点方式是精确绘图时不可缺少的。对象捕捉方式可把点精确定位到可见图形的某特征点上。在 AutoCAD 中提供了两种对象捕捉方式：单一对象捕捉和固定对象捕捉。

① 单一对象捕捉方式

在任何命令中，当 AutoCAD 要求输入点时，可以通过以下方式激活单一对象捕捉方式：

a. 从下拉弹出式工具栏中单击相应捕捉模式；

b. 在绘图区任意位置，先按住“Shift”键，在单击鼠标右键，将弹出一右键菜单，可从该菜单中单击相应捕捉模式；

c. 从“对象捕捉”工具栏单击相应捕捉模式，它是激活单一对象捕捉的常用方式，按尺寸绘图时将该工具栏弹出放在绘图区旁。

利用 AutoCAD 的对象捕捉功能可以捕捉到实体上下列几点：

捕捉直线段或圆弧等实体的端点；

捕捉直线段或圆弧等实体的中点；

捕捉直线段、圆弧、圆等实体之间的交点；

捕捉实体延长线上的点，捕捉此点前，应先捕捉该实体上的某端点；

捕捉圆或圆弧的圆心；

捕捉圆或圆弧上 0°、90°、180°、270°位置上的点；

捕捉所画线段与某圆弧的切点；

捕捉所画线段与某直线、圆、圆弧或其延长线垂直的点；

捕捉与某线平行的点(不能捕捉绘制实体的起点)；

捕捉图块的插入点；

捕捉由 POINT 等命令绘制的点；

捕捉直线、圆、圆弧等实体上最靠近光标方框中心的点。

【例 1-1】 如图 1-15 所示，画一个圆与已知的三角形相切。

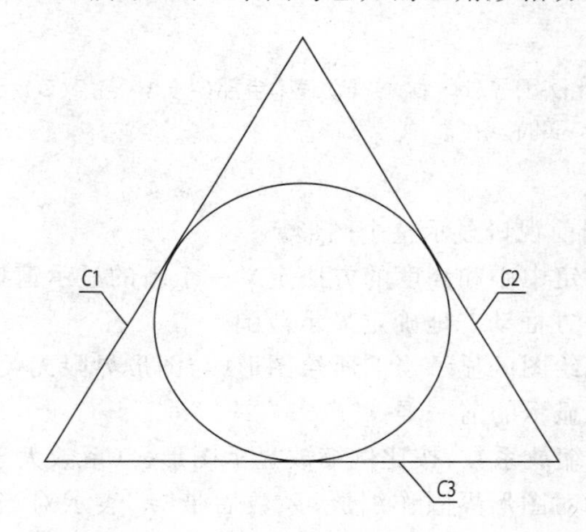

图 1-15　单一对象捕捉应用

【解】 命令：

_circle 指定圆的圆心或[三点(3P)/两点(2P)/相切、相切、半径(T)]:3P

指定圆上的第一点:{从"对象捕捉"工具栏单击图标——表示第一点要捕捉切点}_tan 到(选择 C1)。

指定圆上的第一点:{从"对象捕捉"工具栏单击图标——表示第--点要捕捉切点}_tan 到(选择 C2)。

指定圆上的第一点:{从"对象捕捉"工具栏单击图标——表示第一点要捕捉切点}_tan 到(选择 C3)。

② 固定对象捕捉方式

通过以下方式可以打开或关闭"固定对象捕捉方式"：

a. 单击状态栏上的"对象捕捉"按钮；

b. 按 F3 功能键；

c. 按 Ctrl+F 组合键。

固定对象捕捉方式与单一对象捕捉方式的区别：位置不同——单一对象捕捉位于工

具栏上，固定对象捕捉位于状态栏上；单一对象捕捉方式是一种临时性的捕捉，选择一次捕捉模式只捕捉一个点，固定对象捕捉方式是固定在一种或数种捕捉模式下，打开它可自动执行所设置模式的捕捉，直至关闭。

绘图时，一般将常用的几种对象捕捉模式设置成固定对象捕捉，对不常用的对象捕捉模式使用单一对象捕捉。

(5)图形显示命令。AutoCAD 提供了多种显示方式，以满足用户观察图形的不同需要。Zoom 就是其中一个命令，它如同一个缩放镜，可按所指定的范围显示图形，而不改变图形的真实大小，具体操作如下：

① 启动命令：Zoom 或 Z。

② 在“视图”菜单中选择“缩放”子菜单。

③ “缩放”工具栏。

系统提示：

指定窗口角点，输入比例因子(NX or NXP)，或[全部(A)/中心点(C)/动态(D)/范围(E)/上一个](P)/比例(S)/窗口(W)]<实时>：

各选项含义如下：

- “A”选项：在当前视口显示整个图形。
- “C”选项：用指定中心和高度的方法定义一个新的显示窗口。
- “D”选项：用一方框动态地确定显示范围。
- “E”选项：充满绘图区显示当前所绘图形(与图形界限无关)。
- “P”选项：返回显示的前一屏。
- “S”选项：输入缩放系数，按比例缩放显示图形。(系数大于 1 为放大，小于 1 为缩小)。直接输入系数为对图形界限作缩放；系数后带“x”表示对当前屏幕作缩放；系数后带“xp”表示对图纸空间作缩放。
- “W”选项：直接指定窗口大小，把指定窗口内的图形部分充满绘图区进行显示。
- “实时”选项：按住鼠标左键移动放大镜符号，可在 0.5～2 倍之间确定缩放的大小来显示图形。

1.9 AutoCAD 2008 的新功能介绍

AutoCAD 2008 软件增添了许多新功能，使用户的日常绘图工作变得更加轻松惬意。注解比例和不同视口特有的图层属性最大程度上优化了工作空间的使用，增强的文本、引线、表格功能充分显示了其无与伦比的美学精度和专业水准。

1.9.1 注解比例

AutoCAD 2008 引入了一个全新的概念——注解比例。作为对象的新增属性，注解比例允许设计人员为视口或模型空间视图设置当前缩放比例，并将这一比例应用到每个具体对象来重新确定对象的尺寸、位置和外观。换而言之，现在的注释比例功能实现了自动化。

1.9.2　每个视口的图层

AutoCAD 2008 中的图层管理器功能得到了增强，允许用户为不同布局视口中指定不同的颜色、线宽、线型或打印样式，这些图层特性可以轻松地打开或关闭，并随着视口添加或移除。

1.9.3　增强表格

经过改进的表格允许用户将 AutoCAD 和 Excel 列表信息整合到一个 AutoCAD 表格中。此表可以进行动态链接，这样在更新数据时，AutoCAD 和 Excel 就会自动显示通知。然后，用户可以选中这些通知，对任何源文档中的信息及时更新。

1.9.4　增强的文本和表格功能

增强的多行文字在位编辑器可指明所需栏的数量，用户不仅可以在栏之间自由地输入新文本，而且每个文本栏和纸张边缘之间的空间设置也是可以指定的。所有这些变量都可在对话框中进行调整，或使用新的多行文本在位编辑器进行交互式调整。

1.9.5　多引线

集成在“面板”控制台上的多引线控制台为我们带来了全新的增强工具，不仅可自动创建多条引线，而且能为带有注释的引线（首先是轨迹和内容）设定方向。

1.10　使用 AutoCAD 2008 绘制第一张图纸

本节内容将以绘制如图 1－16 所示的图形文件为例，介绍 AutoCAD 2008 绘制图形的基本方法和步骤，以便读者对使用 AutoCAD 绘图的过程有一个清晰的认识。

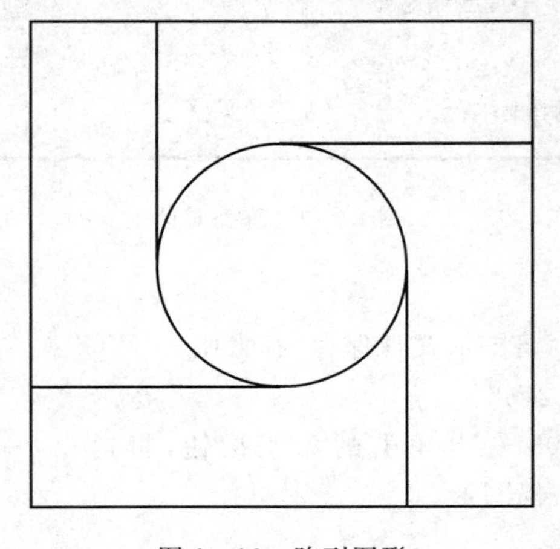

图 1－16　阵列图形

[操作步骤]:

(1)启动 AutoCAD 2008

双击桌面上的 AutoCAD 2008－Simplified Chinese 快捷方式图标,将会显示如图 1-3所示的绘图界面,此时就可以在绘图区域开始绘图。

(2)设置图形界限

AutoCAD 的绘图是很精确的,首先要确定图形的界限。单击"格式"菜单下的"图形界限"。在命令显示窗口中输入图形界限的大小,左下角坐标设为(0,0),右上角为(40,40)。

(3)绘制矩形

单击工具栏上的(矩形)按钮,指定起点坐标为(10,10),终点坐标为(30,30)。

(4)绘制直线

单击工具栏上的(多段线)按钮,在命令提示窗口中指定起点坐标为(20,25),终点坐标为垂足于正方形。

(5)绘制圆

单击工具栏上的(圆)按钮,指定圆心坐标为(20,20),圆的半径为 5。

(6)绘制阵列图形

单击修改工具栏上的(阵列)按钮,将显示如图 1-17 所示的对话框。

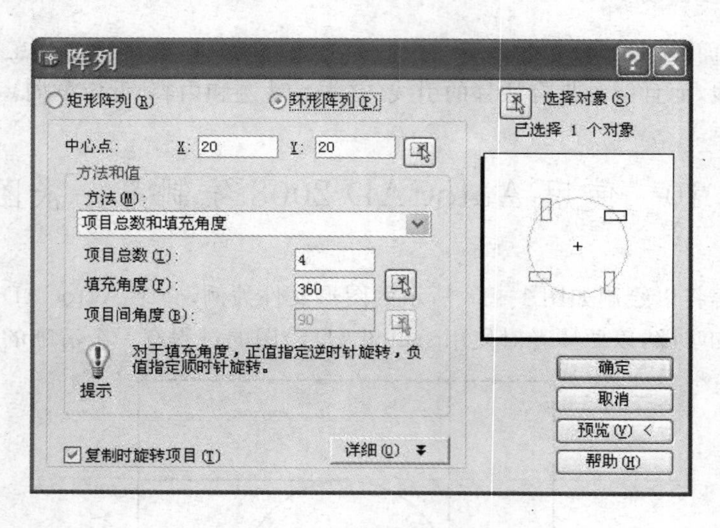

图 1-17　阵列对话框

(7)保存图形文件

单击(保存)按钮,将图形文件保存为"太阳.DWG"。

(8)退出 AutoCAD 2008

单击 AutoCAD 2008 右上角上的关闭按钮,将退出 AutoCAD 系统。至此使用 AutoCAD 成功绘制了一幅图形。

1.11　使用 AutoCAD 2008 的在线帮助

当在学习的过程出现问题时，一个最好的办法就是使用 AutoCAD 的在线帮助，下面介绍使用 AutoCAD 2008 的在线帮助的方法。

1.11.1　AutoCAD 的帮助菜单

用户可以通过下拉菜单“帮助”→“帮助”查看 AutoCAD 命令、AutoCAD 系统变量和其他主题词的帮助信息。在“索引”选项卡中，用户按“显示”按钮即可查阅相关的帮助内容。通过“帮助”菜单，用户还可以查询 AutoCAD 命令参考、用户手册、定制手册等有关内容。

1.11.2　AutoCAD 的帮助命令

命令启动方法

- 命令：HELP
- 下拉菜单：帮助→帮助
- 绘图工具栏：“标准”工具栏中的按钮或 F1

HELP 命令可以透明使用，即在其他命令执行过程中查询命令的帮助信息。帮助命令主要有两种应用：

(1)在命令的执行过程中调用在线帮助。

(2)在命令提示符下，直接检索与命令或系统变量有关的信息。

小　结

本章主要介绍了 AutoCAD 2008 的工作界面，图形文件管理以及一些基本的操作等。

AutoCAD 2008 的工作界面主要由 7 个部分组成：标题栏、绘图窗口、菜单栏、工具栏、命令提示窗口、滚动条和状态栏等。进行绘图时，用户可以通过工具栏、下拉菜单或命令提示窗口来发出命令，在绘图区域中绘制图形，而状态栏中则可以显示制图过程中的各种信息，并提供各种辅助制图工具。

在 AutoCAD 2008 中，笛卡儿坐标系、用户坐标系的建立，命令的输入方法、数据的输入方法以及精确绘图等常规指令的运用。

在 AutoCAD 2008 中，当执行某一个命令时，可以随时使用 ESC 键来终止该命令；也经常要重复使用某个命令，重复使用命令的方法就是直接按下 ENTER 键。我们经常使用标准工具栏上的和按钮来实现 AutoCAD 的图形的缩放及移动。

AutoCAD 2008 是一个多文档设计环境，用户可以同时打开多个图形文件。这样我们可以在不同图形中复制几何元素、颜色、图层等信息，为设计图形带来了极大的方便。

习 题

一、判断题

(1)利用“启动”对话框设置绘图环境后创建的图形文件，不能再使用 UMNITS 命令和 LIMITS 命令设置其绘图单位和绘图界限。

(2)在开启极轴追踪功能时也可以进行与正交功能相同的捕捉。

(3)启动正交功能后，只能在水平方向或垂直方向绘制或移动对象。

(4)启用极轴追踪功能后，只能在设定的增量角方向绘制或移动对象。

二、选择题

(1)AutoCAD 2008 默认打开的工具栏有(　　)

A.“标准”工具栏　　B.“绘制”工具栏　　C.“修改”工具栏

D.“对象特性”工具栏　　E.“绘图次序”工具栏

(2)打开未显示工具栏的方法是(　　)

A. 选择“工具”下拉菜单中的“工具栏”选项，在弹出的“工具栏”对话框中选中欲显示工具栏项前面的复选框

B. 用鼠标右击任一工具栏，在弹出的“工具栏”快捷菜单中选中欲显示的工具栏项

C. 在命令窗口输入 TOOLBAR 命令

D. 以上均可

(3)下面属于角度单位类型的选项是(　　)

A. 百分度　　B. 度/分/秒　　C. 弧度　　D. 十进制度数

(4)正常退出 AutoCAD 的方法有(　　)

A. Quit 命令　　B. Exit 命令

C. 屏幕右上角的关闭按钮　　D. 直接关机

三、上机操作题

(1)练习通过“启动”对话框中的“快速设置”向导设置 AutoCAD 2008 的绘图环境。

(2)启动并设置 AutoCAD 2008 的极轴追踪功能，要求被极轴追踪的增量角为 30°，并添加 15°、50°、130°和 180°附加角。

第 2 章　基本绘图环境

本章将重点讲解有关绘图前的环境设置相关知识，使用户能够掌握 AutoCAD 2008 的绘图环境设置和熟悉其强大的辅助功能，并根据 CAD 机械制图相关标准定制符合行业规范的图层设置。

一般来说，如果用户不作任何设置，AutoCAD 系统对作图范围没有限制。用户可以将绘图区看做是一幅无穷大的图纸，但所绘图形的大小是有限的，因此为了更好地绘图，需要设定作图的有效区域。在实际绘图时，首先要设置基本的绘图环境，如设置图形界限、图形单位、图层、线型、线宽等，以便顺利、准确地完成图形。

2.1　系统选项设置

在 AutoCAD 中，用户可以轻松地对绘图环境进行定制，通过 AutoCAD 提供的“Options（选项）”对话框来实现各种设置。执行“工具(T)”→“选项(N)”命令，系统弹出“选项”对话框。该对话框由 10 个不同的选项栏组成，本节将对一些常用功能进行讲解。

2.1.1　文件

“文件”选项卡的列表以树状结构排列，用来设置文件搜索路径、驱动程序、自动保存文件位置和贴图位置等，如图 2-1 所示。

本小节将重点讲解一些可能会修改的常用设置（未列出的项目内容，请参照 AutoCAD 帮助文件），各常用项目的说明如下。

1. 文本编辑器、词典和字体文件名

文本编辑器应用程序，用来指定 AutoCAD 用于编辑多行文字对象的文本编辑器应用程序。

当文本编辑器设置为“internet”时，输入多行文字对象，系统提示“无法找到 SHELL 程序”，解决方法为修改“internet”为“内部”。如图 2-2 所示。

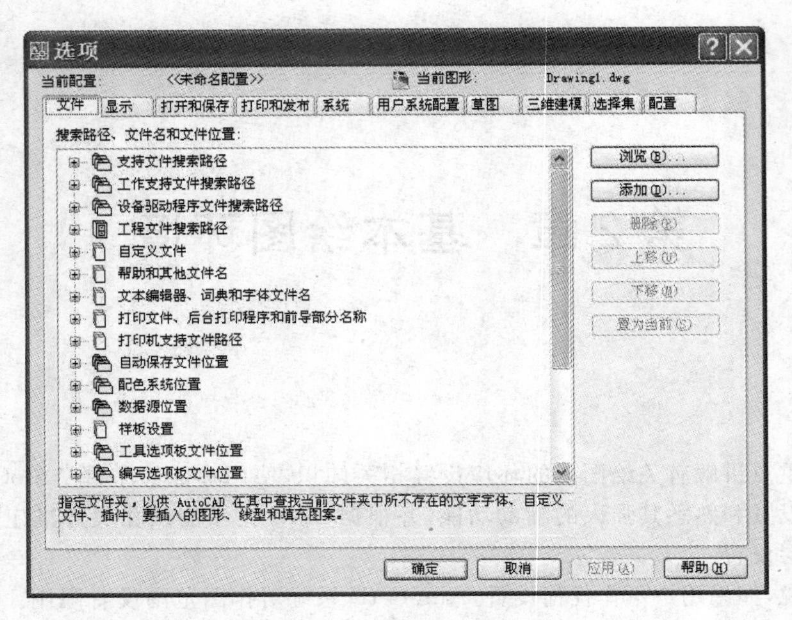

图 2-1 “文件”选项卡

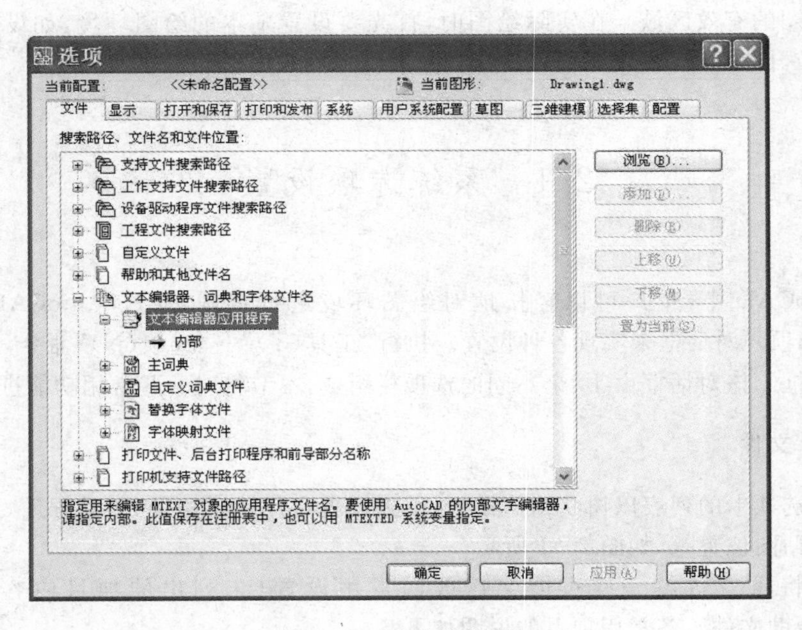

图 2-2 “文本编辑器”

2. 自动保存文件

指定选择“打开和保存”选项卡中的“自动保存”选项时创建的文件的路径。

3. 样板设置

指定图形样板文件路径。图形样板的文件格式为 .dwt 格式。样板文件中含有一些通用设置，如图层、线型、文字样式、尺寸标注样式等。还可以包含一些通用对象，如标题栏、图框等。

4. 纹理贴图搜索路径

指定 AutoCAD 用于搜索渲染纹理贴图的文件夹。

5. 光域文件搜索路径

指定 AutoCAD 用于搜索光域网文件的文件夹。

对于"文件"选项栏列表中的各项内容，可以利用"文件"栏右侧的功能按钮进行各种编辑操作。

2.1.2　显示

"显示"选项卡用于自定义显示效果，如绘图窗口的颜色、命令行的字体、十字光标大小和渲染显示精度等，如图 2－3 所示。

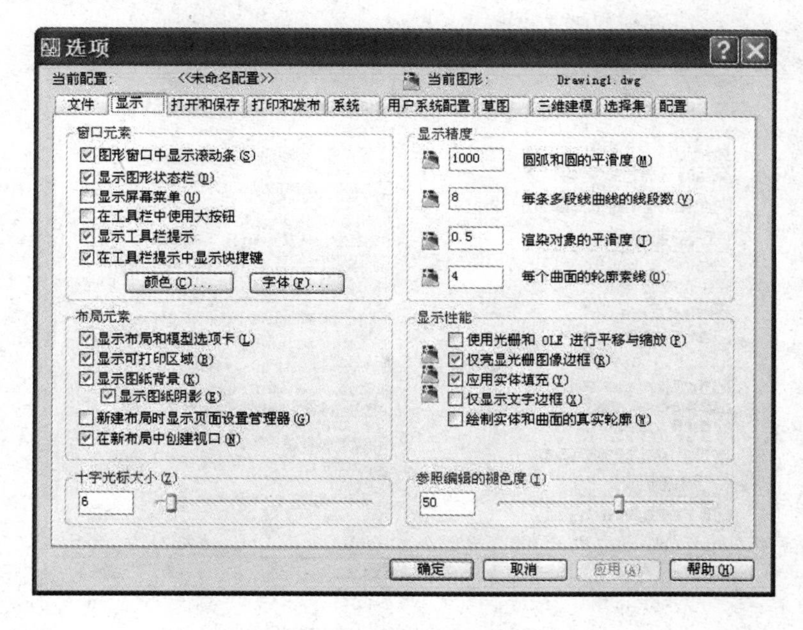

图 2－3　"显示"选项卡

下面对通常需要修改的功能进行讲解（未涉及内容请参照其他 AutoCAD 帮助文件），各常用项目的说明如下。

1. 窗口元素

窗口元素用来设置绘图区、状态栏及工具栏的显示，大部分可以采用默认值。如果对绘图区的原始黑颜色不习惯可以根据习惯修改，单击"颜色"按钮，显示"图形窗口颜色"对话框。使用此对话框指定绘图区的颜色。

2. 布局元素

布局元素控制现有布局和新布局的选项。其中"显示布局和模型选项卡"，指定在绘图区域的底部显示布局和"模型"选项卡。清除该选项后，状态栏上的按钮将替换这些选项卡。

3. 十字光标大小

十字光标大小用于控制十字光标的尺寸，有效值的范围从全屏幕的 1%到 100%。在设定为 100%时，看不到十字光标的末端。当尺寸减为 99%或更小时，十字光标才有有限的尺寸，当光标的末端位于绘图区域的边界时可见。默认尺寸为 5%。

4. 显示精度

“显示精度”用来控制对象的显示质量。如果设置较高的值提高显示质量，则性能及速度将受到显著影响。

2.1.3 打开和保存

“打开和保存”选项卡用于设置文件的保存版本、是否自动保存和自动保存的间隔时间等，如图 2-4 所示。

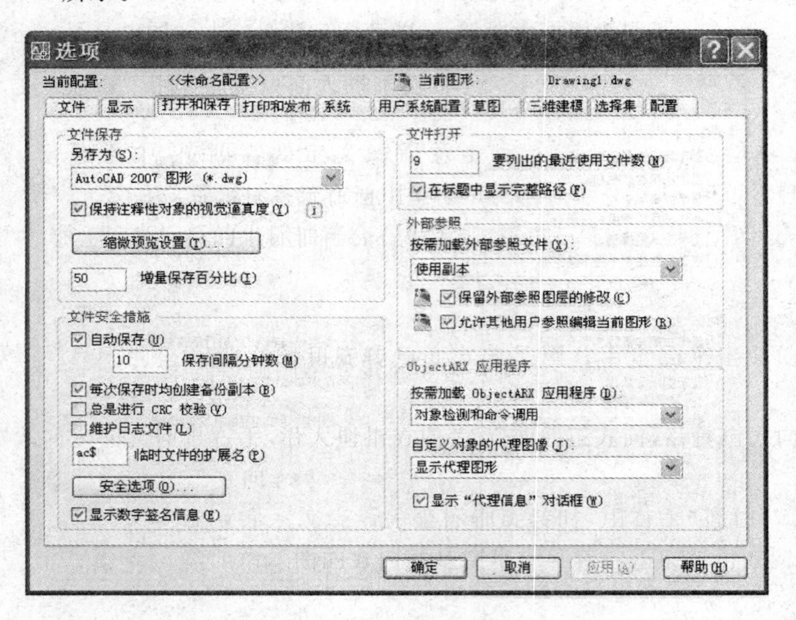

图 2-4 “打开和保存”选项卡

AutoCAD 默认情况下将自动保存为“AutoCAD 2008 图形(.dwg)”格式，为了方便与低版本进行图形交换，AutoCAD 可以保存为低版本“DWG”格式。

1. 文件保存

“文件保存”用于设置图形保存的版本和增量保存百分比。AutoCAD 格式向下兼容，可以保存为低版本格式输出，但低版本不能打开高版本文件。单击“另存为”下方的下拉菜单，选择需要保存的版本格式保存，方便不同版本之间的图纸交流。

2. 文件安全措施

“文件安全措施”用于设置文件是否保存及自动保存的间隔时间，避免数据丢失。

2.1.4 选择集

“选择集”选项卡用于设置图形选择对象的选项。建议不要修改默认选项，如图 2-5

所示。

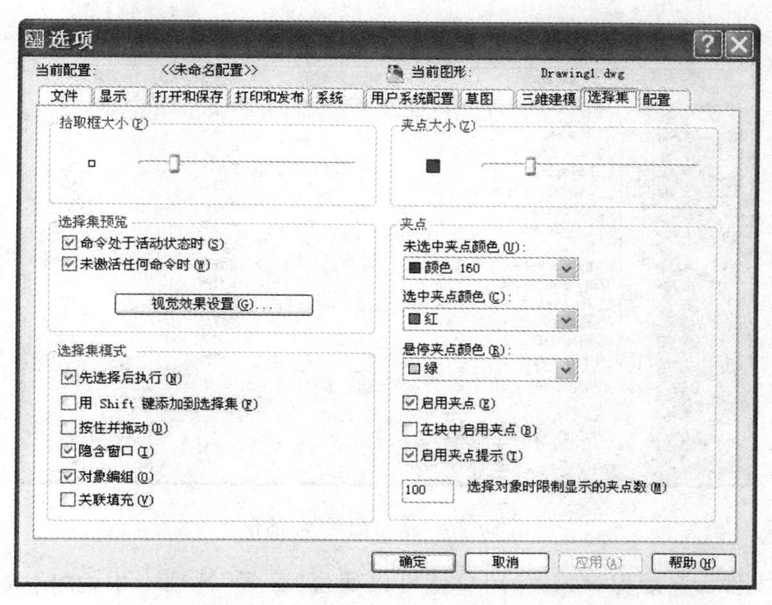

图 2-5　“选择集”选项卡

2.1.5　配置

“配置”选项卡控制配置的使用和保存输出，如图 2-6 所示。

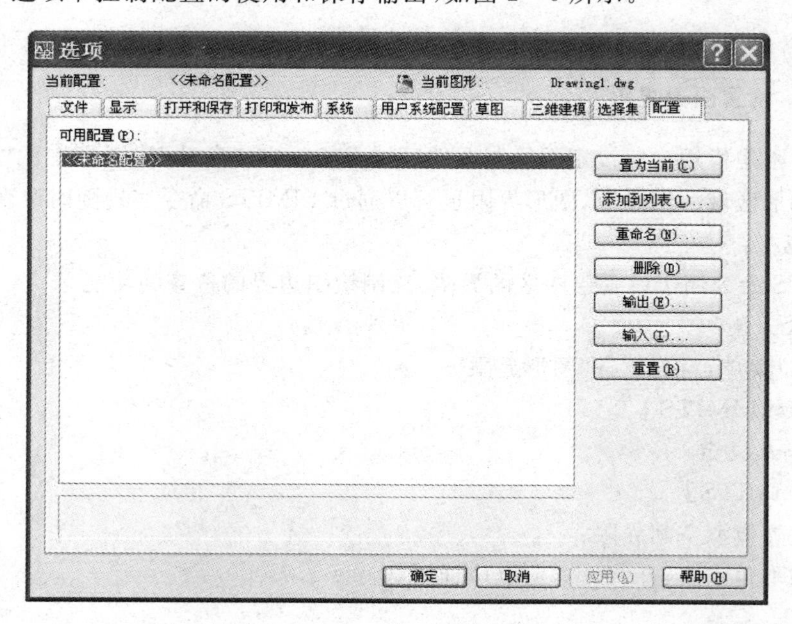

图 2-6　“配置”选项卡

“配置”可以由用户自己定义。方便各种绘图环境。并可以将配置输出为扩展名为.arg的文件，以便其他用户可以共享该文件。可以在同一计算机或其他计算机上输入该文件。选项配置完成后，单击“输出”按钮，弹出“输出配置”对话框，如图 2-7 所示。

图 2-7 “输出配置”对话框

将输出文件命名后保存，其他用户就可以通过“配置”选项卡中的“输入”按钮，打开该文件共享该选项配置。

2.2 设置绘图环境

2.2.1 设置图形界限

图形界限是指用户所设定的绘制图的区域大小。在“启动”对话框中的“使用向导”选项设置图形区域。实际上，图形界限也可以通过 LIMITS 命令实现随时改变。

1. 功能

LIMITS 命令用于设置绘图区的界限，控制绘图边界的检查的功能。

2. 输入方法

(1)下拉菜单：“格式”→“图形界限”

(2)命令：LIMITS↓

3. 命令及提示

命令：LIMITS↓

重新设置模型空间界限：

指定左下角点或[开](ON)/关(OFF)]〈0.0000,0.000〉：

4. 说明

(1)指定左下角点：这是默认选项。当输入图纸左下角坐标并回车后，命令提示：指定右上角点〈420.0000,297.0000〉：输入图纸右上角坐标。左下角点和右上角点可从键盘键入，也可用光标在屏幕上指定。

(2)开(ON):此项是打开图形界限检查功能。这时 AutoCAD 检查用户输入的点是否在设置的图形界限之内,超出图形界限的点不被接受,并有"* * 超出图形界限"的提示,提醒操作者不要将图画到"图纸"外面去。

(3)关(OFF):关闭图形界限检查。

2.2.2　设置图形单位

绘制不同类别的图样所采用的计数制及精度不尽相同,因而在开始绘一个新图时,应进行图形单位的设置。可通过 UNITS 命令的对话框来设置,而且在绘图过程中,用户可以随时更改。若没有设置,则采用 AutoCAD 的默认设置。

1. 功能

用来设置所绘图形的长度、角度单位及其精度和角度的度量方向等。

2. 输入方法

(1)下拉菜单:"格式" →"单位"

(2)命令:UNITS↓

3. 提示及说明

命令:UNITS↓

命令输入后,系统弹出"图形单位"对话框,如图 2-8 所示。

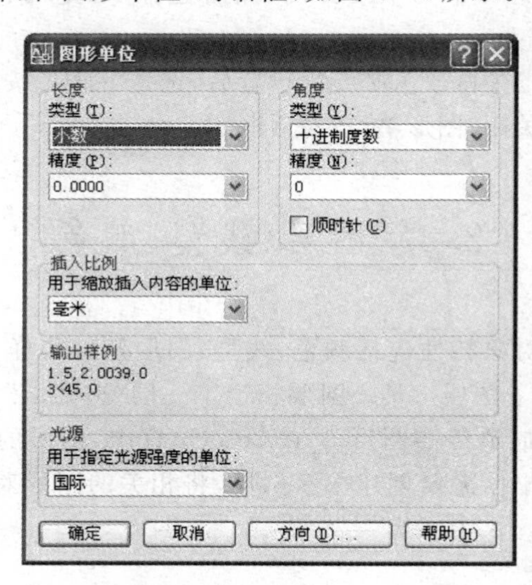

图 2-8　"图形单位"

4. 说明

(1)"长度"区:设置长度单位类型和精度。

① "类型"下拉列表框:用来设置测量长度单位的类型。其测量类型有分数、工程、建筑、科学和小数。

② "精度"下拉列表框:用来设置当前长度单位的精度。

(2)"角度"区:设置角度单位类型和精度。

① "类型"下拉列表框:用来设置测量角度单位的类型。其测量类型有百分度、度/

分/秒、弧度、勘测单位、十进制度数。

② “精度”下拉列表框:用来设置当前角度单位的精度。

③ “顺时针”复选框“用来确定角度的正方向。选择此项,顺时针方向为角度正向,否则逆时针方向为角度正向,为默认选项。

(3)“用于缩放插入内容的单位”下拉列表框:用来设置插入块或图形文件的单位。如果一个块在创建时定义的单位与列表框中所确定的单位不同,在插入时将会按照列表框中设置的单位进行插入与缩放。如果选择“无单位”选项,那么在插入块时,将不按指定的单位进行缩放。

(4)“方向”按钮:单击此按钮,在屏幕上弹出“方向控制”对话框,如图 2-9 所示。

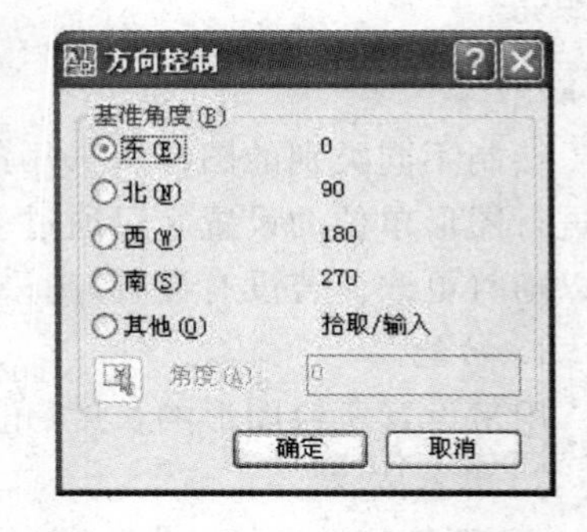

图 2-9 “方向控制”对话框

AutoCAD 的缺省设置中,0°方向是指向右(即正东方或 3 点钟)的方向,逆时针方向为角度增加的正方向。可以选择 5 个单选按钮中的任意一个来确定基准角度的方向,也可以指定两点确定 AutoCAD 测量的基准方向。选择“其他”按钮后,选择“拾取角度”按钮,AutoCAD 允许用两点确定的方向作为测量的基准方向,然后选择“确定”按钮,关闭“方向控制”对话框。

在“图形单位”对话框中修改了必要的设置后,选择“确定”按钮,AutoCAD 将所作的修改保存在当前图形中关闭“图形单位”对话框。

2.3 图层、线型、颜色

AutoCAD 2008 的对象特性包括颜色、线型、图层及打印样式等。为了方便管理图形,在 AutoCAD 中提供了图层工具。图层相当于一层“透明纸”,可以在上面绘制图形,将纸一层层重叠起来构成最终的图形。在 AutoCAD 中,图层的功能和用途要比“透明纸”强大得多,用户可以根据需要创建很多图层,将相关的图形对象放在同一层上,以此来管理图形对象。

2.3.1 设置图层

1. 图层特性管理器

图层是用来有效管理图形组织的一种特殊的工具。图层的应用使 AutoCAD 中的设计实现了分层操作,用户可以根据不同特性的图形选择不同的图层进行绘制,设定每一层只用一种线形和一种颜色画图,这样便于图形的管理和修改,提高绘制图形的速度。

图层的特性包括图层的名称、线型、颜色、开关状态、冻结状态、线宽、锁定状态和打印样式等。

在菜单栏中选择“格式”→“图层”命令,或者单击“图层”面板中的“图层(Layers)”按钮，或者在命令行输入 layer 命令，打开如图 2 - 10 所示的“图层特性管理器”对话框。

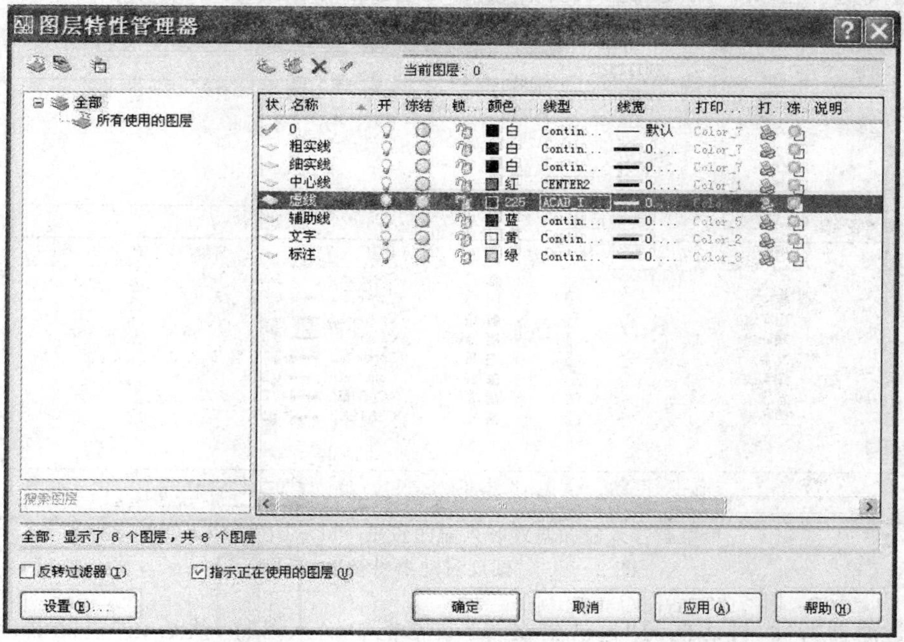

图 2 - 10　“图层特性管理器”对话框

该对话框的主要按钮含义如下。

● “新特性过滤器”按钮：单击该按钮，弹出如图 2 - 11 所示的“图层特性管理器”对话框，从中可以基于一个或多个图形特性创建图层过滤器。

● “新组建过滤器”按钮：单击该按钮，创建一个图层过滤器，其中包含用户选定并添加到该过滤器的图层。

● “图层状态管理器”列表框：利用该列表框，可以有针对性地选择显示当前图形文件中的图层。在默认情况下，AutoCAD 显示所有图层。

● “新建图层”按钮：新建的图层，新图层的默认名为“图层 n”。

● “删除图层”按钮：但是系统创建的“0”层和当前图层均不能删除。

● “把图层置为当前窗口”按钮：设置了当前图层以后，用户只能在当前图层中绘制图形。

2. 图层过滤

大型的工程制图中一张图纸中通常包含十几个、几十个、甚至上百个图层，有时用户要找到自己需要的图层，往往需要对图层进行过滤和排序。AutoCAD 2008 提供了“图层特性过滤器”、“图层组过滤器”和“图层状态管理器”3 种方法对图层进行过滤。

(1)图层特性过滤器

图层特性过滤器是指通过过滤留下包括名称或其他特性相同的图层。例如，可以定义一个过滤器，其中包括图层为打开的并且名称包括字符“线”的所有图层。用户可以在

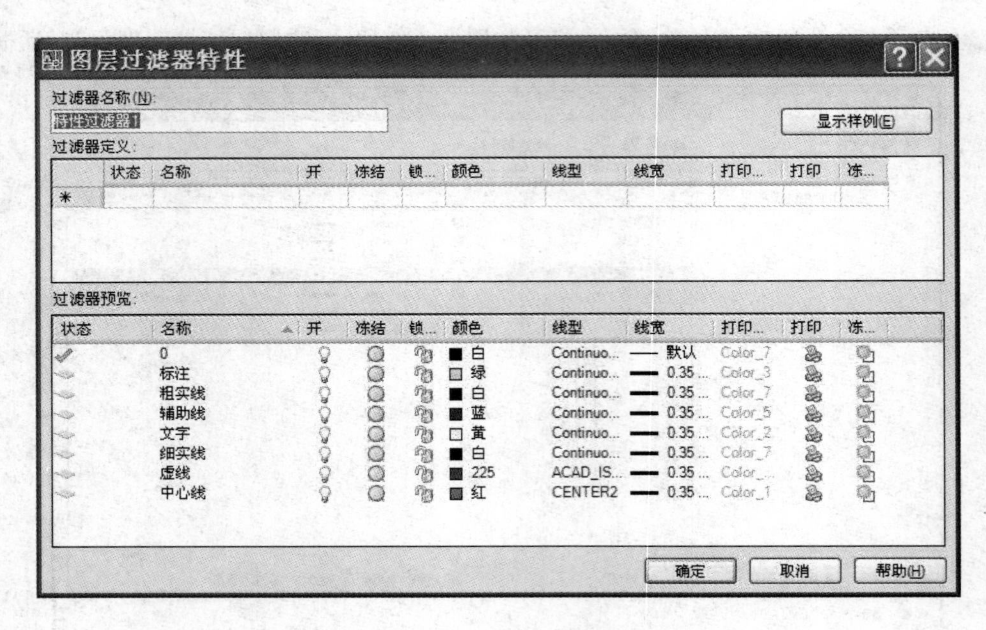

图 2-11 “图层过滤器特性”对话框

“图层过滤器特性”对话框的“过滤器名称”文本框中输入名称，然后在“过滤器定义”的“名称”栏输入“线”，在“开”栏选择💡，则将“标注”和“0”图层过滤。

(2)图层组过滤器

图层组过滤器是指包括在定义时放入过滤器的图层，而不考虑其名称或特性。用户可以在“图层特性管理器”中单击“新组过滤器”按钮，建立新的组过滤器，用户可以对其重新命名，然后将鼠标移至其上单击右键，弹出快捷菜单后，选择“选择图层”/“添加”命令，便可将所需图层添加到新建的组过滤器中。在快捷菜单中还能选择创建下一级的“特性过滤器”和“组过滤器”形成一个树状结构。

(3)图层状态管理器

图层状态管理器主要用于将图形的当前图层设置保存为命名图层状态，以后再恢复这些设置。如果在绘图的不同阶段或打印的过程中需要恢复所有图层的特定设置，保存图形设置会带来很大的方便。在“图层特性管理器”中单击“图层状态管理器”按钮，弹出如图 2-12 所示的“图层状态管理器”对话框。新建一个图层状态，选择需要保存或要恢复的图层设置。

例如：现在关闭的一些打印不需要的图层后创建图层状态，然后打开其他图层继续绘图，最后只需将图层状态恢复，就回到先前的图层设置可以打印。

3. 使用“图层”下拉列表设置当前图层

“图层”下拉列表如图 2-13 所示，用户通过“图层特性管理器”新建的各种图层都添加到“图层工具栏”下拉列表中。在绘制图形之前，在“图形”工具栏的下拉列表中选择所需图层，则该图层被置为当前图层，用户所绘图形的特性通过当前图层来确定。

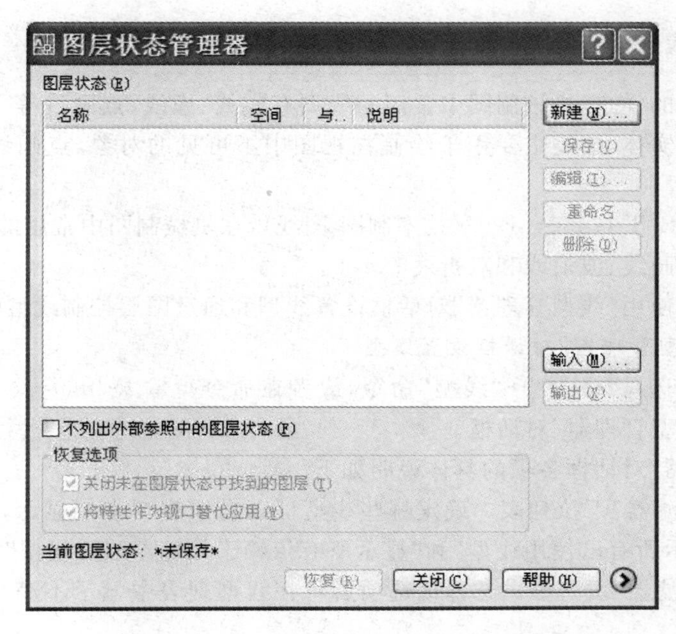

图 2-12　“图层状态管理器”对话框

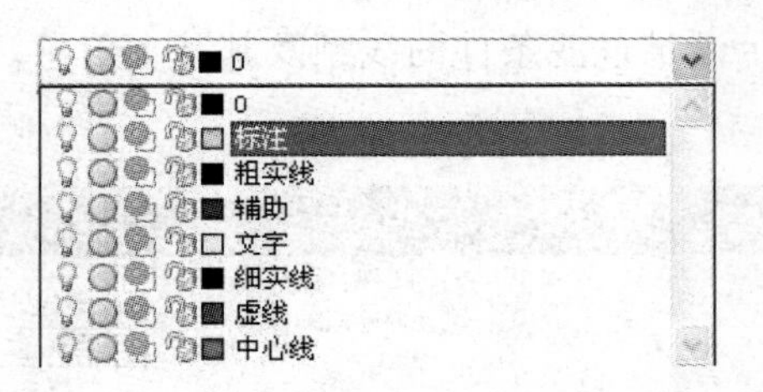

图 2-13　“图层”下拉列表

4. 删除图层

在绘图的过程中，有的图层在整个过程中都不需要，可以将这些图层删除以提高运行速度。在图形设计完成以后，也应该将不再用到的图层删除，以便下次设计图层时简练规整。删除图层的一般步骤如下：

(1)在图 2-10 所示的“图形特性管理器”对话框的图层列表中选择需要删除的图层，需要删除多个图层时，选择相应图层的同时按住 Ctrl 键即可。

(2)单击“图形特性管理器”对话框中的 按钮或者直接单击键盘上的 Delete 键，若选中的图层中有系统自带的图层，则弹出如图 2-14 所示的“警告”对话框。该图层不能删除，如选中图层没有系统自带图层，则选中图层从列表中消失。

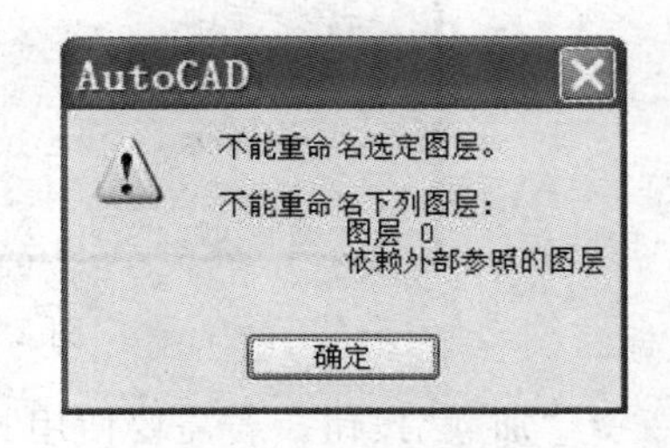

图 2-14　“警告”对话框

(3)单击“图形特性管理器”对话框中的“确定”按钮，完成图层删除操作。

2.3.2 设置线型

线型是指线的样式，机械制图中常用的线型有实线、虚线、点画线等。实线主要用于绘剖机械图中的实体，虚线主要用于绘制在视图中不可见的对象，点画线则是中心线所选用的线型。

根据国标 GB/T 17450－1998《技术制图 图线》，在机械制图中常用的线型有实线、虚线、点画线、双点画线、波浪线和双折线等。

设置线型有使用"线型管理器"对话框设置线型和通过图层控制线型两种形式。

1. 使用"线型管理器"对话框设置线型

在菜单栏中选择"格式"→"线型"命令，或者在命令行输入 linetype 命令，弹出如图 2－15所示的"线型管理器"对话框。

"线型管理器"对话框各项的具体说明如下。

● "线型过滤器"下拉列表。确定哪些线型可以在线型列表中显示，具体包括"显示所有线型"、"显示所有已使用线型"和"显示所有依赖于外部参照的线型"。

● "反向过滤器"复选框。选择该选项后将在线型列表中显示不满足过滤器要求的全部线型。

● "当前线型"状态栏。显示当前线型的名称。

● "线型"列表。显示满足过滤条件的线型及其基本信息，包括"线型"、"外观"和"说明"等。

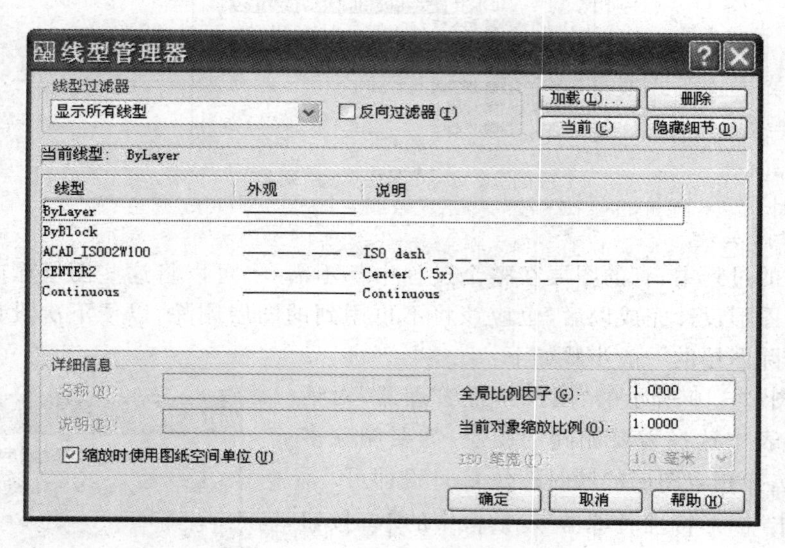

图 2－15 "线型管理器"对话框

● "加载"按钮。若需要使用其他类型的线型，可以单击该按钮，弹出如图 2－16 所示的"加载或重载线型"对话框，在该对话框中显示出了当前的线型库文件，以及该文件中的全部线型。用户可单击"文件"按钮来制定其他类型库文件，在线型列表中选择所需要的线型，并单击"确定"按钮返回。

图 2-16　“加载或重载线型”对话框

- “删除”按钮。删除选定的线型。
- “当前”按钮。在线型列表中,将选定的线型设置为当前线型。
- “隐藏细节”按钮。控制是否显示对话框的“详细信息”选项组。

2. 通过图层控制线型

用户还可以在创建图层时设置线型,在 AutoCAD 中,系统默认的线型是 Continuous,线宽也采用默认值 0 单位,该线型是连续的。在绘图过程中,如果需要使用其他线型则可以单击“线型”列表下的线型特性图标 Continuous ,此时弹出如图 2-17 所示的“选择线型”对话框。

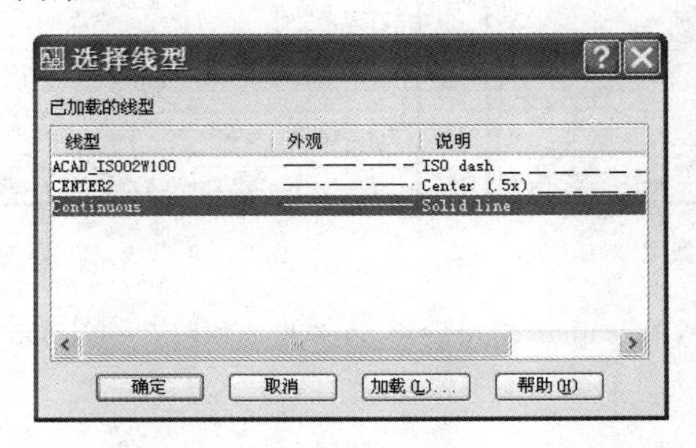

图 2-17　“选择线型”对话框

默认状态下,“选择线型”对话框中只有 Continuous 一种线型。单击 加载(L)... 按钮,弹出“加载或重载线型”对话框,用户可以在“可用线型”列表框中选择所需要的线型,单击“确定”按钮返回“选择线型”对话框完成线型加载,选择需要的线型,单击“确定”按钮回到“图层特性管理器”对话框,完成线型的设定。

2.3.3　设置线宽

线宽是用不同的线条来表示对象的大小或类型,它可以提高图形的表达能力和可读性。

在机械制图国家标准中，线宽应根据图形的大小和复杂程度，在下列数系中选择：0.18mm，0.25mm，0.35mm，0.5mm，0.7mm，1mm，1.4mm，2mm。

在机械图样上，图纸一般只有两种宽度，分别称为粗线和细线，其宽度之比为 2∶1。在通常情况下，粗线的宽度采用 0.5mm 或者 0.7mm，细线的宽度应采用 0.25mm 或者 0.35mm。

在同一图样中，同类图线的宽度应基本保持一致；虚线、细点画线以及双点画线的画长和间隔长度也应该各自大致相等。

在默认情况下，线宽默认值为“默认”，可以通过下述方法来设置线宽：

(1)在“图层特性管理器”对话框中单击“线宽”列表下的线宽特性图标 —— 默认 按钮，弹出如图 2-18 所示的“线宽”对话框。在“线宽”列表框中选择需要的线宽，单击“确定”按钮完成设置线宽操作。

(2)在菜单栏中，依次选择“格式”→“线宽”命令，在弹出的“线宽设置”对话框中设置线宽，如图 2-19 所示。

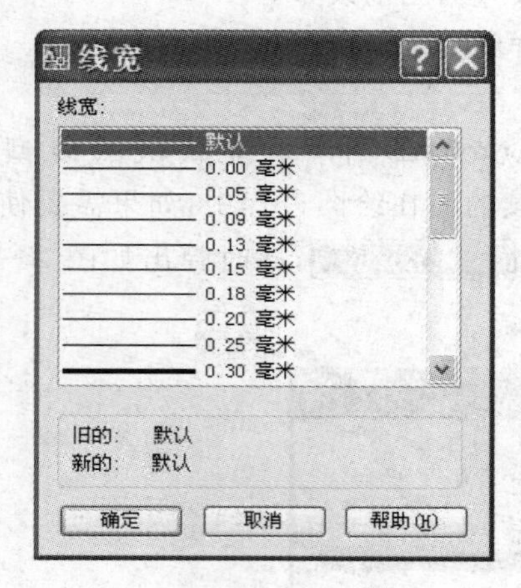

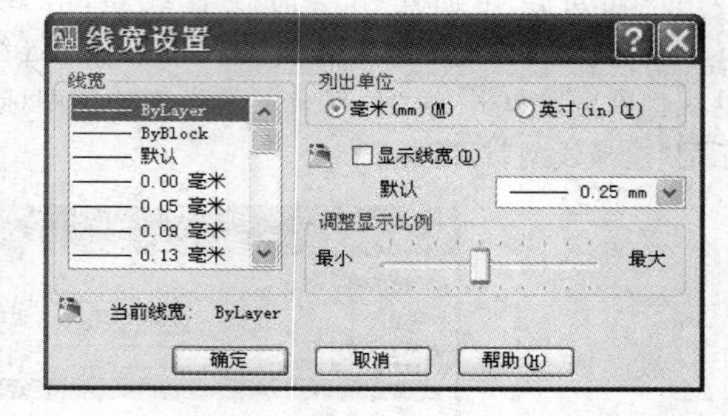

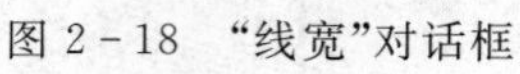
图 2-18 “线宽”对话框

图 2-19 “线宽设置”对话框

(3)在命令行中，输入 lineweight 命令，在弹出的如图 2-19 所示“线宽设置”对话框中设置线宽。

2.3.4 颜色设置

颜色在图形中具有非常重要的作用，可用来表示不同的组件、功能和区域。图层的颜色实际上是图层中图形对象的颜色，一般由图层设定的颜色来控制。不同图层的颜色可以设置成相同或不同，但在同一图层上绘制图形对象时，对不同的对象也可使用不同的颜色来加以区别，这时要采用颜色命令来设置新的颜色。采用此方法进行颜色设置后，以后所绘制的图形对象全都为该颜色，即使改变当前图层，所绘对象的颜色也不会改变。

1. 功能

用于设置颜色，使以后所绘图形象均为该颜色，与图层的颜色设置无关。

2. 输入方法

(1)下拉菜单:“格式”→“颜色”

(2)命令:COLOR↓

3. 命令及提示

执行上述命令后,系统弹出“选择颜色”对话框,如图 2-20 所示。该对话框包括“索引颜色”、“真颜色”和“配色系统”三个选项卡,用于设置图层颜色。

4. 说明

(1)“索引颜色”选项卡(图 2-20):索引颜色是将 256 种颜色预先定义好且组织在一张颜色表中。在“索引颜色”选项卡中,用户可以在 256 种颜色中选择一种。用鼠标指针选取所希望的颜色或在“颜色”文本框中输入相应的颜色名或颜色号,来设置对象的一种颜色。BYBLOCK(随块)按钮表示颜色为随块方式。在此方式下绘制图形对象的颜色为白色。当把这样的实体对象制成块后,则在块插入时块的颜色会变为与所插入当前的颜色相同。BYLAYER(随层)按钮表示颜色为随层方式。在此方式下绘制实体对象的颜色与所在图层的颜色相同,同一层上的实体对象具有相同的颜色。该方式是系统的缺省方式。

(2)“真彩色”选项卡:单击“选择颜色”对话框中的“真彩色”选项卡,在该选项卡中的“颜色模式”下拉列表中有 RGB 和 HSL 两种颜色模式可以选择,如图 2-20 所示。虽然通过这两种颜色都可以调出我们想要的颜色,但是它们是通过不同的方式组合颜色的。

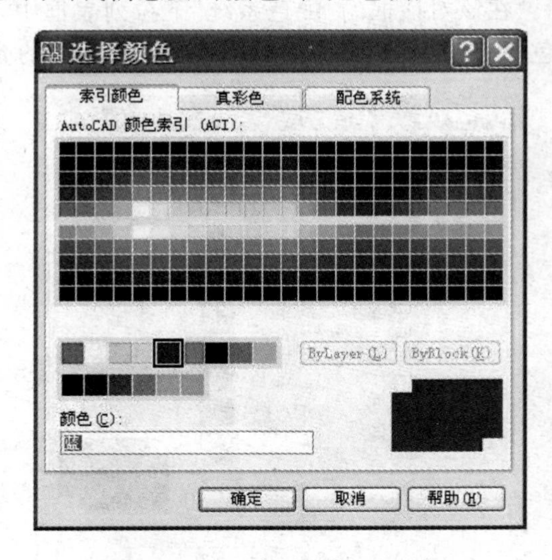

图 2-20　“索引颜色”选项卡

RGB 颜色模式(图 2-21a)是源于有色光的三原色原理,其中,R 代表红色、G 代表绿色、B 代表蓝色。每种颜色都有 256 种不同的亮度值,因此 RGB 模式从理论上讲有 256×256×256 共约 16 兆种颜色,这也是“真彩色”概念的下限。虽然 16 兆种颜色仍不能涵盖人眼所看到的整个颜色范围,自然界中的颜色也远远多于 16 兆种,但是这么多种颜色已经足够模拟自然界中的各种颜色了。RGB 模式是一种加色模式,即所有其他颜色都是通过红、绿、蓝三种颜色叠加而成的。

HSL 颜色模式(图 2－21b)是以人类对颜色的感觉为基础，描述了颜色的三种基本特征。H 代表色调，这是从物体反射或透过物体传播的颜色。在通常的使用中，色调由颜色名称标识，如红色、橙色或绿色。S 代表饱和度(有时称为彩度)，是指颜色的强度或纯度，饱和度表示色相中灰色分量所占的比例，它使用从 0%(即灰度)到 100%(完全饱和)的百分比来度量。L 代表亮度，是颜色的相对明暗程度，通常用从 0%(黑色)至 100%(白色)的百分比来度量。

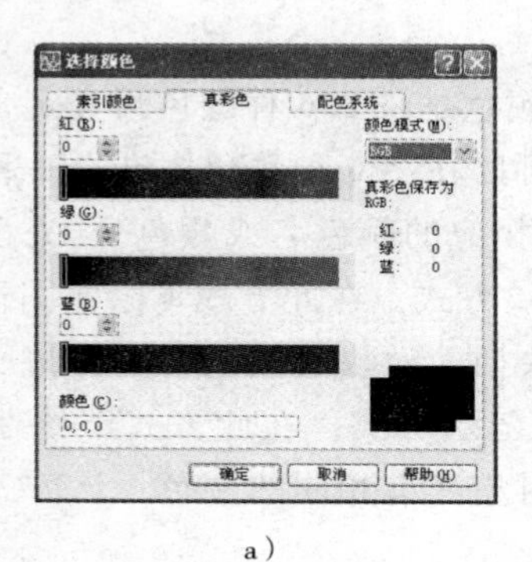

a)

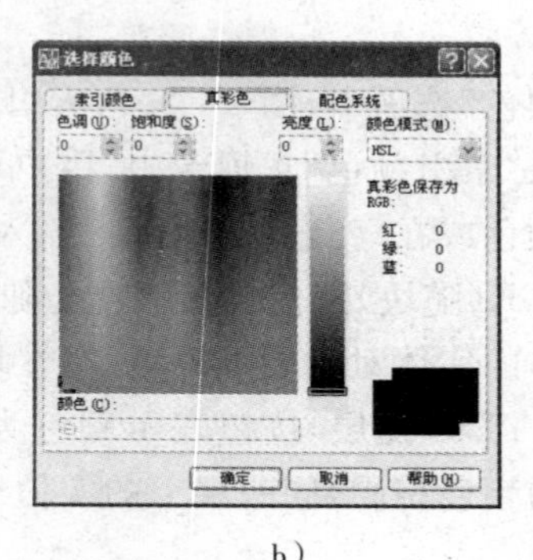

b)

图 2－21 “真彩色”选项卡

(3)“配色系统”选项卡：在“选择颜色”对话框中，单击“配色系统”选项卡，该对话框的形式如图 2－22 所示。在该对话框的“配色系统”下拉列表框中，提供了 9 种定义好的色库表，可以选择一种色库表，然后在下面的颜色条中选择需要的颜色。

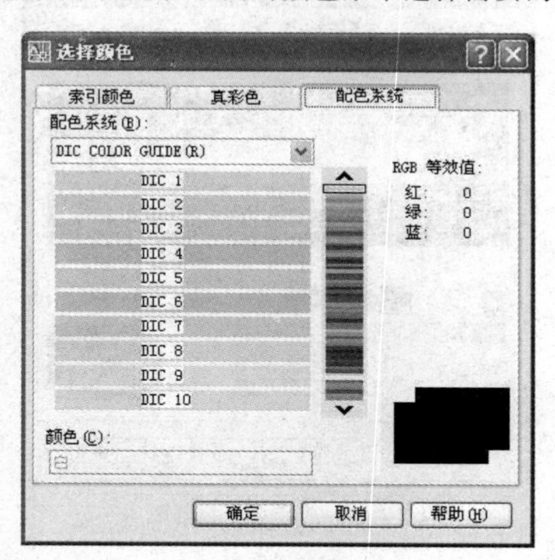

图 2－22 “配色系统”选项卡

2.3.5 “图层”工具栏

“图层”工具栏如图 2－23 所示 。其功能如下：

(1)“图层特性管理器”按钮 用于图形的创建与管理。单击该按钮，系统弹出“图层特性管理器”对话框。

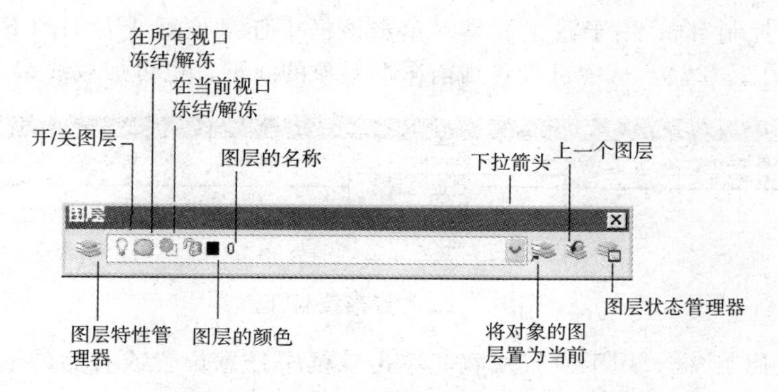

图 2-23　“图层”工具栏

(2)“将对象的图层置为当前”按钮 选择实体对象所在的图层为当前层。

(3)“上一个图层”按钮 取消最后一次对图层的设置或修改，返回到上一次图层的设置。

(4)“图层状态”显示框 图层状态显示，单击该框中任意位置或右侧的下拉箭头，都会弹出一下拉列表。在弹出的下拉列表中，显示出所有的图层及状态。单击图层名，则该层被设置为当前层；单击除颜色外的相应图标可进行相应的切换。

2.3.6 “对象特性”工具栏

“对象特性”工具栏如图 2-24 所示。其功能如下：

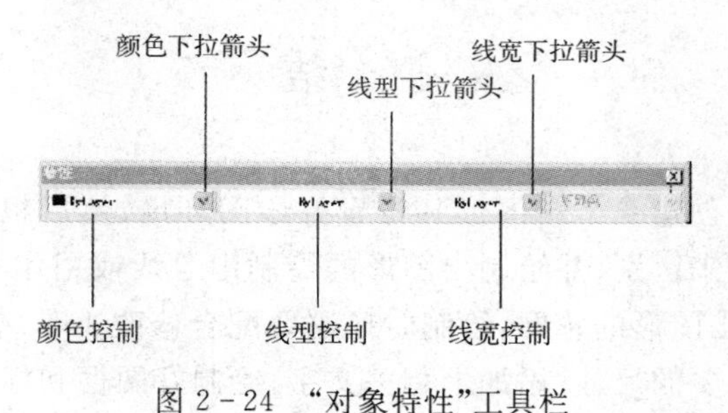

图 2-24　“对象特性”工具栏

(1)“颜色控制”框。用于设置颜色。单击该框中任意位置或右侧的下拉箭头，会弹出下拉列表(图 2-25)。从中可设置当前图形对象的颜色。

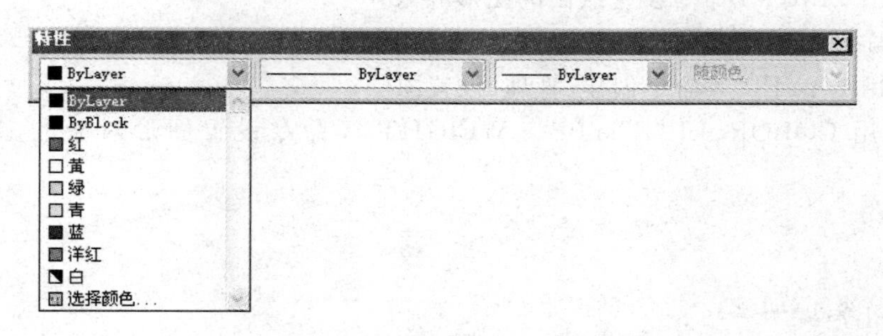

图 2-25　“颜色控制”框

(2)"线型控制"框。用于设置线型。单击该框中任意位置或右侧的下拉箭头,会弹出下拉列表(图 2-26)。从中可设置当前图形对象的线型。也可加载线型。

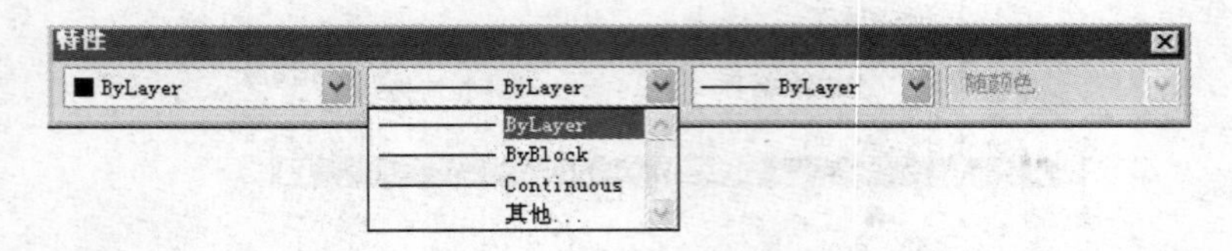

图 2-26 "线形控制"框

(3)"线宽控制"框。用于设置线宽。单击该框中任意位置或右侧的下拉箭头,会弹出下拉列表(图 2-27)。从中可设置当前图形对象的线宽。

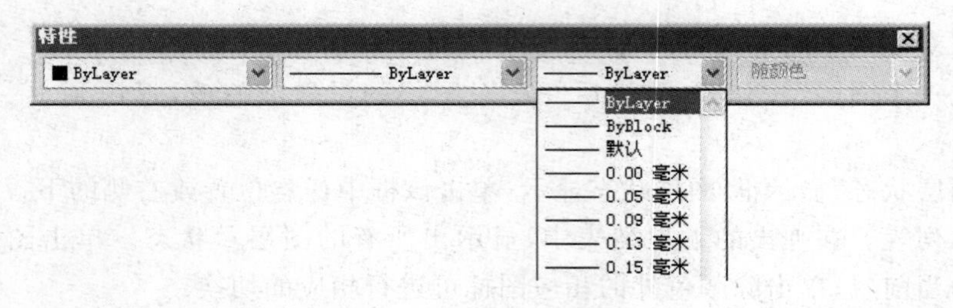

图 2-27 "线宽控制"框

(4)"打印样式控制"框。用于设置出图样式。若未设置,则该项为不再可选。

小 结

要绘制图样,应先创建一个新图形并设置好绘图环境,然后根据图纸的需要设置多个用颜色、线型和线宽来区别,并绘制出图形的绘制中心线或用作参考的辅助线,再使用绘图工具或命令绘制出图形的轮廓,绘制时还需要配合修改工具(或命令)对图形进行编辑修改。最后,标注必要的尺寸、添加上相关文字、绘制好图框和标题栏即可。

具体内容包括:

(1)使用 UNITS 命令设置绘图单位格式;

(2)使用 LIMITS 命令设置绘图的图形界限;

(3)怎样设置系统变量;

(4)使用 LAYER 等命令创建、管理、设置图层;

(5)使用 COLOR、LINETYPE、LWEIGHT 等命令设置图形对象的颜色、线型、线宽。

习 题

1. 图层的作用是什么?

2. 有哪些方法可将所选择的图层设置为当前图层?

3. 怎样为同一层上的实体设置不同的颜色、线宽和线型?

4. 创建一个绘图样板文件，要求图样符合我国国家标准规定的A3图幅及其他要求（包括图形界限、单位、图线、图层、草图设置等环节）。

5. 绘制习题2-1，并要求：

(1)图中的不同线型分别画在各自相应的图层中。

(2)开/关某层，观察图层的变化。

(3)利用改变图层将虚线圆改为粗实线圆，将点画线圆改为虚线圆。

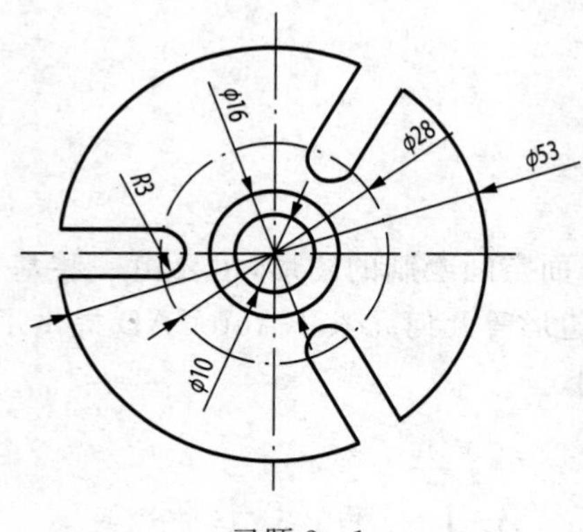

习题2-1

第 3 章　二维图形命令

二维图形是指在二维平面空间绘制的图形，主要由一些基本图形元素组成，如点、直线、圆弧、圆、椭圆、矩形、多边形等几何元素。AutoCAD 提供了大量的绘图工具，可以帮助用户完成二维图形的绘制。

3.1　直线类命令

直线类命令包括直线、射线和构造线。这几个命令是 AutoCAD 中最简单的绘图命令。

3.1.1　直线段

1. 执行方式

命令行：LINE

菜单：绘图→直线

工具栏：绘图→直线

2. 操作步骤

命令：LINE↙

指定第一点：(输入直线段的起点，用鼠标指定点或者给定点的坐标)

指定下一点或[放弃(U)]：(输入直线段的端点，也可以用鼠标指定一定角度后，直接输入直线的长度)

指定下一点或[放弃(U)]：(输入下一直线段的端点。输入选项“U”表示放弃前面的输入；单击鼠标右键或按回车键 Enter，结束命令)

指定下一点或[闭合(C)/放弃(U)]：(输入下一直线段的端点，或输入选项“C”使图形闭合，结束命令)

3. 选项说明

● 若用回车键响应“指定第一点：”提示，系统会把上次绘线(或弧)的终点作为本次操作的起始点。若上次操作为绘制圆弧，回车响应后绘出通过圆弧终点的与该圆弧相切的直线段，该线段的长度由鼠标在屏幕上指定的一点与切点之间线段的长度确定。

● 在“指定下一点”提示下，用户可以指定多个端点，从而绘制多条直线段。但是，每一段直线是一个独立的对象，可以进行单独的编辑操作。

● 绘制两条以上直线段后，若用 C 响应“指定下一点”提示，系统会自动链接起始点和最后一个端点，从而绘出封闭的图形。

● 若用 U 响应提示，则擦除最近一次绘制的直线段。

若设置正交方式(按下状态栏上“正交”按钮)，只能绘制水平直线或垂直线段。

● 若设置动态数据输入方式(按下状态栏上“DYN”按钮)，则可以动态输入坐标或长度值。下面的命令同样可以设置动态数据输入方式，效果与非动态数据输入方式类似。除了特别需要，以后不再强调，而只按非动态数据输入方式输入相关数据。

【例 3－1】 绘制如图 3－1 所示五角星。

【绘制步骤】

(1)单击“绘图”工具栏中的“直线”按钮，命令行提示：

命令：_Line

指定第一点：

(2)在命令行输入“120，120”(即顶点 P1 的位置)后回车，系统继续提示，相似方法输入五角星的各个顶点：

指定下一点或[放弃(U)]：@80＜252↙(P2 点，也可以按下“DYN”按钮，在鼠标位置为 108°时，动态输入 80，如图 3－2 所示)

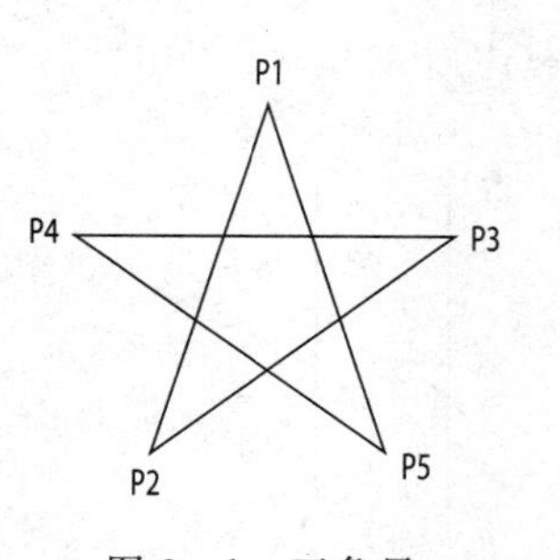

图 3－1 五角星

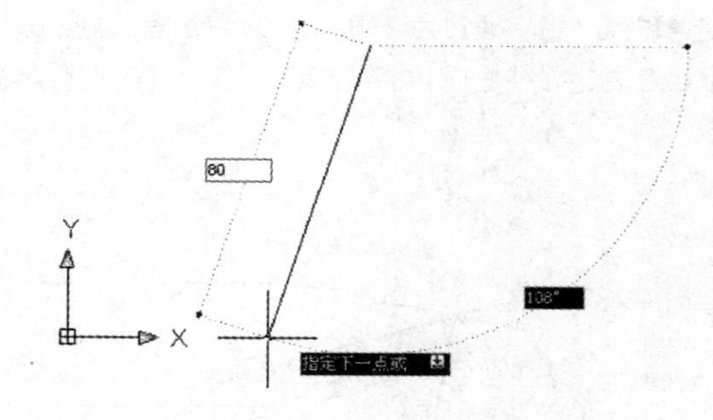

图 3－2 动态输入

指定下一点或[放弃(U)]：159.091，90.870↙(P3 点)

指定下一点或[闭合(C)/放弃(U)]：@80，0↙(错位的 P4 点，也可以按下“DYN”按钮，在鼠标位置为 0°时，动态输入 80)

指定下一点或[闭合(C)/放弃(U)]：U↙(取消对 P4 点的输入)

指定下一点或[闭合(C)/放弃(U)]：@－80，O↙(P4 点，也可以按下“DYN”按钮，在鼠标位置为 180。时，动态输入 80)

指定下一点或[闭合(C)/放弃(U)]：144.721，43.916↙ (P5 点)

指定下一点或[闭合(C)/放弃(U)]：C↙(封闭五角星并结束命令)

3.1.2 射线

1. 执行方式

命令行:RAY

菜单:绘图→射线

2. 操作步骤

命令:RAY↙

指定起点:(给出起点)

指定通过点:(给出通过点,绘制出射线)

指定通过点:(过起点绘制出另一射线,用回车结束命令)

3.1.3 构造线

1. 执行方式

命令行:XLINE

菜单:绘图→构造线

工具栏:绘图→构造线

2. 操作步骤

命令:XLINE↙

指定点或[水平(H)/垂直(V)/角度(A)/二等分(B)/偏移(O)]:(给出根点 1)

指定通过点:(给定通过点 2,画一条双向无限长直线)

指定通过点:(继续给点,继续画线,如图 3-3a,用回车结束命令)

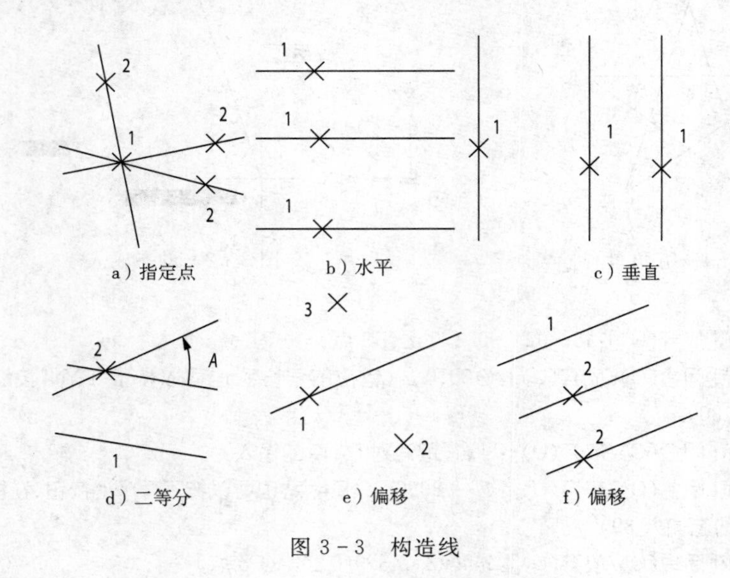

图 3-3 构造线

3. 选项说明

● 执行选项中有“指定点”、“水平”、“垂直”、“角度”、“二等分”和“偏移”6 种方式绘制构造线，分别如图 3-3 所示。

● 这种线模拟手工作图中的辅助作图线。用特殊的线型显示，在绘图输出时可不作输出，常用于辅助作图。

应用构造线作为辅助线绘制机械图中三视图的绘图是构造线的最主要用途，构造线的应用保证了三视图之间“主俯视图长对正、主左视图高平齐、俯左视图宽相等”的对应关系。如图 3-4 所示为应用构造线作为辅助线绘制机械图中三视图的绘图示例，构造线的应用保证了三视图之间“主俯视图长对正、主左视图高平齐、俯左视图宽相等”的对应关系。图中细线为构造线，粗线为三视图轮廓线。

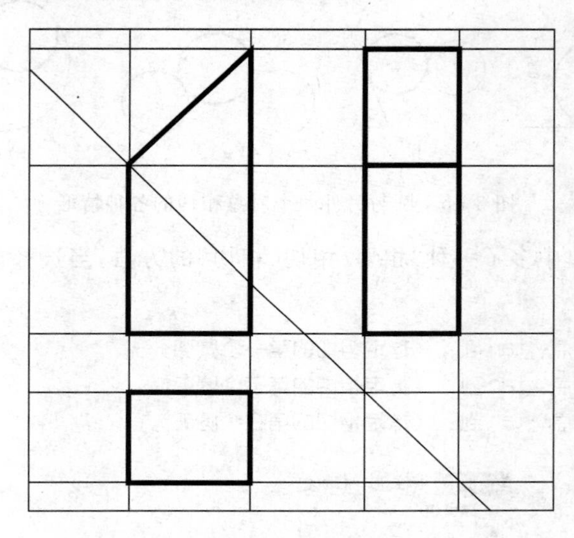

图 3-4　构造线辅助绘制三视图

3.2　圆类图形命令

圆类命令主要包括“圆”、“圆弧”、“椭圆”、“椭圆弧”以及“圆环”等命令，这几个命令是 AutoCAD 中最简单的曲线命令。

3.2.1　圆

1. 执行方式

命令行：CIRCLE

菜单：绘图→圆

工具栏：绘图→圆

2. 操作步骤

命令：CIRCLE↙

指定圆的圆心或[三点(3P)/两点(2P)/相切、相切、半径(T)]：(指定圆心)

指定圆的半径或[直径(D)]:(直接输入半径数值或用鼠标指定半径长度)
指定圆的直径＜默认值＞:(输入直径数值或用鼠标指定直径长度)

3. 选项说明

三点(3P):用指定圆周上三点的方法画圆。

两点(2P):指定直径的两端点画圆。

相切、相切、半径(T):按先指定两个相切对象,后给出半径的方法画圆。如图 3-5 所示给出了以"相切、相切、半径"方式绘制圆的各种情形(其中加黑的圆为最后绘制的圆)。

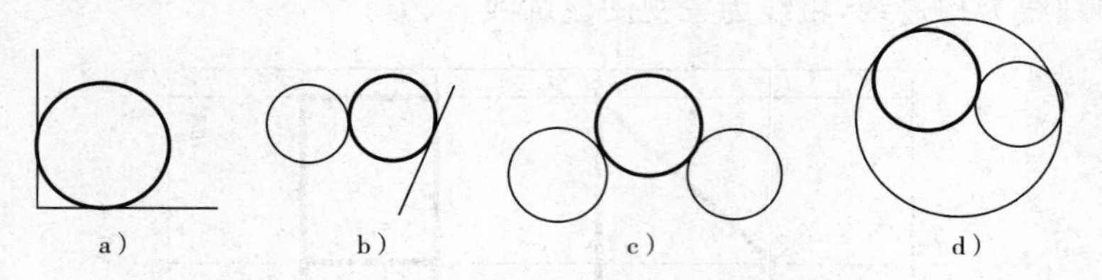

图 3-5　圆与另外两个对象相切的各种情形

"绘图→圆"菜单中多了一种"相切、相切、相切"的方法,当选择此方式时(如图 3-6 所示),系统提示:

指定圆上的第一个点:_tan 到:（指定相切的第一个圆弧）
指定圆上的第二个点:_tan 到:（指定相切的第二个圆弧）
指定圆上的第三个点:_tan 到:（指定相切的第三个圆弧）

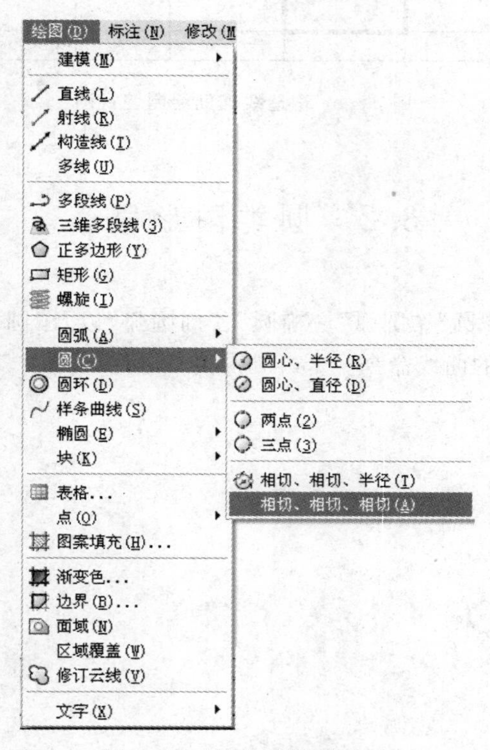

图 3-6　绘制圆的菜单方法

3.2.2　圆弧

1. 执行方式

命令行：ARC(缩写名：A)

菜单：绘图→圆弧

工具栏：绘图→圆弧

2. 操作步骤

命令：ARC↙

指定圆弧的起点或[圆心(C)]：(指定起点)

指定圆弧的第二点或[圆心(C)/端点(E)]：(指定第二点)

指定圆弧的端点：(指定端点)

3. 选项说明

用命令行方式画圆弧时，可以根据系统提示选择不同的选项，具体功能和用“绘制”菜单的“圆弧”子菜单提供的 11 干中方式相似。这 11 种方式如图 3－7 所示。

图 3－7　11 种画圆弧的方法

需要强调的是“继续”方式，绘制的圆弧与上一线段或圆弧相切，继续画圆弧段，因此画圆弧不需指定圆弧半径，提供端点即可。

【例 3－2】　绘制如图 3－8 所示的圆头平键。

【绘制步骤】

(1)利用“直线”命令绘制两条直线，端点坐标值为{(100,130),(150,130)}和{ (100,100),(150,100)}。结果如图 3－9 所示。

图 3－8　圆头平键　　　图 3－9　绘制平行线

(2)利用“圆弧”命令绘制圆头部分圆弧，命令行提示与操作如下：

命令：ARC↙

指定圆弧的起点或[圆心(C)]：(打开“对象捕捉”开关，指定起点为上面水平线左端点)
指定圆弧的第二点或[圆心(C)/端点(E)]：E↙
指定圆弧的端点：(指定端点为下面水平线左端点)
指定圆弧的圆心或[角度(A)/方向(D)/半径(R)]：D↙
指定圆弧的起点切向：180↙

(3)利用“圆弧”命令绘制另一段圆弧，命令行提示与操作如下：
命令：ARC↙

指定圆弧的起点或[圆心(C)]：(打开“对象捕捉”开关，指定起点为上面水平线右端点)
指定圆弧的第二点或[圆心(C)/端点(E)]：E↙
指定圆弧的端点：(指定端点为下面水平线右端点)
指定圆弧的圆心或[角度(A)/方向(D)/半径(R)]：A↙
指定包含角：-180↙

结果如图 3-8 所示。

3.2.3 圆环

1. 执行方式
命令行：DONUT
菜单：绘图↙圆环
2. 操作步骤
命令：DONUT↙

指定圆环的内径<默认值>：(指定圆环内径)
指定圆环的外径<默认值>：(指定圆环外径)
指定圆环的中心点或<退出>：(指定圆环的中心点)
指定圆环的中心点或<退出>：(继续指定圆环的中心点，则继续绘制相同内外径的圆环。用回车、空格键或鼠标右键结束命令，见图 3-10a)。

3. 选项说明

- 若指定内径为零，则画出实心填充圆(见图 3-10b)。
- 用命令 FILL 可以控制圆环是否填充，具体方法是：

命令：FILL↙

输入模式[开(ON)/关(OFF)]<开>：(选择 ON 表示填充，选择 OFF 表示不填充，如图 3-10C)

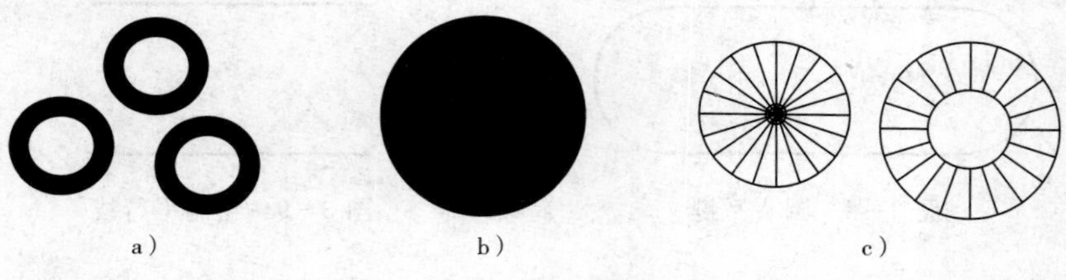

图 3-10 绘制圆环

3.2.4 椭圆与椭圆弧

1. 执行方式

命令行:ELLIPSE

菜单:绘制→椭圆→圆弧

工具栏:绘制→椭圆 或绘制→椭圆弧

2. 操作步骤

命令:ELLIPSE↙

指定椭圆的轴端点或[圆弧(A)/中心点(C)]:(指定轴端点 1,如图 3-11a 所示)
指定轴的另一个端点: (指定轴端点 2,如图 3-11a 所示)
指定另一条半轴长度或[旋转(R)]:

3. 选项说明

指定椭圆的轴端点:根据两个端点定义椭圆的第一条轴。第一条轴的角度确定了整个椭圆的角度。第一条轴既可定义椭圆的长轴也可定义短轴。

● 旋转(R):通过绕第一条轴旋转圆来创建椭圆。相当于将一个圆绕椭圆轴翻转一个角度后的投影视图。

● 中心点(C):通过指定的中心点创建椭圆。

● 圆弧(A):该选项用于创建一段椭圆弧。与"工具栏:绘制—椭圆弧"功能相同。其中第一条轴的角度确定了椭圆弧的角度。第一条轴既可定义椭圆弧长轴也可定义椭圆弧短轴。选择该项,系统继续提示:

指定椭圆弧的轴端点或[中心点(C)]:(指定端点或输入 C)
指定轴的另一个端点:(指定另一端点)
指定另一条半轴长度或[旋转(R)]: (指定另一条半轴长度或输入 R)
指定起始角度或[参数(P)]:(指定起始角度或输入 P)
指定终止角度或[参数(P)/包含角度(I)]:

其中各选项含义如下:

● 角度:指定椭圆弧端点的两种方式之一,光标与椭圆中心点连线的夹角为椭圆端点位置的角度,如图 3-11b 所示。

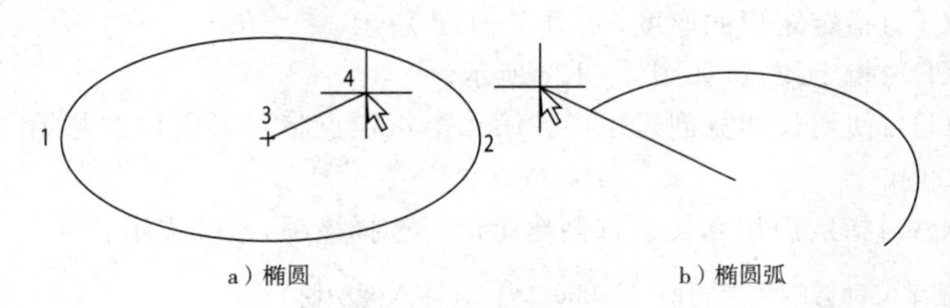

图 3-11 椭圆和椭圆弧

● 参数(P):指定椭圆弧端点的另一种方式,该方式同样是指定椭圆弧端点的角度,但通过以下矢量参数方程式创建椭圆弧:

$$p(u)=c+a*COS(u)+b*\sin(u)$$

其中 c 是椭圆的中心点，a 和 b 分别是椭圆的长轴和短轴。u 为光标与椭圆中心点连线的夹角。

包含角度(I)：定义从起始角度开始的包含角度。

3.3 平面图形命令

平面图形包括矩形和正多边形两种基本图形单元。本节学习这两种平面图形的命令和绘制方法。

3.3.1 矩形

1. 执行方式

命令行：RECTANG(缩写名：REC)

菜单：绘图→矩形

工具栏：绘图→矩形

2. 操作步骤

命令：RECTANG↙

指定第一个角点或[倒角(C)/标高(E)/圆角(F)/厚度(T)/宽度(W)]：

指定另一个角点或[面积(A)/尺寸(D)/旋转(R)]：

3. 选项说明

● 第一个角点：通过指定两个角点确定矩形，如图 3-12a 所示。

● 倒角(C)：指定倒角距离，绘制带倒角的矩形(如图 3-12b 所示)，每一个角点的逆时针和顺时针方向的倒角可以相同，也可以不同，其中第一个倒角距离是指角点逆时针方向倒角距离，第二个倒角距离是指角点顺时针方向倒角距离。

● 标高(E)：指定矩形标高(Z 坐标)，即把矩形画在标高为 Z，和 XOY 坐标面平行的平面上，并作为后续矩形的标高值。

● 圆角(F)：指定圆角半径，绘制带圆角的矩形，如图 3-12c 所示。

● 厚度(T)：指定矩形的厚度，如图 3-12d 所示。

● 宽度(D)：指定线宽，如图 3-12e 所示。

● 尺寸(D)：使用长和宽创建矩形。第二个指定点将矩形定位在与第一角点相关的四个位置之一内。

● 面积(A)：指定面积和长或宽创建矩形。选择该项，系统提示：

输入以当前单位计算的矩形面积(20.0000>：（输入面积值）

计算矩形标注时依据[长度(L)/宽度(W)](长度>：(回车或输入 W)

输入矩形长度(4.0000>：(指定长度或宽度)

指定长度或宽度后，系统自动计算另一个数据后绘制出矩形．如果矩形被倒角或圆角，则长度或宽度计算中会考虑此设置，如图 3-13 所示。

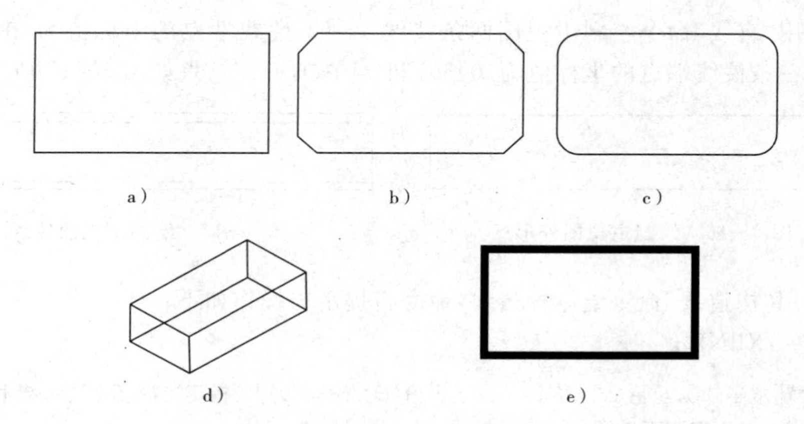

图 3-12　绘制矩形

旋转(R):旋转所绘制矩形的角度。选择该项,系统提示:

指定旋转角度或[拾取点(P)]＜135＞:（指定角度）

指定另一个角点或[面积(A)/尺寸(D)/旋转(R)]（指定另一个角点或选择其他选项）

指定旋转角度后,系统按指定角度创建矩形,如图 3-14 所示。

图 3-13　按面积绘制矩形　　图 3-14　按指定旋转角度创建矩形

【例 3-3】　绘制如图 3-15 所示的方头平键。

图 3-15　方头平键

【绘制步骤】

(1)利用"矩形"命令绘制主视图外形。命令行提示与操作如下:

● 命令:RETANG↙

指定第一个角点或[倒角(C)/标高(E)/圆角(F)/厚度(T)/宽度(W)]:0,30↙

指定另一个角点或[面积(A)/尺寸(D)/旋转(R)]:@100,11↙

结果如图 3-16 所示。

(2)利用“直线”命令绘制主视图两条棱线。一条棱线端点的坐标值为(0,32)和(@100,0),另一条棱线端点的坐标值为(0,39)和(@100,0)。结果如图 3-17 所示。

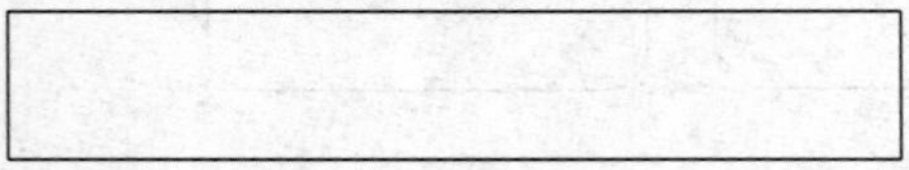

图 3-16　绘制主视图外形 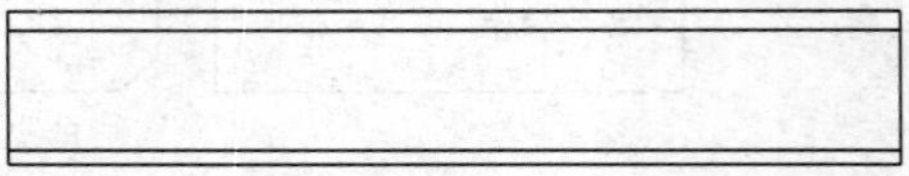　　　　图 3-17　绘制主视图棱线

(3)利用“构造线”命令绘制构造线,命令行提示与操作如下:

● 命令:XllNE↙

指定点或[水平(H)/垂直(V)/角度(A)/二等分(B)/偏移(0)]:(指定主视图左边竖线上一点)

指定通过点:(指定竖直位置上一点)

指定通过点:↙

同样方法绘制右边竖直构造线,如图 3-18 所示。

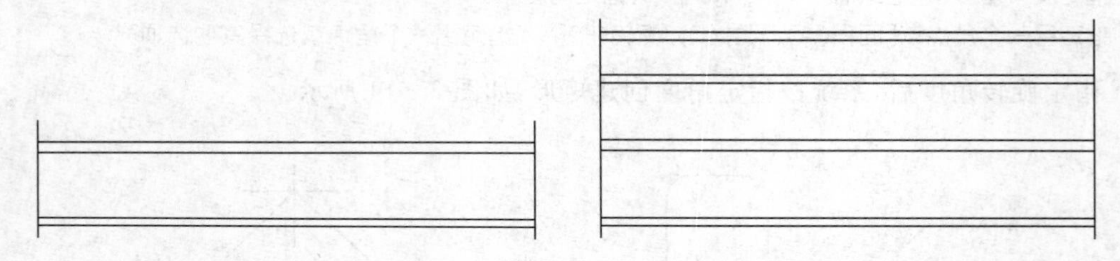

图 3-18　绘制竖直构造线　　　　图 3-19　绘制俯视图

(4)利用“矩形”命令和“直线”命令绘制俯视图。命令行提示与操作如下:

● 命令:RETANG↙

指定第一个角点或[倒角(C)/标高(E)/圆角(F)/厚度(T)/宽度(W)]:(指定左边构造线上一点)

指定另一个角点或[面积(A)/尺寸(D)/旋转(R)]:@100,18

接着绘制两条直线,端点分别为{(0,2),(@100,0))和{(0,16),(@100,0)),结果如图 3-19 所示。

(5)利用“构造线”命令绘制左视图构造线。命令行提示与操作如下:

● 命令:_xline

指定点或[水平(H)/垂直(V)/角度(A)/二等分(B)/偏移(O)]:H↙

指定通过点:(指定主视图上右上端点)

指定通过点:(指定主视图上右下端点)

指定通过点:(捕捉俯视图上右上端点)

指定通过点:(捕捉俯视图上右下端点)

指定通过点:↙

● 命令:↙(回车表示重复绘制构造线命令)

指定点或[水平(H)/垂直(V)/角度(A)/二等分(B)/偏移(0)]:A↙

输入构造线的角度(0)或[参照(R)]:-45↙

指定通过点:(任意指定一点)

指定通过点:↙

● 命令:XLINE↙

指定点或[水平(H)/垂直(V)/角度(A)/二等分(B)/偏移(0)]:V↙

指定通过点:(指定斜线与第三条水平线的交点)

指定通过点:(指定斜线与第四条水平线的交点)

结果如图 3-20 所示。

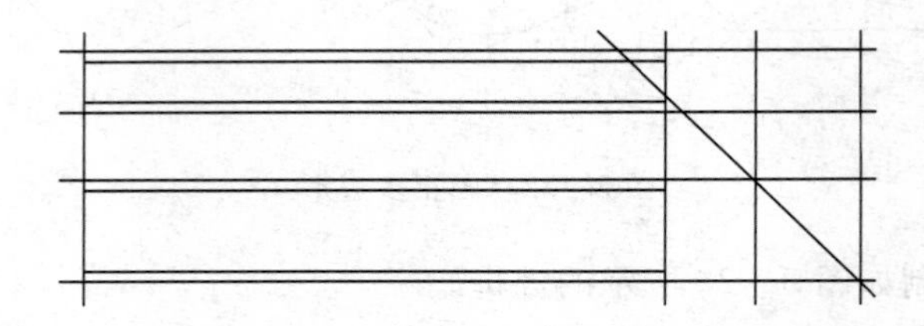

图 3-20　绘制左视图构造线

(6)设置矩形两个倒角距离为 2,绘制左视图,结果如图 3-21 所示。

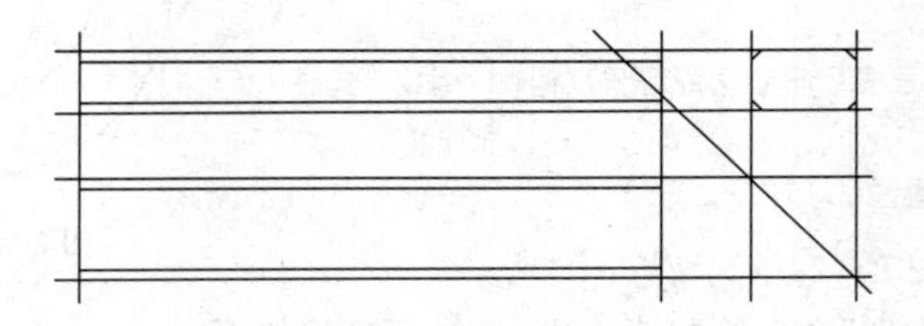

图 3-21　绘制左视图

(7)删除构造线,最终结果如图 3-15 所示。

3.3.2　正多边形

1. 执行方式

命令行:POLYGON

菜单:绘图→正多边形

工具栏:绘图→正多边形

2. 操作步骤

命令:POLYGON↙

输入边的数目<4>:5(指定多边形的边数,默认值为 4。)

指定正多边形的中心点或[边(E)]: (指定中心点)

输入选项[内接于圆(I)/外切于圆(C)]<I>:(指定是内接于圆或外切于圆,I 表示内接,如图 3-22a 所示,C 表示外切,如图 3-22b 所示)

指定圆的半径:(指定外接圆或内切圆的半径)

3. 选项说明

如果选择“边”选项，则只要指定多边形的一条边，系统就会按逆时针方向创建该正多边形，如图 3－22c 所示。

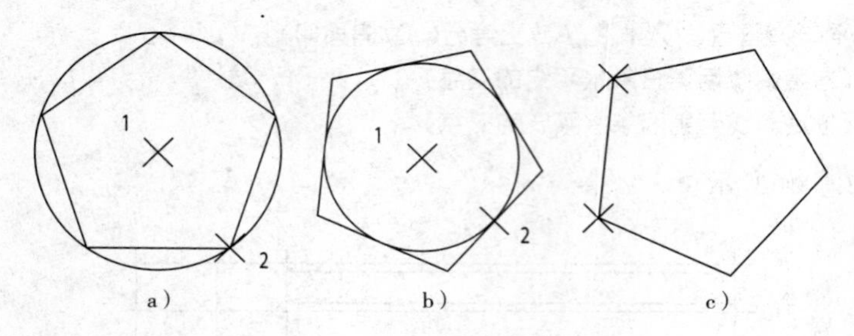

图 3－22 画正多边形

【例 3－4】 绘制如图 3－23 所示的螺母。

【绘制步骤】

(1)利用“圆”命令绘制一个圆。命令执行过程如下：

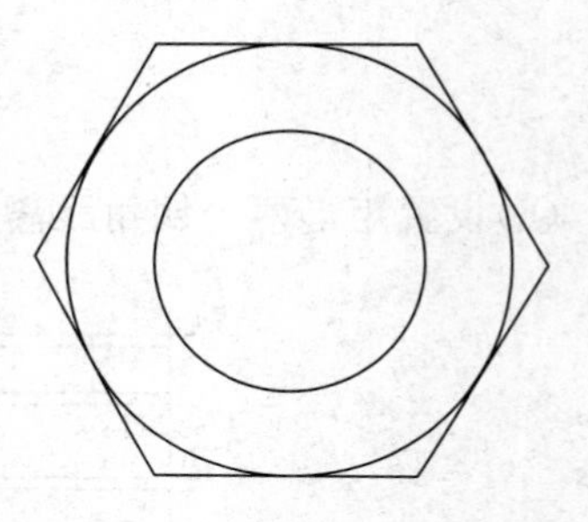

图 3－23 螺母

命令：circle↙

指定圆的圆心或[三点(3P)/两点(2P)/相切、相切、半径(T)]：150，150↙

指定圆的半径或[直径(D)]：50↙

得到的结果如图 3－24 所示。

(2)利用“正多边形”命令绘制正六边形，执行过程如下：

命令：polygon/

输入边的数目＜4＞：6

指定正多边形的中心点或[边(E)]：150，150↙

输入选项[内接于圆(I)/外切于圆(C)]＜I＞：C↙

指定圆的半径：50↙

得到的结果如图 3－25 所示。

(3)同样以(150，150)为中心，以 30 为半径绘制另一个圆，结果如图 3－23 所示。

图 3－24 绘制圆

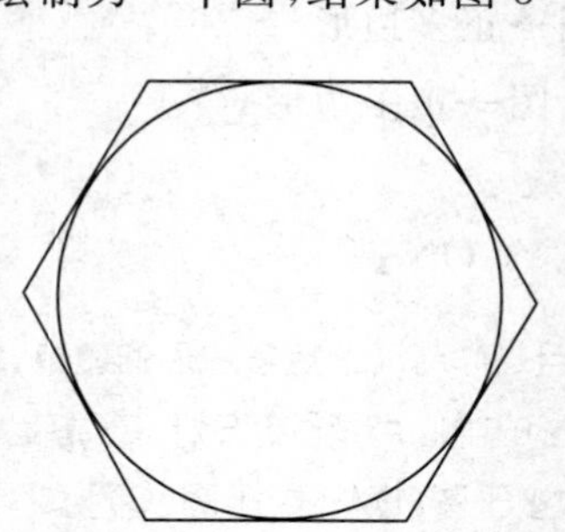

图 3－25 绘制正六边形

3.4　点

点在 AutoCAD 中有多种不同的表示方式，用户可以根据需要进行设置。也可以设置等分点和测量点。

3.4.1　绘制点

1. 执行方式

命令行：POINT

菜单：绘制→点→单点或多点

工具栏：绘制→点

2. 操作步骤

命令：POINT↙

指定点：（指定点所在的位置）

3. 选项说明

● 通过菜单方法操作时（如图 3-26 所示），“单点”选项表示只输入一个点，“多点”选项表示可输入多个点；

● 可以打开状态栏中的“对象捕捉”开关设置点捕捉模式，帮助用户拾取点；

● 点在图形中的表示样式，共有 20 种。可通过命令 DDPTYPE 或拾取菜单：格式→点样式，弹出“点样式”对话框来设置，如图 3-27 所示。

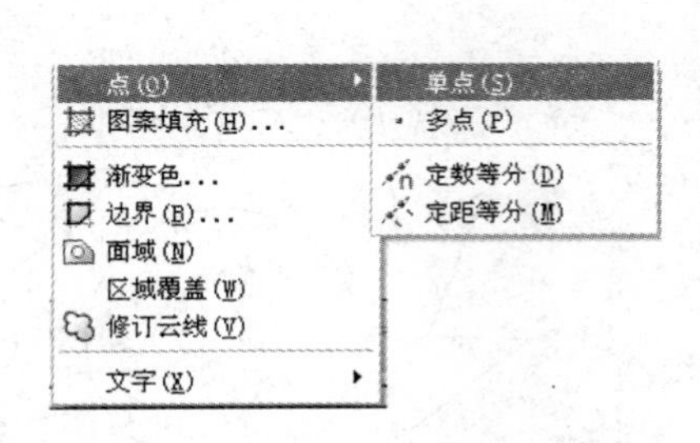

图 3-26　“点”子菜单

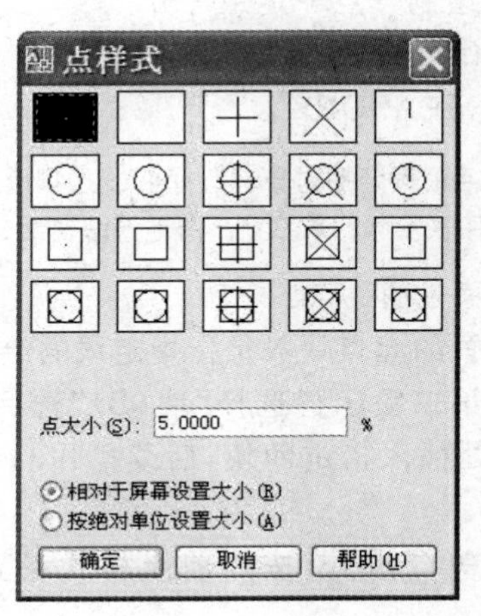

图 3-27　“点样式”对话框

3.4.2　等分点

1. 执行方式

命令行：DIVIDE（缩写名：DIV）

菜单:绘制→点→定数等分

2. 操作步骤

命令:DIVIDE↙

选择要定数等分的对象:(选择要等分的实体)

输入线段数目或[块(B)]:(指定实体的等分数,绘制结果如图 3-28a)

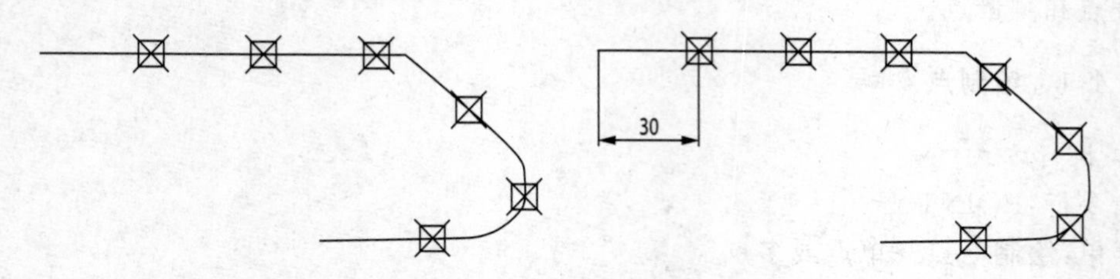

图 3-28 画出等分点和测量点

3. 选项说明

● 等分数范围 2～32767。

● 在等分点处,按当前点样式设置画出等分点。

● 在第二提示行选择"块(B)"选项时,表示在等分点处插入指定的块(BLOCK)。

3.4.3 测量点

1. 执行方式

命令行:MEASURE(缩写名:ME)

菜单:绘制→点→定距等分

2. 操作步骤

命令:MEASURE↙

选择要定距等分的对象:(选择要设置测量点的实体)

指定线段长度或[块(B)]:(指定分段长度,绘制结果如图 3-28b 所示)

3. 选项说明

● 设置的起点一般是指指定线的绘制起点。

● 在第二提示行选择"块(B)"选项时,表示在测量点处插入指定的块,后续操作与上节等分点类似。

● 在等分点处,按当前点样式设置画出等分点。

● 最后一个测量段的长度不一定等于指定分段长度。

图 3-29 绘制棘轮

【例 3-5】 绘制如图 3-29 所示的棘轮。

【绘制步骤】

(1)利用"圆"命令,绘制 3 个半径分别为 90、

60、40 的同心圆，如图 3 - 30 所示。

(2)设置点样式。选择菜单命令："格式"→"点样式"，在打开的"点样式"对话框中选择"X"样式。

(3)等分圆。命令行提示与操作如下：

命令：Divide ↙

选择要定数等分的对象：(选取 R90 圆)

输入线段数目或[块(B)]：12 ↙

方法相同，等分 R60 圆，结果如图 3 - 31 所示。

(4)利用"直线"命令连接 3 个等分点，如图 3 - 32 所示。

(5)用相同方法连接其他点，用鼠标选择绘制的点和多余的圆及圆弧，按下 Trim 修剪，结果如图 3 - 29 所示。

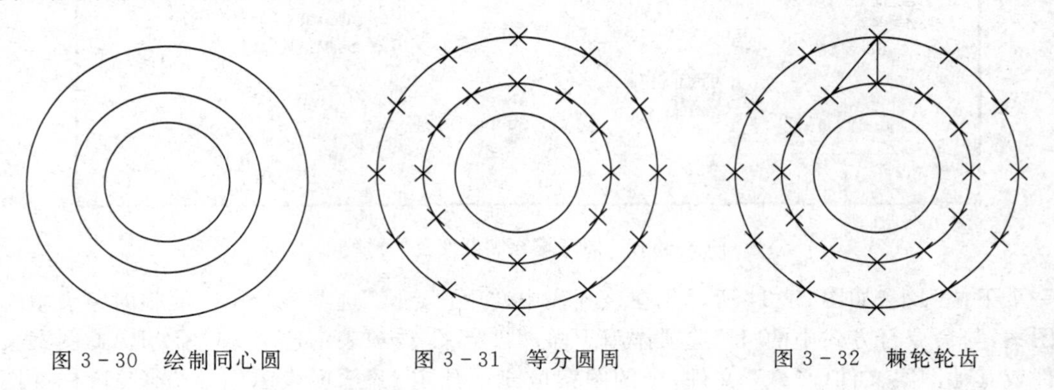

图 3 - 30　绘制同心圆　　图 3 - 31　等分圆周　　图 3 - 32　棘轮轮齿

3.5　高级绘图命令

除了前面介绍的一些绘命令外还有一些比较复杂的绘图命令，包括"图案填充"命令、"多段线"'命令、"样条曲线"命令等。

3.5.1　图案填充

1. 执行方式

命令行：BHATCH

菜单：绘图→图案填充

工具栏：绘图→图案填充

2. 操作步骤

执行上述命令后系统打开如图 3 - 33 所示的对话框，各选项组和按钮含义如下：

(1)"图案填充"标签。此标签下各选项用来确定图案及其参数。选取此标签后，弹出图 3 - 33 左边选项组。其中各选项含义如下：

● 类型：此选项组用于确定填充图案的类型及图案。点取设置区中的小箭头，弹出

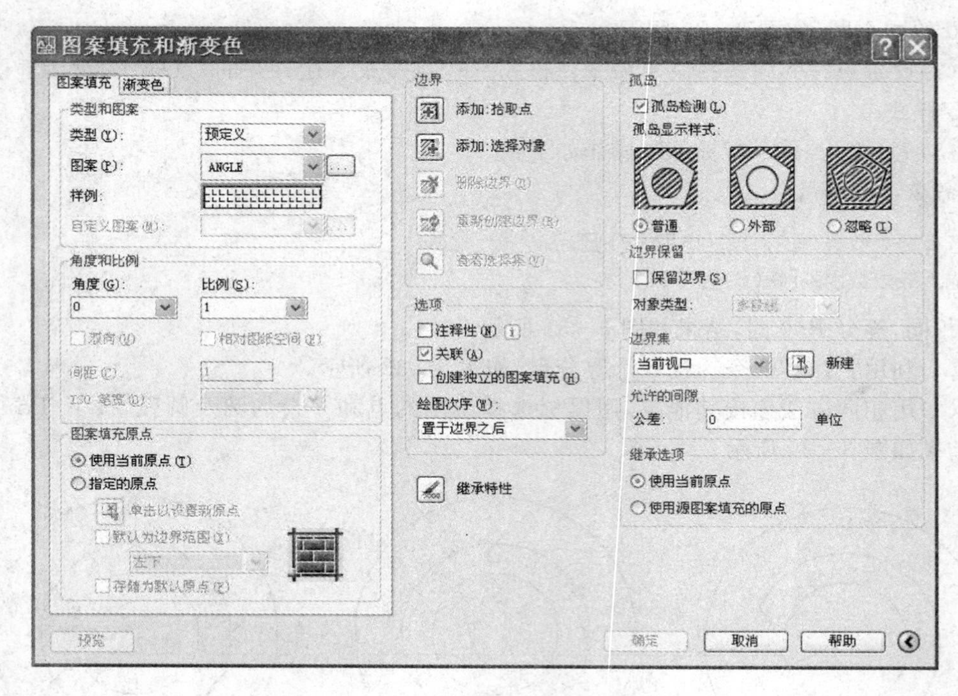

图 3-33 “图案填充和渐变色”对话框

一个下拉列表(如图 3-34 所示),在该列表中,“用户定义”选项表示用户要临时定义填充图案,与命令行方式中的“U”选项作用一样;“自定义”选项表示选用 ACAD. PAT 图案文件或其他图案文件(. PAT 文件)中的图案填充;“预定义”选项表示用 AutoCAD 标准图案文件(ACAD. PAT 文件)中的图案填充。

预定义
用户定义
自定义

图 3-34 填充图案类

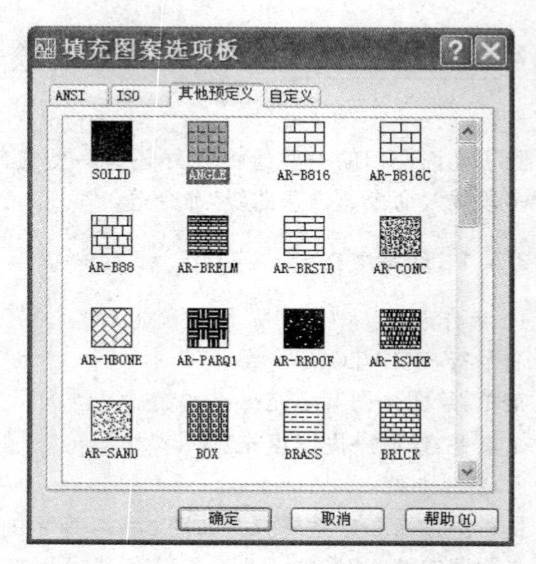

图 3-35 图案列表

● 图案:此按钮用于确定标准图案文件中的填充图案。在弹出的下拉列表中,用户可从中选取填充图案。选取所需要的填充图案后,在“样例”中的图像框内会显示出该图案。只有用户在“类型”中选择了“预定义”,此项才以正常亮度显示,即允许用户从自己定义的图案文件中选取填充图案。

如果选择的图案类型是“预定义”,单击“图案”下拉列表框右边的[...]按钮,会弹出类似如图 3-35 所示的对话框,该对话框中显示出所选类型所具有的图案,用户可从中确定所需要的图案。

● 样例:此选项用来给出一个样本图案。在其右面有一方形图像框,显示出当前用户所选用的填充图案。用户可以通过单击该图像的方式迅速查看或选取已有的填充图案(如图 3-34 所示)。

● 自定义图案:此下拉列表框用于从用户定义的填充图案。只有在“类型”下拉列表框中选用“自定义”项后,该项才以正常亮度显示,即允许用户从自己定义的图案文件中选取填充图案。

● 角度:此下拉列表框用于确定填充图案时的旋转角度。每种图案在定义时的旋转角度为零,用户可在“角度”编辑框内输入所希望的旋转角度。

● 比例:此下拉列表框用于确定填充图案的比例值。每种图案在定义时的初始比例为 1,用户可以根据需要放大或缩小,方法是在“比例”编辑框内输入相应的比例值。

● 双向:用于确定用户临时定义的填充线是一组平行线,还是相互垂直的两组平行线。只有当在“类型”下拉列表框中选用“用户定义”选项,该项才可以使用。

● 相对于图纸空间:确定是否相对于图纸空间单位确定填充图案的比例值。选择此选项,可以按适合于版面布局的比例方便地显示填充图案。该选项仅仅适用于图形版面编排。

● 间距:指定线之间的间距,在“间距”文本框内输入值即可。只有当在“类型”下拉列表框中选用“用户定义”选项,该项才可以使用。

● ISO 笔宽:此下拉列表框告诉用户根据所选择的笔宽确定与 ISO 有关的图案比例。只有选择了已定义的 ISO 填充图案后,才可确定它的内容。

● 图案填充的原点:控制填充图案生成的起始位置。些图案填充(例如砖块图案)需要与图案填充边界上的一点对齐。默认情况下,所有图案填充原点都对应于当前的 UCS 原点。也可以选择“指定的原点”及下面一级的选项重新指定原点。

(2)“渐变色”标签。渐变色是指从一种颜色到另一种颜色的平滑过渡。渐变色能产生光的效果,可为图形添加视觉效果。点取该标签,AutoCAD 弹出如图 3-36 所示的对话框,其中各选项含义如下:

●“单色”单选钮:应用单色对所选择的对象进行渐变填充。其右边上面的显示框显示用户所选择的真彩色,单击右边的小方钮,系统打开“选择颜色”对话框,如图 3-37 所示。该对话框在后面将详细介绍,这里不再赘述。

●“双色”单选钮:应用双色对所选择的对象进行渐变填充。填充颜色将从颜色 1 渐变到颜色 2。颜色 1 和颜色 2 的选取与单色选取类似。

●“渐变方式”样板:在“渐变色”标签的下方有 9 个“渐变方式”样板,分别表示不同的渐变方式,包括线形、球形和抛物线形等方式。

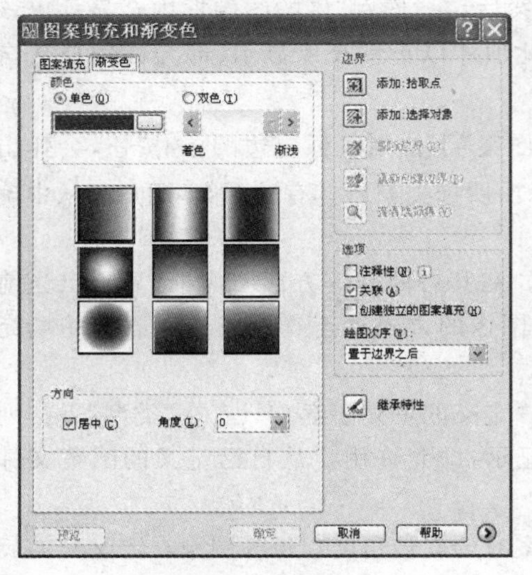

图 3-36 “渐变色”标签

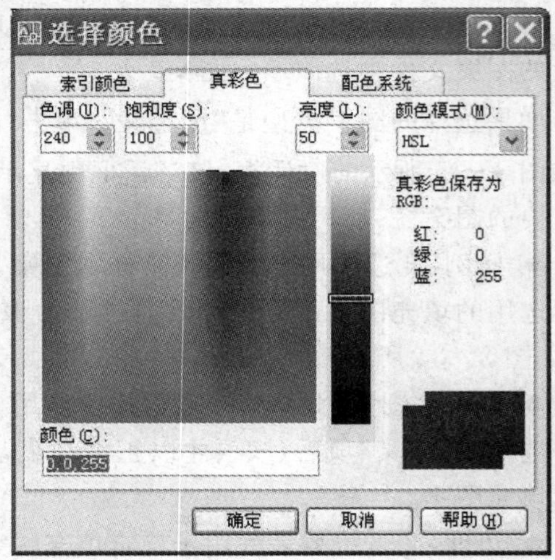

图 3-37 “选择颜色”对话框

● “居中”复选框:该复选框决定渐变填充是否居中。

● “角度”下拉列表框:在该下拉列表框中选择角度,此角度为渐变色倾斜的角度。不同的渐变色填充如图 3-38 所示。

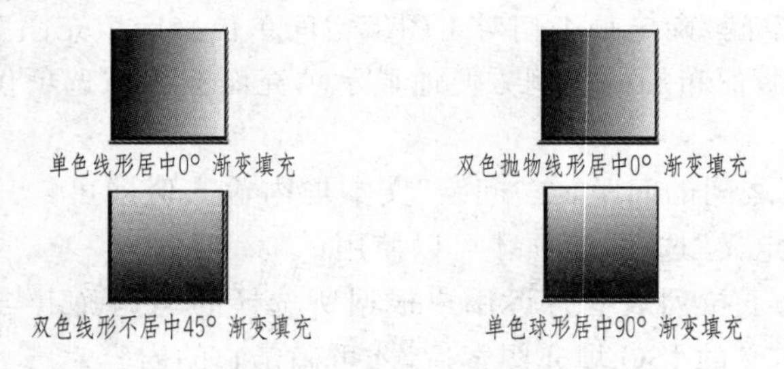

图 3-38 不同的渐变色填充

(3)边界

● 添加:拾取点。以点取点的形式自动确定填充区域的边界。在填充的区域内任意点取一点,系统会自动确定出包围该点的封闭填充边界,并且高亮度显示(如图 3-39 所示)。

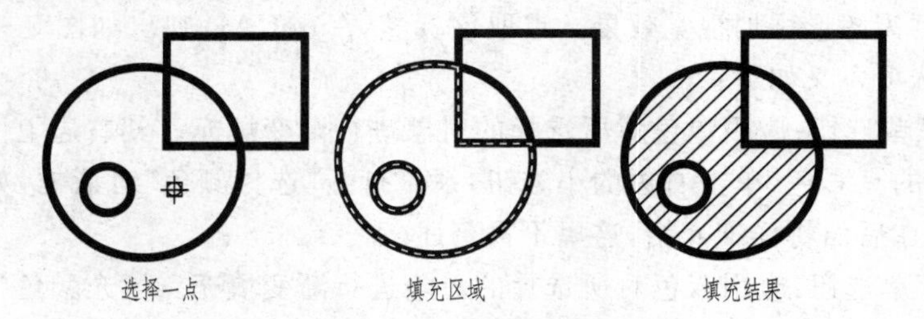

图 3-39 边界确定

● 添加:选择对象。以选取对象的方式确定填充区域的边界。可以根据需要选取构成填充区域的边界。同样,被选择的边界也会以高亮度显示(如图 3-40 所示)。

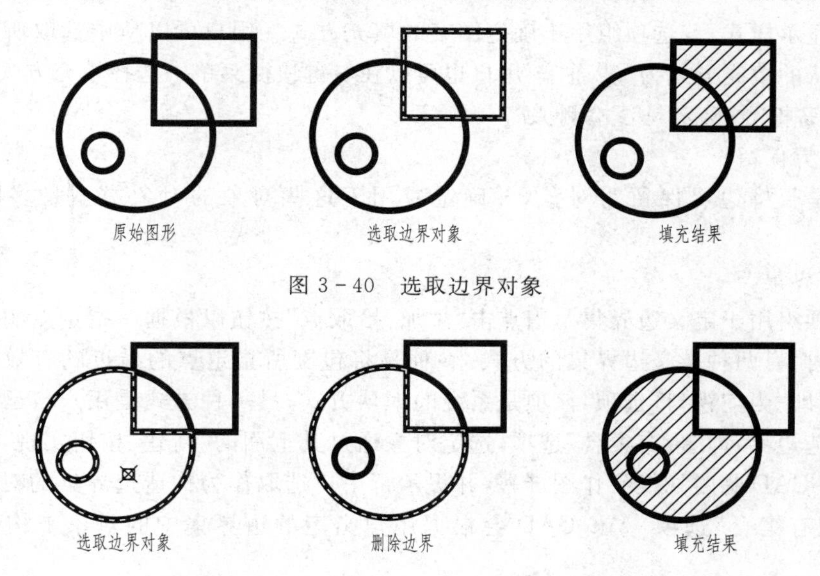

图 3-40　选取边界对象

图 3-41　废除“岛”后的边界

● 重新创建边界:围绕选定的图案填充或填充对象创建多段线或面域。

● 查看选择集:观看填充区域的边界。点取该按钮,AutoCAD 临时切换到作图屏幕,将所选择的作为填充边界的对象以高亮度方式显示。只有通过“拾取点”按钮或“选择对象”按钮选取了填充边界,“查看选择集”按钮才可以使用。

(4)选项

● 注释性:指定图案填充为 annotative。

● 关联:此单选钮用于确定填充图案与边界的关系。若选择此单选钮,那么填充的图案与填充边界保持着关联关系,即图案填充后,当用钳夹(Grips)功能对边界进行拉伸等编辑操作时,AutoCAD 会根据边界的新位置重新生成填充图案。

● 创建独立的图案填充:控制当指定了几个独立的闭合边界时,是创建单个图案填充对象,还是创建多个图案填充对象。如图 3-42 所示。

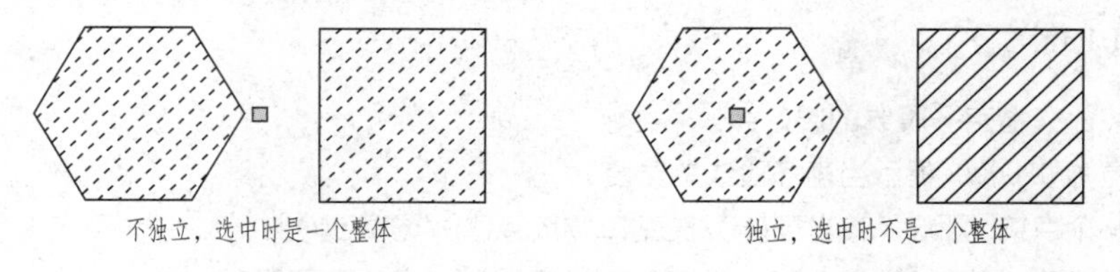

图 3-42　独立与不独立

● 绘图次序:指定图案填充的绘图顺序。图案填充可以放在所有其他对象之后、所有其他对象之前、图案填充边界之后或图案填充边界之前。

(5)继承特性

此按钮的作用是继承特性,即选用图中已有的填充图案作为当前的填充图案。

(6)孤岛

孤岛显示样式:该选项组用于确定图案的填充方式。用户可以从中选取所要的填充方式。默认的填充方式为“普通”。用户也可以在右键快捷菜单中选择填充方式。

- 孤岛检测:确定是否检测孤岛。

(7)边界保留

指定是否将边界保留为对象,并确定应用于这些对象的对象类型是多段线还是面域。

(8)边界集

此选项组用于定义边界集。当点击“添加:拾取点”按钮以根据一指定点的方式确定填充区域时,有两种定义边界集的方式:一种是将包围所指定点的最近的有效对象作为填充边界,即“当前视口”选项,该项是系统的默认方式;另一种方式是用户自己选定一组对象来构造边界,即“现有集合”选项,选定对象通过其上面的“新建”按钮实现,按下该按钮后,AutoCAD临时切换到作图屏幕,并提示行用户选取作为构造边界集的对象。此时若选取“现有集合”选项,AutoCAD会根据用户指定的边界集中的对象来构造一封闭边界。

(9)允许的间隙

设置将对象用作图案填充边界时可以忽略的最大间隙。默认值为0,此值指定对象必须封闭区域而没有间隙。

(10)继承选项

使用“继承特性”创建图案填充时,控制图案填充原点的位置。

3.5.2 多段线

1. 执行方式

命令行:PLINE

菜单:绘图→多段线

工具栏:绘图→多段线

2. 操作步骤

命令:PLINE↙

指定起点:(指定多段线的起始点)

当前线宽为0.0000(提示当前多段线的宽度)

指定下一个点或[圆弧(A)/半宽(H)/长度(L)/放弃(U)/宽度(W)]:

指定下一点或[圆弧(A)/闭合(C)/半宽(H)/长度(L)/放弃(U)/宽度(W)]:

上述提示中各个选项含义如下:

(1)指定下一个点:确定另一端点绘制一条直线段,是系统的默认项。

(2)圆弧:使系统变为绘圆弧方式。我们选择了这一项后,系统会提示:

指定圆弧的端点或[角度(A)/圆心(CE)/闭合(CL)/方向(D)/半宽(H)/直线(L)/半径(R)/第二个点(S)/放弃(U)/宽度(W)]:

● 圆弧的端点：绘制弧线段，此为系统的默认项。弧线段从多段线上一段的最后一点开始并与多段线相切。

● 角度(A)：指定弧线段从起点开始包含的角度。若输入的角度值为正值，则按逆时针方向绘制弧线段；反之，按顺时针方向绘制弧线段。

● 圆心(CE)：指定所绘制弧线段的圆心。

● 闭合(CL)：用一段弧线段封闭所绘制的多段线。

● 方向(D)：指定弧线段的起始方向。

● 半宽(H)：指定从宽多段线线段的中心到其一边的宽度。

● 直线(L)：退出绘圆弧功能项并返回到 PLINE 命令的初始提示信息状态。

● 半径(R)：指定所绘制弧线段的半径。

● 第二个点(S)：利用三点绘制圆弧。

● 放弃(U)：撤销上一步操作。

● 宽度(W)：指定下一条直线段的宽度。与“半宽”相似。

(3)闭合(C)：绘制一条直线段来封闭多段线。

(4)半宽(H)：指定从宽多段线线段的中心到其一边的宽度。

(5)长度(L)：在与前一线段相同的角度方向上绘制指定长度的直线段。

图 3－43　绘制多段线

(6)放弃(U)：撤销上一步操作。

(7)宽度(W)：指定下一段多线段的宽度。

图 2－43 为利用多段线命令绘制的图形。

3.5.3　样条曲线

AutoCAD 使用一种称为非一致有理 B 样条(NURBS)曲线的特殊样条曲线类型。NURBS 曲线在控制点之间产生一条光滑的曲线，如图 3－44 所示。样条曲线可用于创建形状不规则的曲线，例如为地理信息系统(GIS)应用或汽车设计绘制轮廓线。

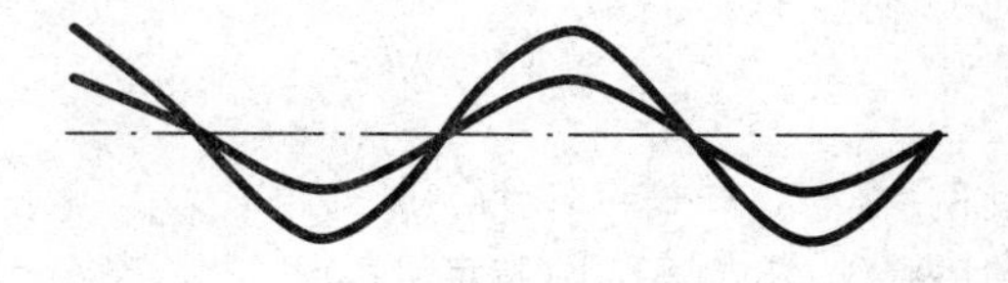

图 3－44　样条曲线

1. 执行方式

命令行：SPLINE

菜单：绘图→样条曲线

工具栏：绘图→样条曲线

2. 操作步骤

命令：SPLINE↙

指定第一个点或[对象(O)]:(指定一点或选择“对象(O)”选项)

指定下一点:(指定一点。)

指定下一个点或[闭合(C)/拟合公差(F)]＜起点切向＞:

上述提示中各个选项含义如下。

(1)对象(O):将二维或三维的二次或三次样条曲线拟合多段线转换为等价的样条曲线,然后(根据 DELOBJ 系统变量的设置)删除该多段线。

(2)闭合(C):将最后一点定义为与第一点一致,并使它在连接处相切,这样可以闭合样条曲线。选择该项,系统继续提示:

指定切向:(指定点或按 ENTER 键)

用户可以指定一点来定义切向矢量,或者使用“切点”和“垂足”对象捕捉模式使样条曲线与现有对象相切或垂直。

(3)拟合公差(F):修改当前样条曲线的拟合公差。根据新公差以现有点重新定义样条曲线。公差表示样条曲线拟合所指定的拟合点集的拟合精度。公差越小,样条曲线与拟合点越接近。公差为 0,样条曲线将通过该点。输入大于 0 的公差将使样条曲线在指定的公差范围内通过拟合点。在绘制样条曲线时,可以改变样条曲线拟合公差以查看效果。

(4)＜起点切向＞:定义样条曲线的第·点和最后一点的切向。

如果在样条曲线的两端都指定切向,可以输入一个点或者使用“切点”和“垂足”对象捕捉模式使样条曲线与已有的对象相切或垂直。如果按(Enter)键,AutoCAD 将计算默认切向。

3.5.4 多线

多线是一种复合线,由连续的直线段复合组成。这种线的一个突出的优点是能够提高绘图效率,保证图线之间的统一性。

1. 执行方式

命令行:MLINE

菜单:绘图→多线

2. 操作步骤

命令:MLINE↙

当前设置:对正 = 上,比例 = 20.00,样式 = STANDARD

指定起点或[对正(J)/比例(S)/样式(ST)]:(指定起点)

指定下一点: (给定下一点)

指定下一点或[放弃(U)]: (继续给定下一点绘制线段。输入“U”,则放弃前一段的绘制:单击鼠标右键或按(Enter)键,结束命令)

指定下一点或[闭合(C)/放弃(U)]: (继续给定下一点绘制线段。输入“C”,则闭合线段,结束命令)

【例 3-6】 绘制如图 3-45 所示墙体,中心线宽度为 0.35mm,线型为 CENTER,边线线宽为 0.7mm,线型为实线。墙体厚度为 250mm,长度为 5m,宽度为 3m。操作步骤如下:

命令:MLSTYLE↙

图 3-45　多线命令实例

（弹出“多线样式”对话框）；

（点击“新建(N)”按钮，弹出“创建新的多线样式”对话框）；

（输入新样式名称，点击“继续”按钮）；

（点击“添加(A)”按钮，再点击“线型(Y)”，弹出“选择线型”对话框）；

（点击“加载(L)”按钮，弹出“加载或重载线型”对话框）；

（选择 CENTER 线型，点击“确定”按钮，回到“选择线型”对话框）；

（选择刚加载好的 CENTER 线型，点击“确定”完成多线中心线的设定，回到“新建多线样式”对话框）；

（点击“确定”按钮回到“多线样式”对话框，将刚设定的多线样式“置为当前”，点击“确定”完成多线样式的设置）。

命令：ML↙

当前设置：对正 = 上，比例 = 20.00，样式 =＜当前样式＞
指定起点或[对正(J)/比例(S)/样式(ST)]：S↙
输入多线比例：250↙
当前设置：对正 = 上，比例 = 250.00，样式 = ＜当前样式＞
指定起点或[对正(J)/比例(S)/样式(ST)]：J↙
输入对正类型[上(T)/无(Z)/下(B)]＜上＞：B↙
当前设置：对正 =下，比例 = 250.00，样式 = ＜当前样式＞
指定起点或[对正(J)/比例(S)/样式(ST)]：0,0↙
指定下一点：5000,0↙
指定下一点或[放弃(U)]：5000,3000↙
指定下一点或[闭合(C)/放弃(U)]：0,3000↙
指定下一点或[闭合(C)/放弃(U)]：C↙

小　结

本章主要介绍绘制线段、圆、圆弧、椭圆、正多边形的方法，具体内容包括：

(1)使用 LINE 命令，并通过输入坐标来创建一系列连续的线段。

(2)使用对象捕捉、正交模式、极坐标模式来创建连续的线段。

(3)使用 PER 命令来绘制某条线段的垂线，使用 TAN 命令来绘制圆的切线。

(4)使用 PLINE 命令绘制多段线。

(5)使用 CIRCLE 命令绘制圆，使用 ARC 命令绘制圆弧。

(6)使用 RECTANG 命令绘制矩形。

(7)使用 POLYGON 命令绘制正多边形。

(8)使用 ELLIPSE 命令绘制椭圆。

(9)使用 DONUT 命令绘制圆环。

习　题

一、简答题

1. 在 AutoCAD 中用户常用的坐标类型有哪些？如何使用？

2. 在 AutoCAD 中绘制圆和圆弧的方法有哪些？

3. 如何设置点的类型？点的标记符号有多少种？

4. 如何绘制椭圆？

5. 如何创建正多边形和矩形？它们是由什么实体构成？

6. 在 AutoCAD 中射线和构造线各有哪些用途？

7. 如何绘制圆环？

8. 在 AutoCAD 中点有哪些妙用？

9. 在 AutoCAD 中有哪些命令可以将封闭区域的边界创建出来？

10. 如何进行图案填充？

11. 叙述样条曲线的绘制方法。

12. 叙述多线的绘制方法。

二、绘图题

1. 按图习题 3-1 中给出的圆心点的坐标和半径绘圆，再绘制两圆的外公切线和内公切线。

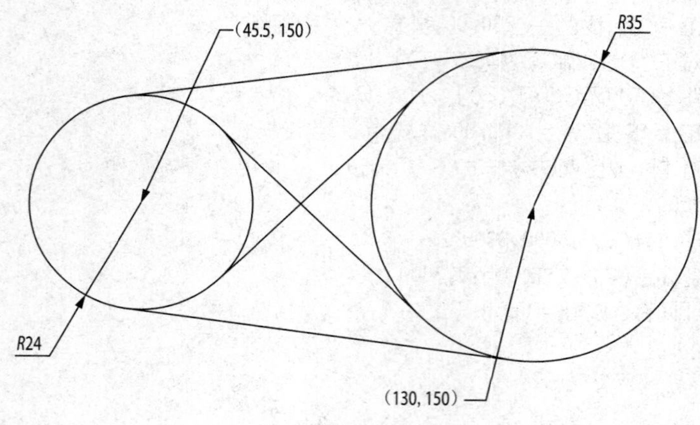

习题 3-1

2. 请用两种以上的办法绘制如图习题 3-2 所示的图形，直线 BC 是弧 AB 和弧 CD 的切线，且长度为 50mm，弧 AB 的圆心角为 180°。

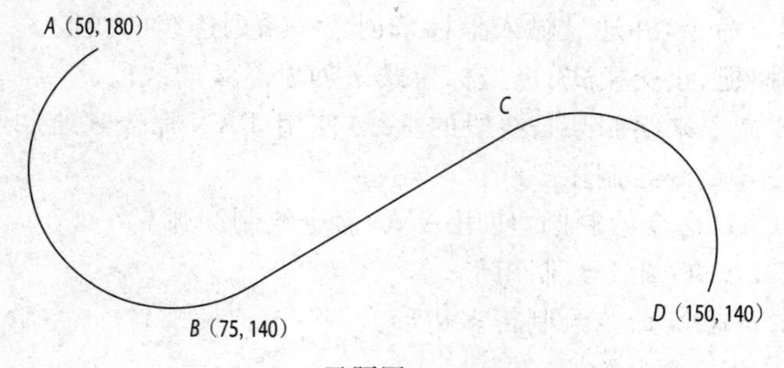

习题图 3-2

3. 过点 A(45,55)和点 B(130,195)作一直线，再过点 A 作直线 AC，使 AC=AB，且∠CAB=45°，再过点 B 和 C 作一圆相切于直线 AB 和 AC。如图习题 3-3 所示。

4. 绘制一个长轴为 100、短轴为 60 的椭圆，在椭圆中绘制一个三角形，三角形的三个顶点分别为：椭圆最上端的象限点、椭圆左下四分之一椭圆弧的中点以及椭圆右下四分之一椭圆弧的中点；再绘制该三角形的内切圆。如图习题 3-4 所示。

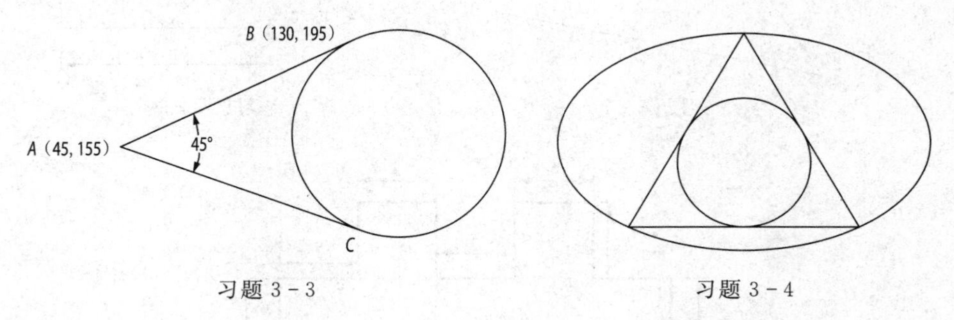

习题 3-3　　　　习题 3-4

5. 绘制一个 150mm 长的水平线，将其等分为四等分。绘制多段线，其中 A、D 两点线宽为 0，B、C 两点线宽为 10，如图习题 3-5 所示。

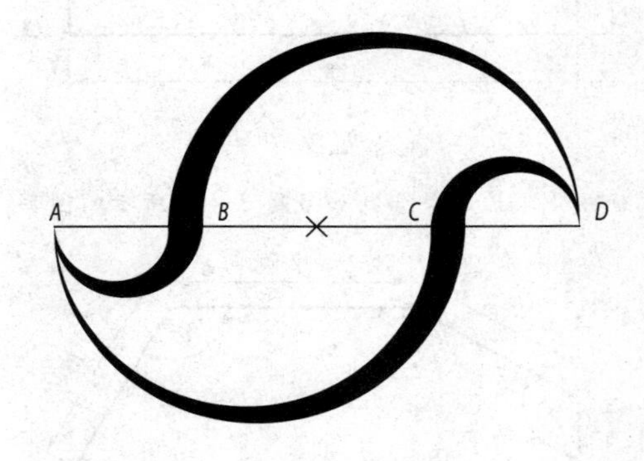

习题 3-5

6. 绘制如图习题 3-6 所示图形，墙体厚度为 250mm，长度为 3m，宽度为 2m，柱子为边长为 400mm 的正方形，填充颜色为红色，线的颜色为绿色。

习题 3-6

7. 已知 A、B、C 三点的绝对坐标如习题 3-7 所示，现用 LINE 命令绘制此图形。

8. 已知正方形的边长为 10 和 A 的绝对坐标，使用对象捕捉以正方形的四条边的中点作一个新的正方形，如图习题 3-8 所示。

9. 使用正交模式，使用 LINE 命令绘制如习题 3-9 所示的图形。

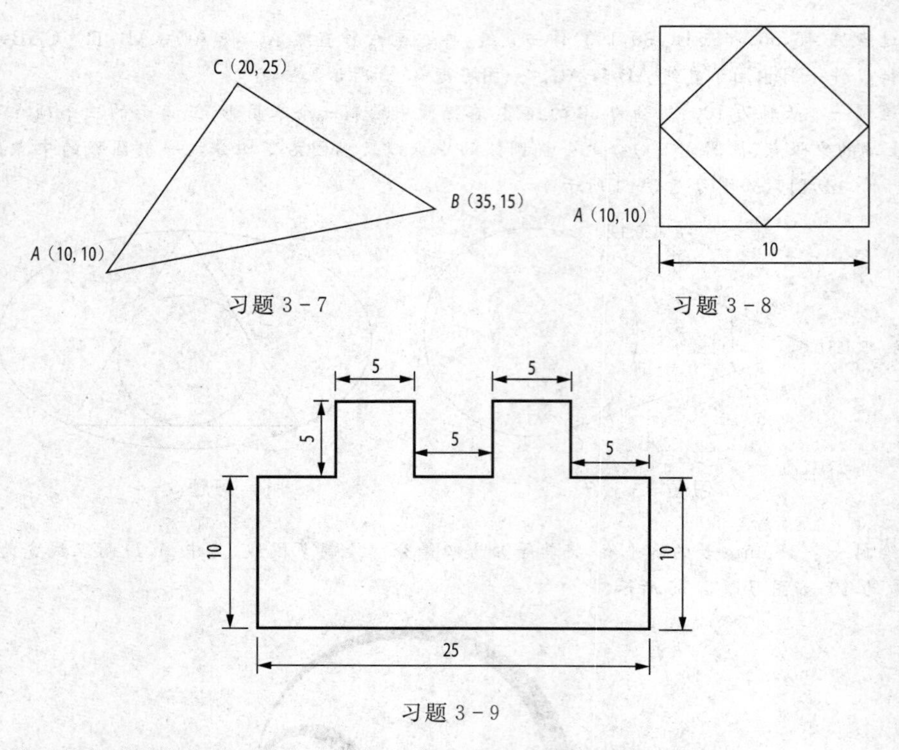

习题 3-7

习题 3-8

习题 3-9

10. 使用极轴追踪模式，使用 LINE 命令绘制如习题 3-10 所示的图形。

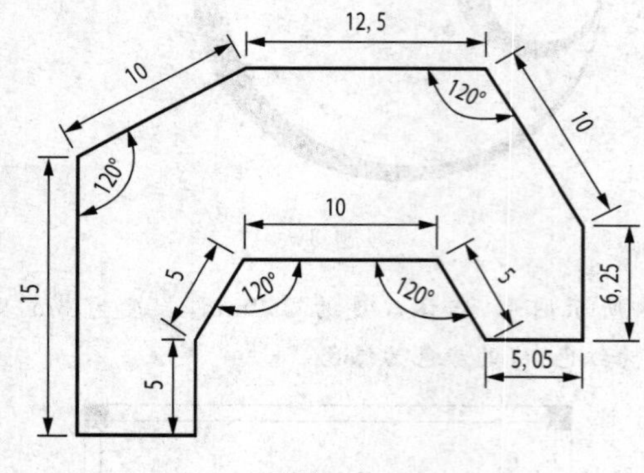

习题 3-10

11. 已知三角形的三个顶点的绝对坐标，绘制经过三条边上的垂足所形成的三角形，如习题 3-11 所示。

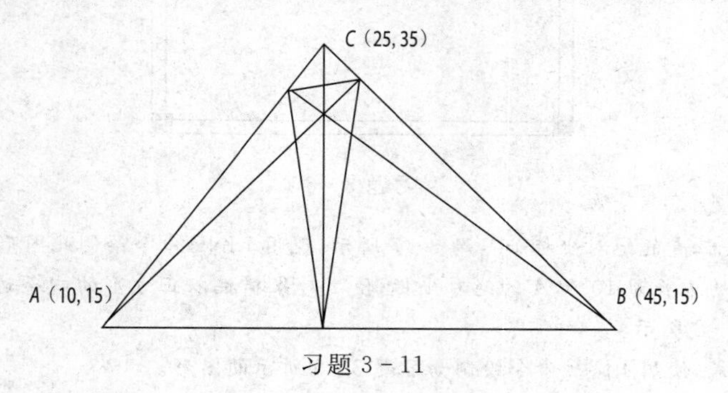

习题 3-11

12. 如习题 3 - 12a 所示，在该图的基础上绘制如习题 3 - 12b 所示的效果图。

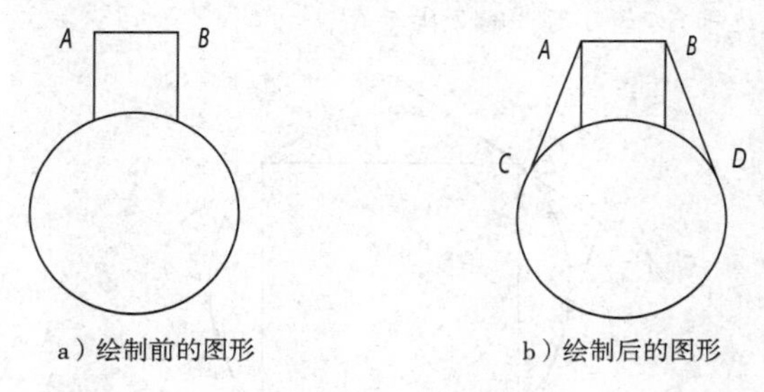

a）绘制前的图形　　b）绘制后的图形

习题 3 - 12

13. 用多段线绘制如习题 3 - 13 所示的图形，其中 A 点的坐标是(30,175)，E 点的坐标为(130,120)，A、B、C、D 在同一水平线上，线段 AB 的长度为 40，线宽为 0，线段 BC 的长度为 30，B 点的线宽为 40，C 点的线宽为 0，线段 CD 的长度 30，D 点的线宽为 20，弧 DE 的宽度为 20，线段 CD 在 D 点与弧 DE 相切。

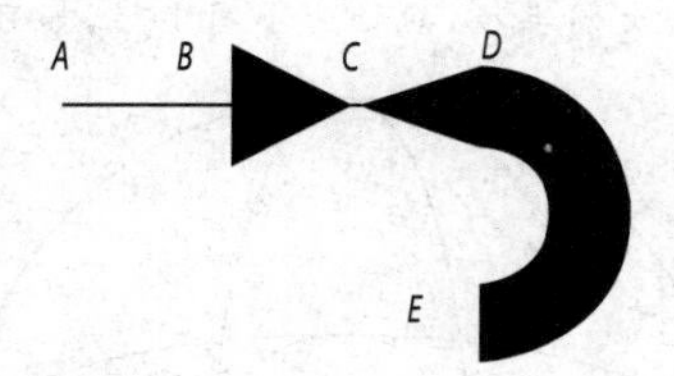

习题 3 - 13　绘制多段线

14. 绘制如习题 3 - 14 所示的图形。

15. 绘制如习题 3 - 15 所示的图形，圆弧的角度均为 180 度。

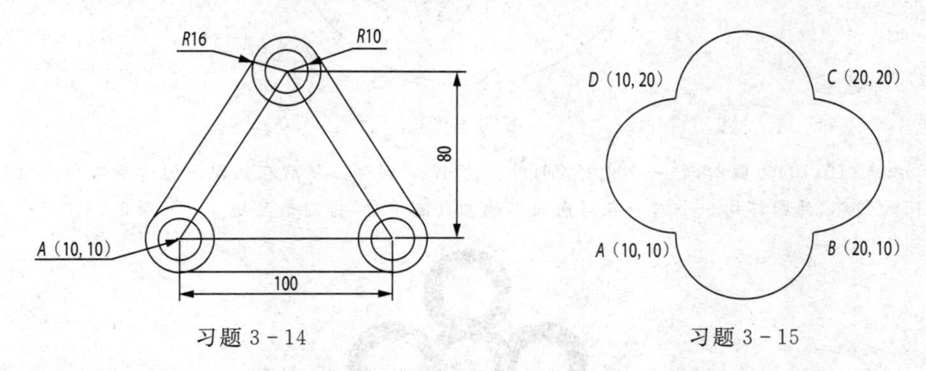

习题 3 - 14　　习题 3 - 15

16. 绘制一个长为 100，宽为 60 的矩形，并绘制出该矩形的外接圆，如习题 3 - 16 所示。

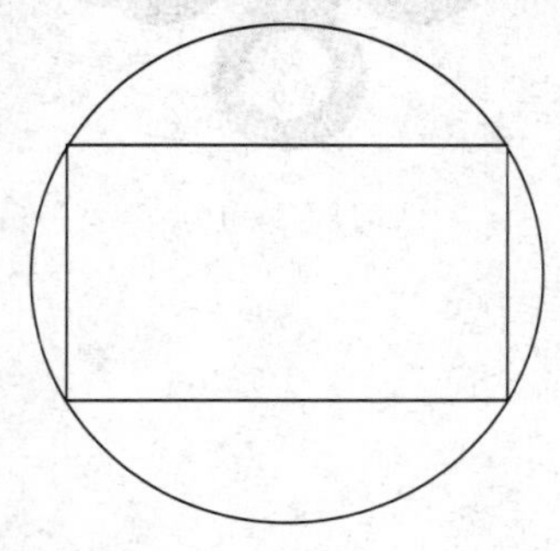

习题 3 - 16

17. 绘制一个边长为 60 的正方形，并画出它的外接圆，然后绘制出该圆的外接正五边形，并且正五边形的底边与正方形的底边平行，如习题 3－17 所示。

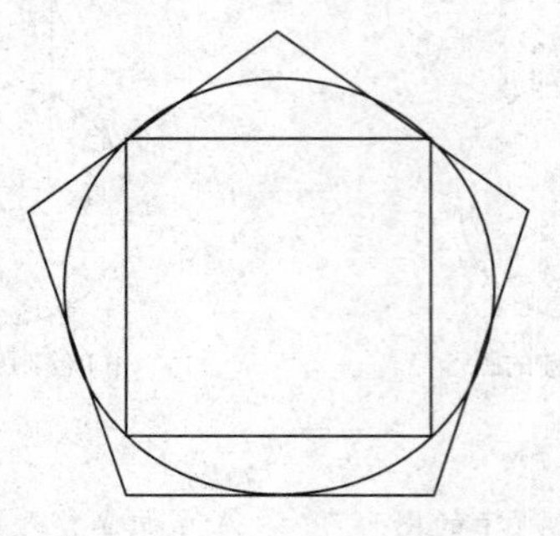

习题 3－17

18. 以点(30,30)为圆心绘制一个半径 20，在再做一个半径为 60 的同心圆，并以圆心为中心，绘制两个相互正交的椭圆，椭圆的长轴为大圆半径，短轴为小圆半径，如习题 3－18 所示。

习题 3－18

19. 以点(10,10)为圆心，作一个内径 20，外径为 40 的圆环。然后在该圆环的四个四分点上作四个大小相同的圆环，外圆环均一个四分点与内圆环的四分点重叠，排列如习题 3－19 所示。

习题 3－19

第 4 章　图形编辑命令

图形编辑是对已有图形进行移动、旋转、缩放、复制、删除等修改操作。在绘图和设计时，经常需要对绘制的图形进行编辑处理，对绘制的产品重新设计以构成所需图形。AutoCAD 具有强大的图形编辑功能，图形的编辑十分方便、快捷，能在设计绘图中发挥了重要作用，这也是手工绘图达不到的功能。它可以帮助用户合理地构造与组织图形，保证作图准确性，减少重复的绘图操作，从而提高设计绘图效率，缩短了产品的设计周期。本章主要介绍如何选择和编辑二维平面图形对象。

4.1　对象选择

利用 AutoCAD 绘制图形对象时，使用者经常要对图形进行编辑，要编辑某个对象，首先需要选定该对象，本节将详细介绍对象选择模式的设置以及对象快速选择的方法。

4.1.1　设置对象选择模式

在菜单栏中选择"工具"→"选项"命令，或在绘图区单击鼠标右键，在弹出的快捷菜单中选择"选项"命令，或在命令行输入"options"后按 Enter 键，均可打开"选项"对话框。在该对话框中单击"选项集"标签，切换到如图 4－1 所示的"选项集"选项卡。使用者可以设置"拾取框的大小"、"夹点的大小"及"选择模式"等设置。该选项卡中，各选项的含义如下。

(1)"拾取框大小"选项组：用于设置默认拾取方式选择对象时拾取框的大小。

(2)"夹点大小"选项组：用于设置选取对象夹点的标记大小。

(3)"选项集预览"选项组：用来控制拾取框光标移动过对象时，亮显该对象。

● "命令处于活动状态时"复选框：选中该复选框，表示当某个命令处于活动状态并显示"选择对象"提示时，才会显示选择预览。

● "未激活任何命令时"复选框：选中该复选框，表示即使未激活任何命令也可以显示选项预览。

● "视觉效果设置"按钮：单击该按钮，打开"视觉效果设置"对话框，用于控制选择预览的外观。

(4)"选择集模式"选项组：用于设置构造集的模式。

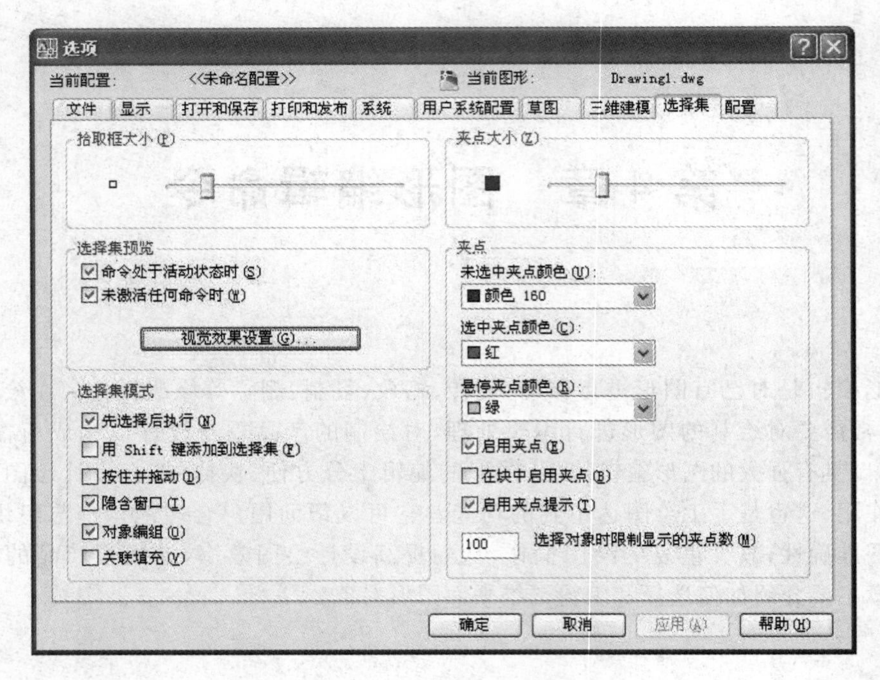

图 4-1 “选项集”选项卡

● “选择后执行”复选框:选中该复选框,表示先选择对象再选择命令,把已经选择的对象作为命令的操作对象;未选中该复选框表示必须先选择命令再选择对象。

● “用 Shift 键添加到选择集”复选框:选中该复选框,表示在选择对象或向已选择的对象里添加对象的同时必须按住 Shift 键;未选中该复选框表示选择第二个操作对象时,第一个对象自动被取消选择。

● “按住并拖动”复选框:选中该复选框,表示必须按住拾取键并拖动才可以生成一个选择窗口;未选中该复选框,表示使用者可先单击绘图区中的一点,再单击绘图区中的另外一点,才会出现一个动态的选择窗口。

● “隐含窗口”复选框:选中该复选框,表示可以在命令行的“选择对象”提示后,直接在绘图区拖动画出一个矩形窗口来选择对象;未选中该复选框,表示系统不允许使用者自动拖动出一个选择窗口。

● “对象编组”复选框:选中该复选框,表示当选择某个组中的一个对象时,系统将会选中这个对象组中的所有对象。

● “关联填充”复选框:选中该复选框,表示可以只选择一个关联性填充,则该填充的所有对象以及边界都被选中。

(5)“夹点”选项组:用于设置是否使用夹点编辑功能,是否在块中可以使用夹点编辑功能,以及夹点的颜色等内容。

4.1.2 对象的快速选择

AutoCAD 为使用者提供了非常强大的对象选择功能,前面已经介绍了选择对象的基本方法，但有时使用这些方法很繁琐，尤其是当要选择的对象很多时，使用前面介绍的选择方法的工作效率很低。为此，AutoCAD 给使用者还提供了对象的快速选择。快速选择就是利用对象的共同特性创建选择集，从而达到快速选择的目的。

在菜单栏中选择“工具”→“快速选择”命令，或在命令行输入行输入“qselbct”命令后按 Enter 键，打开如图 4－2 所示的“快速选择”对话框。在该对话框中设置应用快速选择的范围、被选择对象的类型、被选择对象的共同特性，在“运算符”和“值”的下拉列表框中设置选择条件中的运算符和值。

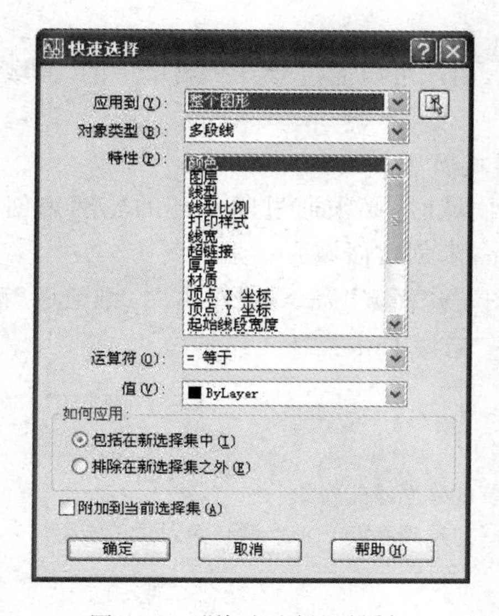

图 4－2　“快速选择”对话框

“快速选择”对话框中，常用选项的含义如下。

● “应用到”下拉列表框：该列表框在默认情况下为“整个图形”选项，若当前已经通过按钮选择了一组对象，则该下拉列表框中显示的为“整个图形”和“当前选择”选项。

● “对象类型”下拉列表框：使用该下拉列表框可指定要选择的对象类型。

● “特性”、“运算符”、“值”选项：用于指定要选择对象的属性。

● “如何应用”选项组：该选项组包括“包括在新选择集中”与“排除在新选择集之外”两个单选按钮。前者是由满足条件的对象构成的选项集，后者是由不满足条件的对象构成的选项集。

● “附加到当前选择集”复选框：若该复选框被选中，则满足条件的选择集将追加到当前选择集中。

4.2　面　域

面域是具有物理特性的二维封闭区域，是使用形成闭合环的对象创建的二维闭合区域，只能存在于同一个平面内。

面域的作用如下：

- 用于填充和着色。
- 用于分析特性。
- 用于提取设计信息。
- 用于绘制更为复杂的图形对象。
- 用于创建三维实体图形对象。

4.2.1 创建面域

在 AutoCAD 2008 中，用户可以通过“绘图”菜单中的“面域”或者“边界”命令来创建面域。

1. 使用“面域”命令创建面域

使用“面域”命令创建面域时，必须通过闭合环的轮廓来创建，非闭合区域以及对象自交区域都不能使用该命令来创建面域。

在菜单栏中选择“绘图”→“面域”命令，或单击“二维绘图”面板中的“面域”按钮，或在命令行中输入“pegion”后按 Enter 键。

命令行提示如下：

命令：_pegion

选择对象：　//选择需要创建面域的对象
选择对象：　//继续选择对象或者按 Enter 键结束对象的选取
已提取一个环
已创建一个面域

2. 使用“边界”命令创建面域

在菜单栏中选择“绘图”→“边界”命令，或在命令行中输入 boundary 后按 Enter 键，弹出如图 4-3 所示的“边界创建”对话框。在该对话框中的“对象类型”的下拉列表框设置为“面域”类型，然后单击“拾取点”按钮，返回到绘图区，在绘图区内选择要创建面域的闭合域内的一点，按 Enter 键返回到“边界创建”对话框，然后单击“确定”按钮即可。

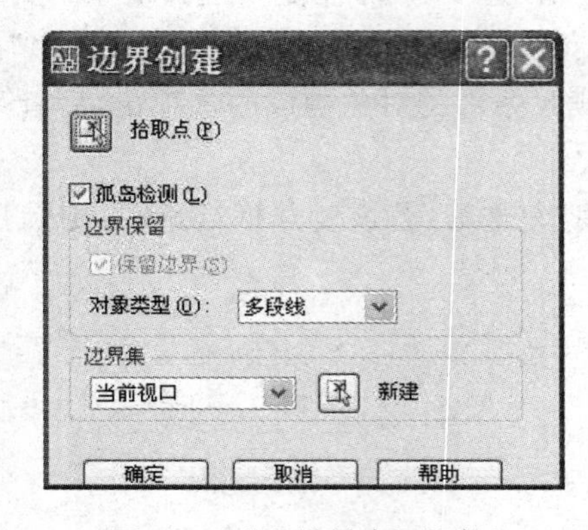

图 4-3 “边界创建”对话框

“边界创建”对话框中各选项的含义如下。

● “拾取点(P)”按钮:用于在绘图区内指定闭合区域内一点:且根据围绕该点构成的闭合区域的现有对象来确定边界。

● “孤岛监测”选项:用于控制 BOUNDARY 是否监测内部闭合区域,该边界称为孤岛。

● “边界保留”选项:用来选择是否保留边界,系统默认为保留边界。

● “对象类型”选项:用于控制新边界的对象类型。可将边界设置为面域或多段线对象。

● “边界集”选项:用于设置 BOUNDARY 在根据指定点定义边界时需要分析的对象集。

● “新建”按钮图:使用者可以使用该按钮来选择要定义边界集的对象。

4.2.2　面域的布尔运算

布尔运算是对图形的面域通过“并集”、“差集”和“交集”运算来构造图形的一种方法。

1.“并集”运算

“并集”运算将所有参与运算的面域合并为一个新的面域,参与该运算的面域可以相交,也可以不相交。

在菜单栏中选择“修改”→“实体编辑”→“并集”命令,或在命令行中输入 union 后按 Enter 键,命令行提示如下:

命令:_union

```
选择对象:          //选择需要进行并集操作的对象
指定对角点,找到 5 个
选择对象:          //按 Enter 键。结束并集运算或继续选择对象
```

如图 4-5 所示为将图 4-4 所示图例图形中的几个面域通过“并集”操作后合并为一个新面域后的效果。

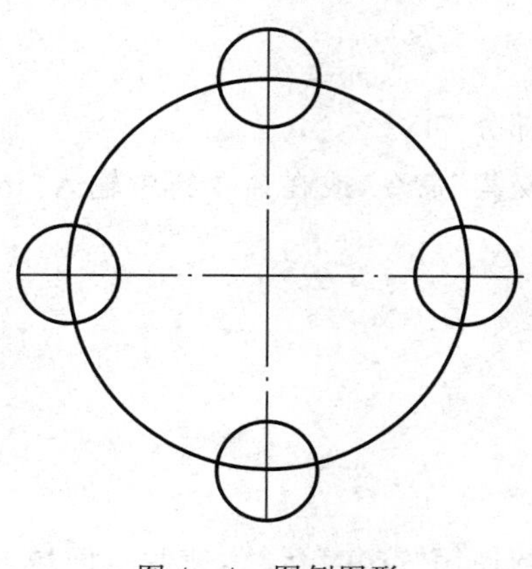

图 4-4　图例图形

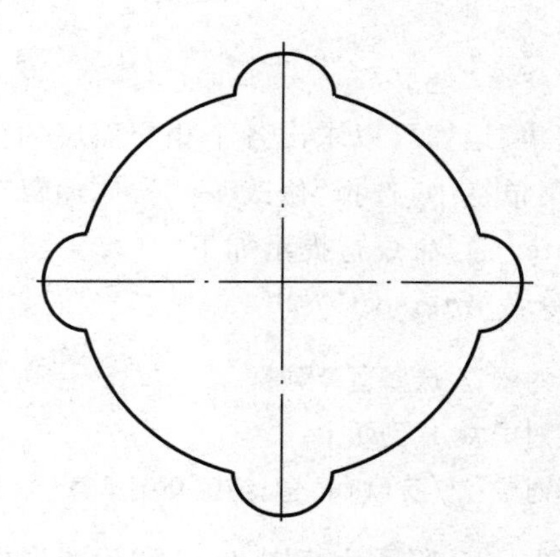

图 4-5　合并后的效果

2."差集"运算

"差集"运算可以从一个面域中去掉另一个面域相交的部分,参与该运算的面域必须相交。

在菜单栏中选择"修改"→"实体编辑"→"差集"命令,或在命令行中输入"subtract"后按 Enter 键,命令行提示如下:

命令:_subtract

选择对象://选择进行"差集"运算对象

选择对象://按 Enter 键完成对象选取

选择要减去的实体或面域...　　//在要减去的面域内部单击鼠标

选择对象://选择进行"差集"运算对象

选择对象://按 Enter 键结束差集运算

如图 4-6 所示为使用"差集"运算,把如图 4-4 所示的图例图形中的几个面域合并为一个新的面域后的效果。

如图 4-7 所示为改变对象选择次序后的"差集"运算效果。

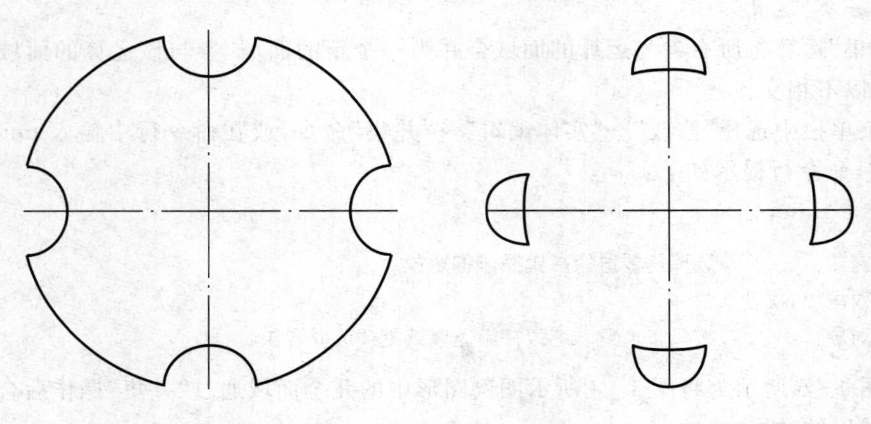

图 4-6　合并后的效果　　图 4-7　改变顺序的效果

3."交集"运算

"差集"运算可以求出各个相交面域的公共部分。

在菜单栏中,选择"修改"→"实体编辑"→"交集"命令,或在命令行中输入"intersect"后按 Enter 键,命令行提示如下:

命令:_intersect

选择对象://选择运算对象

指定对角点,找到两个

选择对象://按 Enter 键,结束交集运算

如图 4-9 所示为将图 4-8 所示图形中的圆使用"交集"运算,使两个面域合并为一个新的面域后的效果。

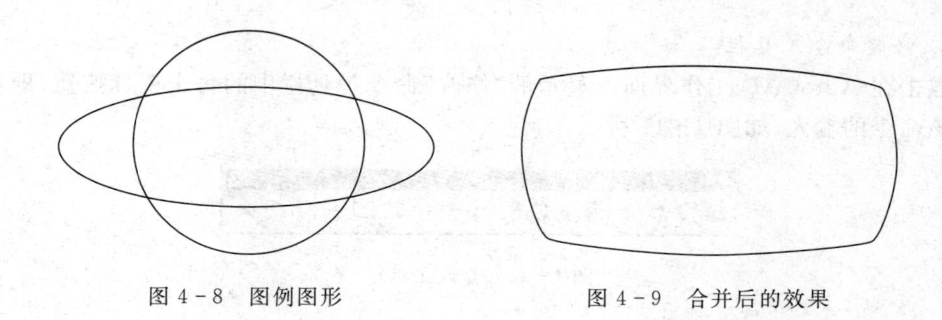

图 4-8　图例图形　　　　图 4-9　合并后的效果

4.3　二维基本编辑命令

AutoCAD 2008 提供了丰富的图形编辑功能，包括删除、复制、镜像、偏移、阵列、移动、旋转、缩放、拉伸、拉长、修剪、延伸、打断、合并、倒角、圆角等，通过这些编辑功能可以大幅提高绘图的效率和质量。

编辑命令可以通过以下方式进行调用。

1. 在文本行输入修改命令

在 AutoCAD 中，每一个修改命令都对应一个或多个指令，可以在命令输入执行该命令。一些常用的命令有其快捷键。

2. 修改命令下拉菜单

在 AutoCAD 工作界面的主菜单中，单击“修改(M)”菜单，即会弹出修改命令的下拉菜单列表，如图 4-10 所示，单击其中的选项即可完成命令的输入。

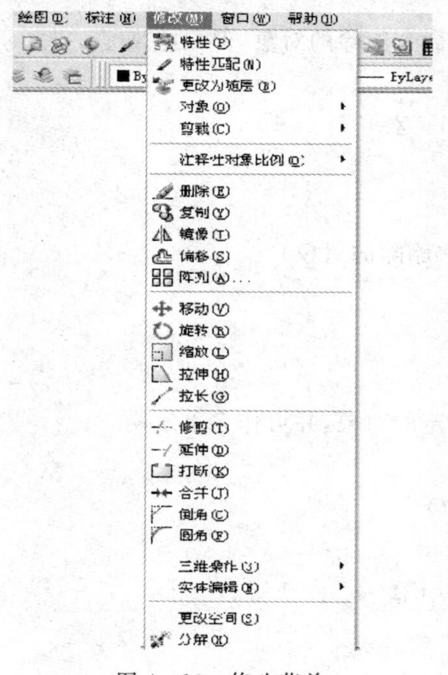

图 4-10　修改菜单

3. 修改命令工具栏

点击在 AutoCAD 工作界面上显示的“修改”命令工具栏中的每个图标按钮，即可完成对该命令的输入，如图 4－11 所示。

图 4－11　修改工具栏

4.3.1　删除命令

1. 功能

删除图形中选择的对象。

2. 调用方式

(1)命令:ERASE 或 E

(2)菜单:修改→删除

(3)图标:修改工具栏中

3. 说明

命令:E↙

选择对象:(选择要删除的对象)

4.3.2　删除恢复命令

1. 功能

恢复最后一次用删除命令删除的对象，但只能恢复一次。

2. 调用方式

命令:OOPS(或 Ctrl ＋ Z)

3. 说明

命令:OOPS↙

(系统即恢复最后一次删除的对象)

4.3.3　复制命令

1. 功能

复制命令可以复制选定的对象，并可作多重复制。

2. 调用方式

(1)命令:COPY 或 CO

(2)菜单:修改→复制

(3)图标:修改工具栏中

3. 说明

命令:CO↙

选择对象:(选择要复制的对象)

选择对象:↙

指定基点或[位移(D)]＜位移＞:(输入基点或位移量)

指定第二个点或＜使用第一个点作位移＞:(输入位移量的第二点或将输入的第一点作为位移量)

指定第二个点或[退出(E)/放弃(U)]＜退出＞:(指定第二点或输入 E 为退出,输入 U 放弃复制对象,并可重新复制对象)

指定第二个点或[退出(E)/放弃(U)]＜退出＞:(可以再进行复制,默认为多重复制状态,若输入回车键则完成命令)

【例 4－1】 将图中的圆复制到矩形的四个角点上,如图 4－12 所示。操作步骤如下:

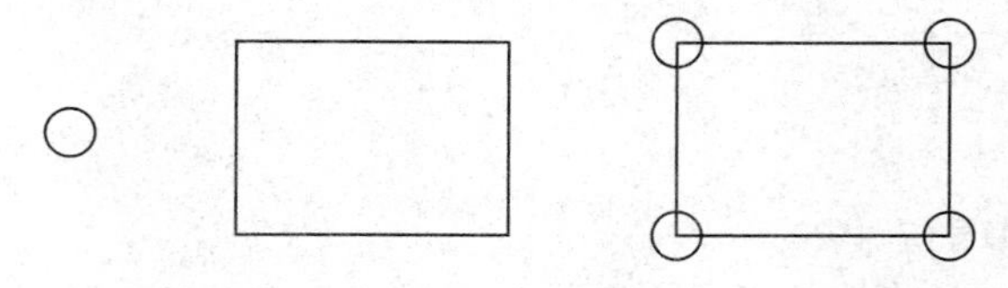

图 4－12　复制命令实例一

命令:CO↙

选择对象:(选取圆)

选择对象:↙

指定基点或[位移(D)]＜位移＞:(点击圆的圆心)

指定第二个点或＜使用第一个点作位移＞:(点击矩形的一个角点)

指定第二个点或[退出(E)/放弃(U)]＜退出＞:(依次点击其他三个角点)

指定第二个点或[退出(E)/放弃(U)]＜退出＞:↙

【例 4－2】 绘制间距为 50 的 10 条等长水平线,如图 4－13 所示。操作步骤如下:

命令:CO↙

选择对象:(选取最底端的水平线)

选择对象:↙

指定基点或[位移(D)]＜位移＞:

(点选一点,然后用光标选择向上的方向)

指定第二个点或＜使用第一个点作位移＞:50↙

指定第二个点或[退出(E)/放弃(U)]＜退出＞:100↙

指定第二个点或[退出(E)/放弃(U)]＜退出＞:150↙

指定第二个点或[退出(E)/放弃(U)]＜退出＞:200↙

指定第二个点或[退出(E)/放弃(U)]＜退出＞:250↙

指定第二个点或[退出(E)/放弃(U)]＜退出＞:300↙

指定第二个点或[退出(E)/放弃(U)]＜退出＞:350↙

指定第二个点或[退出(E)/放弃(U)]＜退出＞:400↙

指定第二个点或[退出(E)/放弃(U)]＜退出＞:450↙

图 4－13　复制命令实例二

指定第二个点或[退出(E)/放弃(U)]＜退出＞:↙

4.3.4 镜像命令

1. 功能

镜像命令是以某一镜像线(可以是图中的线段或图中不存在的线段)作为对称轴,生成与编辑对象镜像的对象,原有对象可以删除也可以保留。

2. 调用方式

(1)命令:MIRROR 或 MI

(2)菜单:修改→镜像

(3)图标:修改工具栏中

3. 说明

命令:MI↙

选择对象:(选择要镜像的对象)

选择对象:↙

指定镜像线的第一点:(指定对称轴上的一点)

指定镜像线的第二点:(指定对称轴上的另一点)

要删除源对象吗?[是(Y)/否(N)]＜N＞:(输入"Y"则原来的对象删除;输入"N"或回车则不删除源对象)

4. 注释

(1)所指定的镜像线是图形对象被镜像的轴线,它可以是任意角度的。

(2)对于文本镜像来说,系统将文本镜像后得到的文本并不像我们在镜子里看到的样子,这是因为系统默认文本的局部镜像状态。在 AutoCAD 中用系统变量 MIRRTEXT 来控制文本镜像的状态。MIRRTEXT=0 时,局部镜像,文本的位置镜像,文字不镜像;MIRRTEXT=1 时,全部镜像,文本的位置、文字都镜像,如图 4-14 所示。

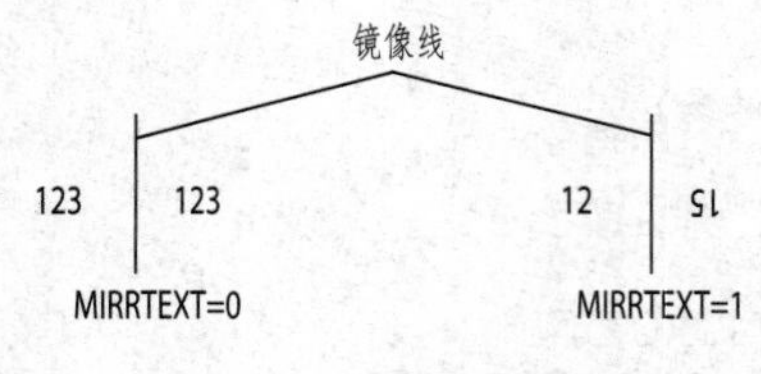

图 4-14 文本镜像示例

4.3.5 偏移命令

1. 功能

偏移命令可以创建同心圆、同心圆弧、平行线、等距曲线等等。该命令可以在不退出的情况下,进行多次偏移操作。

2. 调用方式

(1)命令:OFFSET 或 O

(2)菜单:修改→偏移

(3)图标:修改工具栏中

3. 说明

命令:O↙

当前设置:删除源=否　图层=源　OFFSETGAPTYPE=0

指定偏移距离或[通过(T)/删除(E)/图层(L)]＜通过＞:(指定距离或输入命令选项)

4. 注释

各选项功能如下

(1)指定偏移距离:默认选项,当输入偏移距离后回车,系统提示:

选择要偏移的对象,或[退出(E)/放弃(U)]＜退出＞:(选取要偏移的对象)

指定要偏移的那一侧上的点,或[退出(E)/多个(M)/放弃(U)]＜退出＞:

① 用光标点选对象的某一侧,确定向哪个方向偏移对象。

② 输入“E”命令,退出命令,也可以直接回车退出。

③ 输入“M”命令,可以连续偏移复制多个对象。

④ 输入“U”命令,取消上一次偏移复制的操作。

(2)输入“T”命令,或回车确认“通过”命令,系统提示:

选择要偏移的对象,或[退出(E)/放弃(U)]＜退出＞:(选取要偏移的对象)

指定通过点或[退出(E)/多个(M)/放弃(U)]＜退出＞:(指定偏移复制的对象通过哪个点或输入命令选项,该选项功能与(1)中各选项命令相同)

(3)输入“E”命令,系统提示:

要在偏移后删除源对象吗?[是(Y)/否(N)]＜否＞:(输入“Y”命令,偏移对象后删除源对象;输入“N”命令,偏移对象后保留源对象)

指定偏移距离或[通过(T)/删除(E)/图层(L)]＜通过＞:

(4)输入“L”命令,系统提示:

输入偏移对象的图层选项[当前(C)/源(S)]＜源＞:(输入“C”命令,偏移的对象放置在当前图层;输入“S”命令,偏移对象放置在源对象所在的图层上)

【例 4-3】 绘制如图 4-13 所示的图形。操作步骤如下:

命令:O↙

当前设置:删除源=否　图层=源　OFFSETGAPTYPE=0

指定偏移距离或[通过(T)/删除(E)/图层(L)]＜通过＞:50↙

选择要偏移的对象,或[退出(E)/放弃(U)]＜退出＞:(选择最底部的水平线)

指定要偏移的那一侧上的点,或[退出(E)/多个(M)/放弃(U)]＜退出＞:(点击水平线上方一点)

选择要偏移的对象,或[退出(E)/放弃(U)]＜退出＞:(选择刚创建的水平线)

指定要偏移的那一侧上的点,或[退出(E)/多个(M)/放弃(U)]＜退出＞:(点击水平线上方一点,连续偏移 8 次)

选择要偏移的对象,或[退出(E)/放弃(U)]＜退出＞:↙

4.3.6 阵列命令

1. 功能

阵列命令可以按指定方式复制排列多个对象副本。排列方式分为矩形阵列和环形阵列。

2. 调用方式

(1)命令:ARRAY 或 AR

(2)菜单:修改→阵列

(3)图标:修改工具栏中

3. 说明

命令:AR↙

(系统弹出“阵列”对话框,如图 4-15 所示)

4. 注释

在弹出的“阵列”对话框中,有两个选择按钮:一个是“矩形阵列(R)”,一个是“环形阵列(P)”。

选择“矩形阵列(R)”,对话框显示如图 4-15 所示。

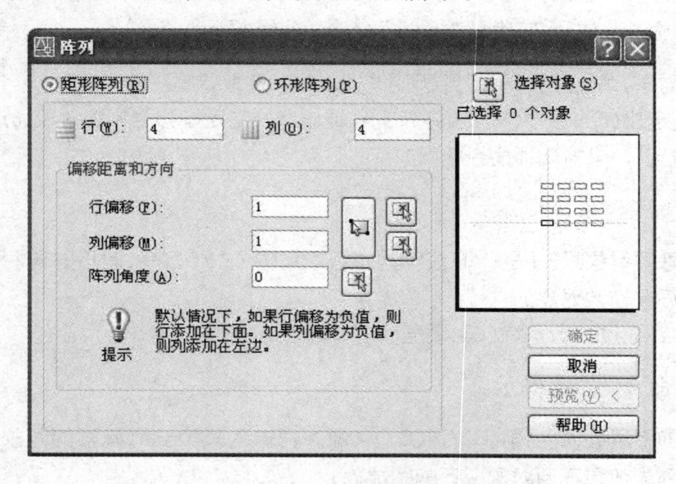

图 4-15 “阵列”对话框中的“矩形阵列”形式

(1)“行(W)”文本框:指定对象要阵列的行数。

(2)“列(O)”文本框:指定对象要阵列的列数。

(3)“偏移距离和方向”选项组:设置偏移方向和距离。

① “行偏移(F)”、“列偏移(M)”:文本框,设置矩形阵列中行和列之间的间距,输入正值,沿 Y 轴或 X 轴正方向偏移;输入负值,沿 Y 轴或 X 轴负方向偏移。单击在文本框右侧的大按钮,将切换到绘图窗口,指定两点,用两点之间的 Y 轴增加量和 X 轴增加量来确定行偏移量和列偏移量。单击“行偏移(F)”或“列偏移(M)”文本框后对应的小按钮,可以切换到绘图窗口,分别指定两点,用两点的长度确定行或列的偏移量,两点次序确定阵列的方向。

②“阵列角度(A)”:文本框,如果输入正的旋转角度,则逆时针旋转;负值则顺时针旋转。单击右侧相应的小按钮,可以切换到绘图窗口,指定两点,用两点连线与 X 轴的夹角确定阵列的角度。

(4)“选择对象(S)”:功能按钮,单击该按钮,切换到绘图窗口,选择要阵列的对象,回车确认后返回“阵列”对话框。

(5)“预览(V)<”:功能按钮,单击该按钮,可以预览阵列的效果,系统弹出“阵列”接受对话框,如图 4-16 所示。

图 4-16　“阵列”接受对话框

在如图 4-15“阵列”对话框中点击“环形阵列”选择按钮,将切换到“环形阵列”形式,如图 4-17 所示。“环形阵列”在一定角度内按一定半径均匀复制对象。

(1)“中心点”:文本框,指定环形阵列中心点的坐标,也可单击文本框右侧的小按钮,切换到绘图窗口,在窗口内拾取环形阵列的中心点。

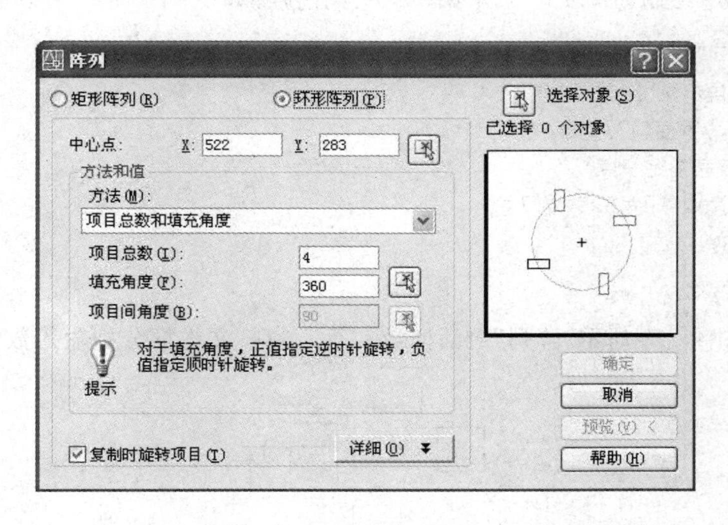

图 4-17　“阵列”对话框中的“环形阵列”形式

(2)“方法和值”选项组:确定环形阵列的方法和参数。其中,“方法(M)”下拉列表框,可以指定用何种方式确定环形阵列的参数设置,包括“项目总数和填充角度”、“项目总数和项目间的角度”、“填充角度和项目间的角度”三种方式,在每个对应的参数文本框中输入值,也可以通过单击相应的按钮切换到绘图窗口指定。

(3)“复制时旋转项目(T)”:复选框,用于设置在阵列时是否将复制出的对象旋转。

(4)“详细(O)”:功能按钮,单击该按钮,将显示对象的基点信息,可以设置对象的基点。如图 4-18 所示。

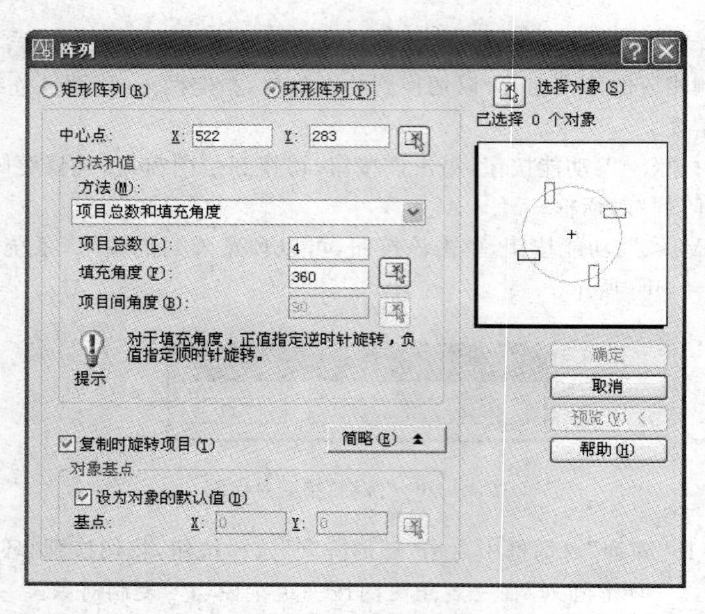

图 4－18 “环形阵列”形式的详细按钮显示结果

【例 4－4】 绘制如图 4－19 所示图形。操作步骤如下：

命令：REC↙

指定第一个角点或[倒角(C)/标高(E)/圆角(F)/厚度(T)/宽度(W)]：(在屏幕上随意指定一点)

指定另一个角点或[面积(A)/尺寸(D)/旋转(R)]：@80,80↙

命令：AR↙

(弹出如图 4－15 所示“阵列”对话框，在“行”、“列”文本框分别输入数值 4，在“行偏

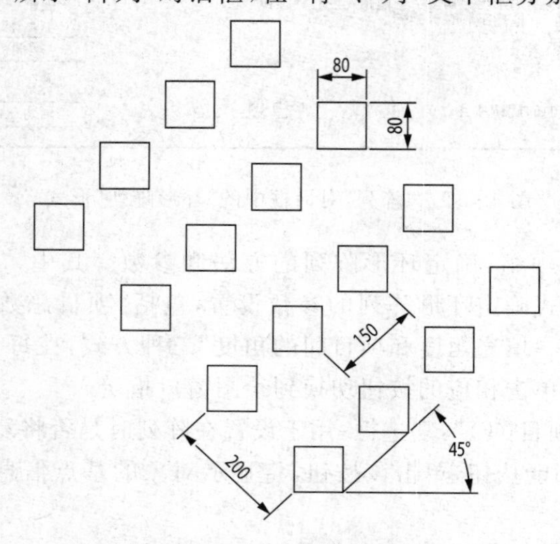

图 4－19 矩形阵列命令实例

移”文本框中输入 200，在“列偏移”文本框中输入 150，在“阵列角度”文本框中输入 45，点击“选择对象”功能按钮，拾取刚绘制的正方形，回车返回“阵列”对话框，点击“确定”按钮即完成图形的绘制）

【例 4－5】 将如图 4－20(A)所示图形绘制成如图 4－20(B)所示图形。操作步骤如下：

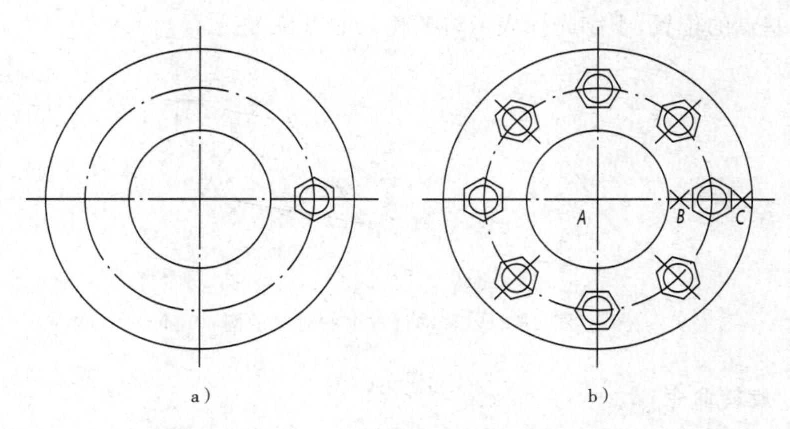

图 4－20　环形阵列命令实例

命令：(将点画线层置为当前层)L↙

指定第一点：(点选 B 点)
指定下一点或[放弃(U)]：(点选 C 点)

命令：AR↙

(弹出“阵列”对话框，如图 4－15 所示，点击“环形阵列”选择按钮，显示如图 4－17 所示，点击“选择对象(S)”功能按钮，切换到绘图窗口，选择直线 *BC*、六边形、六边形内的小圆，确定返回“环形阵列”对话框，点击“中心点”功能按钮，切换到绘图窗口，拾取轴线交点 A，在“项目总数”文本框内输入数值 8，点击“确定”按钮即完成图形的绘制)

4.3.7　移动命令

1. 功能

移动命令将对象移动到新的位置，与平移命令不同。

注：平移命令是对视窗进行移动，图中对象在坐标系内的位置并没有发生改变。

2. 调用方式

(1)命令：MOVE 或 M

(2)菜单：修改→移动

(3)图标：修改工具栏中

3. 说明

命令：M↙

选择对象：(选择要移动的对象)
指定基点或[位移(D)]＜位移＞：(指定基点或输入位移量)

指定第二个点或＜使用第一个点作为位移＞:(输入位移量的第二点或将输入的第一点作为位移量,若直接键入回车键则以在第一个提示下输入的坐标为位移量;如果输入一个点的坐标再确认,则系统确认的位移量为第一点和第二点间的矢量差)

如图 4－21 所示显示正在执行移动命令的对象,其中虚线表示对象原来的位置,实线表示正在移动的对象。另外还有表示移动方位和距离的指示线,指引线的起点表示命令开始确定的基点的位置,十字光标表示将要输入的点位置。

图 4－21　移动过程中的对象示例

4.3.8　旋转命令

1. 功能

旋转命令可以使图形对象围绕某一基点按指定的角度和方向旋转,改变图形对象的方向及位置。

2. 调用方式

(1)命令:ROTATE 或 RO

(2)菜单:修改→旋转

(3)图标:修改工具栏中

3. 说明

命令:RO↙

UCS 当前的正角方向:　ANGDIR＝逆时针　ANGBASE＝0

选择对象:(选择要旋转的对象)

选择对象:↙

指定基点:(拾取旋转的基点)

指定旋转角度,或[复制(C)/参照(R)]＜当前值＞:(指定角度或输入选项命令)

4. 注释

各选项功能如下:

(1)指定旋转角度:默认选项,直接输入一个角度值,系统用此角度值旋转对象,值为正时逆时针旋转;为负时顺时针旋转。

(2)输入"C"命令,系统将先复制对象,再将复制的对象按设定的旋转角度旋转。这是 AutoCAD 2008 新添加的功能。

(3)输入"R"命令,将以参照方式(相对角度)确定旋转角度。回车后系统提示:

指定参照角＜当前值＞:(指定一个参考角度,也可用光标在屏幕点选两点以两点连

线与 X 轴的夹角为参考角度)

指定新角度或 [点(P)]<0>:(输入对象新的角度或指定一点以这点和基点连线与 X 轴的夹角为对象新的角度)

此时图形对象绕指定基点的实际旋转角度为:实际旋转角度=新角度 - 参考角度。

【例 4-6】 将图 4-22a 中的矩形以 A 点为基点,从虚线位置旋转 45°,结果如图 4-22a 所示。再将图 4-22b 中 B 点的矩形以 A 点为基点,复制旋转到 C 点,结果如图 4-22b 所示。

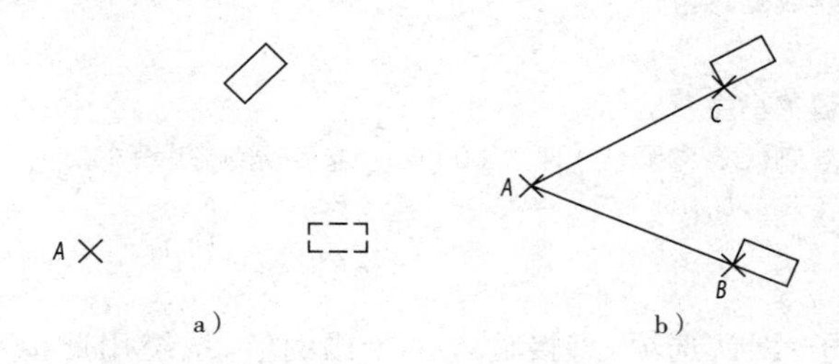

图 4-22　旋转命令实例

图 a 操作步骤如下:

命令:RO↙

UCS 当前的正角方向:　ANGDIR=逆时针　ANGBASE=0

选择对象:(选择在虚线位置的矩形)

选择对象:↙

指定基点:(拾取 A 点)

指定旋转角度,或[复制(C)/参照(R)]<0>:45↙

图 b 操作步骤如下:

命令:RO↙

UCS 当前的正角方向:　ANGDIR=逆时针　ANGBASE=0

选择对象:(选择在 B 点位置的矩形)

选择对象:↙

指定基点:(拾取 A 点)

指定旋转角度,或[复制(C)/参照(R)]<0>:C↙

旋转一组选定对象。

指定旋转角度,或[复制(C)/参照(R)]<0>:R↙

指定参照角<0>:(用光标依序点选 A 点和 B 点)

指定新角度或 [点(P)]<0>:(用光标点选 C 点)

4.3.9　缩放命令

1. 功能

比例命令又称缩放命令,用于将指定对象按给定的基点和一定的比例放大或缩小。与视窗缩放命令不同。

注:视窗缩放命令是对视窗进行缩放,图中对象的大小并没有发生改变。

2. 调用方式

(1)命令:SCALE 或 SC

(2)菜单:修改→缩放

(3)图标:修改工具栏中

3. 说明

命令:SC↙

选择对象:(选择要缩放的对象)

选择对象:↙

指定基点:(拾取缩放的基点)

指定比例因子,或[复制(C)/参照(R)]＜1.0000＞:(指定缩放的比例或输入选项命令)

4. 注释

各选项功能如下:

(1)指定比例因子:默认选项,直接输入一个比例值,系统用此值缩入对象,当值大于1时放大对象;小于1时缩小对象。也可以用鼠标移动光标来指定。

(2)输入"C"命令,系统将先复制对象,再将复制的对象按设定的比例缩放。这是AutoCAD 2008 新添加的功能。

(3)输入"R"命令,将以参照方式(相对比例)确定缩放比例。回车后系统提示:

指定参照长度＜1.0000＞:(指定一个参考长度,也可用光标在屏幕点选两点以两点距离为参考长度)

指定新的长度或 [点(P)]＜1.0000＞:(输入对象新的长度或指定一点以这点和基点长度为对象新的长度)

此时系统根据用户指定的参考长度和新长度计算出缩放比例因子,对图形进行缩放。图形对象围绕指定基点的实际缩放比例为:实际缩放比例 = 新长度/参考角度。如果新长度大于参考长度,则图形被放大;否则,图形被缩小。

【例 4-7】 将如图 4-23 所示矩形沿矩形中心点复制放大一倍。操作步骤如下:

命令:SC↙

选择对象:(选择小矩形)

选择对象:↙

指定基点:(拾取矩形的中心点)

指定比例因子,或[复制(C)/参照(R)]＜1.0000＞:C↙

缩放一组选定对象。

指定比例因子,或[复制(C)/参照(R)]＜1.0000＞:2↙

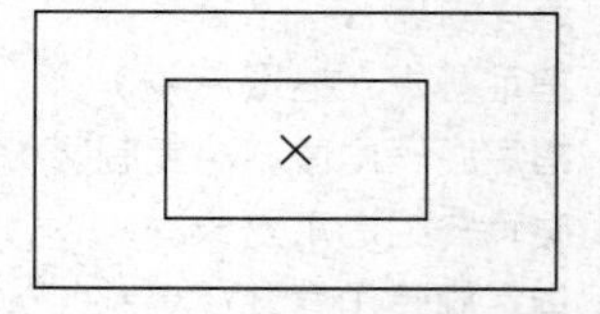

图 4-23 比例命令实例一

【例 4-8】 将如图 4-24 所示图中矩形的长边修改成100mm。操作步骤如下:

命令:SC↙

选择对象:(矩形 AB_1CD)

选择对象:↙

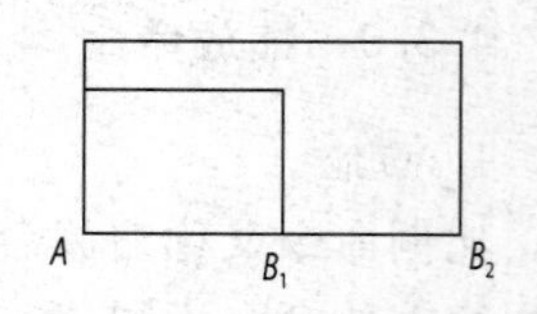

图 4-24 比例命令实例二

指定基点:(拾取 A 点)

指定比例因子,或[复制(C)/参照(R)]＜1.0000＞:R↙

指定参照长度＜1.0000＞:

(用光标点选 A 点和 B1 点)

指定新的长度或 [点(P)]＜1.0000＞:100↙(AB1 将变为 AB2)

4.3.10　拉伸命令

1. 功能

拉伸命令可以拉伸或移动对象。它可以拉伸图形中指定部分,使图形沿某个方向改变尺寸,同时保持与图形中不动部分相连接。

2. 调用方式

(1)命令:STRETCH 或 S

(2)菜单:修改→拉伸

(3)图标:修改工具栏中

3. 说明

命令:S↙

以交叉窗口或交叉多边形选择要拉伸的对象的端点。

选择对象:(使用圈交或交叉选择方法选择要拉伸或移动对象的端点)

选择对象:↙

指定基点或[位移(D)]＜位移＞:(指定基点或输入选项命令)

4. 注释

各选项功能如下:

(1)指定基点:默认选项,指定一点作为拉伸的基点,系统提示:

指定第二个点或＜使用第一个点作为位移＞:(指定第二点确定位移量,或直接回车用第一点的坐标矢量作为位移量)

(2)输入"D"命令,系统提示:

指定位移＜0.0000,0.0000,0.0000＞:(以输入的一个坐标矢量作为位移量)

【例 4-9】　将如图 4-25 所示图 a 编辑成图 b。操作步骤如下:

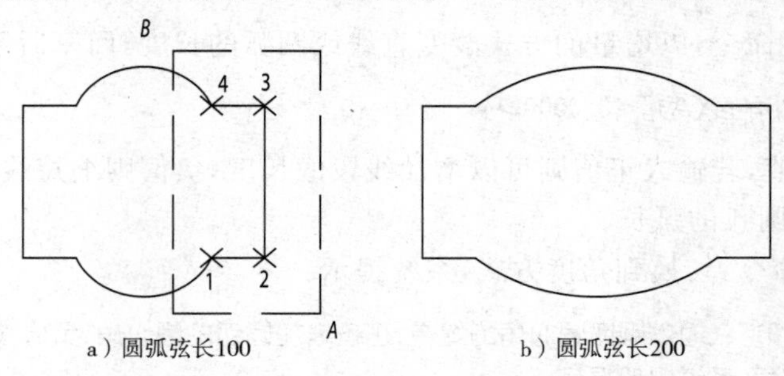

a) 圆弧弦长100　　b) 圆弧弦长200

图 4-25　拉伸命令实例

命令:S↙

以交叉窗口或交叉多边形选择要拉伸的对象...

选择对象:(使用交叉选择方法从A到B指定一矩形窗口,此时,系统将对象的1、2、3、4四个端点选中)

选择对象:↙

指定基点或[位移(D)]＜位移＞:(在屏幕上随意指定一点,或输入"D"命令,或键入回车确认"位移"选项)

方法一:(若是在屏幕上随意指定一点,系统出现提示)

指定第二个点或＜使用第一个点作为位移＞:(打开正交,将光标移到刚指定点的正右方某处)100↙

方法二:(若选择"位移"选项,系统出现提示)

指定位移＜0.0000,0.0000,0.0000＞:100,0,0↙

对于右侧的半个矩形,因为交叉窗口将其所有端点选中,所以其拉伸的效果是向右移动100;对于上、下的圆弧,交叉窗口仅选中右侧要拉伸的端点,所以其拉伸的效果是拉长图形,未拉伸的左侧端点保持原位置不变。

4.3.11 拉长命令

1. 功能

拉长命令可以改变直线或圆弧的长度。

2. 调用方式

(1)命令:LENGTHEN 或 LEN

(2)菜单:修改→拉长

3. 说明

命令:LEN↙

选择对象或[增量(DE)/百分数(P)/全部(T)/动态(DY)]:

4. 注释

各选项功能如下:

(1)指定对象:默认选项,拾取要编辑的对象,此时系统显示该对象的长度、包含角等信息。

(2)输入"DE"命令,以增量的方式改变直线或圆弧的长度,回车后系统提示:

输入长度增量或[角度(A)]＜0.0000＞:

① 输入长度值,若输入正值则可以增加线段的长度,负值则缩短线段的长度,若是编辑圆弧,则是修改圆弧的弧长。

② 输入"A"命令,切换到角度方式,系统提示:

输入角度增量＜0＞:(输入圆弧圆心角的增量,正值增加圆弧的圆心角,负值减少圆心角)

输入增量值回车后,系统出现提示:

选择要修改的对象或[放弃(U)]:(此时选择编辑圆弧的某一端,则系统加长或缩短某一端以增加

或减少圆心角）

选择要修改的对象或[放弃(U)]：↙

（3）输入“P”命令，将以要编辑对象的总长的百分比值来改变对象的长度，新长度等于原长度与该百分比的乘积，回车后系统提示：

输入长度百分数＜100.0000＞：（输入百分数值回车）

选择要修改的对象或[放弃(U)]：（选择对象的某一端）

选择要修改的对象或[放弃(U)]：↙（此时若继续点击对象的某一端，系统将会以增长后的对象的长度为原长度）

（4）输入“T”命令，通过指定对象新的总长度来替换对象原来的长度，回车后系统提示：

指定总长度或[角度(A)]＜1.0000＞：

① 指定总长度，默认选项，输入直线的总长度值或圆弧的总弧长，回车后系统显示：

选择要修改的对象或[放弃(U)]：（选择对象的某一端）

选择要修改的对象或[放弃(U)]：↙（此时若继续点击对象的某一端，系统将会改变此端使对象的长度改变为新长度）

② 输入“A”命令，切换到角度方式，系统提示：

指定总角度＜当前值＞：（输入圆弧的总圆心角值回车）

选择要修改的对象或[放弃(U)]：（选择圆弧的某一端）

选择要修改的对象或[放弃(U)]：↙

（5）输入“DY”命令，可以用光标拖动的方式改变对象的长度。回车后系统提示：

选择要修改的对象或[放弃(U)]：（选择对象的某一端，此时这端将可以改变，移动光标，该端点随之移动，系统出现提示）

指定新端点：（确定对象新的端点）

选择要修改的对象或[放弃(U)]：↙

【例 4-10】 已知图 4-26a 图，要将中心线分别拉长 3mm，如图 4-26b 所示。

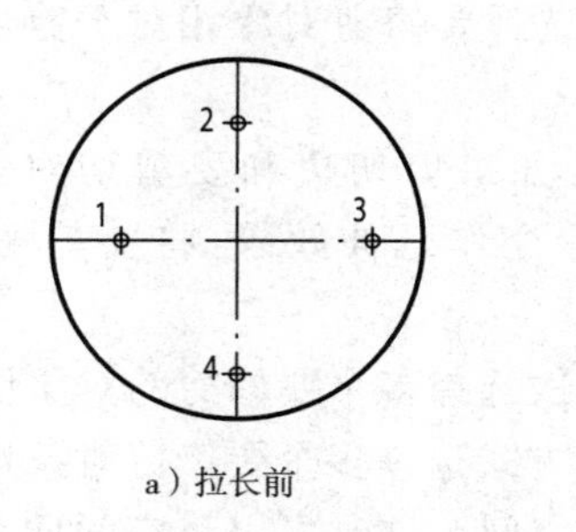

a）拉长前

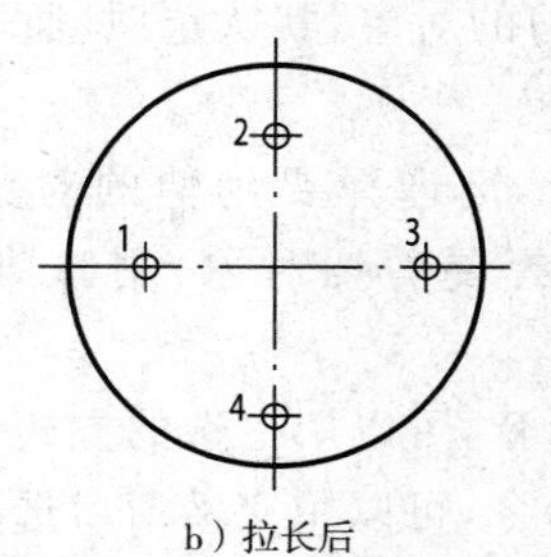

b）拉长后

图 4-26　拉长中心线

命令：len 或 LENGTHEN

选择对象或 [增量(DE)/百分数(P)/全部(T)/动态(DY)]：de

输入长度增量或［角度(A)］＜20.0000＞：3
选择要修改的对象或［放弃(U)］：用鼠标选取 1 点
选择要修改的对象或［放弃(U)］：用鼠标选取 2 点
选择要修改的对象或［放弃(U)］：用鼠标选取 3 点
选择要修改的对象或［放弃(U)］：用鼠标选取 4 点
选择要修改的对象或［放弃(U)］：↙

4.3.12 修剪命令

1. 功能

修剪命令以某一对象作为剪切边界，将其他对象超过此边界的那部分删除。

2. 调用方式

(1)命令：TRIM 或 TR

(2)菜单：修改→修剪

(3)图标：修改工具栏中

3. 说明

命令：TRIM ↙

当前设置：投影＝UCS，边＝无
选择剪切边...
选择对象或＜全部选择＞：(选择某一对象或键入回车选择所有对象做剪切边)
选择对象或＜全部选择＞：↙
选择要修剪的对象，或按住 Shift 键选择要延伸的对象，或
［栏选(F)/窗交(C)/投影(P)/边(E)/删除(R)/放弃(U)］：(选择要修剪对象相对于剪切边的某一侧部分，或输入选项命令)
选择要修剪的对象，或按住 Shift 键选择要延伸的对象，或
［栏选(F)/窗交(C)/投影(P)/边(E)/删除(R)/放弃(U)］：↙

4. 注释

各选项功能如下：

(1)选择要修剪的对象：默认选项，通过选择要修剪对象相对于剪切边的某一侧来修剪掉多余的部分。

(2)按住 Shift 键选择要延伸的对象：如果剪切边和要剪切对象没有相交，按住 SHIFT 键，可以选择要剪切对象，用修剪命令作延伸效果，将要剪切对象延伸到剪切边界。

(3)输入“F”命令，可以用栏选的方式一次选择多个要修剪的对象作修剪命令。

(4)输入“C”命令，可以用交叉窗口选择方式选择多个要修剪对象作修剪命令。

(5)输入“P”命令，用来确定修剪执行的空间。这时可以将空间两个对象投影到某一平面上执行修剪操作。回车后系统提示：

输入投影选项［无(N)/Ucs(U)/视图(V)］＜Ucs＞：

① 输入“N”命令，系统按三维方式修剪，该选项只对空间相交的对象有效。

② 输入“U”命令，系统在当前用户坐标系（UCS）的 XY 平面上修剪，此时可以在修剪在三维空间中没有相交但投影在 XY 平面上相交的对象。

③ 输入“V”命令，系统在当前视图平面上修剪。

（6）输入“E”命令，可以确定修剪方式，回车后系统提示：

输入隐含边延伸模式[延伸(E)/不延伸(N)]<不延伸>：

① 输入“E”命令，系统按延伸的方式修剪，当要修剪的对象与剪切边未相交时依然能进行修剪命令。

② 输入“N”命令，系统按不延伸的方式修剪，当要修剪的对象与剪切边未相交时不能修剪。这种方式是系统的默认方式。

（7）输入“R”命令，可以删除对象，回车后系统提示：

选择要删除的对象或<退出>：(此时选择要删除的对象，回车即可删除对象)

（8）输入“U”命令，可以取消前一次操作，可连续返回直到取消命令。

【例 4－11】　已知图 4－27a 所示，要用修剪命令修剪掉中间的四条直线，如图 4－27b 所示。

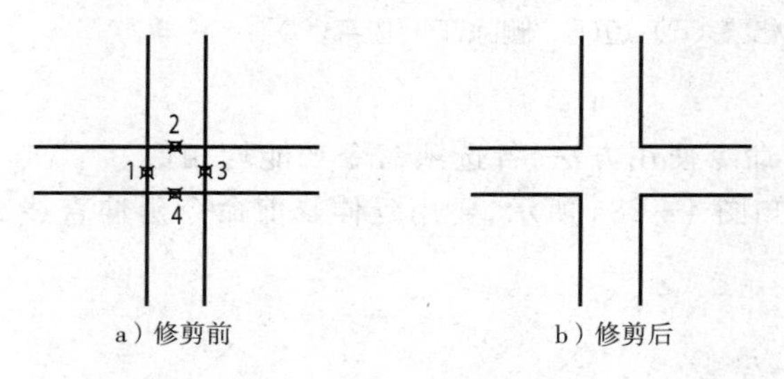

图 4－27　修剪线段

命令：_trim

当前设置：投影＝UCS，边＝无

选择剪切边...　　　　　　　　　//从右往左框中图 4－27 所示的四条直线

选择对象或 <全部选择>：　指定对角点：找到 4 个

选择对象：↙

选择要修剪的对象，或按住 Shift 键选择要延伸的对象，或

[栏选(F)/窗交(C)/投影(P)/边(E)/删除(R)/放弃(U)]：　　　//选取 1 点

选择要修剪的对象，或按住 Shift 键选择要延伸的对象，或

[栏选(F)/窗交(C)/投影(P)/边(E)/删除(R)/放弃(U)]：　　　//选取 2 点

选择要修剪的对象，或按住 Shift 键选择要延伸的对象，或

[栏选(F)/窗交(C)/投影(P)/边(E)/删除(R)/放弃(U)]：　　　//选取 3 点

选择要修剪的对象，或按住 Shift 键选择要延伸的对象，或

[栏选(F)/窗交(C)/投影(P)/边(E)/删除(R)/放弃(U)]：　　　//选取 4 点

选择要修剪的对象，或按住 Shift 键选择要延伸的对象，或

[栏选(F)/窗交(C)/投影(P)/边(E)/删除(R)/放弃(U)]：↙

4.3.13 延伸命令

1. 功能

延伸命令以某一对象作为延伸边界，将其他对象延伸到此边界。

2. 调用方式

(1)命令：EXTEND 或 EX

(2)菜单：修改→延伸

(3)图标：修改工具栏中--/

3. 说明

命令：EX↙

当前设置：投影=UCS，边=无

选择剪切边...

选择对象或<全部选择>：(选择某一对象或键入回车选择所有对象做延伸边界)

选择对象或<全部选择>：↙

选择要延伸的对象，或按住 Shift 键选择要修剪的对象，或

[栏选(F)/窗交(C)/投影(P)/边(E)/删除(R)/放弃(U)]：

4. 注释：

延伸命令与修剪命令使用方法、各选项命令功能均相似。

【例 4-12】 已知图 4-28a 所示，要用延伸修剪命令延伸直线 l_1 至 l_2 的位置，如图 4-27b 所示。

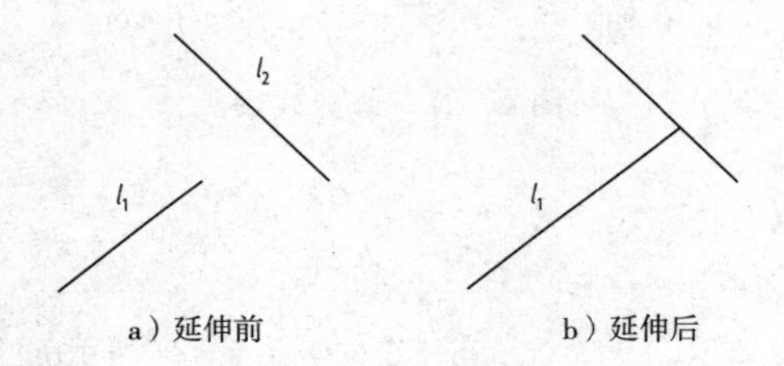

a) 延伸前　　b) 延伸后

图 4-28 延伸直线

命令：_extend

当前设置：投影=UCS，边=无

选择边界的边...　　　　//选择 l2

选择对象或 <全部选择>：　找到 1 个

选择对象：↙

选择要延伸的对象，或按住 Shift 键选择要修剪的对象，或

[栏选(F)/窗交(C)/投影(P)/边(E)/放弃(U)]：　//选择 l1

选择要延伸的对象，或按住 Shift 键选择要修剪的对象，或

[栏选(F)/窗交(C)/投影(P)/边(E)/放弃(U)]：↙

4.3.14　打断命令

1. 功能

打断命令可以去除图形对象或图形对象的某一部分，或将图形对象一分为二。

2. 调用方式

(1)命令：BREAK 或 BR

(2)菜单：修改→打断

(3)图标：修改工具栏中□

3. 说明

命令：BR↙

选择对象：(选择要打断的对象，此时拾取对象的那点即为打断的第一点)

指定第二个打断点或[第一点(F)]：

4. 注释：

(1)指定第二个打断点：默认选项，输入第二个打断点，系统将删除对象处于两打断点间的部分。

(2)输入"F"命令，将重新指定第一个打断点。

注：(1)若第一个打断点与第二个打断点重合，则对象从该点一分为二，对应的命令是修改工具栏中的□打断于点命令。此命令还可以用另一种方法来实现，在"指定第二个打断点或[第一点(F)]："提示下输入"@"回车，也可以完成打断于点的功能。

(2)打断命令还可以做修剪、缩短功能，指定第一个打断点后，第二个打断点指定在该对象端点以外即可把该物体第一断点一侧删除。

(3)对于圆的打断，其打断的部分是以输入的两打断点逆时针方向打断的。

【例 4-12】 如图 4-29 所示，将直线 AB 超出矩形的那部分除去。操作步骤如下：

方法一：(用修剪命令)

命令：TRIM↙

当前设置：投影＝UCS，边＝无

选择剪切边...

选择对象或＜全部选择＞：(选择矩形)

选择对象或＜全部选择＞：↙

选择要修剪的对象，或按住 Shift 键选择要延伸的对象，或

[栏选(F)/窗交(C)/投影(P)/边(E)/删除(R)/放弃(U)]：(选择直线 AB 超出矩形的那部分)

选择要修剪的对象，或按住 Shift 键选择要延伸的对象，或

[栏选(F)/窗交(C)/投影(P)/边(E)/删除(R)/放弃(U)]：↙

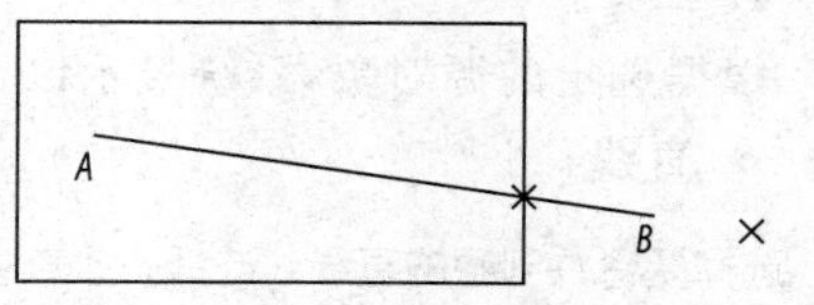

图 4-29　修剪、打断命令实例

方法二：(用打断命令)

命令：BR↙

选择对象：(选择直线 AB)

指定第二个打断点或[第一点(F)]：F↙

指定第一个打断点:(选择直线 AB 与矩形的交点)

指定第二个打断点:(选择 B 端点以外的某点)

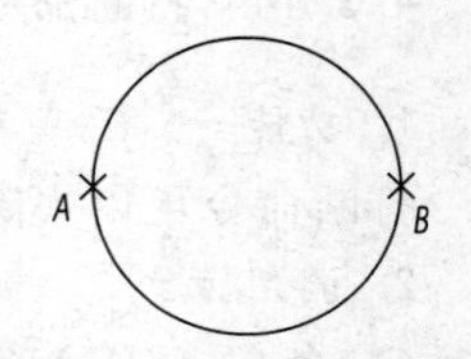

图 4-30　打断命令实例

【例 4-13】 将如图 4-30 中所示的圆的上半部分去除。操作步骤如下:

命令:BR↙

选择对象:(选择圆)

指定第二个打断点或[第一点(F)]:F↙

指定第一个打断点:(选择 B 点)

指定第二个打断点:(选择 A 点)

注:此时,若先选择 A 点,再选择 B 点,则系统将圆的下半部分删去。所以,在对圆作打断处理时,要注意指定的打断点的次序。

4.3.15　合并命令

1. 功能

将图形上某一连续的两条线段连接成一个对象,或者将某段圆弧闭合成整圆。

2. 调用方式

(1)命令:JOIN 或 J

(2)菜单:修改→合并

(3)图标:修改工具栏中

3. 说明

命令:J↙

选择源对象:(选择一条直线、多段线、圆弧、椭圆弧或样条曲线)

4. 注释:

根据选定的源对象,系统显示以下提示之一:

- 直线

选择要合并到源的直线:(选择一条或多条直线回车)

注:直线对象必须共线(位于同一无限长的直线上),但是它们之间可以有间隙。

- 多段线

选择要合并到源的对象:(选择一个或多个对象回车)

注:对象可以是直线、多段线或圆弧。对象之间不能有间隙,并且必须位于与 UCS 的 XY 平面平行的同一平面上。

- 圆弧

选择圆弧,以合并到源或进行[闭合(L)]:(选择一个或多个圆弧回车,或输入“L”命令)

注:(1)圆弧对象必须位于同一假想的圆上,但是它们之间可以有间隙。

(2)“闭合”选项可将源圆弧转换成圆。

(3)合并两条或多条圆弧时，将从源对象开始按逆时针方向合并圆弧。

● 椭圆弧

选择椭圆弧，以合并到源或进行[闭合(L)]:(选择一个或多个椭圆弧回车，或输入"L"命令)

注:(1)椭圆弧必须位于同一椭圆上，但是它们之间可以有间隙。

(2)"闭合"选项可将源椭圆弧闭合成完整的椭圆。

(3)合并两条或多条椭圆弧时，将从源对象开始按逆时针方向合并椭圆弧。

● 样条曲线

选择要合并到源的样条曲线:(选择一条或多条样条曲线回车)

注:样条曲线对象必须位于同一平面内，并且必须首尾相邻(端点到端点放置)。

【例 4-14】 已知如图 4-31a 所示，要用合并命令完成图 4-31b 和 4-31c 所示图形。

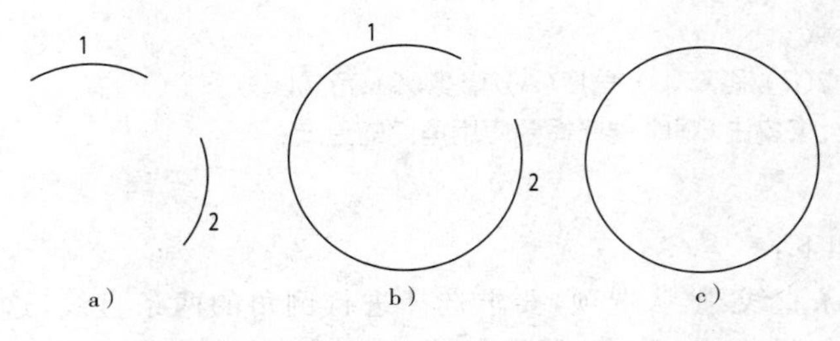

图 4-31　合并圆弧

命令: _join

选择源对象:　　　　//选择圆弧 1
选择圆弧，以合并到源或进行 [闭合(L)]:　　　　//选择圆弧 2
选择要合并到源的圆弧: 找到 1 个↙
已将 1 个圆弧合并到源　　　　//可得到如图 4-31(b)所示的效果

命令:

JOIN 选择源对象:　　　　//选择圆弧 1(或圆弧 2)
选择圆弧，以合并到源或进行 [闭合(L)]: L
已将圆弧转换为圆。　　　　//可得到如图 4-32(c)所示的效果

注:若合并时选择圆弧 2 为源对象，再选择圆弧 1 进行合并，则会得到图 4-32 所示效果

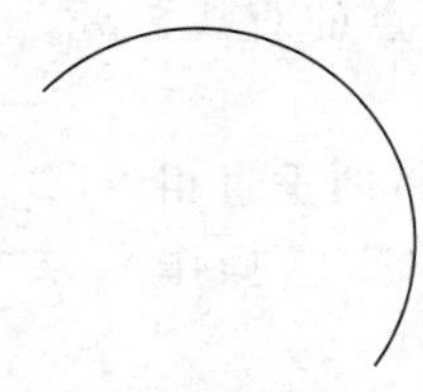

图 4-32　"圆弧 2"为源对象的圆弧合并

4.3.16 倒角命令

1. 功能

倒角命令在机械制图中经常应用，许多机械零件加工时都有倒角。倒角命令可以将两条相交的直线倒棱角，也可以对多段线进行倒角。

2. 调用方式

(1)命令：CHAMFER 或 CHA

(2)菜单：修改→倒角

(3)图标：修改工具栏中

3. 说明

命令：CHA↙

("修剪"模式)当前倒角距离 1 = 0.0000，距离 2 = 0.0000

选择第一条直线或

[放弃(U)/多段线(P)/距离(D)/角度(A)/修剪(T)/方式(E)/多个(M)]：

选择第二条直线，或按住 Shift 键选择要应用角点的直线：

4. 注释：

各选项功能如下：

(1)选择第一条直线：默认选项，要求选择进行倒角的两条直线，这两条直线不能平行，然后按当前倒角距离对这两条直线倒棱角，选择的第一条直线用倒角距离 1 倒角，第二条直线用倒角距离 2 倒角。

(2)输入"U"命令，可以取消上一次倒角操作。

(3)输入"P"命令，可以对多段线中各直线段的交点倒角。

(4)输入"D"命令，可以设置倒角距离。

(5)输入"A"命令，可以根据第一个倒角距离和倒角的角度来设置倒角尺寸。

(6)输入"T"命令，可以设置修剪模式。回车后系统提示：

输入修剪模式选项[修剪(T)/不修剪(N)]<修剪>：(输入"T"命令，此时作倒角的两条直线修剪；输入"N"命令，作倒角的两条直线不修剪而创建一根棱角的线段)

(7)输入"E"命令，可以选择倒角的方式。回车后系统提示：

输入修剪方式[距离(D)/角度(A)]<距离>：

(8)输入"M"命令，可以对多个对象倒角，而不用重复启动倒角命令。

(9)按住 Shift 键选择要应用角点的直线：可以快速创建零距离倒角。

【例 4-15】 如图 4-33 所示，将两垂直相交的直线作倒角处理，倒角尺寸为 C50。操作步骤如下：

命令：CHA↙

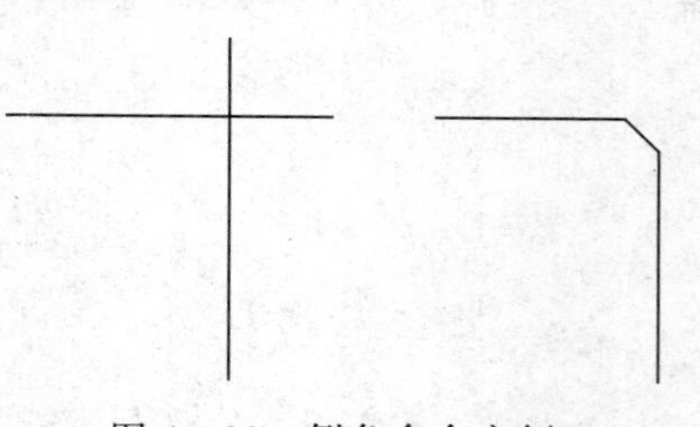

图 4-33 倒角命令实例

(“修剪”模式)当前倒角距离 1 = 0.0000,距离 2 = 0.0000
选择第一条直线或
[放弃(U)/多段线(P)/距离(D)/角度(A)/修剪(T)/方式(E)/多个(M)]:D↙
指定第一个倒角距离<0.0000>:50↙
指定第二个倒角距离<50.0000>:↙
选择第一条直线或
[放弃(U)/多段线(P)/距离(D)/角度(A)/修剪(T)/方式(E)/多个(M)]:(选择一条直线)
选择第二条直线,或按住 Shift 键选择要应用角点的直线:(选择另一条直线)

4.3.17　圆角命令

1. 功能

圆角命令在机械制图中也经常应用,许多铸造零件都有圆角。圆角命令用指定的半径,对两个对象或多段线进行光滑的圆弧连接。

2. 调用方式

(1)命令:FILLET 或 F

(2)菜单:修改→圆角

(3)图标:修改工具栏中

3. 说明

命令:F↙

当前设置:模式 = 修剪,半径 = 0.0000
选择第一个对象或[放弃(U)/多段线(P)/半径(R)/修剪(T)/多个(M)]:
选择第二个对象,或按住 Shift 键选择要应用角点的直线:

4. 注释

(1)圆角命令各选择项功能与操作基本与倒角命令相似。

(2)执行倒角或圆角命令时,如果修改了修剪方式,则倒角命令和圆角命令的修剪方式都会同时发生改变,这是由系统变量 TRIMMODE 控制的。TRIMMODE=1 时为“修剪”模式,TRIMMODE=0 时为“不修剪”模式。

【例 4-16】 已知如图 4-34a 所示,要用倒圆角命令分别倒半径为 20 的圆角,得到如图 4-34b 所示的效果。

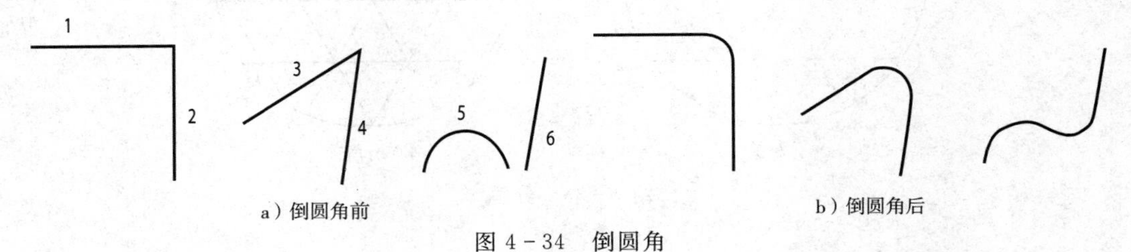

图 4-34　倒圆角

命令:_fillet

当前设置:模式 = 修剪,半径 = 0.0000
选择第一个对象或 [放弃(U)/多段线(P)/半径(R)/修剪(T)/多个(M)]:r

指定圆角半径 <0.0000>：20
选择第一个对象或[放弃(U)/多段线(P)/半径(R)/修剪(T)/多个(M)]： //选择直线 1
选择第二个对象,或按住 Shift 键选择要应用角点的对象： //选择直线 2

命令： FILLET

当前设置：模式 = 修剪,半径 = 20.0000
选择第一个对象或[放弃(U)/多段线(P)/半径(R)/修剪(T)/多个(M)]： //选择直线 3
选择第二个对象,或按住 Shift 键选择要应用角点的对象： //选择直线 4

命令： FILLET

当前设置：模式 = 修剪,半径 = 20.0000
选择第一个对象或[放弃(U)/多段线(P)/半径(R)/修剪(T)/多个(M)]： //选择圆弧 5
选择第二个对象,或按住 Shift 键选择要应用角点的对象： //选择直线 6

4.3.18 分解命令

1. 功能

将复杂对象分解为各组成部分。

2. 调用方式

(1)命令：EXPLODE 或 X

(2)菜单：修改→分解

(3)图标：修改工具栏中

3. 说明

命令：X↙

选择对象：

【例 4-17】 已知对一个已经进行内部填充的圆,分解前选取 A 点时,将得到图 4-35a 所示的效果;分解后选取 A 点时,将得到图 4-35b 所示的效果。

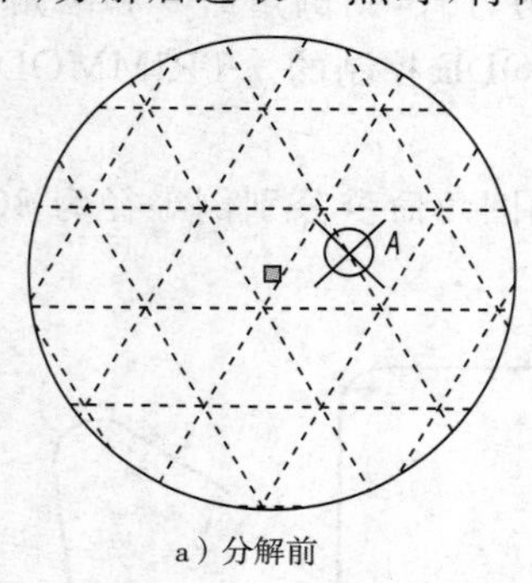

a）分解前

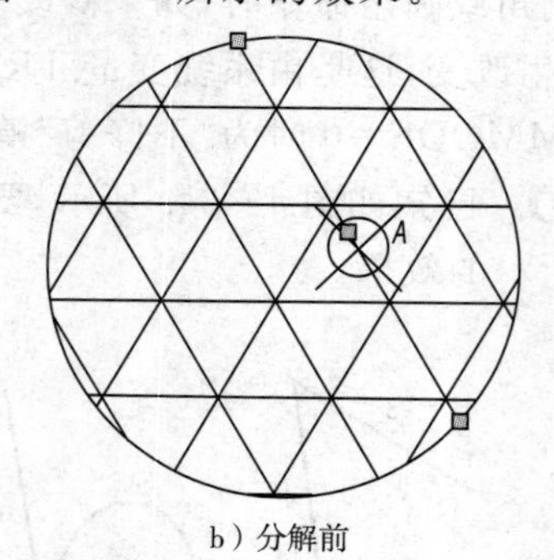

b）分解前

图 4-35 分解

4.3.19 对齐命令

1. 功能

对齐命令可以应用在二维平面绘图,也可以应用在三维立体空间。它是通过移动、旋转对象来使对象与另一个对象对齐。

2. 调用方式

(1)命令:ALIGN 或 AL

(2)菜单:修改→三维操作→对齐

3. 说明

命令:AL↙

选择对象:(选择要对齐的对象)
指定第一个源点:
指定第一个目标点:
指定第二个源点:
指定第二个目标点:
指定第三个源点<继续>:↙
是否基于对齐点缩放对象?[是(Y)/否(N)]<否>:

4. 注释

对齐二维对象,只需要指定两对对齐点即可;对齐三维对象,则需要指定三对对齐点。

【例 4-18】 将如图 4-36 所示图 a 房顶对齐到图 b 房屋主体上,完成后如图 c 所示。操作步骤如下:

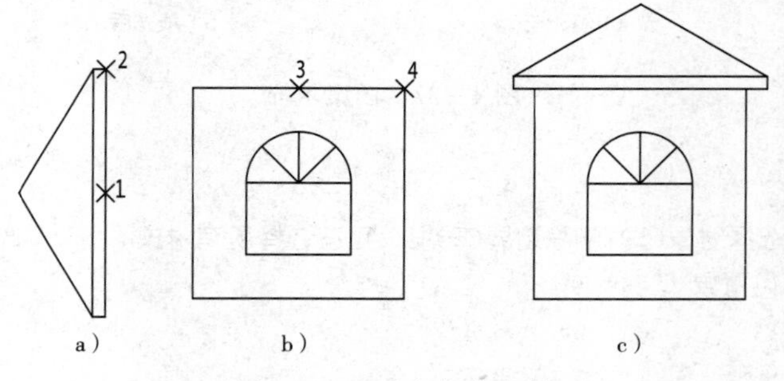

图 4-36　对齐命令实例

命令:AL↙
选择对象:(选择图(A)的房顶)
指定第一个源点:(选择房顶下沿中点 1)
指定第一个目标点:(选择图(B)房屋主体上沿中点 3)
指定第二个源点:(选择房顶端点 2)
指定第二个目标点:(选择房屋端点 4)
指定第三个源点<继续>:↙
是否基于对齐点缩放对象?[是(Y)/否(N)]<否>:↙

4.3.20　编辑图案填充命令

1. 功能

填充图案或渐变色是一种特殊的对象,因此其编辑具有一些特殊性。未被分解的填充图案或渐变色为一对象，可将其整体像其他对象一样编辑，但有一些编辑命令对其无效，如“拉伸”、“修剪”、“延伸”、“拉长”等命令。若想对图案填充的特性进行修改，则需要使用编辑图案填充命令。

2. 调用方式

(1)命令：HATCHEDIT 或 HE

(2)菜单：修改→对象→图案填充

(3)图标：修改Ⅱ工具栏中

3. 说明

命令：HE↙

(弹出“图案填充编辑”对话框，在该对话框中更改图案填充的设置。该对话框与“图案填充和渐变色”对话框完全一样，只是有些选项不能使用。)

【例 4－19】 对如图 4－37a 所示的图进行图案填充。

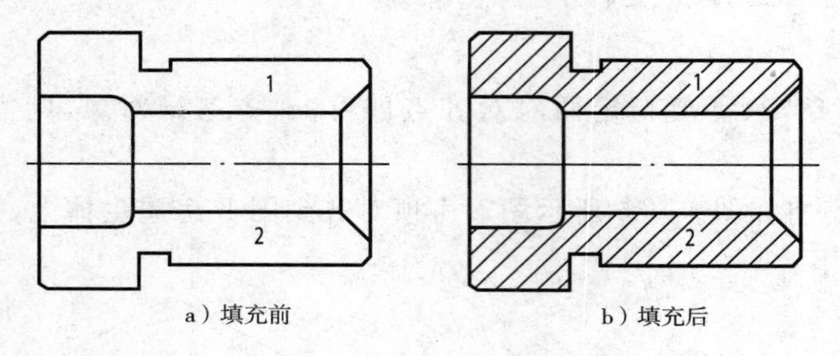

图 4－37 图案填充

命令：_bhatch

拾取内部点或[选择对象(S)/删除边界(B)]： 正在选择所有对象... //选取区域 1
正在选择所有可见对象...
正在分析所选数据...
正在分析内部孤岛...
拾取内部点或[选择对象(S)/删除边界(B)]： //选取区域 2
正在分析内部孤岛...
拾取内部点或[选择对象(S)/删除边界(B)]：

4.3.21 编辑多段线命令

1. 功能

对多段线对象进行编辑，或将对象合并成多段线加以编辑。此命令经常应用在三维绘图中创建封闭二维平面对象。

2. 调用方式

(1)命令：PEDIT 或 PE

(2)菜单：修改→对象→多段线

(3)图标：修改Ⅱ工具栏中

3. 说明

命令：PE↙

选择多段线或[多条(M)]：(选择多段线、直线或圆弧，或输入“M”命令选择多个对象，可以同时包括多段线、直线、圆弧)

选定的对象不是多段线(若所选对象不是多段线才会出现)

是否将其转换为多段线？<Y>(输入“Y”则将对象转变为多段线，输入“N”则不转换)

输入选项[闭合(C)/合并(J)/宽度(W)/编辑顶点(E)/拟合(F)/样条曲线(S)/非曲线化(D)/线型生成(L)/放弃(U)]：(如果所选的对象是封闭多段线，则选项命令中的“闭合(C)”将会变为“打开(O)”)

4. 注释

各选项功能如下：

(1)输入“C”命令，可以使一条打开的多段线封闭，若多段线的最后一段是线段，则用这条多段线的最后一个线段的规则完成封闭段；或最后一段是圆弧，则以圆弧的规则完成封闭段。

(2)输入“O”命令，可以使一条封闭的多段线打开，删除多段线的最后一段。

(3)输入“J”命令，可以将多个首尾相连的线段、圆弧、多段线转换并连接到当前多段线上。

(4)输入“W”命令，可以设置整条多段线的宽度，使多段线具有统一的宽度。

(5)输入“E”命令，可以编辑多段线的各顶点，这是一个十分灵活的各选项，系统用斜十字叉“X”标记当前顶点，并出现以下提示：

输入顶点编辑选项

[下一个(N)/上一个(P)/打断(B)/插入(I)/移动(M)/重生成(R)/拉直(S)/切向(T)/宽度(W)/退出(X)]<N>：

① 使用“N”和“P”命令可以依次遍历多段线的所有顶点，并把所访问的顶点设置为当前顶点。

② 输入“B”命令，系统以当前顶点为第一断开点，并出现提示以确定第二断开点：

输入选项[下一个(N)/上一个(P)/执行(G)/退出(X)]<N>：(确定第二点后，选择“G”命令执行打断选项，则系统将删除第一断开点至第二断开点之间的所有线段)

③ 输入“I”命令，可以在当前顶点前插入一个新的顶点。系统出现提示：

指定新顶点的位置：

④ 输入“M”命令，可以移动当前顶点到新的位置。系统出现提示：

指定标记顶点的新位置：

⑤ 输入“R”命令，重新生成该多段线，但并不重新生成整个图形。

⑥ 输入“S”命令，此选项与“打断(B)”选项的用法相似，区别在于此命令是以一条直线取代用户选中的第一个顶点和第二个顶点之间的所有线段。

⑦ 输入“T”命令，可以为当前顶点增加切线方向或者给定角度，当进行曲线拟合时，PEDIT 命令的“拟合(F)”选项使用这个切线方向，所生成的曲线在该顶点处与给定角度

相切。所增加的切线方向对样条拟合(SPLINE)没有影响。

⑧ 输入"W"命令,可以设置多段线各顶点的宽度,将多段线的各线段设置为宽度不同的线段。以当前顶点为起点,下一点为终点设置多段线某段的起始线宽和终点线宽,功能与操作与 PLINE 命令的 WIDTH 选项相同。系统出现提示:

指定下一条线段的起点宽度<0.0000>:
指定下一条线段的端点宽度<0.0000>:

⑨ 输入"X"命令,将退出编辑顶点命令。

(6)输入"F"命令,系统采用圆弧拟合的方式绘制一条通过多段线各顶点的光滑曲线。

(7)输入"S"命令,系统以多段线的各顶点控制点用 B 样条拟合多段线,所生成的曲线与用 SPLINE 命令生成的精确的样条曲线有一定的区别。多段线的拟合效果受以下三个系统变量的控制:

① SPLFRAME:默认值为 0,禁止控制框架显示;设置为 1 时显示控制框架,如第三章图 3－40 所示。

② SPLINETYPE:默认值为 6,生成三次 B 样条曲线;设置为 5,生成二次 B 样条曲线。如图 4－38 所示。

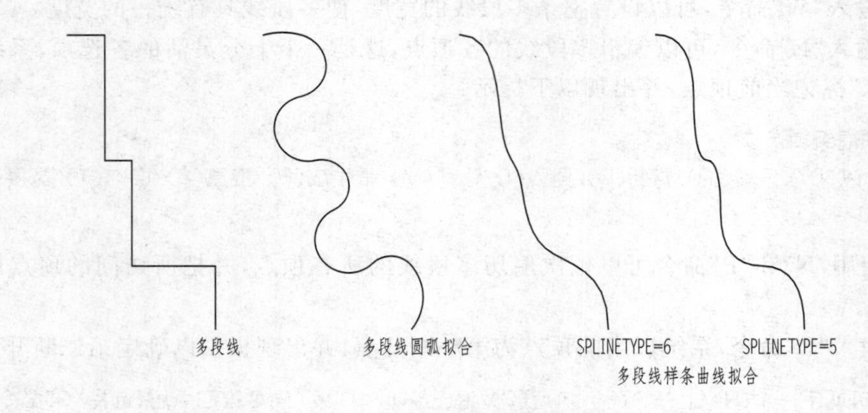

图 4－38　多段线曲线拟合示例

③ SPLINESEGS:控制产生样条曲线的精度,默认值为 8,即每个曲线段用 8 段直线逼近。

(8)输入"D"命令,系统恢复多段线原来的形状,或者用直线段取代多段线中所有的曲线,包括 PLINE 命令创建的圆弧、PEDIT 命令拟合的光滑曲线。

(9)输入"L"命令,控制多段线线型的生成方式,系统出现提示:

输入多段线线型生成选项 [开(ON)/关(OFF)]<关>:

如果选择"ON"命令,则按整条多段线分配线型;如果选择"OFF",则按多段线的每段线段分配线型,这样可能导致一些过短的线段不能体现出所使用的线型。如图 4－39 所示分别为选择"ON"和"OFF"时的多段线绘制效果。"OFF"为默认选项。

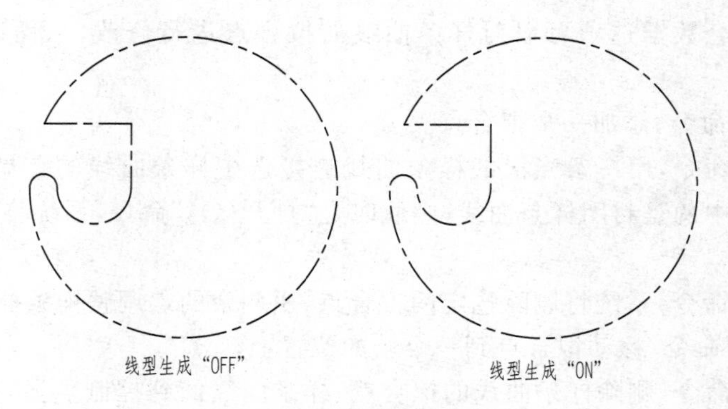

图 4-39　多段线线型生成示例

4.3.22　编辑样条曲线命令

1. 功能

对样条曲线对象进行编辑。

2. 调用方式

(1)命令:SPLINEDIT 或 SPE

(2)菜单:修改→对象→样条曲线

(3)图标:修改Ⅱ工具栏中

3. 说明

命令:SPE↙

选择样条曲线:(选择要编辑的样条曲线,此时样条曲线上的控制点会显示出来,如图 4-40a 所示。)

输入选项[拟合数据(F)/闭合(C)/移动顶点(M)/精度(R)/反转(E)/放弃(U)]:(如果所选的对象是封闭样条曲线,则选项命令中的“闭合(C)”将会变为“打开(O)”)

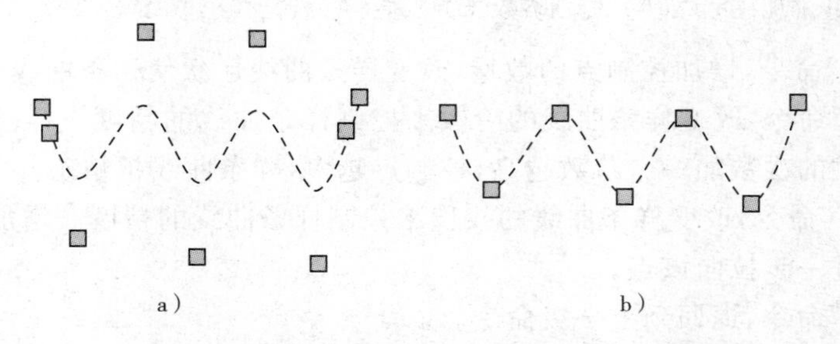

图 4-40　样条曲线的控制点显示和拟合点显示

4. 注释

各选项功能如下:

(1)输入“F”命令,将样条曲线的控制点显示变为拟合点显示。如图 4-40b 所示。回车后系统提示:

输入拟合数据选项

[添加(A)/闭合(C)/删除(D)/移动(M)/清理(P)/相切(T)/公差(L)/退出(X)]<退出>:

输入这些拟合数据选项可以对样条曲线的拟合点进行修改，从而改变样条曲线的形状。

① 输入“A”命令，添加一个拟合点。

② 输入“C”命令，用一条光滑的样条曲线连接选中样条曲线的首尾拟合点，使样条曲线闭合。若选中的是封闭样条曲线，则此时是“打开(O)”命令，系统将删除样条曲线的最后一段。

③ 输入“D”命令，系统将删除选定的拟合点，用剩余的点调整样条曲线。

④ 输入“M”命令，移动拟合点到一个新的位置上。

⑤ 输入“P”命令，删除样条曲线的拟合点，样条曲线回到控制点显示状态，回到上一级命令。

⑥ 输入“T”命令，改变样条曲线起点和终点的切线方向。

⑦ 输入“L”命令，改变样条曲线允许公差值。若公差值为0，则样条曲线通过每个拟合点；若公差值大于0，则样条曲线与拟合点的距离在该公差范围内。

⑧ 输入“X”命令，退回到上一级命令。

(2)输入“C”命令，用一条光滑的样条曲线连接选中样条曲线的首尾拟合点，使样条曲线闭合，与“拟合数据(F)”中的“闭合(C)”相同。

(3)输入“O”命令，删除样条曲线的最后一段，打开封闭的样条曲线，与“拟合数据(F)”中的“打开(O)”相同。

(4)输入“M”命令，移动样条曲线的控制点，同时清除拟合点，与“拟合数据(F)”中的“移动(M)”相同。回车后系统显示：

指定新位置或[下一个(N)/上一个(P)/选择点(S)/退出(X)]＜下一个＞：

(5)输入“R”命令，可以对控制点进一步操作，调整样条曲线的形状。回车后系统提示：

输入精度选项[添加控制点(A)/提高阶数(E)/权值(W)/退出(X)]＜退出＞：

① 输入“A”命令，增加控制点的数量，改变样条曲线形状使样条曲线更精确。

② 输入“E”命令，改变样条曲线的阶数来控制样条曲线的精度。样条曲线的阶数是样条曲线多项式的次数加一。阶数越高，控制点越多，样条曲线越精确。

③ 输入“W”命令，改变样条曲线的权值来控制样条曲线的精度。增加控制点的权值将把样条曲线进一步拉向该点。

④ 输入“X”命令，退回到上一级命令。

(6)输入“E”命令，使样条曲线反转方向，起点变终点，终点变起点。

(7)输入“U”命令，取消最后一次操作，可以重复使用。

(8)输入“X”命令，退出编辑样条曲线命令。

4.3.23 编辑多线命令

1. 功能

多线比直线、多段线要复杂一些，AutoCAD 中许多命令对多线都不能编辑，例如修剪、延伸、倒角、圆角、打断等，若要使用这些命令，必须先将多线对象分解成单一实体。AutoCAD 专门提供了编辑多线命令对多线对象进行编辑，将多线对象进行连接。此命令在建筑图形中经常用于绘制墙体连接或编辑窗和门的位置。

2. 调用方式

(1)命令：MLEDIT

(2)菜单：修改→对象→多线

3. 说明

命令：MLEDIT ↙

(系统弹出"多线编辑工具"对话框，如图 4-41 所示)

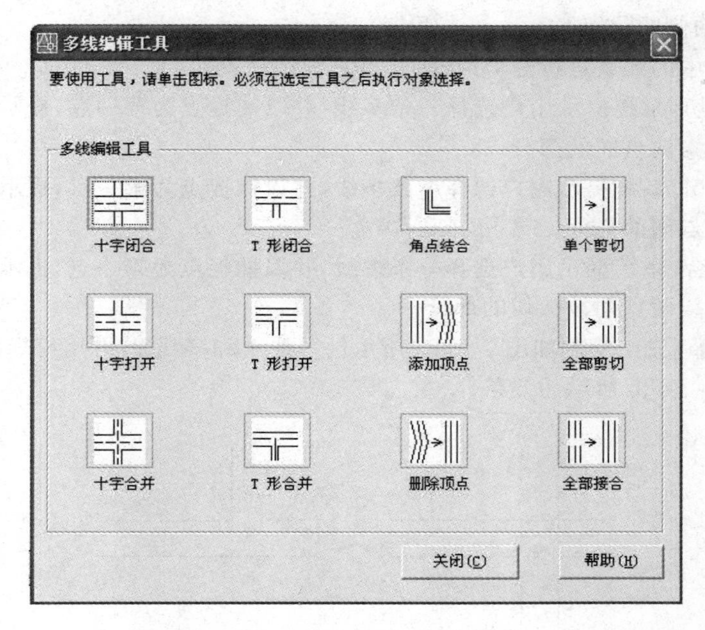

图 4-41　"多线编辑工具"对话框

4. 注释

各工具按钮功能如下

(1)形成两条多线的十字形交点，有三种结果：

① 十字闭合，系统提示用户选择第一条和第二条多线，第二条多线不变，第一条多线在交点处被切断，该交点为第一条多线与第二条多线的外层元素相交的交点。

② 十字打开，系统提示用户选择第一条和第二条多线，第一条多线的所有元素在交点处全部断开，第二条多线只有外层元素被断开。

③ 十字合并，系统提示用户选择第一条和第二条多线，两条多线的外层元素断开，内层元素不受影响。

(2)形成两条多线的 T 字形交点，有三种结果：

① T 形闭合，系统提示用户选择第一条和第二条多线，系统修剪第一条多线，在交点处剪去距捕捉点较远的一段，第二条多线不变。

② T 形打开，系统提示用户选择第一条和第二条多线，系统修剪第一条多线，在交点处剪去距捕捉点较远的一段，并断开第二条多线相应一侧的外层元素。

③ T 形合并，系统提示用户选择第一条和第二条多线，系统修剪第一条多线，在交点处剪去距捕捉点较远的一段多线的外层元素，并且断开第二条多线相应一侧的外层元素，两条多线的次外层元素重复以上过程，直至最内层元素。

(3)编辑多线的顶点，有三种结果：

① 角点结合，系统提示用户选择第一条和第二条多线，两条多线形成角形交线。

② 添加顶点，系统提示用户选择一条多线，并在捕捉处为多线增加一个顶点。

③ 删除顶点，系统提示用户选择一条多线，并删除该多线距离捕捉点最近的顶点，直接连接该顶点两侧的顶点。

(4)对多线中的元素进行修剪或延伸，有三种结果：

① 单个剪切，系统提示用户选择一条多线，并以捕捉点为第一点，提示用户输入第二点，剪切一个元素两点间的部分。

② 全部剪切，系统提示用户选择一条多线，并以捕捉点为第一点，提示用户输入第二点，剪切多线两点间的部分。

③ 全部接合，系统提示用户选择一条多线，并以捕捉点为第一点，提示用户输入第二点，重新连接多线两点间被剪切的部分。

【例 4－20】 先绘绘制如图 4－42a 所示的多线 1 和多线 2，再用编辑多线的 T 形打开方式达到图 4－42b 所示的效果。

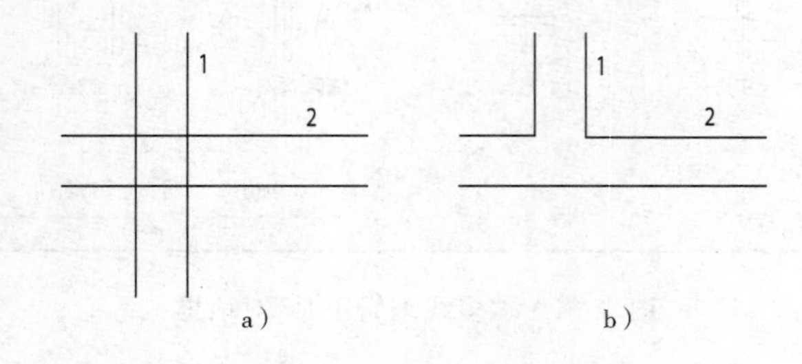

图 4－42 编辑多线

```
命令：_mledit                          //在编辑多线工具中选择 T 形打开
选择第一条多线：                         //选择多线 1
选择第二条多线：                         //选择多线 2
选择第一条多线 或 [放弃(U)]：↙            //完成图 4－42(b)所示的效果
```

4.4 CAD 编辑命令

在 AutoCAD 中，还有些常用的编辑命令。这些命令基本上都包含在“编辑”下拉菜单中，如图 4－43 所示。

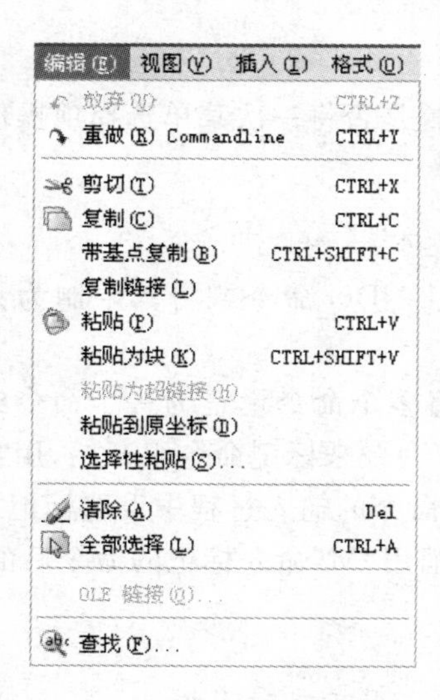

图 4－43　“编辑”菜单

4.4.1　放弃命令

1. 功能

取消上一次命令操作并显示命令。可重复使用，依次向前取消已完成的命令操作。

2. 调用方式

(1)命令：U

(2)菜单：编辑→放弃

(3)图标：标准工具栏中

3. 说明

命令：U↙

(系统取消上一次操作的结果)

4.4.2　多重放弃命令

1. 功能

一次取消 N 个已完成的命令操作。

2. 调用方式

命令：UNDO

3. 说明

命令：UNDO↙

当前设置：自动 = 开，控制 = 全部，合并 = 是

输入要放弃的操作数目或[自动(A)/控制(C)/开始(BE)/结束(E)/标记(M)/后退(B)]<1>：

4. 注释：

各选项功能如下：

(1)输入要放弃的操作数目：默认选项，输入数值 N，就可以放弃已完成的 N 个命令

操作。

(2)输入“A”命令,可以设置是否将一次菜单选择项操作作为一个命令。回车后系统提示:

输入 UNDO 自动模式 [开(ON)/关(OFF)]<开>:

(3)输入“C”命令,可关闭 UNDO 命令或将其限制为只能一次取消一个操作,象 U 命令一样。

(4)“BE”、“E”命令,可以将多个命令设置为一个命令组,UNDO 命令将这个命令组作为一个命令来处理。用“BE”命令来标记命令组开始,用“E”命令来标记命令组结束。

(5)输入“M”命令,可以在命令的输入过程中设置标记。

(6)输入“B”命令,可以取消用“M”命令标记的命令后的全部命令。

4.4.3 重做命令

1. 功能

重做刚用放弃命令所取消的命令操作。

2. 调用方式

(1)命令:REDO

(2)菜单:编辑→重做

(3)图标:标准工具栏中

3. 说明

命令:REDO↙

(系统重做刚放弃的命令操作)

4.4.4 剪切命令

1. 功能

将对象复制到剪贴板并从图中删除此对象。

2. 调用方式

(1)命令:CUTCLIP

(2)菜单:编辑→剪切

(3)图标:标准工具栏中

(4)光标菜单:在不执行命令的情况下,在绘图区单击鼠标右键,在显示的光标菜单中选择“剪切”。

3. 说明

命令:CUTCLIP↙

选择对象:(选择要剪切的对象)

4.4.5 粘贴命令

1. 功能

将对象粘贴到剪贴板。

2. 调用方式

(1)命令:PASTECLIP

(2)菜单:编辑→粘贴

(3)图标:标准工具栏中

(4)光标菜单:在不执行命令的情况下,在绘图区单击鼠标右键,在显示的光标菜单中选择“粘贴”。

3. 说明

命令:PASTECLIP↙

指定插入点:

4. 注释

在 AutoCAD“编辑”菜单中,“粘贴为块”命令(PASTEBLOCK)将对象粘贴为块对象,其他操作方式与“粘贴”命令相同。

4.4.6　剪贴板复制命令

1. 功能

将对象复制到剪贴板。

2. 调用方式

(1)命令:COPYCLIP

(2)菜单:编辑→复制

(3)图标:标准工具栏中

(4)光标菜单:在不执行命令的情况下,在绘图区单击鼠标右键,在显示的光标菜单中选择“复制”。

3. 说明

命令:COPYCLIP↙

选择对象:(选择要复制的对象)

4. 注释

在 AutoCAD“编辑”菜单中,“带基点复制”命令(COPYBASE)复制对象时需要指定基点,其他操作方式与“复制”命令相同。

【例 4-21】 如图 4-44a 所示,要求用复制命令将 A 点的圆均复制到 B、C、D、E 和 F 点,如图 4-21b 所示。

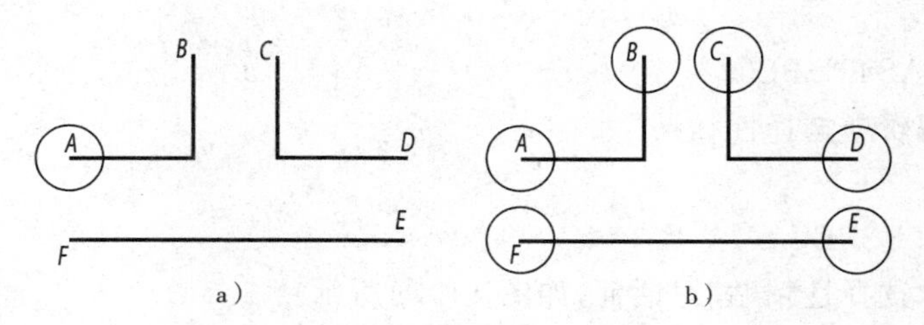

图 4-44　复制圆

```
命令：_copy
选择对象：找到 1 个                                    //选择圆 A
选择对象：
当前设置：  复制模式 = 多个
指定基点或［位移(D)/模式(O)］＜位移＞：               //选取 A 点

指定第二个点或 ＜使用第一个点作为位移＞：             //选取 B 点
指定第二个点或［退出(E)/放弃(U)］＜退出＞：          //选取 C 点
指定第二个点或［退出(E)/放弃(U)］＜退出＞：          //选取 D 点
指定第二个点或［退出(E)/放弃(U)］＜退出＞：          //选取 E 点
指定第二个点或［退出(E)/放弃(U)］＜退出＞：          //选取 F 点
指定第二个点或［退出(E)/放弃(U)］＜退出＞：↙
```

4.4.7 复制链接命令

1. 功能

将当前视图复制到剪贴板上，以便链接到其他应用程序上。

2. 调用方式

(1)命令：COPYLINK

(2)菜单：编辑→复制链接

4.4.8 粘贴为超链接命令

1. 功能

向选定的对象粘贴超级链接。

2. 调用方式

(1)命令：PASTEASHYPERLINK

(2)菜单：编辑→粘贴为超链接

4.4.9 选择性粘贴命令

1. 功能

插入剪贴板数据并控制数据格式。

2. 调用方式

(1)命令：PASTESPEC

(2)菜单：编辑→选择性粘贴

3. 说明

命令：PASTESPEC↙

(系统弹出“选择性粘贴”对话框，如图 4－45 所示)

4. 注释

(1)来源：显示包含已复制信息的文档名称。还显示已复制文档的特定部分。

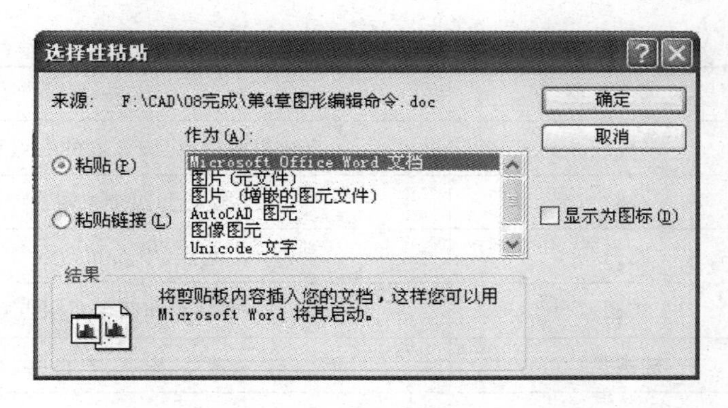

图 4-45 “选择性粘贴”对话框

(2)粘贴:将剪贴板内容粘贴到当前图形中作为内嵌对象。

(3)粘贴链接:将剪贴板内容粘贴到当前图形中。如果源应用程序支持 OLE 链接，程序将创建与原文件的链接。

(4)作为:显示有效格式，可以以这些格式将剪贴板内容粘贴到当前图形中。如果选择“AutoCAD 图元”，程序将把剪贴板中的图元文件格式的图形转换为 AutoCAD 对象。如果没有转换图元文件格式的图形，图元文件将显示为 OLE 对象。

(5)显示为图标:插入应用程序图标的图片而不是数据。要查看和编辑数据，请双击该图标。

4.5 使用夹点编辑图形

在未执行命令时选择对象，此时对象会出现一些蓝色的小方框标记，这些小方框标记称之为夹点。用户可以通过对夹点的操作来编辑图形。

4.5.1 夹点的显示

系统默认夹点的显示状态，也可以通过“工具”菜单中的“选项”对话框的“选择”选项卡(如图 4-1 所示)，设置夹点的显示、大小、颜色等。不同的对象用来控制其特征的夹点的位置和数量也不相同。在 AutoCAD 系统中，常见对象的夹点特征，见表 4-1。

表 4-1 AutoCAD 中对象的夹点特征

序号	对象类型	夹点特征
1	直线	起点、中点和端点
2	射线	起点和射线上一点
3	构造线	控制点和附近两点
4	多线	控制线上的两个端点

（续表）

序　号	对 象 类 型	夹 点 特 征
5	多段线	直线段的端点、圆弧段的端点和中点
6	圆	圆心和四个象限点
7	圆弧	起点、中点和端点
8	椭圆	中心点和四个象限点
9	椭圆弧	端点、中点、中心点
10	图案填充	中心点
11	单行文字	插入点和对正点
12	多行文字	对正点和区域的四个角点
13	属性	插入点
14	三维网格	网格上的各个顶点
15	三维面	周边顶点
16	线性标注、对齐标注	尺寸线和尺寸界线端点、尺寸文字中心点
17	角度标注	尺寸界线端点、尺寸标注弧一点、尺寸文字中心点
18	半径标注、直径标注	半径、直径标注的端点、尺寸文字中心点
19	坐标标注	被标注点、引出线端点、尺寸文字中心点
20	引线标注	引线端点、文字对正点

4.5.2　利用夹点编辑对象

在系统的默认状态下，在不执行命令的情况下选择对象，此时对象的夹点亮显成蓝色。把十字光标移动到对象的夹点上，此时夹点默认显示成绿色，单击该夹点，夹点变为实心的红色方块，表示此夹点被激活，可以对该夹点进行操作来编辑对象。如果在选择夹点时按住 SHIFT 键，则可以同时选中多个夹点，激活这些夹点，然后再点击这些夹点中的某一个夹点以其做为基点，对这些夹点同时进行操作。

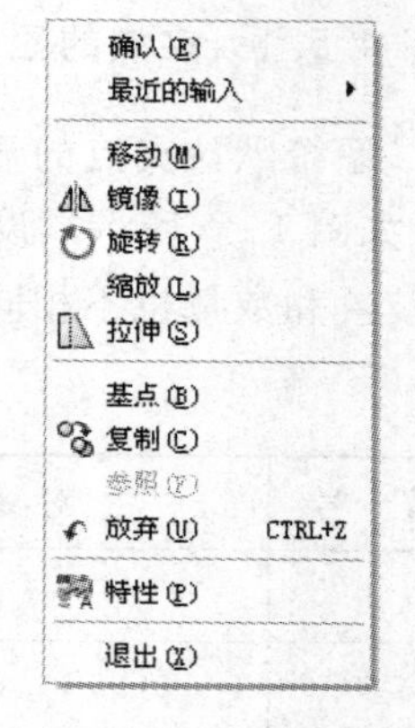

图 4－46　夹点右键菜单

只能对激活的夹点进行操作，系统默认操作的效果是拉伸命令，如所示提示：

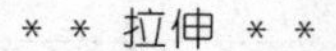

指定拉伸点或[基点(B)/复制(C)/放弃(U)/退出(X)]：

此时，进入夹点编辑的第一种模式——拉伸，若单击空格或回车键，则切换到下一种编辑模式，循环切换。也可以在激活夹点后单击鼠标右键，弹出右键菜单，如图 4－46 所示。在该实体夹点快捷菜单中，可选择相应选项，完成对对象的编辑。

下面对夹点操作的各命令选项作个说明：

1. 拉伸命令

* * 拉伸 * *

指定拉伸点或[基点(B)/复制(C)/放弃(U)/退出(X)]:

(1)指定拉伸点：默认选项，指定夹点要拉伸到的位置。对于不同夹点，拉伸的效果也不一样。例如对于直线，拉伸两个端点是对直线作拉伸处理，若是拉伸中点则是移动直线。还有文字的插入点、对正点、块的插入点、圆的圆心、椭圆的中心点等等，拉伸这些夹点都是移动效果。

(2)输入"B"命令，重新指定拉伸的基点拉伸夹点，而不以当前夹点作基点。

(3)输入"C"命令，确定一系列的拉伸点，拉伸产生新的对象。

(4)输入"U"命令，放弃上一次的操作。

(5)输入"X"命令，退出当前操作，回到选择对象时的状态。

2. 移动命令

* * 移动 * *

指定移动点或[基点(B)/复制(C)/放弃(U)/退出(X)]:

用夹点作为基点移动对象，各选项功能、操作与拉伸命令相似。

3. 旋转命令

* * 旋转 * *

指定旋转角度或[基点(B)/复制(C)/放弃(U)/退出(X)]:

用夹点作为基点旋转对象，各选项功能、操作与拉伸命令相似。

4. 缩放命令

* * 比例缩放 * *

指定比例因子或[基点(B)/复制(C)/放弃(U)/退出(X)]:

用夹点作为基点缩放对象，各选项功能、操作与拉伸命令相似。

5. 镜像命令

* * 镜像 * *

指定第二点或[基点(B)/复制(C)/放弃(U)/退出(X)]:

用夹点和第二点的连线为镜像线镜像对象，各选项功能、操作与拉伸命令相似。

4.6　编辑对象特性

在 AutoCAD 中，用户可以对图形对象预先指定相关特性，还可以对已绘制图形进行特性编辑，查看和修改对象特性，主要形式有以下三种：

1."图层"工具栏和"对象特性"工具栏

这两种工具栏(如图 4-47 所示)提供了快速查看和修改所有对象都具有的通用特性的选项。所谓通用特性,指对象所在的图层、图层特性、颜色、线型、线宽以及打印样式等等。此方式不能改变锁定图层上的对象的特性。

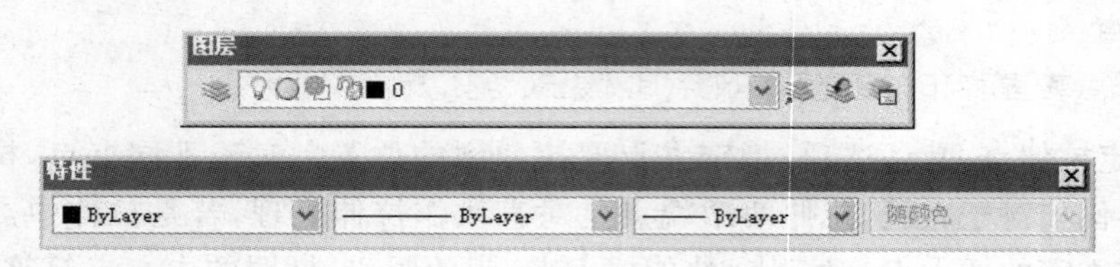

图 4-47 "图层"工具栏和"对象特性"工具栏

2. 特性命令

执行命令会弹出"对象特性"对话框,该对话框提供了快速查看和修改所有对象特性的一个完整列表,包括对象的通用特性和独有特性。

3. 特性匹配命令

此命令可以将一个物体的特性匹配到其他对象上。

4.6.1 "图层"工具栏和"对象特性"工具栏

在绘图过程中,若绘制的图形没有放在预先设定的图层上,此时可以先将绘制的图形选中,然后点击"图层"工具栏中的下拉列表框,选择对象应在的图层,则对象移动至新的图层。在"对象特性"工具栏内还可以更改对象的颜色、线型、线宽、打印样式。

注:一般来说,在绘图过程中,对象的通用特性都应该是随层(BYLAYER)的特性,这样,在移动对象至某一图层时,对象才会拥有该图层的特性。

4.6.2 特性命令

1. 功能

查询和修改对象的特性。

2. 调用方式

(1)命令:PROPERTIES、DDMODIFY 或 CH

(2)菜单:修改→特性

(3)图标:标准工具栏中

(4)光标菜单:选中对象,点击右键,选择"特性"选项或者双击对象

3. 说明

命令:CH↙

(系统弹出"特性"对话框,如图 4-48 所示)

4. 注释

如图 4-48 所示显示的是没有选中对象时的状态,显示的是整个图形的特性以及当前的设置;当选中了某一个对象后,对话框首先在下拉列表框中显示对象的名称,然后显示对象的基本特性,以及对象的独有特性,例如,直线、圆、圆弧、椭圆的独有特性是几何

图形的特性；多段线、矩形、正多边形的独有特性是其多段线的顶点、线宽、标高等特性；单行文字的独有特性是文字的宽度比例、字高、文字样式、倒置、反向等特性；多行文字的独有特性是行距、字高、区域宽度、方向等特性；尺寸标注的独有特性是直线和箭头、文字、调整、主单位、公差等特性。不同类型的对象有不同的独有特性。

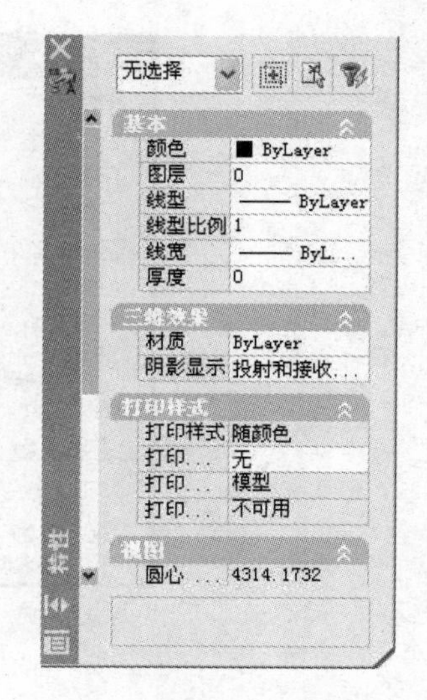

图 4 - 48　“特性”对话框

用户可以根据“特性”对话框中各特性对应的文本框来修改对象的特性值，比如修改圆的半径值或面积值来编辑圆对象。在修改某一个特性值时，颜色为灰色的表示不可以修改，颜色为黑色表示可以修改。

当选择多个对象时，对话框会列出包含了多少对象，且各种类型的对象有多少个，以及这些对象的基本特性和相同的特性。

4.6.3　“特性匹配”命令

1. 功能

将一个源对象的特性匹配到其他目标对象上，如图层的特性。

2. 调用方式

(1)命令：MATCHPROP、PRINTER 或 MA

(2)菜单：修改→特性匹配

(3)图标：标准工具栏中

3. 说明

命令：MA↙

选择源对象：(选择要将特性匹配给其他对象的对象，此时拾取框变为小刷子形状)

当前活动设置：颜色 图层 线型 线型比例 线宽 厚度 打印样式 文字 标注 填充图案 多段线 视口表格

选择目标对象或[设置(S)]：

4. 注释

(1)选择目标对象：默认选项，可以选择一个或多个对象作为目标对象，将特性修改成与源对象一样。

(2)输入“S”命令，可以设置匹配的内容。此时，弹出一个“特性设置”对话框，如图 4 - 49所示。

该对话框设置匹配的内容，包括颜色、图层、线型、线型比例、线宽、厚度、打印样式、标注、文字、填充图案、多段线、视口、表格。

特性匹配不仅可以将源对象的特性匹配给同一个图形文件中的目标对象，也可以匹配给其他图形文件中的目标对象。

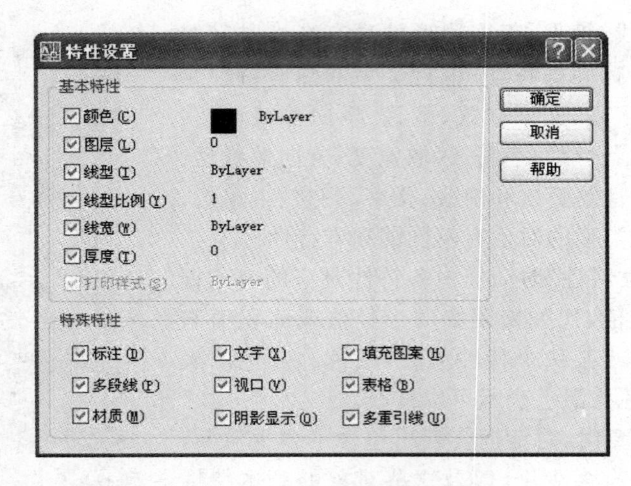

图 4-49 “特性设置”对话框

小　结

本章主要介绍 AutoCAD 2008 的二维图形编辑功能，具体内容包括：

(1)选择对象的几种方法以及使用 ESASE 命令删除选择的对象；

(2)使用 MOVE 命令移动对象和使用 COPY 命令复制对象；

(3)使用 MIRROR 命令镜像对象和使用 OFFSET 偏移对象；

(4)使用 ARRAY 命令阵列对象；

(5)使用 TRIM 命令修剪对象和使用 EXTEND 延伸对象；

(6)使用 CHAMFER 命令创建倒角和使用 FILLET 创建圆角；

(7)使用 BREAK 命令打断对象和使用 JOIN 合并对象；

(8)使用 SCALE 命令缩放对象和使用 STRETCH 拉伸对象；

(9)使用 ROTATE 命令旋转对象；

(10)使用 BHATCH 命令填充对象。

习　题

1. 在对象选择方式上，窗口选择方式与交叉窗口选择方式有什么区别？
2. 选择对象时，拾取框的大小如何调整？
3. 选择对象有哪些方式？
4. 要恢复刚执行的删除命令删除的对象有几种办法？
5. 移动命令和平移命令有什么区别？
6. 比例命令和视窗缩放命令有什么区别？
7. 创建一组等间距的等长铅垂线有几种办法？
8. 拉伸命令如何使用？
9. 用编辑命令绘制如习题图 4-1 所示的图形。

10. 绘制如习题图 4－2 所示的图形，其中每条线之间的间距为 10mm。

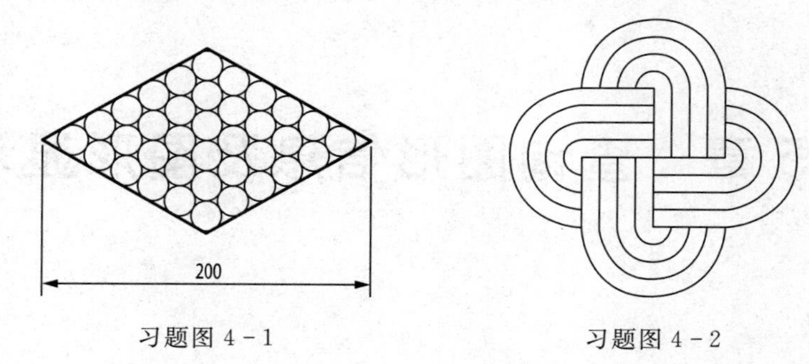

习题图 4－1　　　　习题图 4－2

11. 绘制一个大正三角形，外接圆半径为 100，再在大正三角形外部绘制一个三角形，与大正三角形的边距为 10，再绘制三个小正三角形，外接圆半径为 70，且小正三角形的中心点处于大正三角形的三个顶点，在三个小正三角形内部绘制三个正三角形，边距也为 10，对这些对象进行编辑，编辑后如习题图 4－3所示。

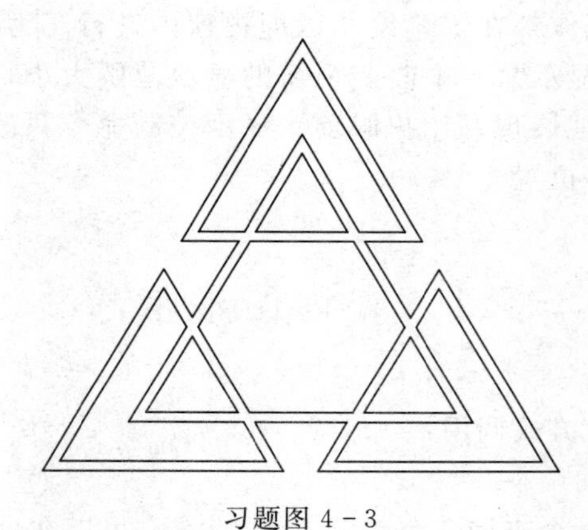

习题图 4－3

第 5 章　查询图形信息及图形显示

在 AutoCAD 中，利用查询命令可以了解 AutoCAD 的运行状态、查询图形对象的数据信息、计算距离和面积等。在工程产品设计中，经常要计算物体的表面积、体积、周长等信息。AutoCAD 提供了专门的命令方便用户获得对象的数据，这些命令既不生成任何对象，也不对图形对象产生任何影响。

对象的绘制及编辑操作都在屏幕绘图区即视窗内进行。为了能够看到图形的各个部分，经常使用控制图形显示命令来改变视窗的显示范围大小，方便用户从不同角度观看图形，从而使图形直观地展现在用户眼前。显示控制命令只改变图形显示的效果，并不改变图形的实际大小和位置。

5.1　查询图形信息

查询命令可以用以下方式调用：

1. 在文本行输入查询命令

在 AutoCAD 中，每一个查询命令都对应一个指令，可以在命令输入执行该命令。一些常用的命令有其快捷键。

2. 工具下拉菜单中的查询选项

在 AutoCAD 工作界面的主菜单中，单击“工具(T)”菜单，即会弹出工具下拉菜单列表，选择“查询(Q)”选项，如图 5－1 所示，单击其中的选项即可完成相应命令的输入。

3. 查询工具栏

调出查询命令工具栏，点击其中的每个图标按钮，即可完成相应命令的输入。如图 5－2所示。

5.1.1　查询距离

1. 功能

用于测量两点之间的距离和两点连线的夹角。这两个点可以在屏幕上拾取，也可以从键盘输入。

2. 调用方式

(1)命令：DIST 或 DI

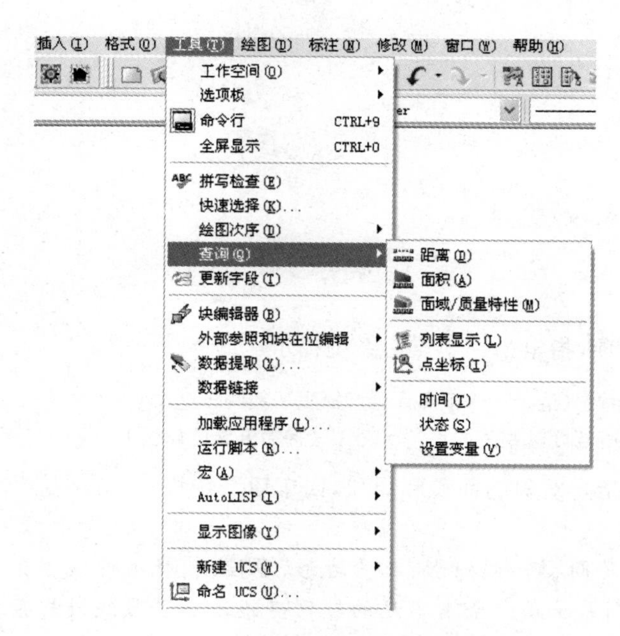

图 5-1 “查询(Q)”选项

图 5-2 查询工具栏

(2)菜单:工具→查询→距离

(3)图标:查询工具栏中

3. 说明

命令:DI↙

指定第一点:(拾取第一点)

指定第二点:(拾取第二点)

距离 =(拾取的两点的距离),XY 平面中的倾角 =(两点连线在 XY 平面内的投影与 X 轴的夹角), 与 XY 平面的夹角 =(两点连线与 XY 平面的夹角);

X 增量 =(后一点相对于前一点 X 轴的增加量), Y 增量 =(后一点相对于前一点 Y 轴的增加量), Z 增量 =(后一点相对于前一点 Z 轴的增加量)。

4. 注释

该命令可以透明使用,即在执行其他命令时,不终止其他命令,查询两点间的距离。若要透明使用某命令,只需要在命令前添加“'”即可。很多命令都可以透明使用。

5.1.2 查询面积

1. 功能

面积命令可以查询封闭的几何图形的面积和长度,图形可以包括圆、多边形、封闭多段线或一组闭合的并且端点相连的对象,还可以指定一系列的点把它看作封闭的多边形并计算面积。可以从当前已测量出的面积中加上或减去其后面测量的面积。

2. 调用方式

(1)命令:AREA

(2)菜单:工具→查询→面积

(3)图标:查询工具栏中

3. 说明

命令:AREA↙

指定第一个角点或[对象(O)/加(A)/减(S)]:

4. 注释

各选项功能如下:

(1)指定第一个角点:默认选项,指定第一个点后系统提示:

指定下一个角点或按 ENTER 键全选:(选择下一个点直至选择完毕按回车结束)
面积 =(以各点依次连接所形成的封闭区域的面积)周长 =(各点连线的总长)

(2)输入"O"命令,可以计算指定对象的面积和周长,回车后系统提示:

选择对象:

注:此选项查询的对象只能是圆、椭圆、矩形、正多边形、多段线、样条曲线。若对象是未封闭的多段线或样条曲线,则系统用一条看不见的辅助直线连接多段线或样条曲线的起点和端点形成封闭区域,计算区域的面积和多段线或样条曲线的实际长度。

(3)输入"A"命令,可以将后面测量的面积累加到前面计算出的面积中,回车后系统提示:

指定下一个角点或[对象(O)/减(S)]:(选择下一点)
指定下一个角点或按 ENTER 键全选("加"模式):(选择下一点直至完毕回车结束)
面积 =(当前以各点依次连接的封闭区域的面积)周长 =(当前各点连线的总长)
总面积 = 累加的总面积

(4)输入"S"命令,从总面积中扣除通过选择角点或对象所计算出的面积,系统显示当前所选区域的面积和周长以及扣除这个面积后得到的面积。与"A"命令操作相似。

注:若要计算区域的边界对象有直线、圆弧,可以将轮廓编辑成多段线,再进行计算,否则要分割成几部分计算再累加。

【例 5-1】 计算如图 5-3 所示工件的面积。

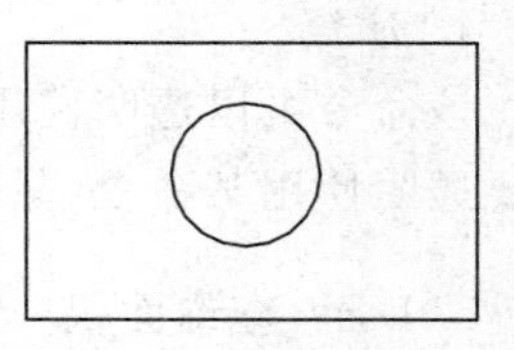

图 5-3 查询面积实例

命令:AREA↙

指定第一个角点或[对象(O)/加(A)/减(S)]:A↙
指定第一个角点或[对象(O)/减(S)]:O↙
("加"模式)选择对象:(选择矩形)
面积 = 15781.6903,周长 = 515.2435
总面积 = 15781.6903
("加"模式)选择对象:↙
指定第一个角点或[对象(O)/减(S)]:S↙
指定第一个角点或[对象(O)/加(A)]:O↙
("减"模式)选择对象:
面积 = 2103.1850,圆周长 = 162.5712

总面积 = 13678.5053
(“减”模式)选择对象:(键入 ESC) * 取消 *

5.1.3　查询面域/质量特性

1. 功能

用于面域和实体造型的物理特性,包括质量、体积、边界、惯性转矩、重心、转矩半径、旋转轴等特性信息。

2. 调用方式

(1)命令:MASSPROP

(2)菜单:工具→查询→面域/质量特性

(3)图标:查询工具栏中

3. 说明

命令:MASSPROP↙

选择对象:(选择面域或实体对象)

4. 注释

如果用户选择了多个面域,AutoCAD 只接受那些与第一个选定面域共面的面域。选择完毕回车后,MASSPROP 命令在文本窗口中显示质量特性,并出现提示询问用户是否将质量特性写入到文本文件中。

【例 5-12】 查询如图 5-4 所示面域的质量特性。

命令:MASSPROP↙

选择对象:(选择对象)

选择对象:↙

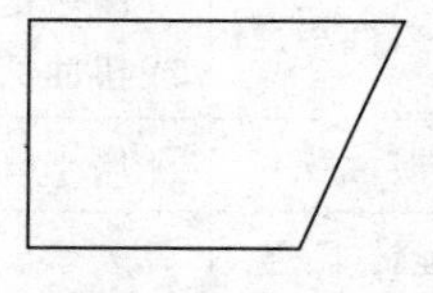

图 5-4　查询面域实例

(弹出文本窗口,显示如下)

```
----------------- 面域 -----------------
面积:              13604.5184
周长:              480.8298
边界框:          X:251.7272  --  409.0083
                 Y:212.8259  --  313.1666
质心:            X:320.0976
                 Y:265.6725
惯性矩:          X:971549729.2735
                 Y:1415856380.6531
惯性积:          XY:1159390994.1442
旋转半径:        X:267.2335
                 Y:322.6027
主力矩与质心的 X-Y 方向:
                 I:10778712.3993 沿 [0.9766 0.2148]
                 J:22442042.0605 沿 [-0.2148 0.9766]
```

是否将分析结果写入文件？[是(Y)/否(N)]<否>:↙

AutoCAD 为共面的面域和不共面的面域显示表 5-1 所示的质量特性。

表 5-1　AutoCAD 显示的质量特性

特　性	意　义
面　积	实体的表面面积或面域的封闭面积
周　长	面域的内环和外环的总长度；AutoCAD 不计算实体的周长
边界框	显示用于定义边界框的两个坐标；对于与当前用户坐标系的 *XY* 平面共面的面域，边界框由包含该面域的矩形的对角角点定义；对于与当前用户坐标系的 *XY* 平面不共面的面域，边界框由包含该面域的三维框的对角角点定义
质　心	代表面域中心点的二维或三维坐标。对于与当前用户坐标系的 *XY* 平面共面的面域，质心是一个二维点；对于与当前用户坐标系的 *XY* 平面不共面的面域，质心是一个三维点

如果所选面域与当前用户坐标系的 *XY* 平面共面，AutoCAD 将显示表 5-2 所示的几个附加特性。

表 5-2　AutoCAD 显示的附加特性

特　性	意　义
惯性矩	面域的面积惯性矩；这个值在计算分布载荷(例如计算一块板上的流体压力)、弯曲或扭曲梁的内部应力时将要用到
惯性积	用来确定导致对象运动的力，通常通过两个正交平面计算
旋转半径	表示实体惯性矩的另一种方法
主力矩和质心的 X、Y、Z 轴	在对象的质心处有一个确定的轴，对应这个轴的惯性矩最大；另有一个轴与第一个轴相垂直，并且也通过质心，对应它的惯性矩最小；由此导出第三个轴，其惯性矩介于最大值与最小值之间；这些主力矩都是由惯性积得出的，它们具有相同单位

对于实体，AutoCAD 将显示表 5-3 所示的质量特性。

表 5-3　AutoCAD 显示的质量特性

特　性	意　义
质　量	用于度量物体的惯性；AutoCAD 使用的密度为 1，所以质量和体积的值相同
体　积	实体包容的三维空间总量
边界框	由包含实体的三维框的对角角点定义
质　心	代表实体质量中心的一个三维点；AutoCAD 假定实体具有一致的密度
惯性矩	质量惯性矩，用来计算绕给定的轴旋转对象(例如车轮绕车轴旋转)时所需的力
惯性积	用来确定导致对象运动的力，通常通过两个正交平面计算

（续表）

特　性	意　义
旋转半径	表示实体惯性矩的另一种方法
主力矩和质心的 X、Y、Z 轴	在对象的质心处有一个确定的轴，对应这个轴的惯性矩最大；另有一个轴与第一个轴相垂直，并且也通过质心，对应它的惯性矩最小；由此导出第三个轴，其惯性矩介于最大值与最小值之间；这些主力矩都是由惯性积得出的，它们具有相同单位

5.1.4　点坐标显示

用户在绘图过程中可以显示图形中指定点的坐标或通过指定坐标直观地定位点。在 AutoCAD 2008 中可以使用定位点命令取得选定点的坐标，此命令可以在其他命令中透明使用。

1. 功能

用于查询指定点的坐标。

2. 调用方式

(1)命令：ID

(2)菜单：工具→查询→点坐标

(3)图标：查询工具栏中

3. 说明

命令：ID↙

指定点：(选择一点，则系统显示该点的坐标)

X = ＜当前点 X 坐标值＞　Y = ＜当前点 Y 坐标值＞　Z = ＜当前点 Z 坐标值＞

4. 注释

ID 列出了指定点的 X、Y 和 Z 值并将指定点的坐标存储为最后一点。可以通过在要求输入点的下一个提示中输入@来引用最后一点。

5.1.5　列表显示

1. 功能

用于查询指定对象在图形数据库中所存储的数据信息。

2. 调用方式

(1)命令：LIST 或 LI

(2)菜单：工具→查询→列表显示

(3)图标：查询工具栏中

3. 说明

命令：LI↙

选择对象：

4. 注释

选择对象后键入回车,系统弹出文本窗口显示信息。LIST 命令显示的信息包括:

(1)所选对象的位置、图层、对象类型、空间(图纸或模型)以及颜色和线型等。

(2)直线端点间的距离。

(3)圆的面积和周长以及闭合的多段线的面积。

(4)所选文字对象的插入点、高度、旋转角度、样式、字体、倾斜角度、宽度比例等信息。

(5)对象句柄。

5.1.6 时间显示

1. 功能

显示当前图形的日期和时间统计信息。

2. 调用方式

(1)命令:TIME

(2)菜单:工具→查询→时间

3. 说明

命令:_time(弹出文本窗口,显示如下)

```
当前时间:                2009年5月7日  18:50:48:593
此图形的各项时间统计:
创建时间:                2009年5月7日  16:58:27:421
上次更新时间:            2009年5月7日  16:58:27:421
累计编辑时间:            0 days 01:52:21:969
消耗时间计时器(开):      0 days 01:52:21:375
下次自动保存时间:        <尚未修改>
输入选项[显示(D)/开(ON)/关(OFF)/重置(R)]:
```

4. 注释

(1)输入"D"命令,显示时间信息。

(2)输入"ON"命令,打开计时器。

(3)输入"OFF"命令,关闭计时器。

(4)输入"R"命令,将计时器重置为零。

5.1.7 状态显示

1. 功能

查询当前图形文件的状态信息。包括实体数量、文件保存位置、绘图界限、实际绘图范围、当前屏幕显示范围、各种绘图环境设置情况、当前图层的设置情况及磁盘空间的利用情况等。

2. 调用方式

(1)命令:STATUS

(2)菜单:工具→查询→状态

3. 注释

各选项功能与 TIME 命令一样。

5.1.8　设置变量

1. 功能

该命令可以查询和修改变量值。AutoCAD 用一组系统变量来记录绘图环境和一些命令参数的设置,其变量数据可能是整型数、实型数、点、开关值或字串,其中有些变量是只读的,不能用 SETVAR 命令修改。

2. 调用方式

(1)命令:SETVAR

(2)菜单:工具→查询→设置变量

3. 说明

命令:SETVAR↙

输入变量名或[?]＜当前系统变量名＞:

4. 注释

(1)输入变量名,则可以查询、修改变量的值。

(2)输入"?",回车后系统出现提示:

输入要列出的变量＜*＞:(回车可显示所有系统变量)

5.2　图形的显示控制

在应用 AutoCAD 进行图形绘制的过程中,经常需要对图形进行平移、缩放、再生成等操作,以便提高绘图效率。在 AutoCAD 2008 中有许多控制图形显示的命令,例如设置图形显示范围、图形的重画与重生成、图形的缩放等。这些命令的特点是只能改变图形在屏幕上的显示方式,而不能改变图形的实际尺寸及图形之间的相互位置关系。用户利用这些命令对图形显示的修改只是为了观察和绘制图形的方便。下面介绍图形的显示控制中比较重要的一种方法。

5.2.1　图形的重画和重生成

在 AutoCAD 中,"重画"、"重生成"和"全部重生成"命令可以控制视口的刷新以重画和重生成图形,从而优化图形。这三种方式的执行方法如下:

(1)选择"视图"→"重画"命令,可以刷新显示所有视口,清除屏幕上的临时标记。

(2)选择"视图"→"重生成"命令,或者在命令行中输入 regen,可以从当前视口重生成整个图形,在当前视口中重生成整个图形并重新计算所有对象的屏幕坐标,还重新创建图形数据库索引,从而优化显示和对象选择的性能,更新的是当前视口。

(3)选择"视图"→"全部重生成"命令,或者在命令行中输入 regenall,可以重生成图形并刷新所有视口，在所有视口中重生成整个图形并重新计算所有对象的屏幕坐标，还重新创建图形数据库索引，从而优化显示和对象选择的性能。更新的是所有视口。

5.2.2 图形的平移

在绘制图形的过程中，对图形进行适当的缩放和平移也很重要，对图形放大是为了观察某些细小的部分，对图形缩小则是为了浏览图形的整体。平移视图是为了确定视图在窗口中的新位置，以便更合理地显示图形。

在菜单栏中选择“视图”→“平移”命令，弹出子菜单，如图 5-5 所示。

平移的操作方式有以下几种：

- 在菜单栏中选择“视图”→“平移”命令。
- 在“标准”工具栏中单击“实时平移”按钮。
- 在“三维导航”面板中单击“实时平移”按钮。
- 在命令行输入 pan 命令。

在使用平移命令时，图形的显示比例不变，只是在各个方向平移以便于观察局部视图。

(1)实时平移

在“平移”子菜单中选择“实时”命令，就可以进行实时平移图形。此时光标变成一只手，如图 5-6 所示。按住鼠标左键进行拖动即可实时平移图形。按 Esc 键或 Enter 键退出实时平移模式。

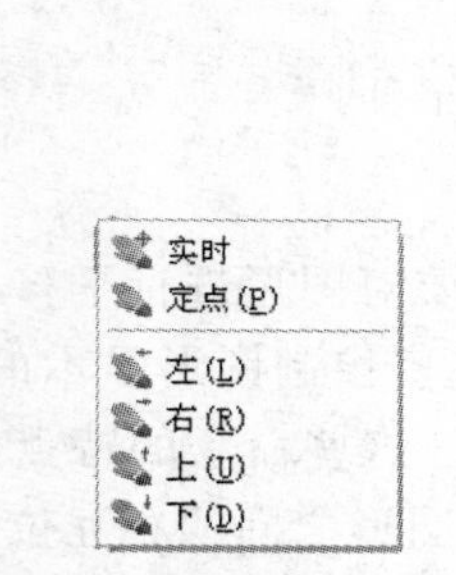

图 5-5 “平移”子菜单

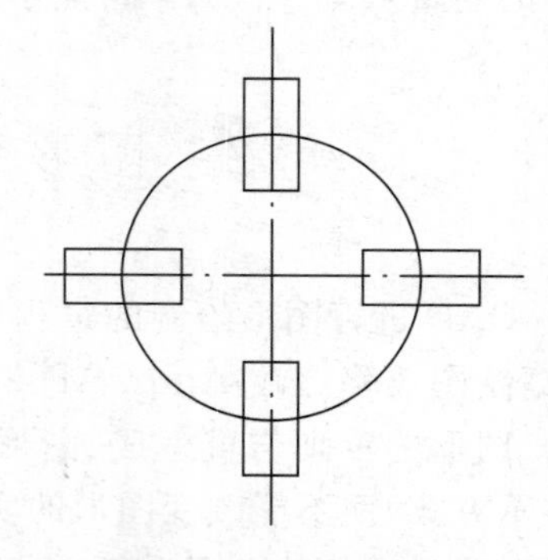

图 5-6 实时平移

(2)定点平移

在“平移”子菜单中选择“定点”命令，就可以通过指定基点或位移进行定点平移图形。

5.2.3 图形的缩放

图形的缩放即对当前窗口中图形的放大和缩小，放大主要用来对窗口中图形的某一小部分进行集中显示，缩小则是全局浏览图形。

在菜单栏中选择“视图”→“缩放”命令弹出子菜单，如图 5-7 所示。在工具栏中单击鼠标右键，在弹出的子菜单中依次选择“ACAD”→“缩放”命令，弹出“缩放”工具栏，如图

5－8 所示。

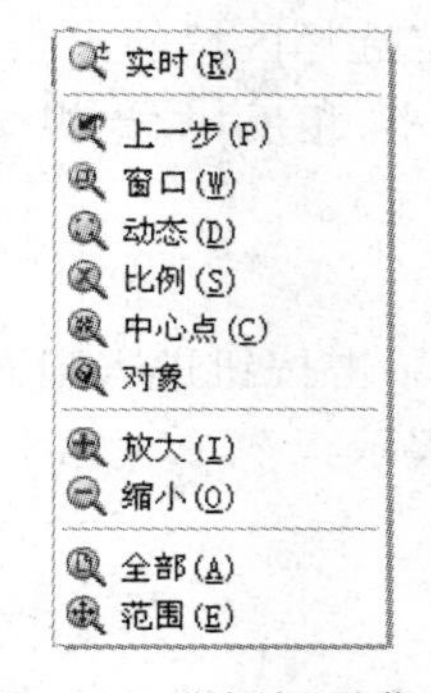

图 5－7　“缩放”子菜单

图 5－8　“缩放”工具栏

此外，还可以在命令行中输入 zoom 命令，执行该命令，命令行提示如下信息：

命令：_zoom

指定窗口的角点，输入比例因子(nX 或 nXP)，或者

【全部(A)冲心(C)，动态(D)，范围(E)/上一个(P)/LL～J(S)/窗口(W)，对象(O)】＜实时＞：//输入选择项

该命令行中的各项功能与“缩放”子菜单中的命令功能相同。这三种方式是执行图形缩放的三种不同途径。

图形缩放分为以下几种不同的方式：

(1)实时

在“缩放”子菜单中选择“实时”命令，或者在“三维导航”面板中或标准工具栏中单击“实时”按钮，或者在命令行中输入 zoom 命令，执行后直接按 Enter 键。鼠标指针将呈形状。按住鼠标左键向上拖动是放大图形，反向拖动为缩小图形。

(2)上一步

在“缩放”子菜单中选择“上一步”命令，或在标准工具栏中单击按钮，即可恢复到上一个窗口画面。

(3)窗口

在“缩放”子菜单中选择“窗口”命令，或在工具栏中单击按钮进入窗口缩放模式，此时命令行提示：

指定第一角点：//指定缩放窗口第一角点

在绘图窗口中指定任意一点作为第一角点，命令行提示如下：

指定对角点：//指定缩放窗口对角点

在绘图窗口中指定另一点作为对角点，确定一个矩形。系统就会将矩形内的图形放大至整个屏幕。

(4)动态

在“缩放”子菜单中选择“动态”命令，或在工具栏中单击按钮进入动态缩放模式。

此时在绘图窗口显示一个带有“×”矩形方框⊠，单击左键此时“×”标记消失，显示一个指向右方的箭头，拖动鼠标可以选择窗口的大小来确定选择区域的大小，然后按 Enter 键即可缩放图形。假如视图框较大，则显示出的图形较小；相反，如果视图框较小，则显示出的图形较大。

(5)比例

在“缩放”子菜单中选择“比例”命令，或在工具栏中单击按钮进入动态缩放模式，进行按比例缩放图形。执行该操作，命令行提示出现以下提示：

命令：_zoom

指定窗口的角点，输入比例因子(nX 或 nXP)，或者
[全部(A)，中心(c)/动态(D)，范围(E)/上一个(P)/比例(S)，窗口(w)/对像(O)]＜实时＞：_s
输入比例因子(nX 或 nXP)：//输入选择项

在命令行提示下，有 3 种方法来进行比例缩放。

● 相对当前视图：在输入的比例值后输入 X，例如输入 4X 就会以 4 倍尺寸显示当前视图。

● 相对图形界限：直接输入一个不带后缀的比例因子作为缩放比例，并适用于整个图形；例如输入 4 就可以把原来的图形放大 4 倍显示。

● 相对图纸空间单位：该方法适用于在布局工作中输入别的比例值后加上 XP，它指定了相对于当前图纸空间按比例缩放视图，并可以用来在打印前缩放视口。

(6)中心点

在“缩放”子菜单中选择“中心点”命令，或在工具栏中单击按钮进入中心点缩放模式，执行上述操作在命令行中出现以下提示信息：

指定中心点：　　//指定缩放中心点

在图形中指定任意一个中心点后，命令行提示：

输入比例或高度：//指定缩放比例或高度

用户输入比例因子或高度来显示一个新的图形，所指定的点作为新图形的中心点。输入的值比默认值小，则会增大图形；反之，减小图形。

(7)对象

在“缩放”子菜单中选择“对象”命令，或在工具栏中单击按钮魏进入中心点缩放模式，执行上述操作在命令行中出现以下提示信息：

选择对象：　　//选择要缩放的对象

选择对象后，按 Enter 键，则进行图形缩放以便尽可能大地显示一个或多个选定的对象并使其位于绘图区域的中心。

5.2.4 鸟瞰视图

使用“鸟瞰视图”窗口的目的是快速修改当前视口中的视图。在绘图时，如果“鸟瞰视图”窗口保持打开状态，则无需中断当前命令便可以直接进行缩放和平移操作。还可

以指定新视图，而无需选择菜单选项或输入命令。

在菜单栏中选择“视图”→“鸟瞰视图”命令，在命令行输入 dsviewer 命令，即可实现“鸟瞰视图”的功能。

在窗口中单击鼠标左键，将出现一个线框，中心标记“×”，直接拖动鼠标移动时，绘至窗口内的图形会随之平移，如图 5-9 所示。同理，再次单击鼠标左键，线框右侧出现“→”，拖动鼠标可以缩放图形，如图 5-10 所示。

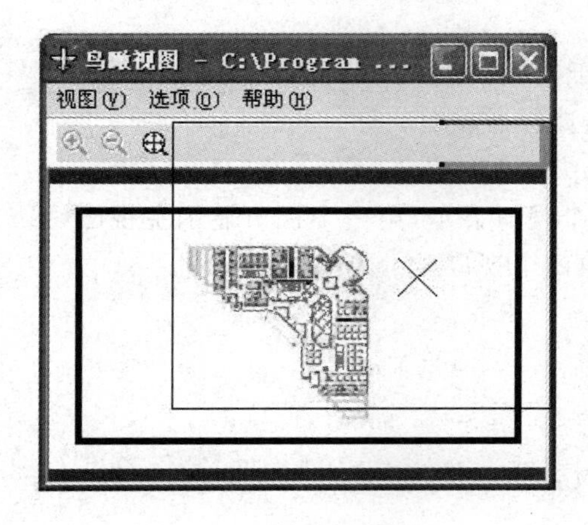

图 5-9　鸟瞰缩放视图

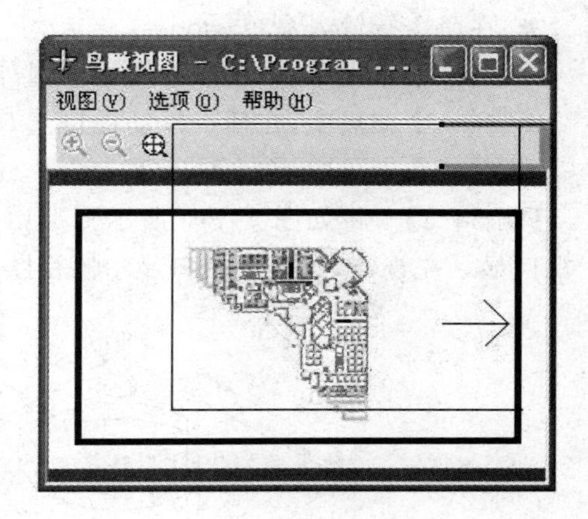

图 5-10　鸟瞰平移视图

5.2.5　模型空间和图纸空间

AutoCAD 提供了两个绘图空间：模型空间（Model Space）和图纸空间（Papel Space）。模型空间主要用于绘制各种图形，图纸空间主要用于设置布局进行打印设置。两个绘图空间可以相互切换，它们的坐标系标记如图 5-11 所示。可以通过状态栏中的按钮进行切换，如图 5-12 所示。

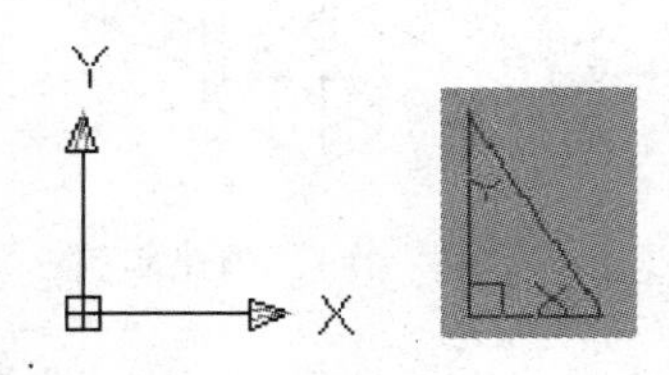

图 5-11　模型空间和图纸空间坐标系标记

图 5-12　模型标签和布局标签

下面对两个绘图空间的相互切换进行简要介绍。

(1)模型空间切换到图纸空间的方法如下：

● 在图形窗口输入命令 Paper。

- 在一个布局中，单击状态栏中模型/图纸切换按钮，使其为“模型”状态。
- 在一个布局中浮动视口外的任意区域双击鼠标器左键。
- 在一个布局中，在命令行输入命令 Pspace。
- 通过将系统变量’Filemode 设置为 0，切换到图纸空间。

(2)图纸空间切换到模型空间的方法有如下几种：

- 在图形窗口下选择模型标签。
- 在命令行输入命令 model。
- 在一个布局中，单击状态栏中模型/图纸切换按钮，使其为图纸状态。
- 在一个布局中，在任一浮动视口上双击鼠标器左键。
- 在一个布局中，在命令行输入命令 msapce。

【例 5-3】 将如图 5-13 所示图形用四个视口显示，第一个视口显示主视图，第二个视口显示左视图，第三个视口显示俯视图，第四个视口显示西南等轴测图。

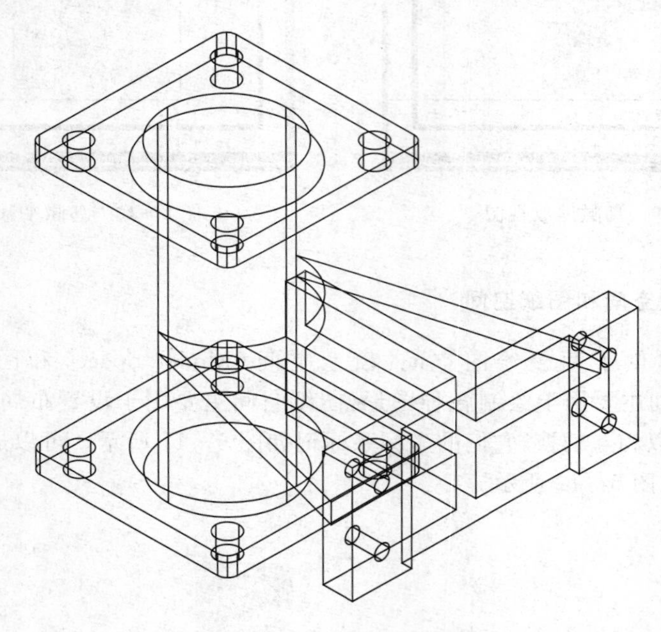

图 5-13 “视口”创建实例

操作步骤如下：

命令：VPORTS↙

在“标准视口(V)”列表框中选择“四个：相等”，在“设置(S)”下拉列表框中选择“三维”，点击“预览”中的第一个视口。在“修改视图(C)”下拉列表框中选择“＊主视＊”，点击“预览”中的第二个视口。在“修改视图(C)”下拉列表框中选择“＊左视＊”，点击“预览”中的第三个视口。在“修改视图(C)”下拉列表框中选择“＊俯视＊”，点击“预览”中的第四个视口。在“修改视图(C)”下拉列表框中选择“西南等轴测”，如图 5-14 所示，再点击“确定”按钮完成视口的设置。完成的视图如 5-15 所示。

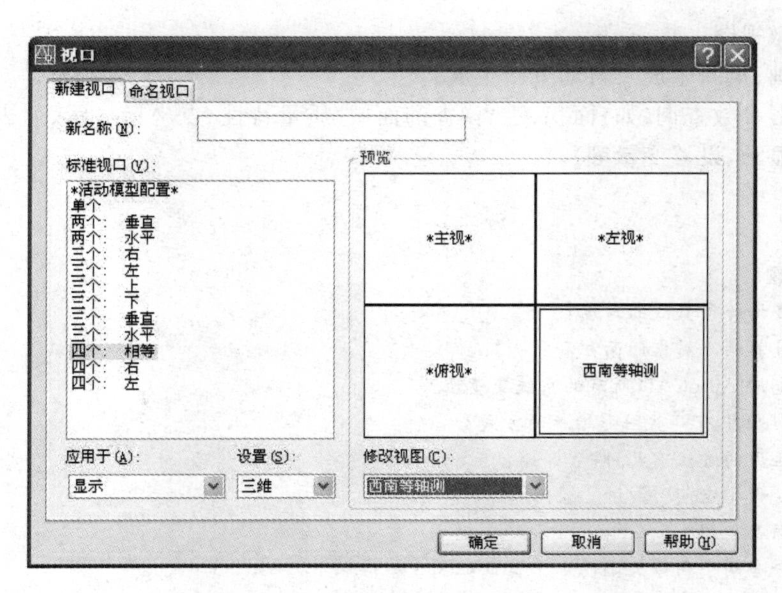

图 5-14 “新建视口”示例

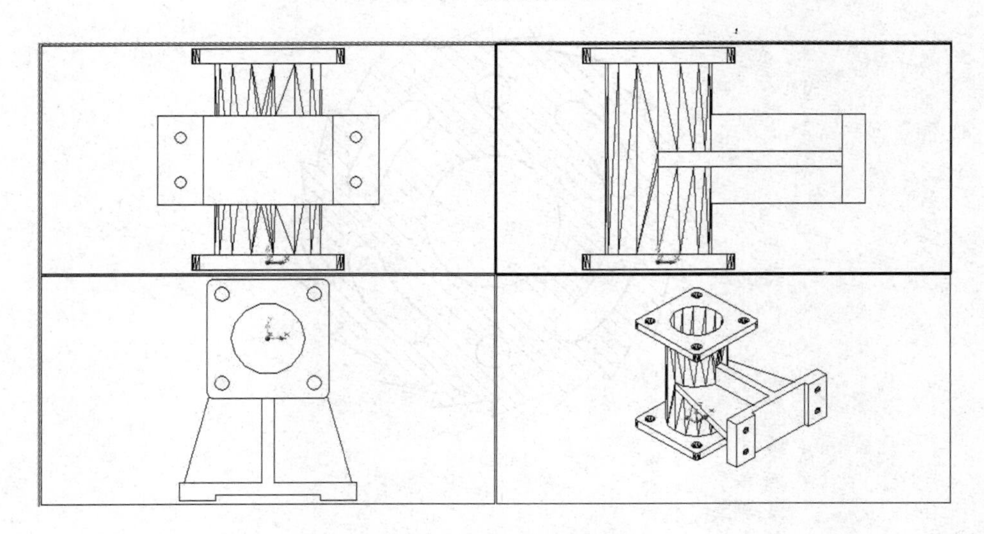

图 5-15 完成后的视窗显示

小　结

显示控制命令只是改变图形的显示效果即视觉效果，并不改变图形的实际大小和位置。绘图时，点的坐标、线段的长度、区域面积、当前绘图环境等，可利用图形参数显示命令查询这些数据和参数。

主要内容包括：

(1)图形的缩放和平移。

(2)鸟瞰视图。

(3)重画、重新生成及自动重新生成。

(4)图形参数查询(如:面积、距离、查询面域/质量特性、点坐标显示、列表显示、时间显示、状态显示、设置变量等)。

习 题

一、问答题

1. 如何查询一条直线的角度?
2. 如何计算两个对象的面积和?
3. 如何查询 AutoCAD 所有的系统变量值?
4. AutoCAD 中有哪些图形缩放的方式?
5. 视图生成的方法有几种?
6. 什么是模型空间?
7. 如何保存视图?
8. 如何分布两个同等大小的水平窗口?

二、计算习题 5-1 中阴影部分的面积。

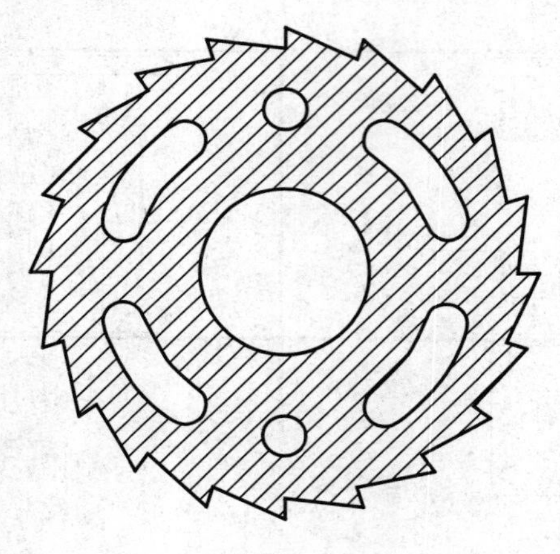

习题 5-1

第 6 章　文本、表格、块及外部参照

文字对象是 AutoCAD 图形中重要的图形元素，也是工程制图中不可缺少的组成部分。在一个完整的图样中，通常包含一些文字注释，用于标注图样中一些非图形信息。例如，机械工程图形中的技术要求、装配说明，以及材料说明、施工要求等。

字段是可以自动更新的数据和文字，通过创建字段，将经常更改的文字的字段插入到任意文字对象中，在图形或图样集中显示要更改的数据。字段更新时，将自动显示最新的数据。字段可以包含很多信息，例如面积、图层、日期、文件名和页面设置大小等。

表格也是图形中的重要部分，可以使用绘制表格功能，创建不同类型的表格，而且还可以从其他软件中复制表格，大大简化了绘图操作。

在设计绘图过程中经常会遇到一些重复出现的图形（例如机械设计中的螺钉、螺帽，建筑设计中的桌椅、门窗等），如果每次都重新绘制这些图形，不仅造成大量的重复工作，而且存储这些图形及其信息要占据相当大的磁盘空间。图块、外部参照和光栅图像，提出了模块化作图的问题，这样不仅避免了大量的重复工作，提高绘图速度和工作效率，而且可大大节省磁盘空间

6.1　文　本

文字注释是图形中很重要的一部分内容，进行各种设计时，通常不仅要绘出图形，还要在图形中标注一些文字，如技术要求、注释说明等，对图形对象加以解释。AutoCAD 提供了多种写入文字的方法，本节将介绍文本的注释和编辑功能。图表在 AutoCAD 图形中也有大量的应用，如明细表、参数表和标题栏等。

6.1.1　定义文本样式

1. 执行方式

命令行：STYLE 或 DDSTYLE

菜单：格式→文字样式

工具栏：文字—文字样式 A

2. 操作步骤

命令：STYLE↙

在命令行输入 STYLE 或 DDSTYLE 命令，或在“格式”菜单中选择“文字样式”命令，AutoCAD 打开“文字样式”对话框，如图 6-1 所示。

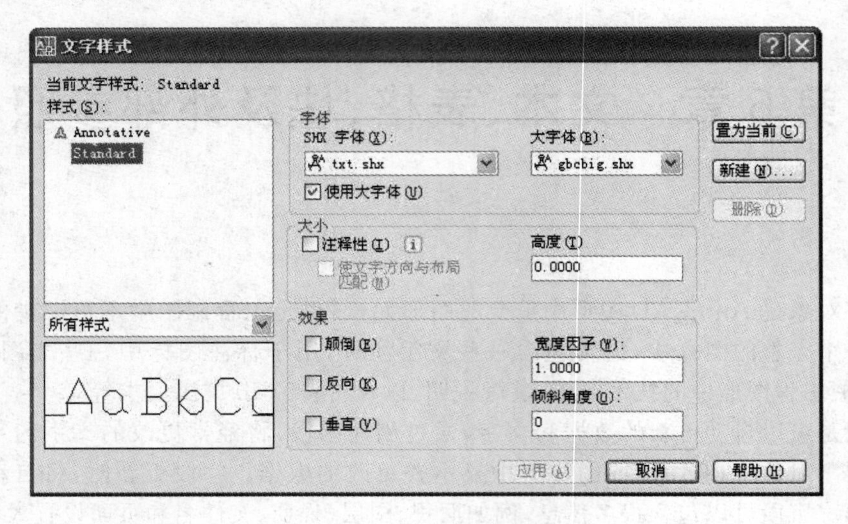

图 6-1 “文字样式”对话框

该选项组主要用于命名新样式名或对已有样式名进行相关操作。单击“新建”按钮，AutoCAD 打开图 6-2 所示的“新建文字样式”对话框。在此对话框中可以为新建的样式输入名字，从文本样式列表框中选中要改名的文本样式。

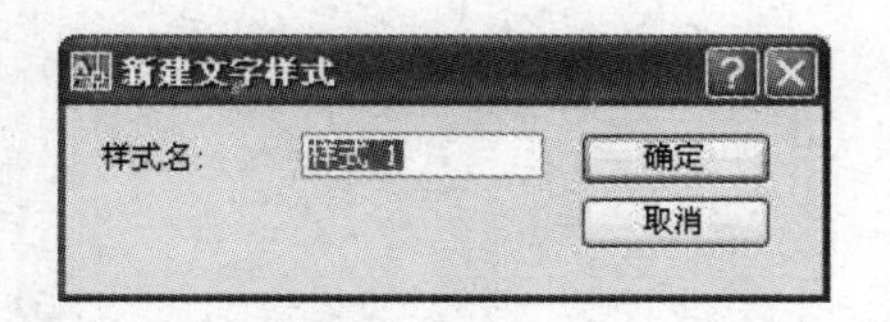

图 6-2 “新建文字样式”对话框

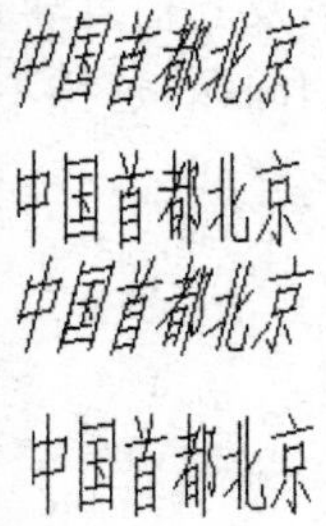

中国首都北京
中国首都北京
中国首都北京
中国首都北京

图 6-3 同一字体的不同样式

6.1.2 设置当前文本样式

在打开的“文字样式”对话框中可以进行文本样式的设置。选项说明如下：

1.“字体”选项组

文字的字体确定字符的形状，在 AutoCAD 中，除了它固有的 SHX 形状字体文件外，还可以使用 TrueType 字体(如宋体、楷体、italley 等)。一种字体可以设置不同的效果从而被多种文本样式使用，如图 6-3 所示就是同一种字体(宋体)的不同样式。

“字体”选项组用来确定文本样式使用的字体文件、字体风格及字高等。其中如果在此文本框中输入一个数值，则作为创建文字时的固定字高，在用 TEXT 命令输入文字时，AutoCAD 不再提示输入字高参数。如果在此文本框中设置字高为 0，AutoCAD 则会在每一次创建文字时提示输入字高。所以，如果不想固定字高就可以把它在样式中设置为0。

2."大小"选项组

(1)"注释性"复选框：指定文字为注释性文字。

(2)"使文字方向与布局匹配"复选框：指定图纸空间视口中的文字方向与布局方向匹配。如果清除"注释性"选项，则该选项不可用。

(3)"高度"复选框：设置文字高度。如果输入0.0，则每次用该样式输入文字时，文字默认值为0.2高度。

3."效果"选项组

(1)"颠倒"复选框：选中此复选框，表示将文本文字倒置标注，如图6-4a所示。

(2)"反向"复选框：确定是否将文本文字反向标注。图6-4b给出了这种标注效果。

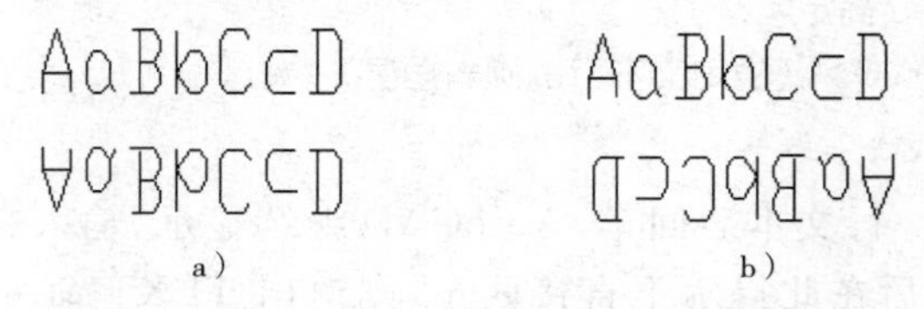

图6-4 文字倒置标注与反向标注

(3)"垂直"复选框：确定文本是水平标注还是垂直标注。

此复选框选中时为垂直标注，否则为水平标注。

(4)宽度因子：设置宽度系数，确定文本字符的宽高比。当比例系数为1时表示将按字体文件中定义的宽高比标注文字。当此系数小于1时字会变窄，反之变宽。图6-3给出了不同比例系数下标注的文本。

(5)倾斜角度：用于确定文字的倾斜角度。角度为0时不倾斜，为正时向右倾斜，为负时向左倾斜(如图6-3所示)。

4."应用"按钮

确认对文本样式的设置。当建立新的样式或者对现有样式的某些特征进行修改后，都需按此按钮，AutoCAD确认所做的改动。

6.2 文本标注

在制图过程中文字传递了很多设计信息，它可能是一个很长很复杂的说明，也可能是一个简短的文字信息。当需要标注的文本不太长时，可以利用TEXT命令创建单行文本。当需要标注很长、很复杂的文字信息时，用户可以用MTEXT命令创建多行文本。

6.2.1 单行文本标注

1. 执行方式

命令行：TEXT

菜单：绘图→文字→单行文字

工具栏：文字→单行文字 A|

2. 操作步骤

命令：TEXT ↙

选择相应的菜单项或在命令行输入 TEXT 命令后回车，AutoCAD 提示：

当前文字样式： Standard 当前文字高度：0. 2000 注释性： 否
指定文字的起点或[对正(J)/样式(S)]：

3. 选项说明

指定文字的起点：在此提示下直接在作图屏幕上点取一点作为文本的起始点，AutoCAD 提示：

指定高度<0. 2000>：(确定字符的高度)
指定文字的旋转角度<0>：(确定文本行的倾斜角度)
输入文字：(输入文本)

在此提示下输入一行文本后回车，AutoCAD 继续显示“输入文字：”提示，可继续输入文本，待全部输入完后在此提示下直接回车，则退出 TEXT 命令。可见，由 TEXT 命令也可创建多行文本，只是这种多行文本每一行是一个对象，不能对多行文本同时进行操作。

只有当前文本样式中设置的字符高度为 0 时，在使用 TEXT 命令时 AutoCAD 才出现要求用户确定字符高度的提示。

● AutoCAD 允许将文本行倾斜排列，如图 6－5 所示为倾斜角度分别是 0 度、45 度和－45 度时的排列效果。在“指定文字的旋转角度<0>：”提示下输入文本行的倾斜角度或在屏幕上拉出一条直线来拍定倾斜角度。

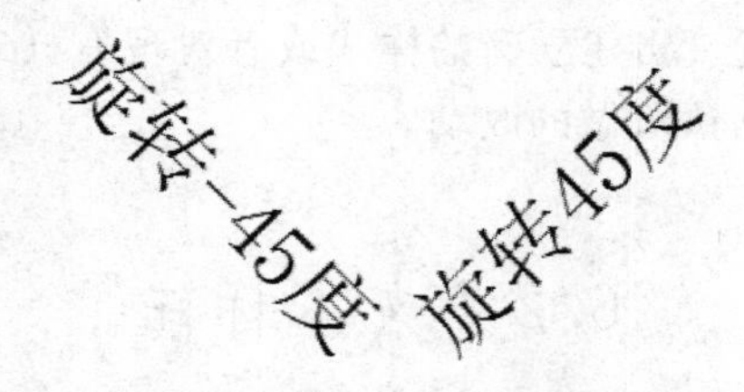

图 6－5 文本行倾斜排列的效果

● 对正(J)：在上面的提示下键入 J，用来确定文本的对齐方式，对齐方式决定文本的哪部分与所选的插入点对齐。执行此选项，AutoCAD 提示：

输入选项[对齐(A)/调整(F)/中心(C)/中间(M)/右(R)/左上(TL)/中上(TC)/右上(TR)/左中(ML)/正中(MC)/右中(MR)/左下(BL)/中下(BC)/右下(BR)]：

在此提示下选择一个选项作为文本的对齐方式。当文本串水平排列时，AutoCAD 为标文本串定义了图 6－6 所示的顶线、中线、基线和底线，各种对齐方式如图 6－7 所示，图中大写字母对应上述提示中各命令。下面以“对齐”为例进行简要说明：

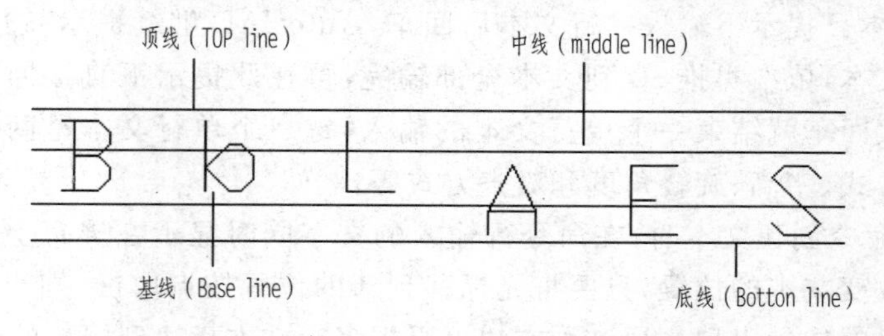

图 6-6　文本行的底线、基线、中线和顶线

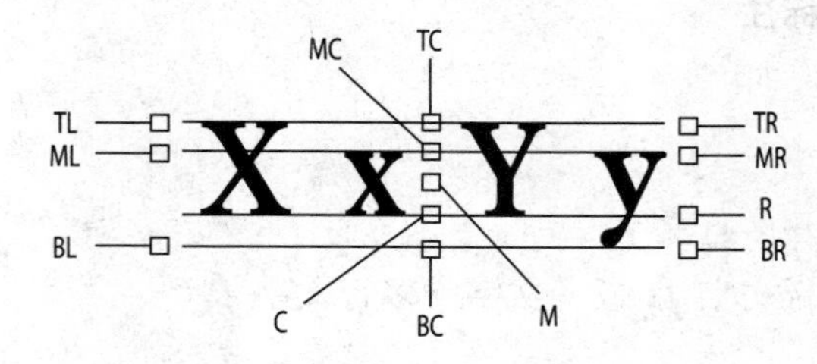

图 6-7　文本的对齐方式

● 对齐(A)：选择此选项，要求用户指定文本行基线的起始点与终止点的位置，AutoCAD 提示：

指定文字基线的第一个端点：（指定文本行基线的起点位置）

指定文字基线的第二个端点：（指定文本行基线的终点位置）

输入文字：（输入一行文本后回车）

输入文字：（继续输入文本或直接回车结束命令）

执行结果：所输入的文本字符均匀地分布于指定的两点之间，如果两点间的连线不水平，则文本行倾斜放置，倾斜角度由两点间的连线与 x 轴夹角确定；字高、字宽根据两点间的距离、字符的多少以及文本样式中设置的宽度系数自动确定。指定了两点之后，每行输入的字符越多，字宽和字高越小。

其他选项与“对齐”类似，不再赘述。

实际绘图时，有时需要标注一些特殊字符，例如直径符号、上划线或下划线、温度符号等，由于这些符号不能直接从键盘上输入，AutoCAD 提供了一些控制码，用来实现这些要求。控制码用两个百分号（%%）加一个字符构成。

其中，%%O 和%%U 分别是上划线和下划线的开关，第一次出现此符号开始画上划线和下划线，第二次出现此符号上划线和下划线终止。例如在“TEXT：”提示后输入“1 want to%%U go to Beijing%%U.”，则得到图 6-8a 所示的文本行，输入“50%%D+%%C75%%P12”，则得到图 6-8b 所示的文本行。

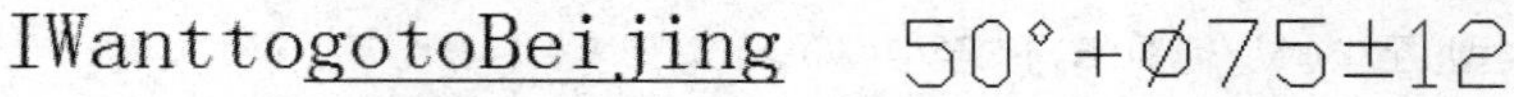

IWantto<u>gotoBeijing</u>　　50°+Ø75±12

a)　　b)

图 6-8　文本行

用 TEXT 命令可以创建一个或若干个单行文本，也就是说用此命令可以标注多行文本。在“输入文本：”提示下输入一行文本后回车，AutoCAD 继续提示“输入文本：”，用户可输入第二行文本，依次类推，直到文本全部输完，再在此提示下直接回车，结束文本输入命令。每一次回车就结束一个单行文本的输入，每一个单行文本是两个对象，可以单独修改其文本样式、字高、旋转角度和对齐方式等。

用 TEXT 命令创建文本时，在命令行输入的文字同时显示在屏幕上，而且在创建过程中可以随时改变文本的位置，只要将光标移到新的位置按点取键，则当前行结束，随后输入的文本在新的位置出现。用这种方法可以把多行文本标注到屏幕的任何地方。

6.2.2 多行文本标注

1. 执行方式

命令行：MTEXT

菜单：绘图→文字→多行文字

工具栏：绘图→多行文字 A 或 文字→多行文字 A

2. 操作步骤

命令：MTEXT ↙

选择相应的菜单项或工具条图标，或在命令行输入 MTEXT 命令后回车，系统提示：

当前文字样式："Standard" 当前文字高度：1.9122 注释性： 否

指定第一角点：(指定矩形框的第一个角点)

指定对角点或[高度(H)/对正(J)/行距(L)/旋转(R)/样式(S)/宽度(W)]：

3. 选项说明

指定对角点：直接在屏幕上点取一个点作为矩形框的第二个角点，AutoCAD 以这两个点为对角点形成一个矩形区域，其宽度作为将来要标注的多行文本的宽度，而且第一个点作为第一行文本顶线的起点。响应后 AutoCAD 打开如图 6-9 所示的多行文字编辑器，可利用此对话框与编辑器输入多行文本并对其格式进行设置。关于对话框中各项的含义与编辑器功能。

● 对正(J)：确定所标注文本的对齐方式。选取此选项，AutoCAD 提示：

输入对正方式[左上(TL)/中上(TC)/右上(TR)/左中(ML)/正中(MC)/右中(MR)/左下(BL)/中下(BC)/右下(BR)]<左上(TL)>：

这些对齐方式与 TEXT 命令中的各对齐方式相同，不再重复。选取一种对齐方式后回车，AutoCAD 回到上一级提示。

● 行距(L)：确定多行文本的行间距，这里所说的行间距是指相邻两文本行的基线之间的垂直距离。执行此选项，AutoCAD 提示：

输入行距类型[至少(A)/精确(E)]<至少(A)>：

在此提示下有两种方式确定行间距，“至少”方式和“精确”方式。“至少”方式下 AutoCAD 根据每行文本中最大的字符自动调整行间距。“精确”方式下 AutoCAD 给多行文本赋予一个固定的行间距。可以直接输入一个确切的间距值，也可以输入“nx”的形式，其中 n 是一个具体数，表示行间距设置为单行文本高度的 n 倍，而单行文本高度是本行文本字符高的 1.66 倍。

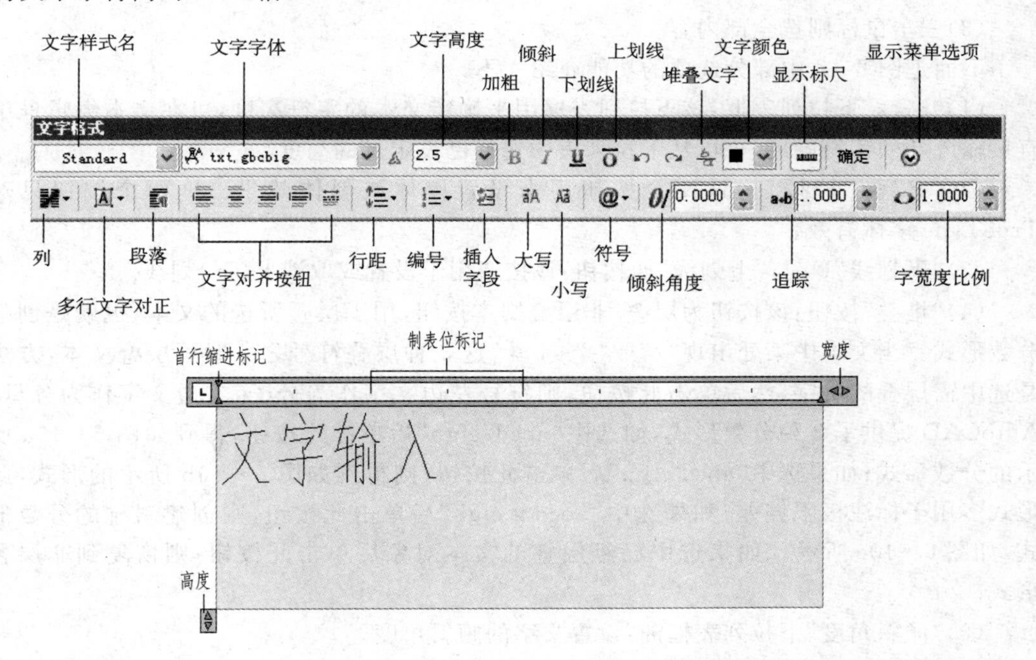

图 6-9　“文字格式”对话框和多行文字编辑器

● 旋转(R)：确定文本行的倾斜角度。执行此选项，AutoCAD 提示：

指定旋转角度<0>：(输入倾斜角度)

输入角度值后回车，AutoCAD 返回到“指定对角点或[高度(H)/对正(J)/行距(L)/旋转(R)/样式(S)/宽度(W)]：”提示。

● 样式(S)：确定当前的文本样式。

● 宽度(W)：指定多行文本的宽度。可在屏幕上选取一点与前面确定的第一个角点组成的矩形框的宽作为多行文本的宽度。也可以输入一个数值，精确设置多行文本的宽度。

在创建多行文本时，只要给定了文本行的起始点和宽度后，AutoCAD 就会打开如图 6-9 所示的多行文字编辑器，该编辑器包含一个“文字格式”对话框和一个右键快捷菜单。用户可以在编辑器中输入和编辑多行文本，包括设置字高、文本样式以及倾斜角度等。

该编辑器与 Microsoft 的 Word 编辑器界面类似，事实上该编辑器与 word 编辑器在某些功能上趋于一致。这样既增强了多行文字编辑功能，又使用户更熟悉和方便，效果很好。

“文字格式”工具栏：用来控制文本的显示特性。可以在输入文本之前设置文本的特性，也可以改变已输入文本的特性。要改变已有文本的显示特性，首先应选择要修改的文本，选择文本有以下 3 种方法：

(1)将光标定位到文本开始处，按下鼠标左键，将光标拖到文本末尾。

(2)双击某一个字，则该字被选中。

(3)三击鼠标则选全部内容。

下面把图 6－9 中部分选项的功能介绍一下。

(1)“高度”下拉列表框：该下拉列表框用来确定文本的字符高度，可在文本编辑框中直接输入新的字符高度，也可从下拉列表中选择已设定过的高度。

(2)“B”和“I”按钮：这两个按钮用来设置黑体或斜体效果。这两个按钮只对 TrueType 字体有效。

(3)“下划线”Ul 与“上划线”西按钮：该按钮用于设置或取消上(下)划线。

(4)“堆叠”按钮：该按钮为层叠/非层叠文本按钮，用于层叠所选的文本，也就是创建分数形式。当文本中某处出现“/”或“^”或“#”这 3 种层叠符号之一时可层叠文本，方法是选中需层叠的文字，然后单击此按钮，则符号左边文字作为分子，右边文字作为分母。AutoCAD 提供了 3 种分数形式，如选中“abcd/efgh”后单击此按钮，得到如图 6－10a 所示的分数形式；如果选中“abcd^efgh”后单击此按钮，则得到如图 6－10b 所示的形式，此形式多用于标注极限偏差；如果选中“abcd # efgh”后单击此按钮，则创建斜排的分数形式，如图 6－10c 所示。如果选中已经层叠的文本对象后单击此按钮，则恢复到非层叠形式。

(5)“倾斜角度”下拉列表框洲：设置文字的倾斜角度。

倾斜角度与斜体效果是两个不同概念，前者可以设置任意倾斜角度，后者是在任意倾斜角度曲基础上设置斜体效果，如图 6－11 所示。第一行倾斜角度为 0°，非斜体；第二行倾斜角度为 12°，非斜体；第三行倾斜角度为 12°，斜体。

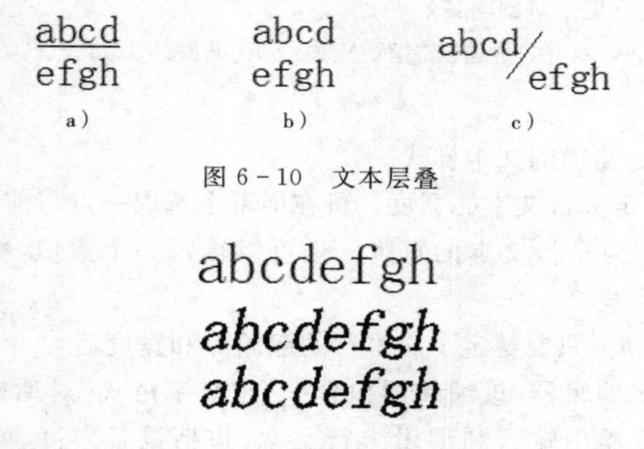

图 6－10　文本层叠

图 6－11　倾斜角度与斜体效果

(6)“符号”按钮@：用于输入各种符号。单击该按钮，系统打开符号列表，如图 6－12 所示。可以从中选择符号输入到文本中。

(7)“插入字段”按钮：插入一些常用或预设字段。单击该命令，系统打开“字段”对话框，如图 6－13 所示。用户可以从中选择字段插入到标注文本中。

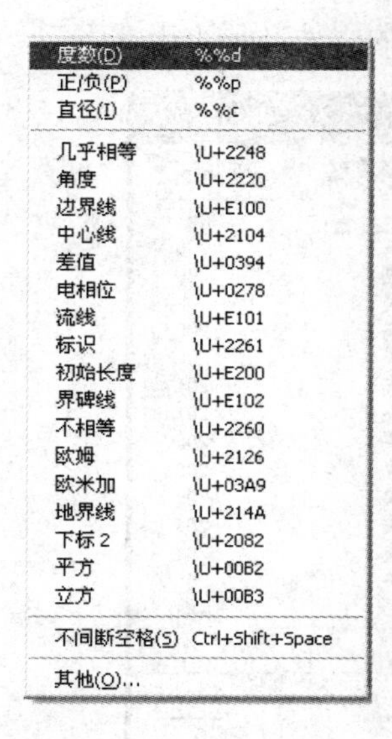

图 6-12　符号列表

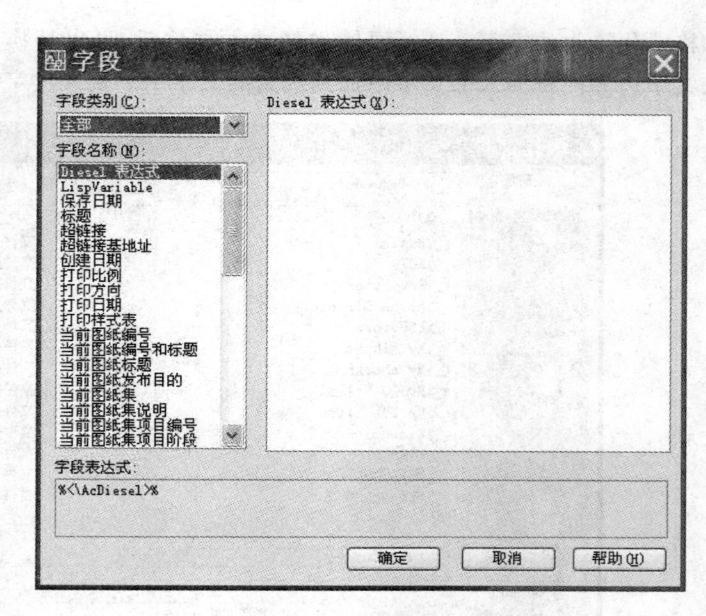

图 6-13　“字段”对话框

(8)“追踪”下拉列表框 a•b：增大或减小选定字符之间的空间。1.0 设置是常规间距。设置为大于 1.0 可增大间距，设置为小于 1.0 可减小间距。

(9)“宽度”下拉列表框：扩展或收缩选定字符。1.0 设置代表此字体中字母的常规宽度。可以增大该宽度或减小该宽度。

(10)“列”下拉列表：显示栏弹出菜单，该菜单提供 3 个栏选项：“不分栏”、。静态栏”和“动态栏”。

(11)“多行文字对正”下拉列表：显示“多行文字对正”菜单，并且有 9 个对齐选项可用。“左上”为默认。

在“文字格式”工具栏上单击“选项”按钮，系统打开“选项”菜单，如图 6-14 所示。其中许多选项与 Word 中相关选项类似，只对其中比较特殊的选项简单介绍如下。

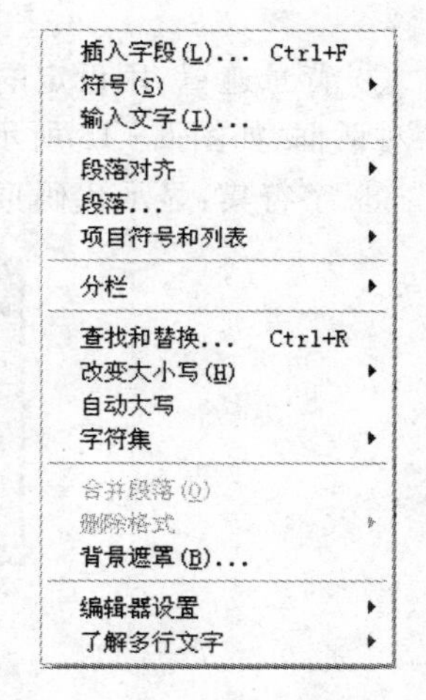

图 6-14　“选项”菜单

① 不透明背景：设置文字编辑框的背景是否透明。

② 删除格式：清除选定文字的粗体、斜体或下划线格式。

③ 堆叠/非堆叠：如果选定的文字中包含堆叠字符则堆叠文字。如果选择的是堆叠文字则取消堆叠。该选项只有在文本中有堆叠文字或待堆叠文字时才显示

④ 堆叠特性；显示“堆叠特性”对话框。

⑤ 符号：在光标位置插入列出的符号或不间断空格。也可以手动插入符号。

⑥ 输入文字：显示“选择文件”对话框，如图 6-15 所示。选择任意 ASCIl 或 RTF 格式的文件。输入的文字保留原始字符格式和样式特性，但可以在多行文字编辑器中编辑

和格式化输入的文字。选择要输入的文本文件后，可以替换选定的文字或全部文字，或在文字边界内将插入的文字附加到选定的文字中。输入文字的文件必须小于 32K。

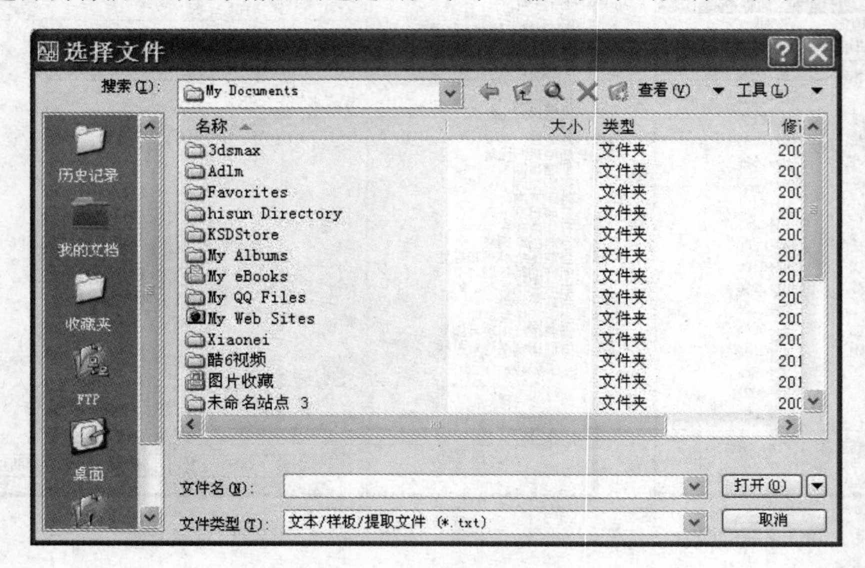

图 6-15 “选择文件”对话框

⑦ 背景遮罩：用设定的背景对标注的文字进行遮罩。单击该命令，系统打开“背景遮罩”对话框，如图 6-16 所示。

⑧ 字符集：显示代码页菜单。选择一个代码页并将其应用到选定的文字。

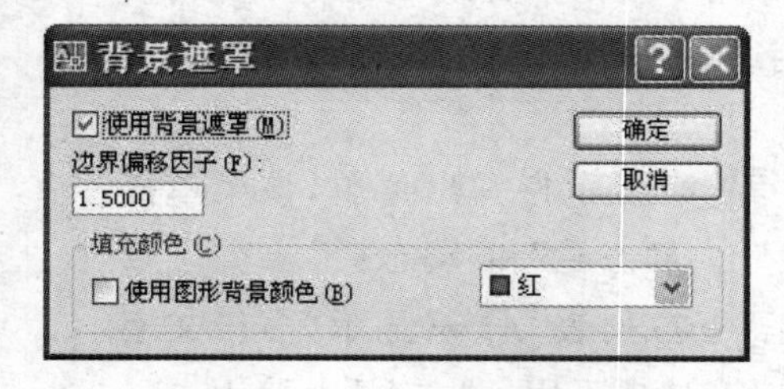

图 6-16 “背景遮罩”对话框

6.3 文本编辑

6.3.1 用“编辑”命令编辑文本

1. 执行方式

命令行：DDEDIT

菜单：“修改”→“对象”→“文字”→“编辑”

工具栏：“文字”→“编辑”

快捷菜单:"修改多行文字"或"编辑文字"

2. 操作步骤

选择相应的菜单项,或在命令行输入 DDEDIT 命令后回车,AutoCAD 提示:

命令:DDEDIT↙

选择注释对象或[放弃(U)]:

6.3.2　用"特性"选项板编辑文本

1. 执行方式

命令行:DDMODIFY 或 PROPERTIES

菜单:"修改"→"对象特性"

工具栏:"标准"→"特性"

2. 操作步骤

选择上述命令,然后选择要修改的文字,AutoCAD 打开"特性"选项板。利用该选项板可以方便地修改文本的内容、颜色、线型、位置、倾斜角度等属性。

6.4　表　格

从 AutoCAD 2005 开始,新增加了一个"表格"绘图功能,创建表格就变得非常容易,用户可以直接插入设置好样式的表格,而不用绘制由单独的图线组成的栅格。

6.4.1　表格样式

和文字样式一样,所有 AutoCAD 图形中的表格都有和其相对应的表格样式。当插入表格对象时,系统使用当前设置的表格样式。表格样式是用来控制表格基本形状和间距的一组设置。模板文件 ACAD. dwt 和 ACADIS0. dwt 中定义了名叫 s'FANDARD 的默认表格样式。

1. 执行方式

命令行:TABLESTYLE

菜单:格式→表格样式

工具栏:样式→表格样式管理器

2. 操作步骤

命令:TABLESTYLE↙

在命令行输入 TABLESTYLE 命令,或在"格式"菜单中选择"文字样式"命令,或者在"样式"工具栏中单击"表格样式管理器"按钮,AutoCAD 打开"表格样式"对话框,如图 6-17 所示。

3. 选项说明

● 新建:单击该按钮,系统打开"创建新的表格样式"对话框,如图 6-18 所示。输入

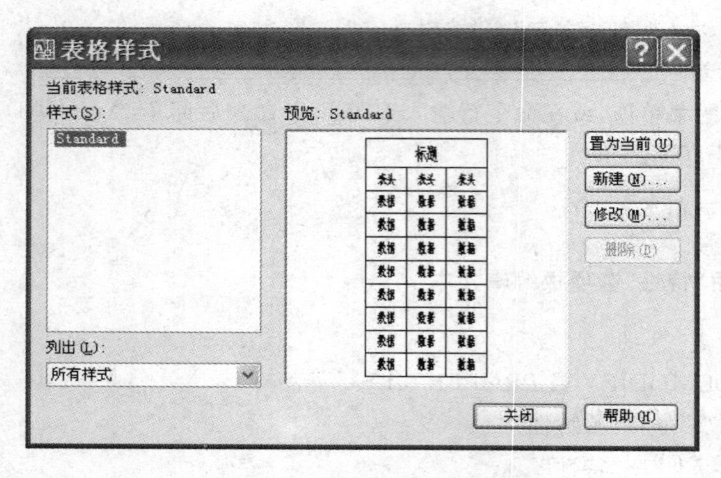

图 6-17 “表格样式”对话框

新的表格样式名后，单击“继续”按钮，系统打开“新建表格样式”对话框，如图 6-19 所示。从中可以定义新的表样式。

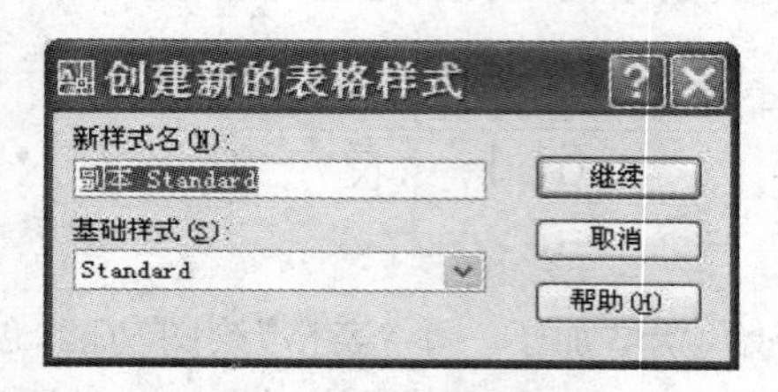

图 6-18 “创建新的表格样式”对话框

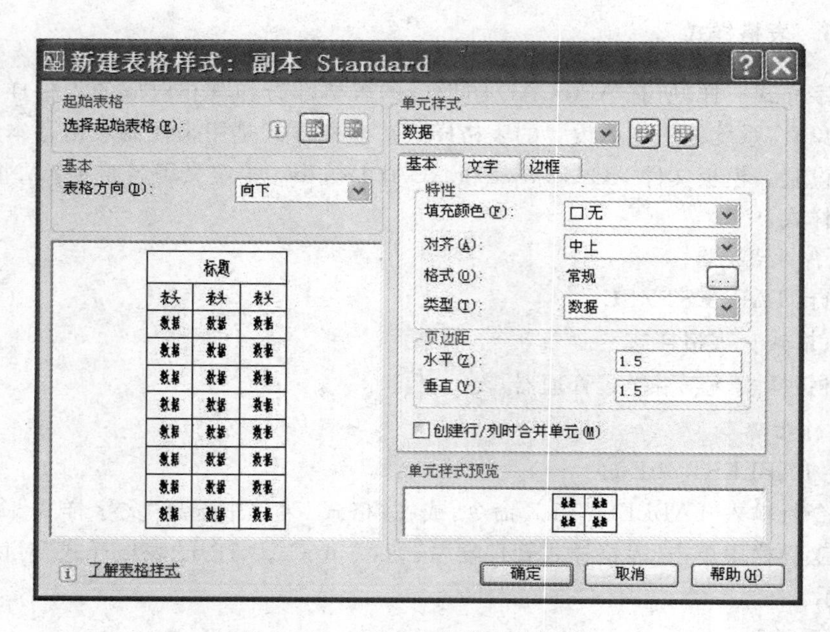

图 6-19 “新建表格样式”对话框

“新建表格样式”对话框中有3个选项卡：“基本”、“文字”和“边框”，如图6-19所示。分别控制表格中数据、表头和标题的有关参数，如图6-20所示。

(1)“基本”选项卡

①“特性”选项组

● 填充颜色：指定填充颜色。

● 对齐：为单元内容指定一种对齐方式。

● 格式：设置表格中各行的数据类型和格式。

● 类型：将单元样式指定为标签或数据，在包含起始表格的表格样式中插入默认文字时使用。也用于在工具选项板上创建表格工具的情况。

②“页边距”选项组

● 水平：设置单元中的文字或块与左右单元边界之间的距离。

● 垂直：设置单元中的文字或块与上下单元边界之间的距离。

标题		
表头	表头	表头
数据	数据	数据
数据	数据	数据
数据	数据	数据
数据	数据	数据
数据	数据	数据
数据	数据	数据
数据	数据	数据
数据	数据	数据

图6-20　表格样式

● 创建行/列时合并单元：将使用当前单元样式创建的所有新行或列合并到一个单元中。

(2)“文字”选项卡

● 文字样式：指定文字样式。

● 文字高度：指定文字高度。

● 文字颜色：指定文字颜色。

● 文字角度：设置文字角度。

(3)“边框”选项卡

● 线宽：设置要用于显示边界的线宽。

● 线型：通过单击边框按钮，设置线型以应用于指定边框。

● 颜色：指定颜色以应用于显示的边界。

● 双线：指定选定的边框为双线型。

● 对当前表格样式进行修改，方式与新建表格样式相同。

6.4.2　表格绘制

在设置好表格样式后，用户可以利用TABLE命令创建表格。

1. 执行方式

命令行：TABLE

菜单：绘图→表格

工具栏：绘图→表格

2. 操作步骤

命令：TABLE↙

在命令行输入TABLE命令，或在“绘图”菜单中选择“表格”命令，或者在“绘图”工具栏中单击"表格"按钮，AutoCAD 打开"插入表格"对话框，如图 6－21 所示。

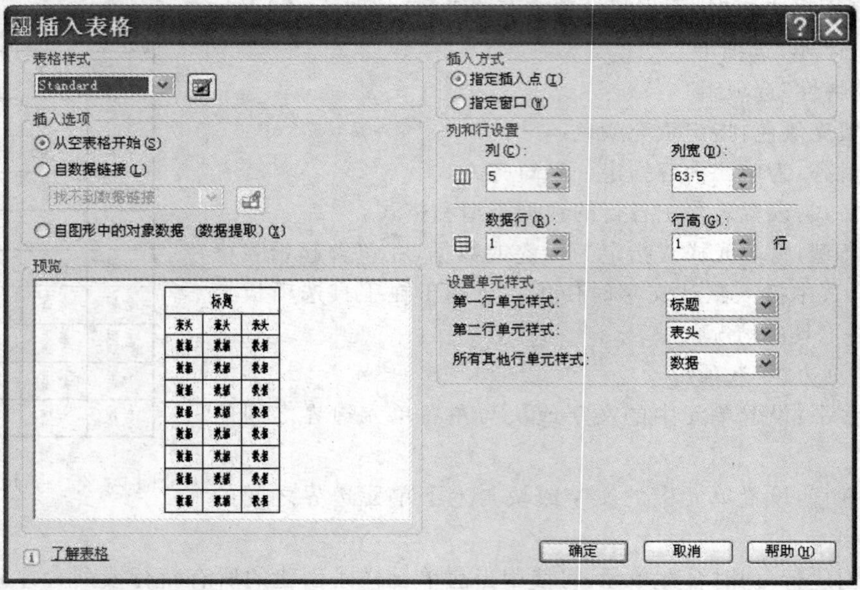

图 6－21 "插入表格"对话框

3. 选项说明

"表格样式"选项组：可以在"表格样式"下拉列表框中选择一种表格样式，也可以单击后面的"…"按钮新建或修改表格样式。

"插入方式"选项组：

(1)"指定插入点"单选按钮。指定表左上角的位置。可以使用定点设备，也可以在命令行输入坐标值。如果表样式将表的方向设置为由下而上读取，则插入点位于表的左下角。

(2)"指定窗口"单选按钮。指定表的大小和位置。可以使用定点设备，也可以在命令行输入坐标值。选定此选项时，行数、列数、列宽和行高取决于窗口的大小以及列和行的设置。

"列和行设置"选项组：指定列和行的数目以及列宽与行高。

在"插入方式"选项组中选择了"指定窗口"单选按钮后，列与行设置的两个参数中只能指定一个，另外一个由指定窗口大小自动等分指定。

在上面的"插入表格"对话框中进行相应设置后，单击"确定"按钮，系统在指定的插入点或窗口自动插入一个空表格，并显示多行文字编辑器，用户可以逐行逐列输入相应的文字或数据，如图 6－22 所示。

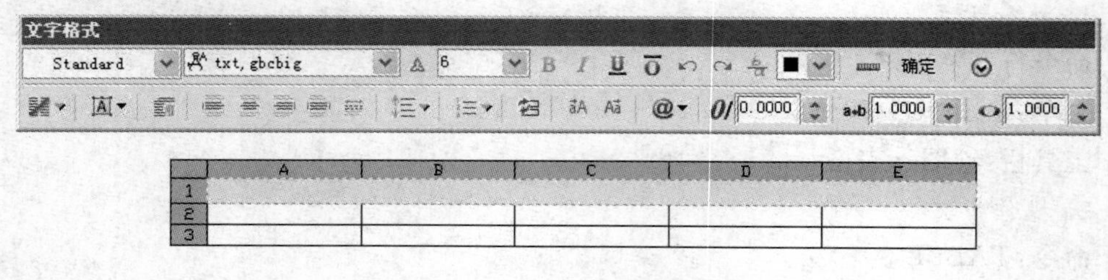

图 6－22 多行文字编辑器

6.4.3 表格编辑

1. 执行方式

命令行：TABLEDIT

快捷菜单：选定表和一个或多个单元后，单击右键并单击快捷菜单上的“输入文字”（如图 6-23 所示）

定点设备：在表单元内双击。

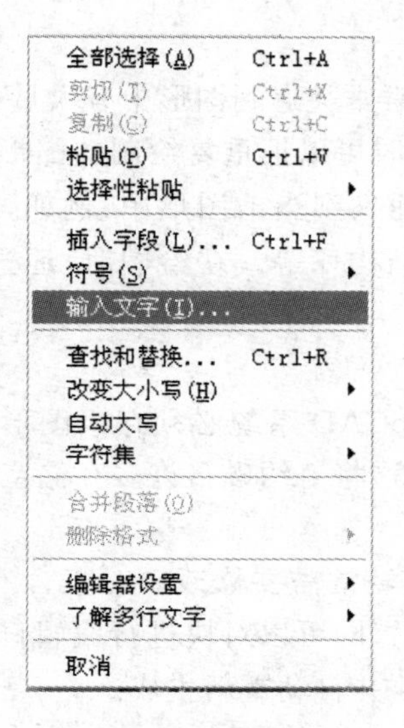

图 6-23 快捷菜单

2. 操作步骤

命令：TABLEDIT↙

系统打开图 6-9 所示的多行文字编辑器，用户可以对指定表格单元的文字进行编辑。

6.5 块

6.5.1 块的基本概念与特点

1. 块的概念

块是组成复杂图形的一组实体的集合。一旦生成后，这组实体就被当作一个实体处理并后被赋予一个块名，如图 6-24 所示。在作图时，可以用这个块名把这组实体插入到某一图形文件的任何位置，并且在插入时，可指定不同的比例和旋转角，如图 6-25 所示。

块本身可以引用其他块，即称为嵌套，嵌套的复杂程度没有限制，但不允许引用自身。

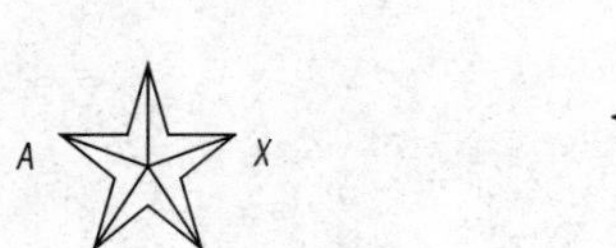

图 6-24　将图形定义成块

图 6-25　将块插入图形的形式

2. 块的功能

(1)提高工作效率

在使用 AutoCAD 绘图时,常常会遇到图形中有大量相同或相似内容,或者所绘制的图形与已有的图形文件相同,这时可以把重复绘制的图形创建成块,在需要时直接插入。也可以将已有的图形文件直接插入到当前图形中,例如,通过块的创建制成的各种专业图形符号库、标准零件库、常见结构库等。在绘图时,通过块的调用进行图形的拼合,从而提高绘图效率。

(2)节省了存储空间

为了保存绘制的图形,AutoCAD 系统必须存入图形中各个实体的信息,它包括:实体的大小、位置、层状态等信息,这将节约磁盘许多存储空间。

(3)便于图形编辑修改

在图样的绘制和使用中,要经常需要修改。对于含有块的图形,可方便地使用图形编辑命令对块进行整体编辑。另外,可以对块进行编辑修改,然后再重新定义,这样在图形中引用的同名块得到一致修改并自动重新生成。

(4)便于说明及数据提取

在建立块时,可以使块具有属性,即假如文本信息说明。这些信息在每次引用块时,可以改变,而且还可以像普通文本一样显示或不显示。也可以从图中提取这些信息并将其传送到数据库中。

3. 块与图形文件的关系

用块定义命令(Block 或 Bmake)建立的块,只能插入到建块的图形文件中,不能被其他图形文件调用。用块存盘命令(Wblock)可以将已定义的块,存盘生成扩展名为 .dwg 的文件(图块文件),也可以将当前图形文件中的一部分图形实体或整幅图一形直接存盘生成图块文件。存盘后的图块文件可供其他图形调用。

图块文件与图形文件(.dwg)本质上没有区别。任何扩展名为 .dwg 文件均可用作为图块被调用,插入到当前图形中。插入图块的同时,系统自动在当前图形中建立一个新的与图块文件名同名的块定义,即建立一个同名的块。另外,还可以定义或修改当前图形的插入基点,以使当前图形作为图块插入时在图形中定位。

4. 块与图层的关系

组成块的各个实体可以具有不同的特性,如实体可以处于不同的图层、颜色、线型、线宽等特性。定义成块后,实体的这些信息将保留在块中。在块引用时,系统规定如下:

(1)块插入后,在块定义时位于 0 层上的实体被绘制在当前层上,并按当前层的颜色与线型绘制。

(2)对于在块定义时位于其他层上的实体，若块中实体所在图层有与当前图形文件中的图层名相同，则块引用时，块中该层上的实体被绘制在图中同名的图层上，并按图中该层的颜色、线型、线宽绘制。如果块中实体所在的图层在当前图形文件中没有相同的图层名，则块引用时，仍在原来的图层绘出，并给当前图形文件增加相应的图层。

(3)当冻结某个图层时，在该层上插入的块以及块插入时绘制在该层上的图形实体都将要变为不可见。

若插入的块被分解，则块中实体恢复块定义前所以特性。

5. 块操作命令输入方法

(1)键盘

通过键盘在提示符“命令:”下，直接输入。

(2)下拉菜单

可通过下拉菜单:绘图(D)→块(K)→光标菜单，如图6-26所示。在该光标菜单中，选择相关选项。

图6-26　块操作光标菜单

(3)工具条

在“绘图”工具条中，单击“创建块”或“插入块”图标按钮。

6.5.2　创建块

1. 功能

把当前图形文件中选择的图形对象创建成一个块。

2. 格式

(1)键盘输入。命令:Block(Bmake、B)↓

(2)下拉菜单。绘图(D)→块(K)→光标菜单→创建(M)…;修改(M)→对象(O)→块说明(B)…

(3)工具条。在“绘图”工具条中，单击“创建块”图标按钮

此时，弹出“块定义”对话框，如图6-27所示。

3. 对话框说明

(1)“名称”文本框。可以在该文本框中输入一个新定义的块名。单击右下侧下拉箭头，弹出一下拉列表框，在该列表框中列出了图形已定义的块名。

(2)“基点”选项组。指定块的插入基点，作为块插入时的参考点。它包括:“拾取点(K)”按钮，单击该按钮后，屏幕临时切换到作图窗口，用光标点取一点或在命令提示行中输入一数值，作为基点;X、Y、Z文本框，在X、Y、Z文本框输入相应的坐标值来确定基点的位置。

(3)“对象”选项组。选择构成块的实体对象。它包括:“选择对象(T)”按钮，单击该按钮后，屏幕切换到作图窗口，选择实体并确认后，返回到“块定义”对话框;“快速选择”按钮，在实体选择时，如果需要生成一个选择集，可以单击该按钮，弹出

一个“快速选择”对话框，根据该对话框提示，构造选择集;“保留(R)”单选按钮，表示创建块后仍在绘图窗口上保留组成块的各对象;“转换为块(C)”单选按钮，表示创建块后

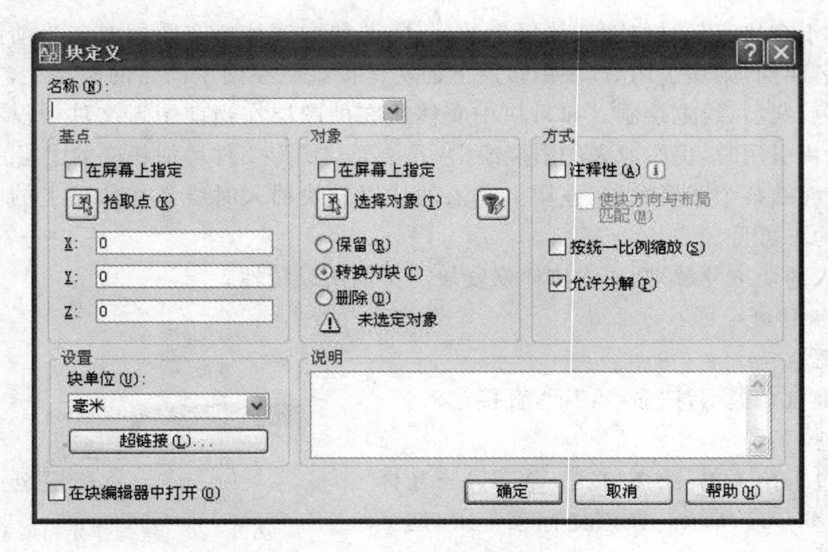

图 6－27　块定义对话框

将组成块的各对象保留并把它们转换为块；“删除(D)”单选按钮，表示创建块后删除绘图窗口上组成块的原对象。

(4)设置选项组。用于块生成时的设置，包括“块单位(U)”下拉列表框，用于显示和设置块插入时的单位；“按统一比例缩放(S)”复选按钮，用于插入后的块，能否分解为原组成实体；“说明(E)文本框，用于对块进行的相关文字说明；“超链接(L)…”按钮，创建带有超链接的块。单击该按钮后，弹出“插入超链接”对话框，如图 6－28 所示。通过该对话框，进行块的超链接设置。

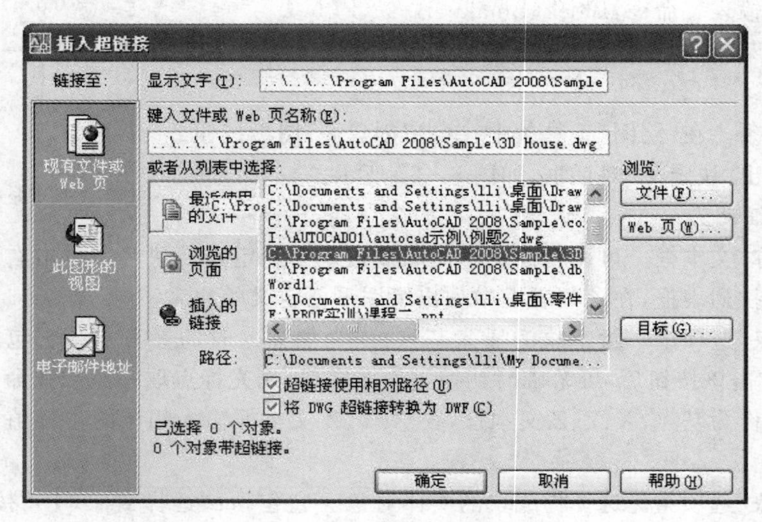

图 6－28　“插入超链接”对话框

(5)“在块编辑器中打开(O)”复选框。用于确定生成块时是块生成动态块。当选择该复选框后，单击“确定”按钮后，将弹出“在块编辑器界面”，进行动态制作。

4. 举例

将如图 6-29 所示的五角星平面图定义成块“A1”，插入基点为圆心。

图 6-29　五角星平面图

(1)调用“创建块”命令。用各种方法调用“创建块”命令，弹出“块定义”对话框。

(2)输入块名。在“块定义”对话框的“名称”文本框中，输入 A1。

(3)选择对象。在“块定义”对话框中，单击“选择对象”按钮，在绘图窗口，选择构成螺母的各实体对象并确认，返回“块定义”对话框。

(4)确定基点。在“块定义”对话框中，用对象捕捉功能，在绘图区拾取圆心作为基点，完成后返回“块定义”对话框。

(5)设置状态。在“块定义”对话框中，选中“删除”单选按钮，设置块插入单位为毫米，选中“允许分解”复选按钮。

(6)完成块创建。在“块定义”对话框中，单击“确认”按钮，创建块 A1。

6.5.3　插入块

块定义完成后，可以将其插入图形文件中。在进行块插入操作时，如果输入的块名不存在，则系统将查找是否存在同名的图形文件，如果有同名的图形文件，则将该图形文件插入到当前图形文件。因此，在块定义时，要注意对块名的定义。

1. 单一块插入

(1)功能

通过对话框形式在图形中的指定位置上插入一个已定义的操作。

(2)格式

① 键盘输入。命令：Insert (I)(Ddinsert(I)、I)↓

② 下拉菜单。插入(I)→块(B)…

③ 工具条。在“绘图”工具条中，单击“插入块”图标按钮

此时，弹出“插入”对话框，如图 6-30 所示。

(4)对话框说明

① “名称”下拉列表框用来设置要插入的块或图形的名称。单击右侧的“浏览(B)…”按钮，弹出“选择图形文件”对话框在该对话框中，可以指定要插入的图形文件。

② “路径”显示区。用于显外部图形文件的路径。只有在选择外部图形文件后，该显示区才有效。

③ “插入点”栏。用于确定块插入点位置。

a.“在屏幕上指定(S)”复选按钮，当选中该按钮后，确定块插入基点的 X、Y、Z 坐标文本框变为灰暗色，不能输入数值。插入块时直接在绘图界面上用光标指定一点或在命令提示行输入点坐标值作块插入点。

b.“X”、“Y”、“Z”轴坐标文本框，分别在 X、Y、Z 坐标文本框中，输入块插入点坐标。

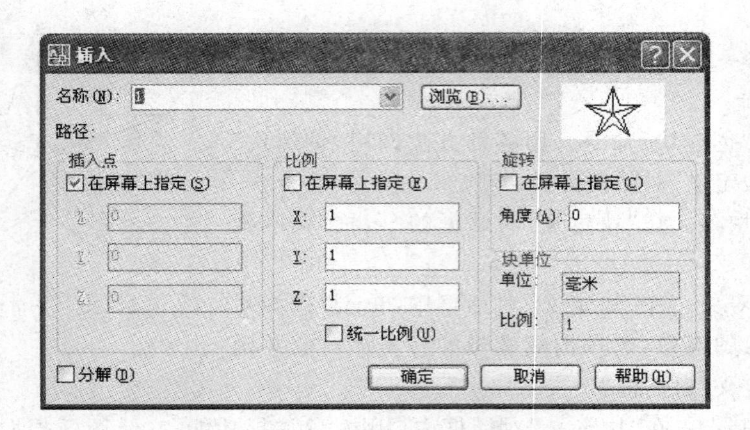

图 6-30 “插入”对话框

④“缩放比例”栏。用于确定块插入的比例因子。

a.“在屏幕上指定(E)”复选按钮,当选中该按钮后,确定块插入的 X、Y、Z 轴比例因子文本框变为灰色,不能输入数值。插入块时直接在绘图界面上用光标指定两点或根据命令提示行提示输入坐标轴的比例因子。

b.“X”、“Y”、“Z”轴比例因子文本框,分别在 X、Y、Z 轴比例因子文本框中,输入块插入时的各坐标轴的比例因子。

c.“统一比例(U)”复选按钮,选中该按钮后,块插入时 X、Y、Z 轴比例因子相同,只需要确定 X 轴比例因子,Y、Z 轴比例因子文本框变为灰暗色。

⑤“旋转”栏。用于确定块插入的旋转角度。

a.“在屏幕上指定(C)”复选按钮,当选中该按钮后,确定块插入的“角度(A)”文本框变为灰暗色,不能输入数值。插入块时直接在绘图界面上用光标指定角度或根据命令提示行提示输入角度值。

b.“角度(A)”文本框,在该文本框中,输入块插入时的旋转角度。

⑥“块单位”栏。用于显示块的单位和比例

⑦“分解(D)”复选按钮。选中该复选按钮,可以将插入的块分解成创建块前的各实体对象。

2. 块阵列插入命令

(1)功能

将块以矩阵排列的形式插入,并将插入的矩阵视为一个实体。

(2)格式

键盘输入命令:Minsert(I)↓

提示:

输入块名或[?]〈AI〉:↓

指定插入点或[基点(B)/比例(S)/X/Y/Z/旋转(R)/预览比例(PS)/PX/PY/PZ/预览比例(PR)]:(输入选择项)

(3)选择项说明

①“指定插入点”。直接输入块插入基点或用光标拾取基点，为默认选项。后续提示：

输入 X 比例因子，指定对角点，或[角点(C)/XYZ]〈1〉：(输入 Y 轴比例因子或输入矩形的另一角点确定比例，也可用光标拖动输入)
输入 Y 比例因子或〈使用 X 比例因子〉：(输入 Y 轴比例因子或回车与 X 轴比例因子相同)
指定旋转角度〈0〉：(输入旋转角度)

②“基点(B)”。用于确定块插入时新的基点，系统后续提示：

指定基点：(确定块的插入基点)
指定插入点：(确定块的基点位置)

③“比例(S)”。用于确定 X、Y、Z 轴的相同的比例因子，系统默认值为 1。当输入该选项，回车后，系统后续提示：

指定 X、Y、Z 轴比例因子：(输入 XYZ 轴的比例因子)
指定插入点：(直接输入插入基点或用光标拾取基点)
指定旋转角度〈0〉：输入旋转角度或用国标拖动输入角度)

④“$X/Y/Z$”。用于分别输入 X、Y、Z 轴的比例因子。

⑤“旋转(R)”。用于输入块插入的旋转角度。系统默认的角度为 0°，当输入该选项后，系统提示后续提示：

指定旋转角度：(指定旋转角度)
指定插入点：(指定插入点)
输入 X 比例因子，指定对角点，或[角点(C)/XYZ]〈1〉：(输入 X 轴比例因子或输入矩形的另一角点确定比例，也可用光标拖动输入)
指定旋转角度〈0〉：(输入旋转角度)
指定插入点：(指定插入点)
输入 Y 比例因子或〈使用 X 比例因子〉：(输入 Y 轴比例因子或回车与 X 轴比例因子相同)

⑥“预览比例(PS)/PX/PY/PZ/预览旋转(PR)”。在块插入时，相对于视图的比例因子，旋转角度，提示与上面相应项的提示相同。

⑦ 各项输入完成后提示。当完成各项输入后，系统后续提示：

输入行数(——)〈1〉：(输入行数)
输入列数(|||)〈1〉：(输入列数)
输入行间距或指定单元(——)：(输入行间距或用光标设置一单元格)
指定列间距(|||)：(指定列间距)

完成图形。

(4)块插入说明

① 比例因子绝对值大于 1 时，块将被放大插入；小于 1 时，块将被缩小插入。当比例因子为负数时，则插入的块沿基点旋转 180°后插入。

② 角度值为正数时，沿逆时针方向旋转插入块；角度值为负数时，沿顺时针方向旋转

插入块。

(5)举例

用 Minsert(I)↓

提示:输入块名或[?]〈AI〉:↓

指定插入点或[基点(B)/比例(S)/X/Y/Z/旋转(R)/预览比例(PS)/PX/PY/PZ/预览比例(PR)]:(指定插入点)

输入 Y 比例因子或〈使用 X 比例因为〉:↓

指定旋转角度〈0〉:30↓

输入行数(——)〈1〉:2↓

输入列数(| | |)〈1〉:3↓

输入行间距或指定单元(——):35↓

指定列间距(| | |):35↓

完成图形,如图 6-31 所示。

图 6-31 块正列命令插入的块

3. 分割命令(Divide)

该命令在绘制点实体时已讲过,只是在提示:"输入线段数目或[块(B)]:"下,输入 B,后续提示:

输入要插入的块名:(输入已创建的块名,如 AI)
是否对齐块和对象?[是(Y)/否(N)]〈Y〉:(块插入时是否相对于实体校准,Y:校准,N:不校准)
输入线段数目:(输入实体的等分数)

完成等分块插入。

使用该命令时,应注意:

(1)用该命令将实体等分后,在等 分点处插入块标记,被等分的实体仍然是一个实体。

(2)该命令只能将当前图形文件中的块插入到等分点处,且按 1∶1 比例插入。每个等分点处的块为一个实体,修改被等分的实体不会影响插入的块。

4. 放置对象命令(Measure)

该命令在绘制点实体时已讲过,只是在提示:

"输入线段数目或[块(B)]:"下,输入 B,后续提示:

输入要插入的块名:(输入已创建的块名,如 AI)

是否对齐块和对象? [是(Y)/否(N)]<Y>:(块插入时是否相对于实体校准,Y:校准,N:不校准)

指定线段长度:(输入每段实体长度,也可用光标确定两点的长度)

使用该命令时,应注意:

(1)用该命令将实体等分后,在等分点处插入块标记,被等分的实体仍然是一个实体。

(2)该命令只能将当前图形文件中的块插入到等分点处,且按 1∶1 比例插入。每个等分点处的块为一个实体,修改被等分的实体不会影响插入的块。

(3)该命令以给定间距等分实体,只余下不足一个间距为止。

5. 利用拖动方式插入图形文件

将一个图形文件插入到当前图形中时,可用块插入命令完成。但 AutoCAD 还提供一种更为方便的方法,即 AutoCAD 利用拖动方式进行图形文件的插入。

方法:"开始"→"程序"→"附件"→"Window 资源管理器",将弹出如图 6-32 所示的 Window 资源管理器窗口。

在资源管理器窗口中,找到要插入的图形文件并选中该文件,然后将其拖动到 AutoCAD 的绘图屏幕上,命令提示:

指定插入点或[基点(B)/比例(S)/X/Y/Z/旋转(R)/预览比例(PS)/PX/PY/PZ/预览旋转(PR)]:(输入选择项)

输入 X 比例因子,指定对角点或[角点(C)/XYZ]<1>:

输入 Y 比例因子或<使用 X 比例因子>:

指定旋转角度<0>:

图 6-32　Windows 资源管理器窗口

6.5.4 块的插入基点设置和块的存盘

1. 块的插入基点设置

(1)功能

块的插入时，基点是作为其参考点，但要插入没有用“块定义”方式生成的图形文件时，AutoCAD将该图形的坐标原点作为插入基点进行比例缩放、旋转等操作，这样往往给使用带来较大的麻烦，所以系统提供了“基点(Base)”命令，允许对图形文件指定新的插入基点。

(2)格式

① 键盘输入。命令：Base↓

② 下拉菜单。绘图(D)→块(B)…→光标菜单→基点(B)

提示：

输入基点〈0.0000,0.0000,0.0000〉:(输入新的基点，默认为图形坐标原点)

系统将输入的点作为图形文件插入时的基点。

2. 块存盘

将已定义的块以文件形式(后缀为.dwg)存入磁盘，还可以将图形的一部分或整个图形以图形文件的形式写入磁盘(后缀为.dwg)，以供其他图形文件调用。

(1)格式

键盘输入 命令：Wblock↓

此时，弹出“写块“对话框，如图6-33所示。

(2)对话框说明

① “源”选项组。用于确定存盘的源目标。

a.“块”单选按钮，可以在其右边的下拉列表框中输入已定义的块名，或单击下拉箭头，在弹出的下拉列表框中选择已存在的块名。

b.“整个图形(E)”单选按钮，将当前整个图形文件作为存盘源目标。

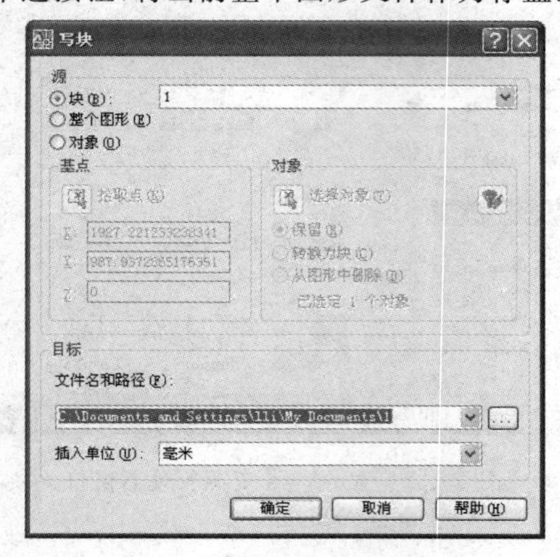

图6-33 写块对话框

c."对象(O)单选按钮,表示重新定义实体作为存盘源目标。

② "目标"选项组。用于设置存盘块文件的文件名、储存路径及采用的单位制等。

a."文件名和路径(F)"文本框,输入存盘块文件的存储位置和路径。通过其右边的下拉列表箭头,弹出下拉列表框,在该列表框中选择已存在的路径。单击该文本框右侧的调用"浏览图形文件"对话框按钮,弹出"浏览图形文件"对话框。在该对话框中,确定存盘块文件的放置路径和位置。

b."插入单位(U)"下拉列表框,设置存盘块文件插入时的单位制。

(3)说明

① 用"Wblock"命令建立的块,可以在任意图形中插入。

② 当用"Wblock"命令创建的块文件插入到图形中时,WCS 被设置成平行于当前的 UCS。

(4)举例

【例 6-1】 利用"Wblock"命令将螺栓、螺母和垫圈(如图 6-34 所示),分别以 A、B、C 三点为插入基点创建成块文件,块文件名分别为螺栓、螺母、垫圈。

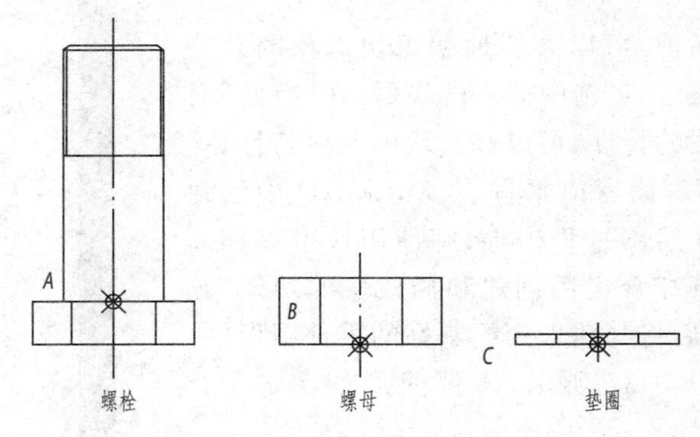

图 6-34　螺栓、螺母、垫圈图形

操作过程:

(1)将螺栓创建成块文件名为螺栓的块文件

① 确定存盘的源目标,命令:Wblock↓

弹出"写块"对话框,选中"对象(O)"单选按钮,单击"选择对象"按钮,在作图窗口定义实体对象作为存盘目标;单击"拾取点"按钮,在作图窗口定义插入基点。

② 确定存盘目标及插入单位,在"文件名和路径(F)"文本框中,输入存盘块文件的存储位置和路径,也可以单击该文本框右侧的按钮,弹出"浏览图形文件"对话框,设置存盘块文件的路径及位置;在"插入单位(U)"下拉列表框中,设置存盘块文件插入时的单位制为"毫米"。

③ 完成操作,单击"确定"按钮,完成"写块"对话框中各项操作,将定义的螺栓文件存盘。

(2)将螺母创建成名为螺母的块文件。操作过程与将螺栓创建成名为螺栓的块文件过程相同。

(3)将垫圈创建成名为垫圈的块文件。操作过程与将螺栓创建成名为螺栓的块文件过程相同。

【例 6-2】 在如图中 6－35a 所示图形所在的图形文件中，插入创建的块文件：螺栓、螺母和垫圈，完成图 6-35b 所示的图形。

应用“插入块”命令，将螺栓、螺母和垫圈插入到如图 6-35a 所示的图形所在的图形文件中，经过编辑就可以得到如图 6-35b 所示的图形。

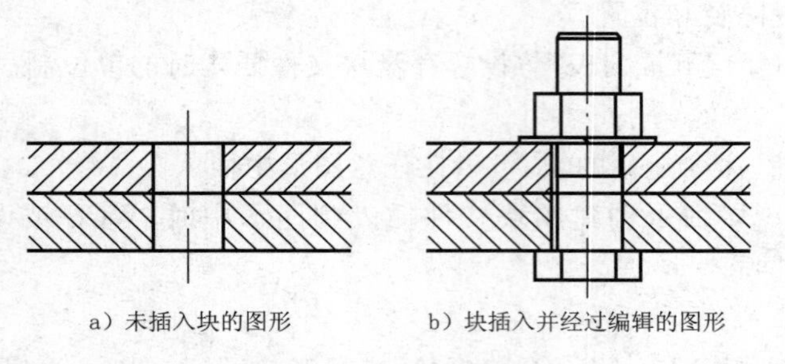

a）未插入块的图形　　b）块插入并经过编辑的图形

图 6-35　块插入应用

3. 块的编辑

通过“特性”对话框，可以方便地编辑块对象的某些特性，如图 6-36 所示。当选中插入的块后，在“特性”对话框中将显示出该块的特性，可以修改块的一些特性。

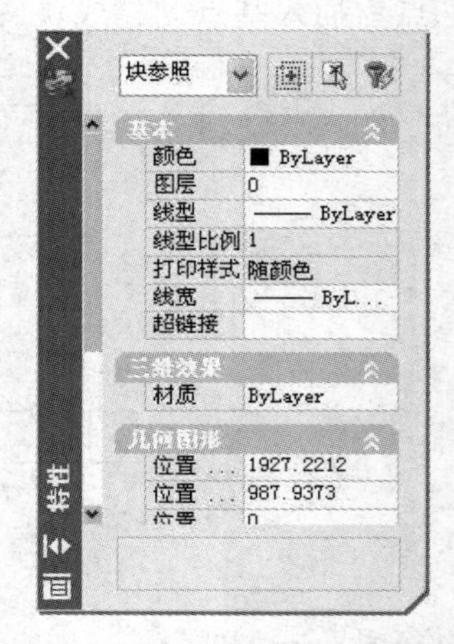

图 6-36　使用特性窗口编辑块

通过本节的学习，读者应掌握在 AutoCAD 中创建和插入块的方法。在绘图过程中，熟练使用块可以提高绘图的效率。本节将综合运用创建和插入块的功能，先创建一个螺钉块，然后将其插入到绘制好的零件图形中。其中螺钉图形如图 6-37 所示，零件图形如图 6-38 所示。

(1)综合使用绘图工具在绘图文档中绘制如图 6-37 所示的螺钉图形。

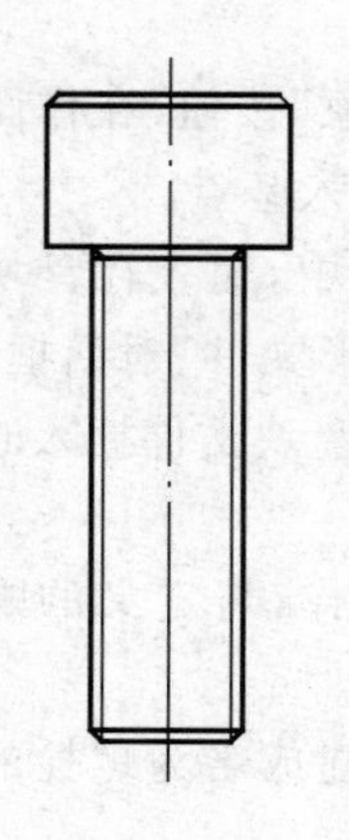

图 6-37　螺钉图形

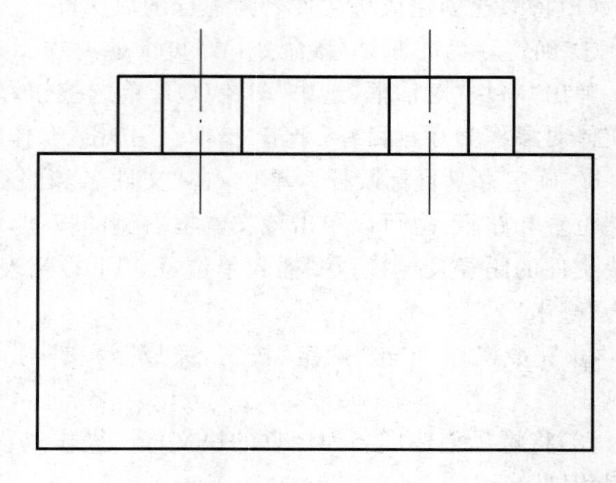

图 6-38　零件图形

(2)选择“绘图”→“块”→“创建”命令，打开“块定义”对话框，如图 6-39 所示；

(3)在“名称”文本框中输入块的名称为 block，并在“基点”选项区域中单击“拾取点”按钮到，然后单击图形点 O，以确定基点位置，如图 6-40 所示。

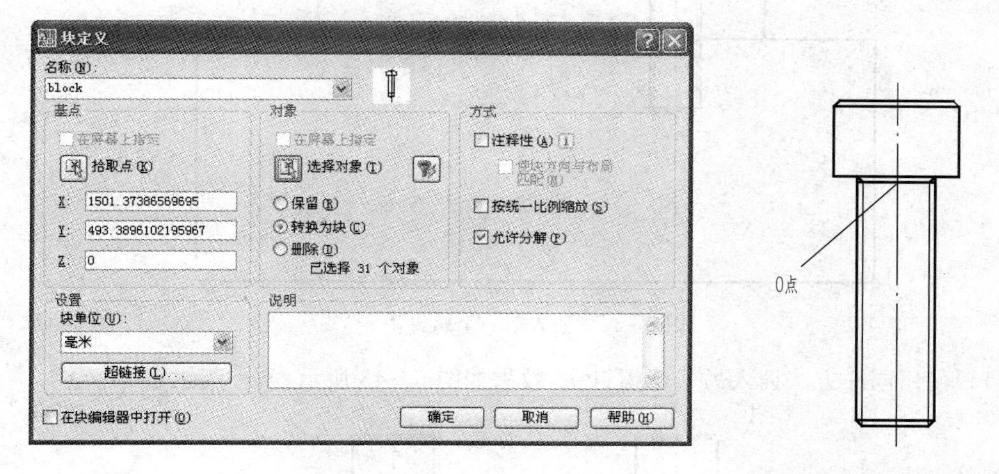

图 6-39　“块定义”对话框　　　　图 6-40　确定基点位置

(4)在“对象”选项区域中选择“保留”单选按钮，再单击“选择对象”按钮，切换到绘图窗口，使用窗口选择方法选择所有图形，然后按 Enter 键返回“块定义”对话框。

(5)在“块单位”下拉列表中选择“毫米”选项，将单位设置为毫米。同时在“说明”文本框中输入对图块的说明“螺钉”。设置完毕，单击“确定”按钮保存设置。

(6)打开零件图形，选择“插入”→“块”命令，打开“插入”对话框。

(7)在“名称”下拉列表框中选择 block，同时在“插入点”选项区域中选中“在屏幕上指定”复选框。

(8)在“缩放比例”选项区域中选中“统一比例”复选框，并在 X、Y、Z 文本框中输入 1，设置效果如图 6-41 所示。

(9)设置完毕后，单击“确定”按钮返回到绘图区。

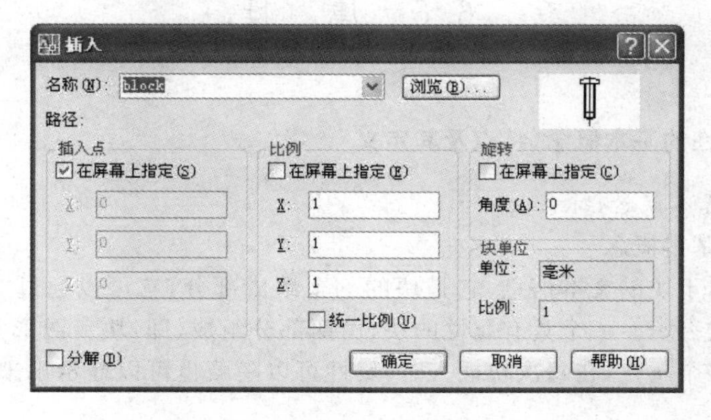

图 6-41　“插入”对话框

(10)在绘图区的零件图形的螺钉孔处插入螺钉块，效果如图 6-42 所示。

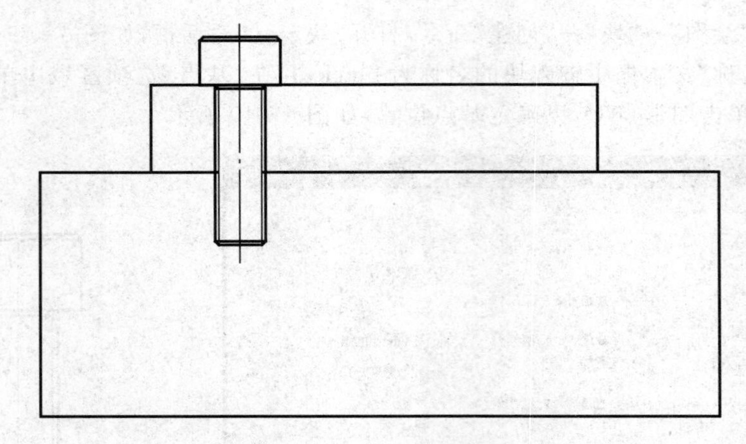

图 6-42　插入第一个螺钉块

(11)使用同样方法插入另一个螺钉块,效果如图 6-43 所示。

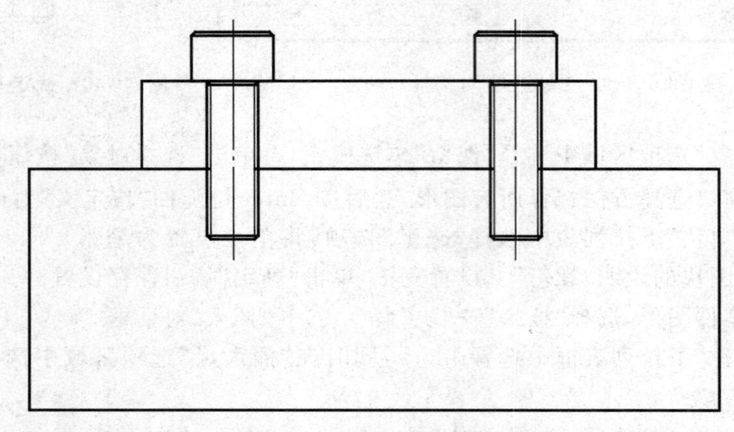

图 6-43　插入第二个螺钉块

6.6 属　性

6.6.1 属性的基本概念、特点及其定义

1. 属性的基本概念、特点

(1)属性的基本概念

属性是从属于块的文本信息,它是块的一个组成部分,它可以通过"属性定义"命令以字符串的形式表示。一个具有属性的块,由两部分组成,即:块=图形实体+属性。一个块可以含有多个属性,在每次块插入时,属性可以隐藏也可以显示出来,还可以根据需要改变属性值。

(2)属性的特点

属性虽然是块中的文本信息,但它不同于块中的一般的文字实体,它有以下的几个特点：

① 一个属性包括属性标签(Attribute Tag)和属性值(Attribute Value)两个内容。例如，把“name(姓名)”定义为属性标签，而每一次块引用时的具体姓名，如“张华”就是属性值，即称为属性。

② 在定义块之前，每个属性要用属性定义命令(Attdef)进行定义，由此来确定属性标签、属性提示、属性默认值、属性的显示格式、属性在图中的位置等。属性定义完成后，该属性以标签在图形中显示出来，并把有关的信息保留在图形文件中。

③ 在定义块前，可以用 Properties、Ddedit 等命令修改属性定义，属性必须依赖于块而存在，没有块就没有属性。

④ 在插入块时，通过属性提示要求输入属性值，插入块后属性用属性值显示，因此，同一个定义块，在不同的插入点可以用不同的属性值。

⑤ 在插入块后，可以用属性显示控制命令(Attdisp)来改变属性的可见性显示，可以用属性编辑命令(Attedit)对属性作修改，也可以用属性提取命令(Attext)把属性提取单独提取出来写入文件，以供制表使用。

2. 定义块属性

(1)功能

用于建立块的属性定义，即对块进行文字说明。

(2)格式

① 键盘输入。命令：Attdef (Ddattdef、ATT)↓

② 下拉菜单。绘图(D)→块(K)光标菜单→定义属性(D)…

此时，弹出“属性定义”对话框，如图 6-44 所示。

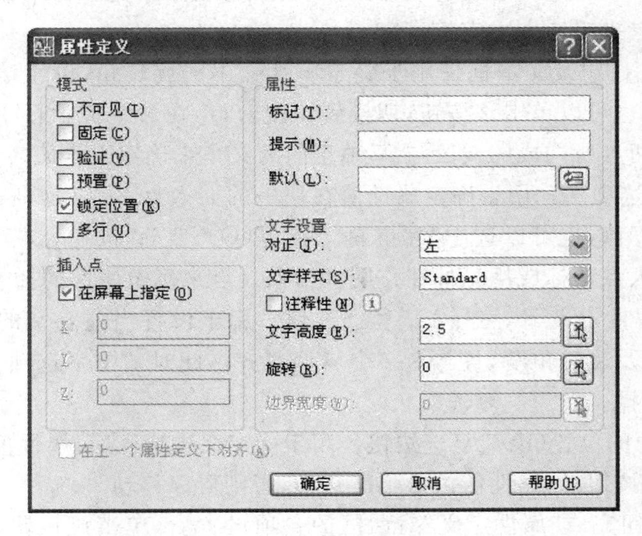

图 6-44　“属性定义”对话框

(3)对话框说明

①“模式”选项组。用与设置属性的模式。

a.“不可见(I)”复选按钮，插入块并输入该属性值后，属性值在图中不显示。

b.“固定(C)”复选按钮,将块的属性设为一恒定值,块插入时不再提示属性信息,也不能修改属性值,即该属性保持不变。

c.“验证(V)”复选按钮,插入块时,每出现一个属性输入是否正确,若发现错误,可在该提示下重新输入正确的值。

d.“预置(P)”复选按钮,将块插入时指定的属性设为默认值,在以后的插入块时,系统不再提示输入属性值,而是自动填写默认值。

② “属性”选项组。用于设置属性标志、提示内容、输入默认属性值。

a.“标记(T)”文本框,用于属性的标志,即属性标签。

b.“提示(M)”文本框,用于在块插入时提示输入属性值的信息,若不输入属性提示,则系统将相应的属性标签当属性提示。

c.“值(L)”文本框,用于输入属性的默认值,可以选属性中使用次数较多的属性值作为其默认值。若不输入内容,表示该属性无默认值。

d.“插入字段”按钮,单击“值(L)”文本框右侧的“插入字段”按钮,弹出“字段”对话框,可在“值(L)”文本框插入一字段。

③ “文字选项”选项组。用于确定属性文本的字体、对齐方式、字高及旋转角度等。

a.“对比(J)”本文框。用于确定属性文本相对于参考点的排列形式,可以通过单击右边的下拉箭头,在弹出的下拉列表框中,选择一种文本排列形式。

b.“文字样式(S)” 本文框。用于确定属性文本的样式,可以通过单击右边的下拉箭头,在弹出的下拉列表框中,选择一种文本样式。

c.“高度(E)”按钮及文本框。用于定义文本字符的高度,可直接在该项后面的文本框中输入数值,也可以单击该按钮,切换到作图窗口,在命令提示行中输入值或用于光标在作图区确定两点来确定文本字符高度。

d.“旋转(R)”按钮及文本框。用于确定属性文本的旋转角,可直接在该项后面的文本框中输入数值,也可以单击该按钮,切换到作图窗口,在命令提示行中输入值或用于光标在作图区确定两点所构成的线段与 X 轴正向的夹角来确定文本旋转角度。

④ “插入点”选项组。用于确定属性值在块中的插入点,可以分别在 X、Y、Z 文本框中输入相应的坐标值,也可以选中“在屏幕上指定(O)”复选 按钮。在作图窗口,在命令提示行中输入插入点坐标或用光标在作图区拾取一点来确定属性的插入点。

⑤ “在一个属性定义下对齐(A)”复选按钮。用于设置当前定义的属性采用上一个属性的字体、字高及旋转角度,且与上一个属性对齐。此时,“文字选项”栏和“插入点”栏显示灰色,不能选择。

⑥ “锁定块中的位置(K)” 复选按钮。用于确定在块插入后,属性值位置是否可以移动,当选中该复选按钮时,属性值位置不能移动,否则可以移动。

⑦ “确定”按钮完成“属性定义”对话框的各项设置后,单击该按钮,即可完成一次属性定义。

可以重复该命令操作,对块进行多个属性定义。

将定义好的属性连同相关图形一起,用块创建命令成带有属性的块,在块插入时,按设置的属性要求对块进行文字说明。

(4)举例

现在要绘制一标题栏，标题栏中有许多属性需要定义和修改，如图 6－45 所示。

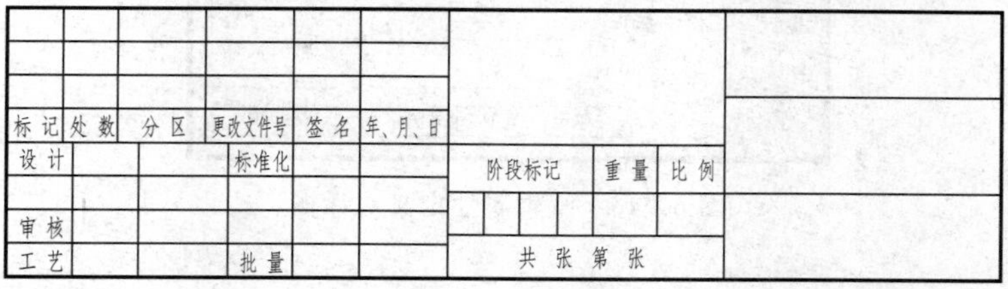

标记 处数 分区 更改文件号 签名 年、月、日
设计 标准化 阶段标记 重量 比例
审核
工艺 批量 共 张 第 张

图 6－45　标题栏

作图过程如下：

① 绘制标题栏。用绘图命令绘制标题栏，(作图过程略)。

② 定义属性。用属性定义命令分别定义标题栏属性，即确定标题栏中的属性标签、属性提示、属性默认值和属性可见性等，见表 6－1。

调用属性定义命令，此时，弹出“属性定义”对话框。在对话框中，根据表 6－1 中所确定的属性标签、属性提示、属性默认值和属性可见性等，分别进行属性定义。

表 6－1　标题栏属性

项目	属性标签	属性提示	属性默认值	显示与否
设计	Design	设计	无	可见
审核	Audit	审核	无	可见
工艺	Process	工艺	无	可见
比例	scale	比例	1∶1	可见

(3)定义具有属性的块。用块定义命令定义具有属性的块，块名为标题栏。

(4)插入具有属性的块。用块插入命令并根据完成属性提示的输入，绘制标题栏。

6.6.2　修改属性定义、属性显示控制

1. 修改属性定义

(1)功能

在具有属性的块定义或将块炸开后，修改某一属性定义。

(2)格式

① 键盘输入。命令：Ddedit(ED)↓

② 下拉菜单。修改(M)→对象(O)→文字(T)→编辑(E)…

③ 快速选择。双击属性定义

提示：

选择注释对象或[放弃(U)]：(拾取要修改的属性定义的标签或按回车键放弃)

当选择的是注释对象后，弹出“编辑属性定义”对话框，如图 6－46 所示。在“编辑属性定义”文本框，重新输入新的内容。

2. 属性显示控制(Attdisp)

(1)功能

控制属性值可见性显示。

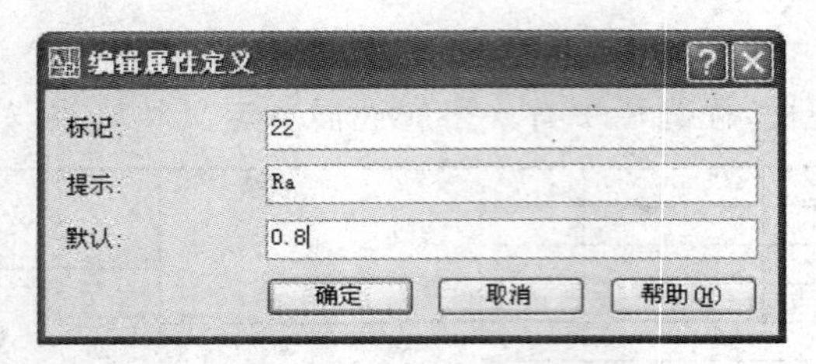

图 6-46　编辑属性定义对话框

(2)格式

① 键盘输入。命令:Attdisp↓

提示:

输入属性的可见性设置[普通(N)/开(NO)/关(OFF)]〈普通〉:(输入各选择项)

在该提示下的各项选择的含义为:"N",正常方式,即按属性定义时的可见方式来显示属性;"ON",打开方式,即所有属性均为可见;"OFF"关闭方式,即所有属性均不可见。

② 下拉菜单。视图(V)→显示(L)→属性显示(A)→光标菜单,如图 6-47 所示。

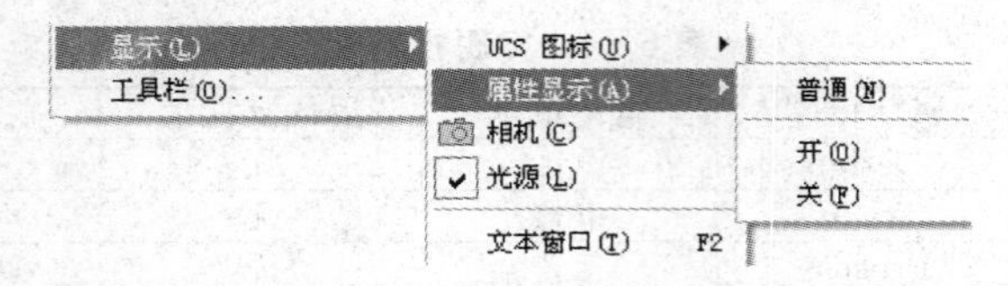

图 6-47　属性显示控制光标菜单及调用过程

6.6.3　块属性的编辑和管理

1. 插入块的属性管理

(1)功能

对已插入块的属性进行编辑,包括属性值及文字和线型、颜色、图层、线宽等特性。

(2)格式

① 键盘输入。命令:Eattedit↓

② 下拉菜单。修改(M)→对象(O)→属性(A)→单个(S)…,属性光标菜单如图 6-48 所示。

③ 工具条。在"修改Ⅱ"工具条中,单击"编辑属性"图标按钮,如图 6-49 所示。

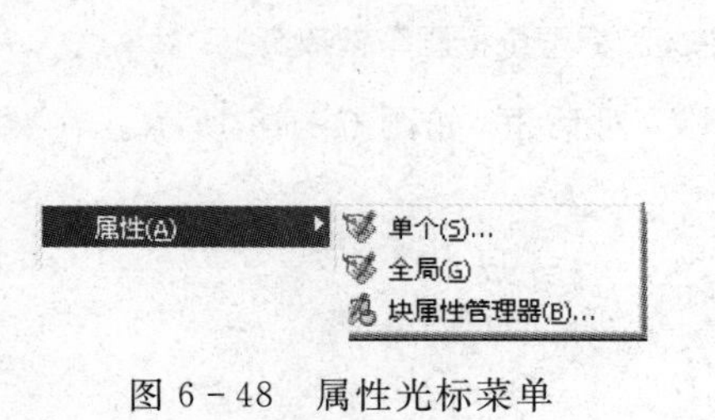

图 6-48　属性光标菜单

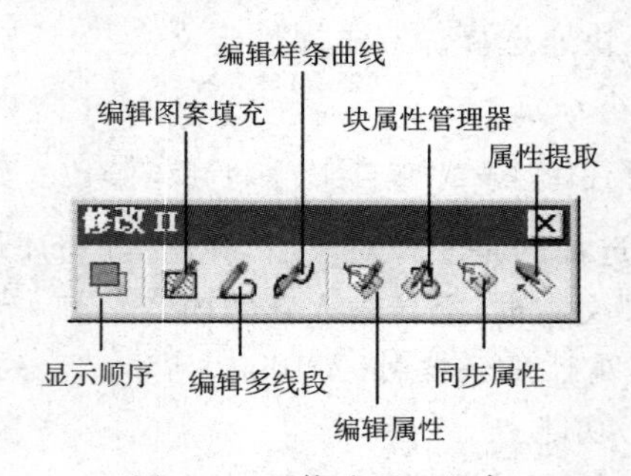

图 6-49　修改Ⅱ工具条

当用鼠标从左至右依次单击工具条时，显示对应为显示顺序、编辑多线断、编辑样条属性、编辑属性、块属性编辑器、同步属性、属性提取。

④ 快速选择。双击带属性的块

提示：

选择块:(双击带属性的块)

此时，弹出“增强属性编辑器”对话框。在该对话框中，有“属性”、“文本选项”和“特性”三个选项卡。

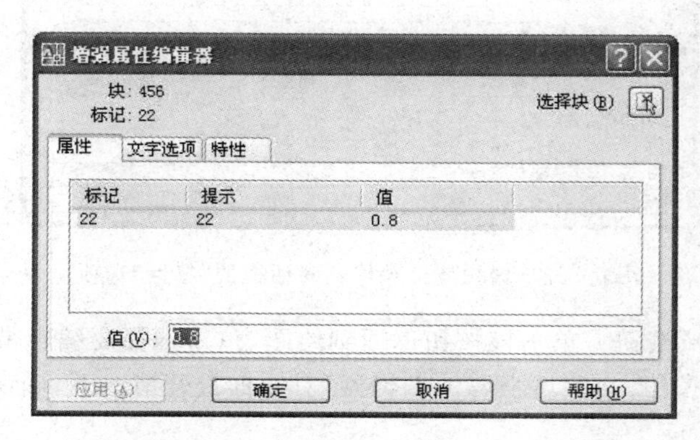

图 6-50　增强属性编辑器对话框的“属性”选项

(3)对话框说明

① “属性”选项卡。修改属性值。单击“增强属性编辑器”对话框的“属性”选项卡，对话框形式如图 6-50 所示。在该对话框的列表中，显示出块中的每个属性标记、属性提示及属性值，选择某一属性，在“值(V)”文本框中，显示相应的属性值，并可以输入新的属性值。

② “文字选项”选项卡。修改属性值文本格式。单击“增强属性编辑器”对话框的“文字选项”选项卡，对话框形式如图 6-51 所示。在该对话框的“文本样式”文本框中，设置文字样式；在“对正”文本框中，设置文字的对齐方式；在“高度”文本框中，设置文字高度；在“旋转”文本框中，设置文字旋转角度；在“宽度比例”文本框中，设置文字的倾斜角度；“反向”复选按钮，用于设置文本是否反向绘制；“颠倒”复选按钮，用于设置文本是否上下颠倒。

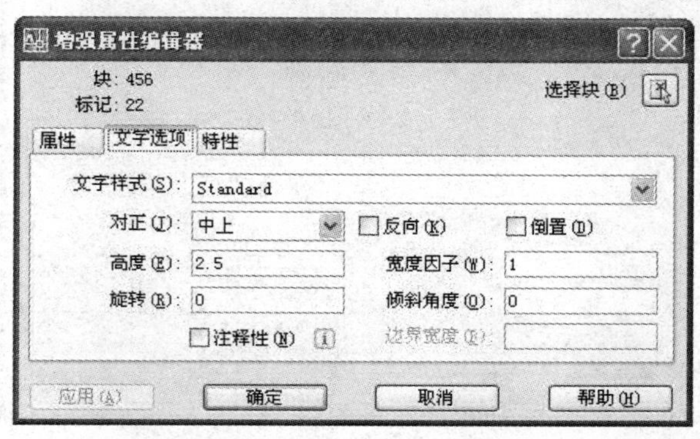

图 6-51　增强属性编辑器对话框的“文字”选项

③ “特性”选项卡。修改属性值特性。单击“增强属性编辑器”对话框的“特性”选项卡，对话框形式如图 6－52 所示。通过该对话框的下拉列表框或文本框修改属性值的“图形”、“线型”、“颜色”、“线宽”及“打印样式”等。

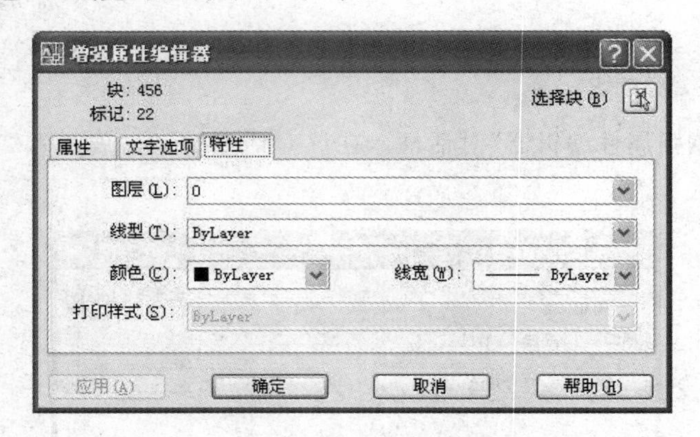

图 6－52　增强属性编辑器对话框的“特性”选项

④ “选择块(B)”按钮。单击该按钮返回到绘图窗口，选择要编辑带属性的块。

⑤ “应用(A)”按钮。在“增强属性编辑器”对话框打开情况下，确认修改的属性。

2. 编辑属性值

(1)功能

修改属性值，但不能修改属性值的位置、字高、字型等。

(2)格式

键盘输入命令：Ddatte(attedit)↓

提示：

选项块参照：(选择引用带属性的块)

此时，弹出“编辑属性”对话框，如图 6－53 所示。在该对话框中，通过已定义的各属性值文本框，对各属性值重新输入新的内容。

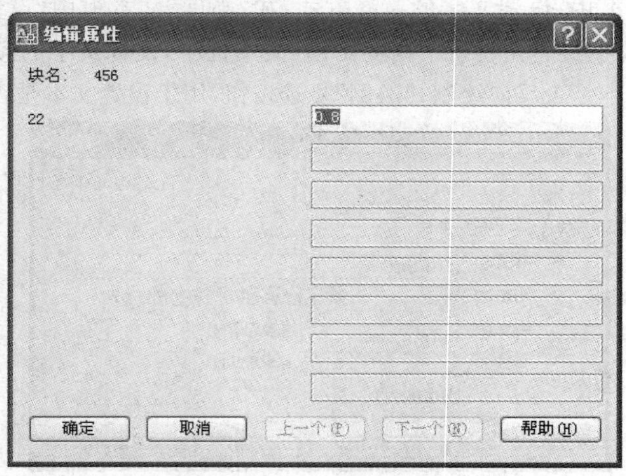

图 6－53　“编辑属性”对话框

6.6.4　属性同步及属性特性管理器

1. 属性同步

(1)功能

对带有属性的块进行修改后，使属性与块本身的变化保持同步，并且保持原属性值。

(2)格式

① 键盘输入。命令：Attsync↓

② 工具条。在"修改Ⅱ"工具条中，单击"同步属性"图标按钮

提示：

输入选项[?/名称(N)/选择(S)]<选择>:(输入选择项)

(3)各选择项说明

① "?"列出当前图形中所有包含属性的块的名称。

② "N"输入要同步的块名

③ "S"选择要同步的块。后续提示：

Attsyne 块"×××"? [是(Y)/否(N)]<是>:(是否对当前选择的"×××"块进行同步操作，Y:同步，N:否并取消操作)

2. 块属性管理器

(1)功能

管理块中的属性

(2)格式

① 键盘输入。命令：Battman↓

② 下拉菜单。修改(M)→对象(O)→属性(A)→块属性管理器(B)…

③ 工具条。在"修改Ⅱ"工具条中，单击"块属性管理器"图标按钮

此时，弹出"块属性管理器"对话框，如图 6-54 所示。

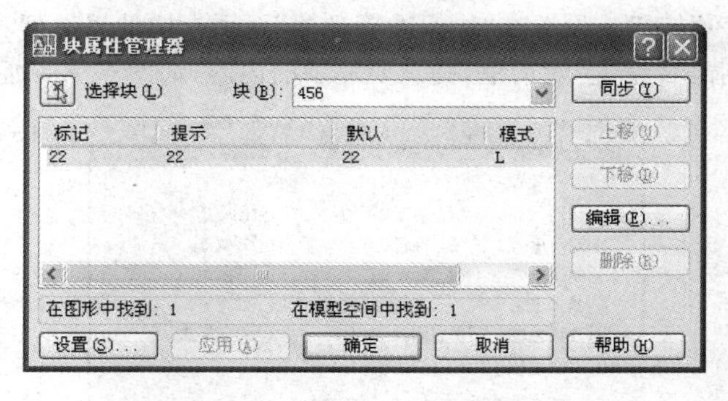

图 6-54　"块属性管理器"对话框

(3)对话框说明

① "选择块(L)"按钮。选择要操作的块。单击该按钮，切换到绘图窗口，选择需要操作的块。

② “块(B)”下拉列表框。显示当前选择块的名称，单击右侧下拉列表箭头，在弹出的下拉列表框中，列出了当前图形中含有属性的所有块的名称，从中也可以选择要操作的块。

③ 属性列表框。在对话框中间区域列出了当前所选择块的所有属性，包括：属性“标记”、“提示”、“默认”、“模式”等。

④ “同步(Y)”按钮。更新已修改的属性特性实例。

⑤ “上移(U)”和“下移(D)”按钮。单击“上移(U)”按钮，将属性列表框中选中的属性行上移一行；单击“下移(D)”按钮，将属性列表框中选中的属性行下移一行。

⑥ “编辑(E)…”按钮。修改属性特性。单击该按钮，弹出“编辑属性”对话框。在该对话框中有三个选项卡：“属性”、“文字选项”和“特性”，用于重新设置属性定义的构成、文字特性和图形特性等。

在该对话框中的“文字选项”和“特性”两个选项开对话框形式和功能与“增强属性编辑器”对话框中的相应选项卡对话框形式和功能相同。“编辑属性”对话框中的“属性”选项卡对话框形式，如图 6－55 所示。在该对话框形式中，“模式”栏，用于修改属性的模式；“数据”栏，用于修改属性的定义；“自动预览修改(A)”复选按钮，用于确定当更改可见属性的特性后，是否在绘图窗口立即更新所作的修改。

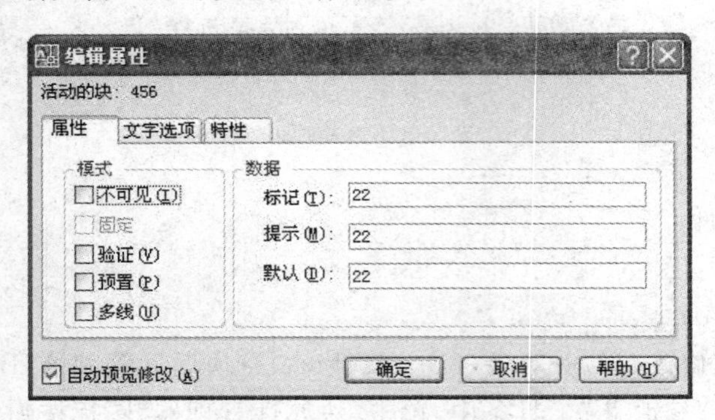

图 6－55 “增强属性编辑器”对话框的“属性”选项卡

⑦ “设置(S)…”按钮。设置在“块属性管理器”对话框中的属性列表框中显示哪些内容。单击该按钮，弹出“设置”对话框，确定要显示的内容，如图 6－56 所示。

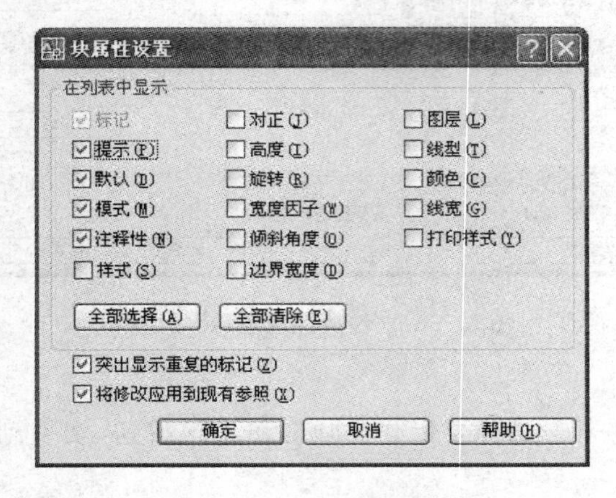

图 6－56 “设置”对话框

⑧ “删除(R)”按钮。从块定义中删除在属性列表框中选中属性定义。此时，块中的对应属性值也被删除。

⑨ “应用(A)”按钮。在保持“块属性管理器”对话框打开的情况下确认进行的修改。

6.6.5　使用 ATTEXT 命令提取属性

AutoCAD 的块及其属性中含有大量的数据。例如，块的名字、块的插入点坐标、插入比例以及各个属性的值等。可以根据需要将这些数据提取出来，并将它们写入到文件中作为数据文件保存起来，以供其他高级语言程序分析使用，也可以传送给数据库。

在命令行输入 ATTEXT 命令，即可提取块属性的数据。此时将打开“属性提取”对话框，如图 6－57 所示，其中各选项的功能如下。

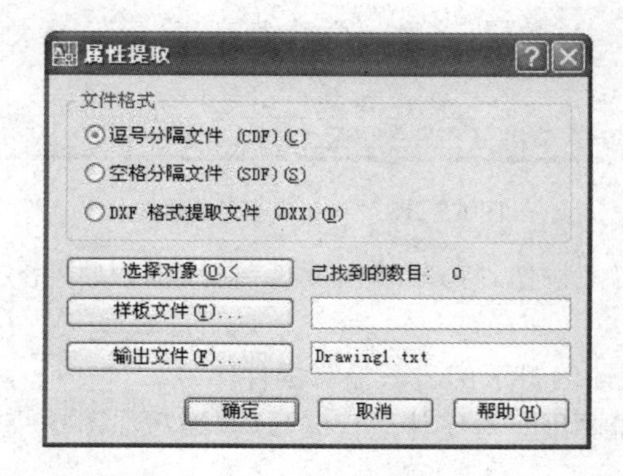

图 6－57　“属性提取”对话框

“文件格式”选项区域：用于设置数据提取的文件格式。用户可以在 CDF、SDF 和 DXF 三种文件格式中选择，选中相应的单选按钮即可。

● 逗号分隔文件格式(CDF)：CDF(conllyla Delimited File)文件是 .TXT 类型的数据文件，它是一种文本文件。该文件把每个块及其属性以一个记录的形式提取，其中每个记录的字段由逗号分隔符隔开，字符串的定界符默认为单引号。

● 空格分隔文件格式(SDF)：SDF(space Delimited File)文件是 .TXT 类型的数据文件，也是一种文本文件。该文件把每个块及其属性以一个记录的形式提取，但在每个记录中使用空格分隔符，记录中的每个字段占有预先规定的宽度(每个字段的格式由样板文件规定)。

● DXF 格式提取文件格式(DXF)：DXF (Drawing Interchange File，即图形交换文件) 格式与 AutoCAD 的标准图形交换文件格式一致，文件类型为 .DXF。

“选择对象”按钮：用于选择块对象。单击该按钮，AutoCAD 将切换到绘图窗口，用户可选择带有属性的块对象，按 Enter 键后将返回到“属性提取”对话框。

“样板文件”按钮：用于样板文件。用户可以直接在“样板文件”按钮后的文本框内输入样板文件的名字，也可以单击“样板文件”按钮，打开“样板文件”对话框，从中可以选择样板文件，如图 6－58 所示。

“输出文件”按钮：用于设置提取文件的名字。可以直接在其后的文本框中输入文件

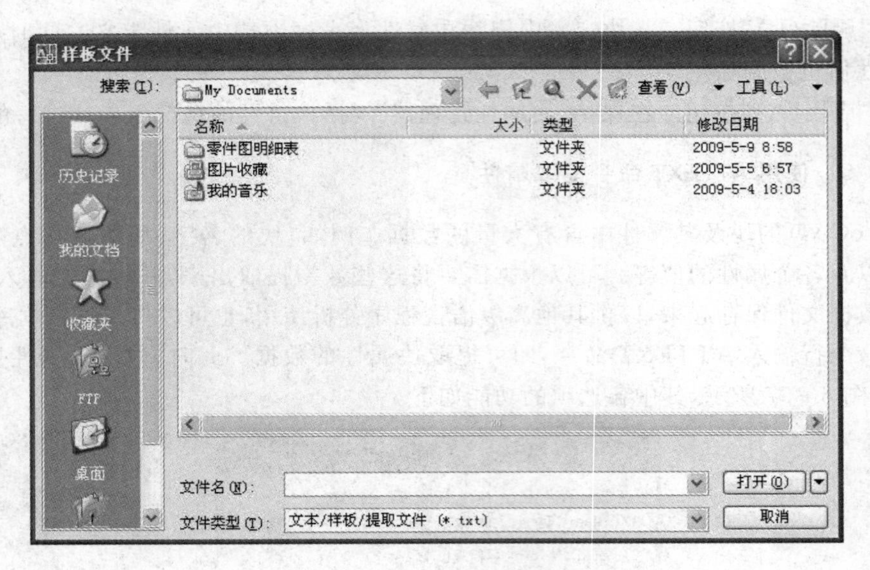

图 6-58 “样板文件”对话框

名,也可以单击“输出文件”按钮,打开“输出文件”对话框,从中指定存放数据文件的位置和文件名。

【例 6-2】 块的属性编辑示例——编写零件序号。

在绘制装配图后,需要用户对零件进行编号(如编写如图 6-59 所示的零件序号),具体操作步骤如下:

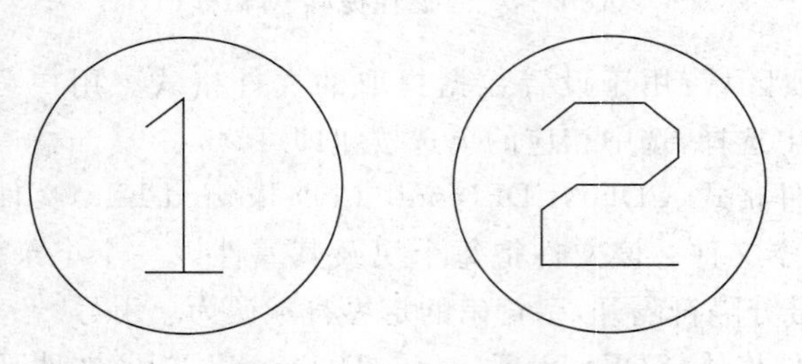

图 6-59 零件序号图块

(1)单击“二维绘图”面板中的“圆”按钮,在绘图区任意拾取一点为圆心,绘制半径为 11 的圆,命令行提示如下:

命令:_circle

指定圆的圆心或指定圆的圆心或[三点(3P)/两点(2P),相切、相切、半径(T)]: //N 光标在绘图区拾取一点

指定圆的半径或[直径(D)]＜0.0000＞:11 //输入圆的半径,如图 6-60 所示。

图 6-60 绘制圆

(2)在菜单栏中选择“格式”→“文字样式”命令,弹出“文字样式”对话框。设置其“宽度因子”为 1.2000,其他选项保持系统默认设置,如图 6-61 所示。

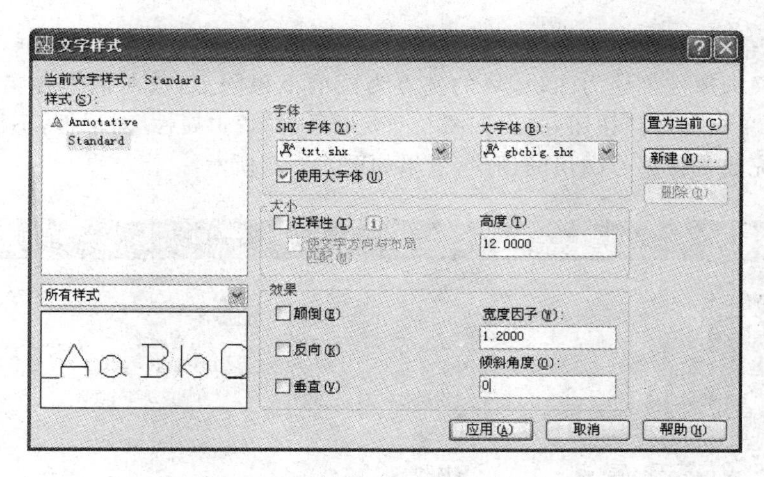

图 6-61　设置参数

(3)在菜单栏中选择“绘图”→“块”→“定义属性”命令，弹出“属性定义”对话框，在该对话框中设置如图 6-62 所示的参数。

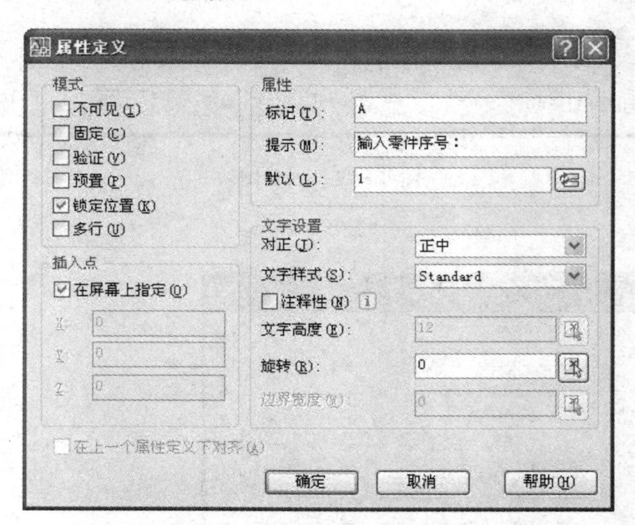

图 6-62　设置属性

(4)单击“确定”按钮，为所绘制的圆图形定义属性，命令行提示“指定起点：”，拾取圆心为起点，属性效果如图 6-63 所示。

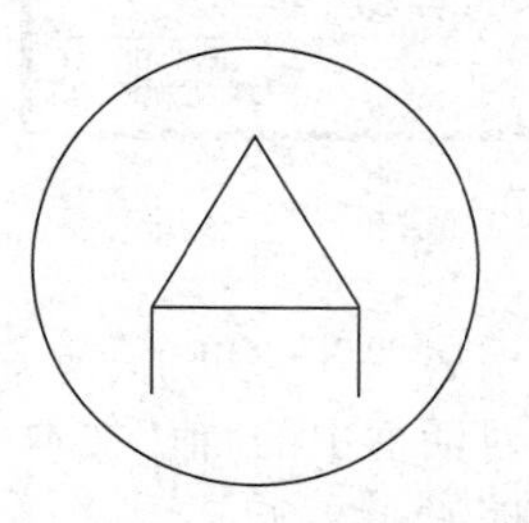

图 6-63　设置属性效果

(5)在菜单栏中选择“绘图”→“块”→“创建”命令，弹出“块定义”对话框，将所绘制的圆图形及定义的属性创建为图块，块的基点为圆的下象限点，其对话框各参数设置如图6－64所示。单击“确定”按钮，弹出如图6－65所示的“编辑属性”对话框，不做设置，单击“确定”按钮完成零件编号图块的创建，效果如图6－66所示。

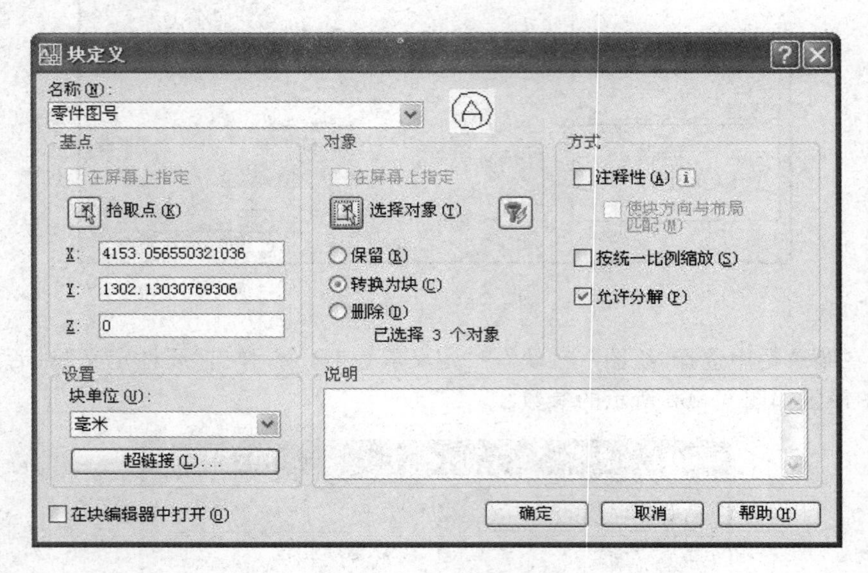

图6－64　创建图块

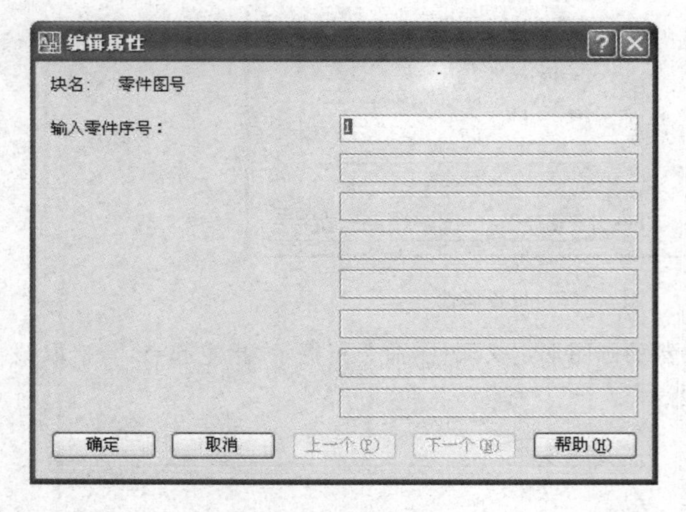

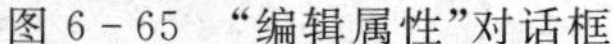

图6－65　“编辑属性”对话框

图6－66　零件序号图块

(6)在菜单栏中选择“修改”→“属性”→“单个”命令，选择上步骤创建块后，系统弹出“增强属性编辑器”对话框。在该对话框中的“值”文本框中修改属性的值，如图6－67所示，单击“确定”按钮即可，效果如图6－68所示。

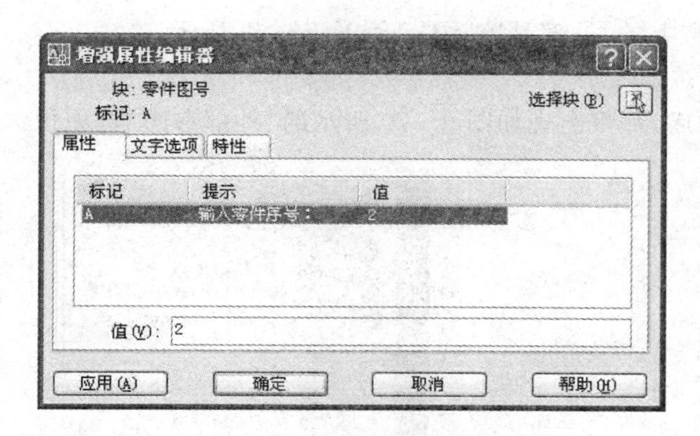

图 6-67　“增强属性编辑器”对话框

图 6-68　修改编号后效果

6.7　外部参照

外部参照(或称外部引用)就是把已有图形文件以参照的形式插入当前图形文件中,但当前图形文件中仅记录了当前图形文件与被引用图形文件的某种引用关系,而不记录被引用的图形文件具体对象的信息,这样就大大减少了当前图形文件的字节数。对当前图形的操作不会改变被参照的图形文件的内容,只有打开有参照的图形文件时,系统才自动把被参照的图形文件信息调入到当前图形文件所处的内存空间。且当前的图形文件保持最新的参照图形文件,参照图形不能被“分解”。

用参照命令将一些子图形文件引用到当前图形文件中构成复杂的主图形文件,系统允许对引用的这些子图形进行各种编辑,当子图形发生变化时,复杂的主图形文件被重新打开后,主图形也会作相应的变化,这样有效地提高了绘图效率,满足工作中相互协作要求。

利用外部参照的功能,无须从当前图形中退出就可以观察到外部(磁盘或网络上)的其他图形。它是用户可看到但接触不到的图形,它在屏幕上是可见的,但不是当前图形的一部分。例如,在以下几个领域,使用 CAD 外部参照将会十分简便和灵活:

快速应用图形边界。大多数图形的边框和标题栏在每张图纸图形中是相同的,所以不必存在于每个图形中,只须将其作为外部参照图形来应用即可。

画装配图。装配图中包括了许多零件图,使用外部参照后,只要零件图做了修改,装配图也自动随之修改。

大型项目的协同设计。对于大型的设计项目,往往由总设计师负责全局的设计规划,其他设计人员分别设计局部图形,如果将所有计算机联网,则每个设计人员都能采用同一项目的全部设计图作为当前工作的参考,并相互检查各自的进度。

6.7.1　“外部参照”选项板

定义外部参照的方法有:

(1)菜单命令:“插入”→“外部参照”。

(2)工具栏图标:选择参照工具栏上的"外部参照"图标,如图 6－69 所示。

(3)命令行命令:Xref。:

用任何一种方法调用 Xref 命令后,都将出现如图 6－70 所示的"外部参照"选项板。

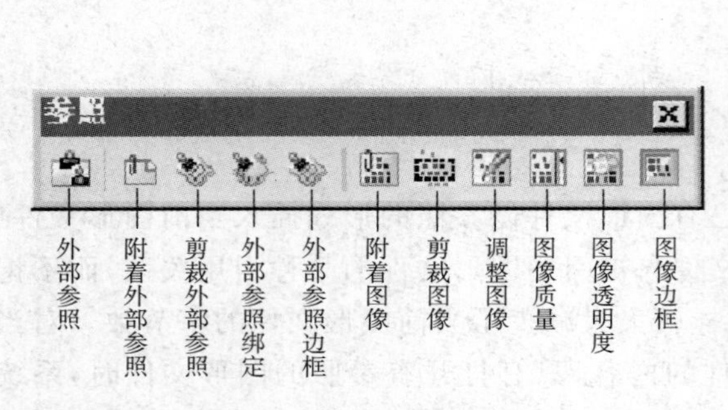

图 6－69 "外部参照"图标

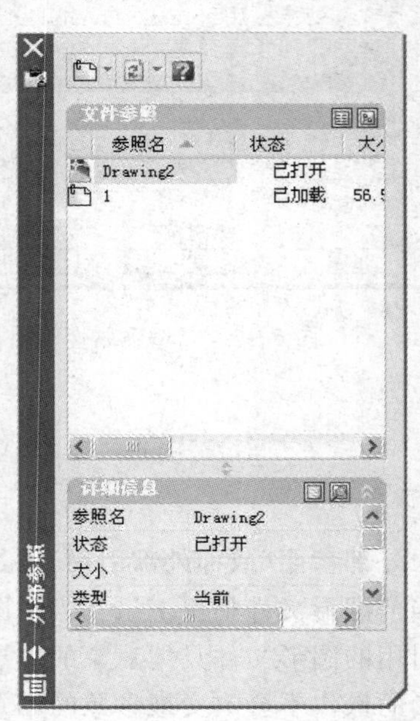

图 6－70 "外部参照"选项板

在"外部参照"选项板中,有两种用于显示外部参照图形的方法,即用列表图▤或树状图▧显示图形中的外部参照。

"外部参照"选项板中各选项的含义如下:

● 参照名:即外部参照的文件名。参照名不能与原文件名相同,可单击该文件名重新命名。

● 状态:用于显示外部参照文件的状态。状态包括已加载、已卸载、未找到、未融入、已孤立等几种类型。其中,"已加载"表示当前已附着到图形中;"已卸载"表示标记为关闭"外部参照管理器"后从图形中卸载;"未找到"表示在有效搜索路径中不再存在;"未融入"表示无法由本程序读取;"已孤立"表示已附着到其他未融入或未找到的外部参照。

● 大小:用于显示相应参照图形的文件大小。如果外部参照被卸载、未找到或未融入,则不显示其大小。

● 类型:用于显示外部参照采用附着型还是覆盖型。附着型主要用于需要在主图形中永久使用外部参照。而覆盖型主要用于当只需临时查看另外一个图形文件而并不打算使用这些文件的场合。

● 日期:用于显示关联的图形的最后修改日期。如果外部参照被卸载、未找到或未融入,则不会显示日期。

● 保存路径:用于显示相关联外部参照的保存路径。

● "附着"按钮:单击"附着"按钮,将出现如图 6－71 所示的附着类型下拉菜单,可以选择附着 DWG 格式文件、附着图像格式文件或者附着 DWF 格式文件。

● “刷新”按钮：单击该按钮，将出现“刷新”下拉菜单，如图 6－72 所示，其中有“刷新”和“重载所有参照”两个选项。

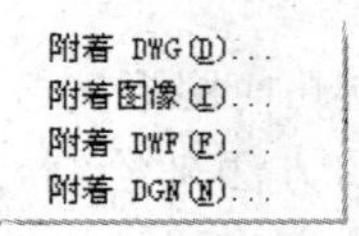

图 6－71　附着类型下拉菜单

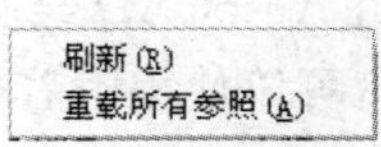

图 6－72　“刷新”下拉菜单

右击参照名列表中的某个参照，将出现如图 6－73 所示的快捷菜单，其中主要的选项有：

●【打开】：用于在操作系统指定的应用程序中打开选定的文件参照。

●【附着】：用于打开与选定的参照类型相对应的对话框。如果选择“DWG 参照”将打开“外部参照”对话框；如果选择“图像参照”将打开“图像”对话框；如果选择“DWF 参照”则会打开“附着 DWF 参考底图”对话框。

●【卸载】：用于卸载选定的文件参照。

●【重载】：用于重载选定的文件参照。

●【拆离】：用于拆离选定的文件参照。

●【绑定】：用于显示“绑定外部参照”对话框，所选定的 DWG 参照将绑定到当前图形中。

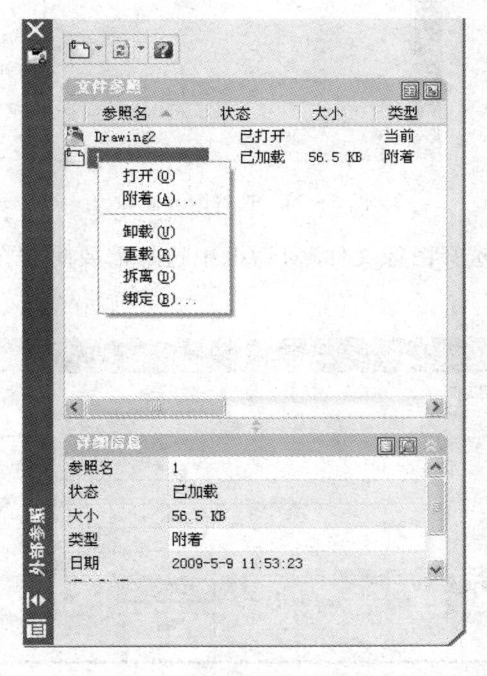

图 6－73　参照快捷菜单

6.7.2 附着外部参照

附着外部参照的过程与插入块的过程相似，只需选择“插入”→“外部参照”命令，从出现的“外部参照”选项板中选择相关选项即可。

比如，要使用 AutoCAD 绘制一幅图像，采用通常绘制几何图形的方法是很难取得满意效果的。此时，可以使用附着一幅图像作为外部参照的方法来绘制，绘制的效果将会比较满意。具体方法如下：

(1)“插入”→“外部参照”命令，出现“外部参照”选项板，单击其中的附着类型下拉按钮，从出现的菜单中选择“附着图像”选项，如图 6-74 所示。

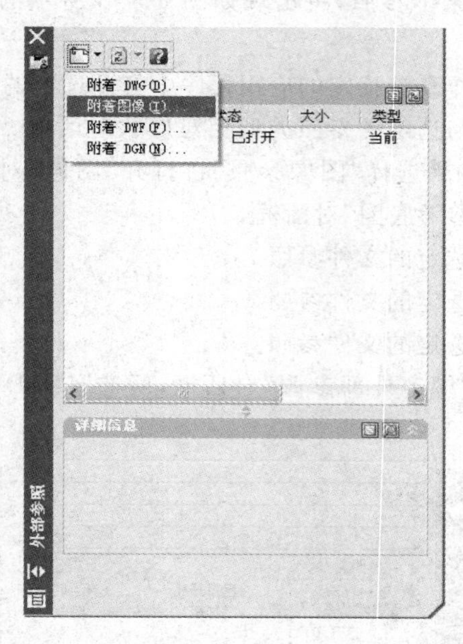

图 6-74　选择附着图像

(2)在随后出现的“选择图像文件”对话框中选择需要附着在绘图窗口中的图像，如图 6-75 所示。

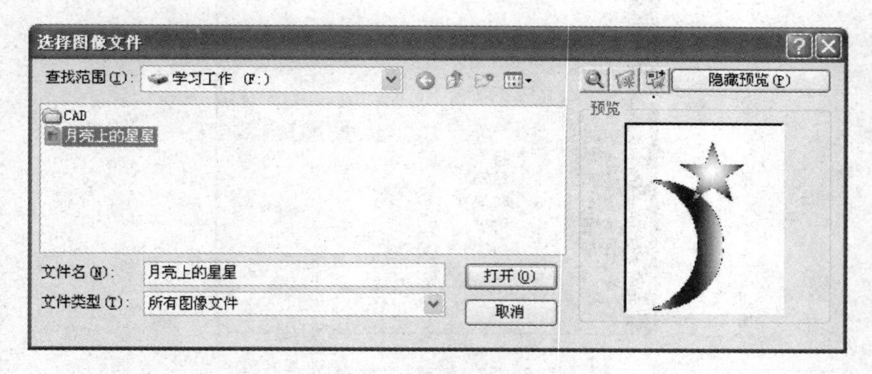

图 6-75　选择附着图像文件

(3)单击【打开】按钮，出现“图像”对话框，在其中可以设置插入点、图像缩放比例和旋转角度等参数，如图 6－76 所示：

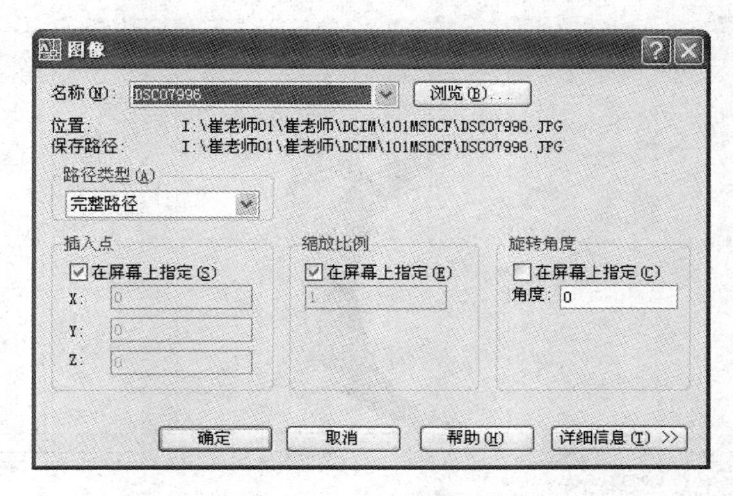

图 6－76　“图像”对话框

主要的附着参数有

● 名称：外部参照的名称。

●【浏览】按钮：单击【浏览】按钮，将显示出“选择参照文件”对话框。

● 位置：显示找到的外部参照的路径。

● 保存路径：显示用于定位外部参照的保存路径：

● 路径类型：指定外部参照的保存路径是完整路径、相对路径，还是无路径。将路径类型设置为“相对路径”之前，必须保存当前图形。对于嵌套的外部参照而言，相对路径始终参照其直接主机的位置，并不一定参照当前打开的图形：

● 插入点：用于指定所选外部参照的插入点。如果选中其中的“在屏幕上指定”选项，则 X、Y 和 Z 选项不可用。而取消选中其中的“在屏幕上指定”选项，便可以通过指定外部参照引用在当前图形的插入点的 X、Y、Z 坐标值。

● 缩放比例：用于指定所选外部参照的比例因子。既可以在屏幕上指定，也可以直接为外部参照实例指定 X、Y、Z 方向的比例因子。选中“统一比例”选项，可以确保 Y 和 Z 的比例因子等于 X 的比例因子。

● 旋转角度：用于给外部参照引用指定旋转角度。

(4)设置好参数后单击【确定】按钮，即可在绘图区中附着上选定的图像，如图 6－77 所示。

(5)选择多段线、样条曲线等工具，放大显示图像，沿图像的边缘绘制图像的轮廓，如图 6－78 所示。

(6)图像轮廓绘制完成后，单击选定附着的图像，按删除键将其删除，即可看到绘制的效果，用这种方法绘制的图形是由多个独立的可编辑的对象组成的，如图 6－79 所示。

图 6-77　图像附着效果

图 6-78　描绘图像

图 6-79　绘制的图形效果

6.7.3　外部参照的控制

可以通过 xbind 命令来控制外部参照的绑定，也可以设置裁剪边界。

1. 控制外部参照的绑定

使用 xbind（绑定）可以不绑定整个外部参照图形，而只绑定外部参照中的部分命名对象，该命令的调用方法有以下几种：

菜单命令："修改"→"对象"→"外部参照"→"绑定"。

工具栏图标：选择参照工具栏上的【外部参照绑定】按钮，如图 6-80 所示。

图 6-80　"绑定"按钮

● 命令行命令：xbind

调用 xbind（绑定）命令后，将出现如图 6-81 所示的"外部参照绑定"对话框。该对话框中的"外部参照"列表中，显示了当前图形中附着的所有外部参照文件，以及每个文件中所有的命名对象。可以列表中选择需要绑定的对象，并单击【添加】按钮将其添加到"绑定定义"列表中，或者用【删除】按钮删除"绑定定义"列表中的对象。

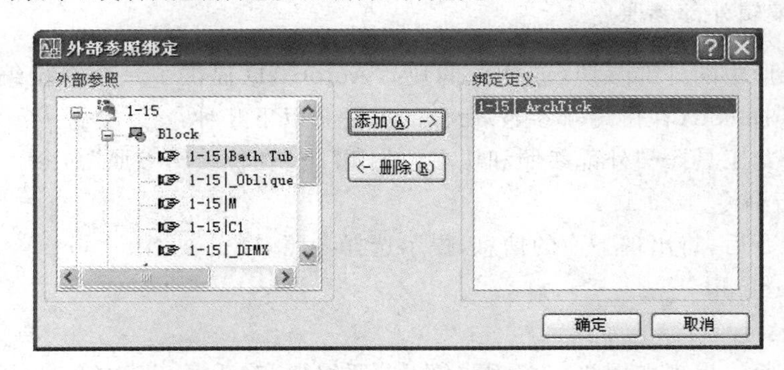

图 6-81　"外部参照绑定"对话框

2. 设置裁剪边界

已附着到图形中的外部参照，可定义其剪裁边界。外部参照在剪裁边界内的部分可见，而边界之外的部分则不可见。

选择"修改"→"裁剪"→"外部参照"命令，或在命令行中输入 xclip 命令，将提示选择对象，具体提示信息如下：

● 命令：xclip

找到 3 个

输入剪裁选项

[开(ON)/关(OFF)/剪裁深度(C)，删除(D)，生成多段线(P)/新建边界(N)]<新建边界>：

其中各选项含义如下：

● 开：在宿主图形中显示外部参照或块的被剪裁部分。

● 关：在宿主图形中显示外部参照或块的全部几何信息，忽略剪裁边界。

● 剪裁深度：在外部参照或块上设置前剪裁平面和后剪裁平面，系统将不显示由边界和指定深度所定义的区域外的对象。选择该选项后将出现下面的提示：

指定前剪裁点或[距离(D)/删除(R)]:

其中"前剪裁点"选项用于创建通过并垂直于剪裁边界的剪裁平面。选择该选项又将出现下面的提示：

指定后剪裁点或[距离(D)/删除(R)]:

选择"距离"选项可通过指定距离创建平行于剪裁边界的剪裁平面；选择"删除"选项则删除前剪裁平面和后剪裁平面。

● 删除：用于给选定的外部参照或块删除剪裁边界。要临时关闭剪裁边界，可使用"关"选项。"删除"选项将删除剪裁边界和剪裁深度。

● 生成多段线：自动绘制一条与剪裁边界重合的多段线。该多段线采用当前的图层、线型、线宽和颜色设置。

● 新建边界：定义一个矩形或多边形剪裁边界，或者用多段线生成一个多边形剪裁边界。

6.7.4 编辑外部参照

附着在图形中的外部参照（或插入的块），AutoCAD 提供了一个在位编辑功能来进行编辑。调用 refedit（在位编辑参照）命令的方法有以下几种：

菜单命令："工具"→"外部参照和块在位编辑"→"在位编辑参照"命令。

● 命令行命令：refedit

调用该命令后，将出现下面的信息，提示选择参照对象：

● 命令：refedit

选择参照：

选择参照后将出现如图 6－121 所示的"参照编辑"对话框。其中有"标识参照"和"设置"两个选项卡。

1."标识参照"选项卡

"标识参照"选项卡用于为标识要编辑的参照提供视觉帮助，同时也能控制选择参照的方式。

● 参照名：显示了选定要进行在位编辑的参照以及选定参照中嵌套的所有参照。只有选定对象是嵌套参照的一部分时，才会显示嵌套参照。如果显示了多个参照，、可从中选择要修改的特定外部参照或块。一次只能在位编辑一个参照。

● 预览：用于显示当前选定参照的预览图像。预览图像将按参照最后保存在图形中的状态来显示该参照。

● 路径：用于显示选定参照的文件位置。其中包括两个选项：①自动选择所有嵌套的对象——控制嵌套对象是否自动包含在参照编辑任务中。选中该选项，选定参照中的所有对象将自动包括在参照编辑任务中。②提示选择嵌套的对象——用于控制是否在参照编辑任务中逐个选择嵌套对象。选中该选项，在关闭"参照编辑"对话框并进入参照编辑状态后，系统将提示用户在要编辑的参照中选择特定的对象。

2."设置"选项卡

在"设置"选项卡中,提供了 3 个用于编辑参照的选项,如图 6-83 所示。

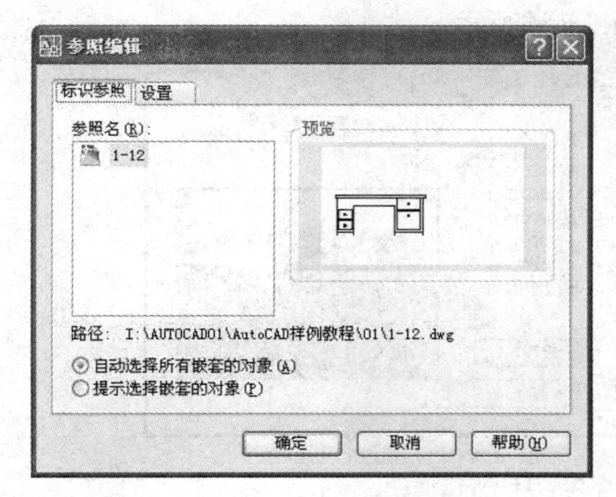

图 6-82 "参照编辑"对话框

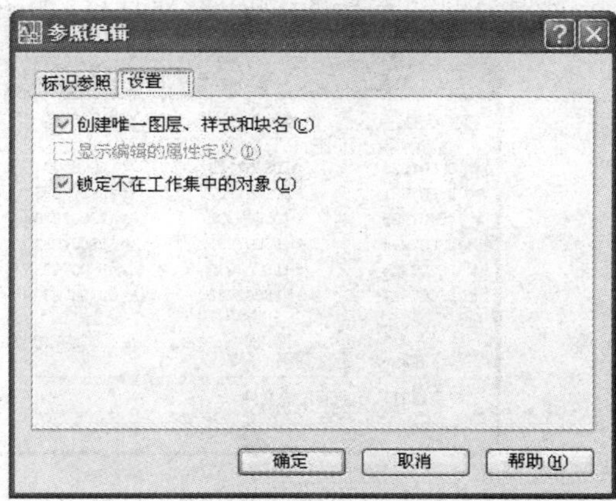

图 6-83 "设置"选项卡

创建唯一图层、样式和块名:用于控制从参照中提取的图层和其他命名对象是否是唯一可修改的。选中该选项,外部参照中的命名对象将改变(名称加前缀 $ # $),与绑定外部参照时的方式类似;如果取消选中该选项,图层和其他命名对象的名称与参照图形中的一致。

显示编辑的属性定义:用于控制编辑参照期间是否提取和显示块参照中所有可变的属性定义。选中该选项,则属性变碍不可见,同时属性定义可与选定的参照几何图形一起被编辑。将修改保存回块参照时,原参照的属性保持不变。

锁定不在工作集中的对象:用于锁定所有不在工作集中的对象,从而避免用户在参照编辑状态时意外地选择和编辑宿主图形中的对象。锁定对象的行为与锁定图层上的对象类似。

6.8 光栅图像参照

光栅图像由像素点组成,可以在图形中插入多种格式的光栅图像(BMP、TIF、RLE、FLI、TGA 等)。与参照类似,图形文件中并不保存光栅图像源文件,而只保存了引用该图像文件的记录。

6.8.1 光栅图像参照插入

1. 功能

将光栅图像插入大当前图形文件中。

2. 格式

(1)键盘输入。命令:Imageattach ↓

(2)下拉菜单。插入(I)→光栅图像参照(I)…

(3)工具条。在“参照”工具条中,单击“光栅图像参照”图标按钮

此时,弹出“选择图像文件”对话框,如图 6－84 所示。

图 6－84 “选择图像文件”对话框

在该对话框中,选择要插入的光栅图像文件名,并单击“打开”按钮后,弹出“图像”对话框,如图 6－85 所示。“图像”对话框才操作及插入提示与块和外部对照操作基本相同。

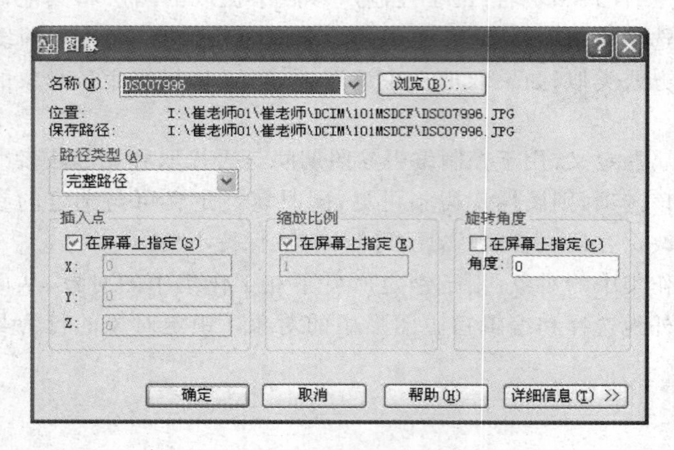

图 6－85 “图像”对话框

6.8.2 光栅图像剪裁(部分插入)

1. 功能

在插入的光栅图像文件中指定一个剪切边界,在当前图形文件中仅仅引用指定边界内部的图像,即实现光栅图像的部分插入。

2. 格式

(1)键盘输入。命令:Imageclip↓

(2)下拉菜单。修改(M)→剪裁(C)→图像(I)

(3)工具条。在“参照”工具条中,单击“图像”图标按钮,提示及操作过程与剪裁外部参照基本相同。

6.8.3　调整光栅图像显示

1. 功能

调整选中的光栅图像的亮度、对比度和灰度值。

2. 格式

(1)键盘输入。命令：Imageadjust ↓

(2)下拉菜单。修改(M)→对象(O)→图像(I)→调整(A)…

(3)在“参照”工具条中，单击“调整…”图标按钮。

提示：

选择图像：(选择用于调整的光栅图像)
选择图像：↓(结束选择)

此时，弹出“图像调整”对话框，如图 6-86。通过该对话框操作，完成图像显示调整。

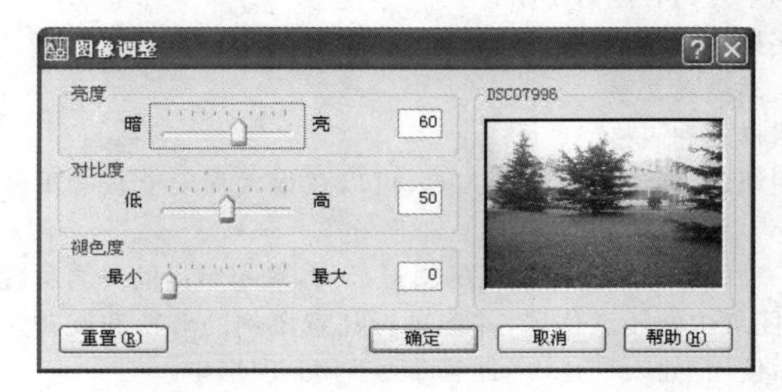

图 6-86　“图像调整”对话框

6.8.4　设置光栅图像质量

1. 功能

调整光栅图像的质量。

2. 格式

(1)键盘输入。命令：Imagequality ↓

(2)下拉菜单。修改(M)→对象(O)→图像(I)→质量(Q)

(3)工具条。在“参照”工具条中，单击“透明度”图标按钮。

提示：

选择图像：(选择用于调整的光栅图像)
选择图像：↓(结束选择)
输入透明模式[开(ON)/关(OFF)]<OFF>：(输入选择项)

6.8.5　光栅图像边框设置

1. 功能

控制光栅图像插入的图像边框设置。

2. 格式

(1)键盘输入。命令:Imageframe↓

(2)下拉菜单。修改(M)→对象(O)→图像(I)→边框(F)

(3)工具条。在“参照”工具条中,单击“边框”图标按钮。

提示:

输入图像边框设置[开(ON)/关(OFF)]〈ON〉:(输入选择项)

小结

本章介绍了文本、字段、表格、块、外部参照等辅助工具进行高效率绘图的方法和技巧,下面对本章的重点内容进行小结:

(1)设置文字样式、创建与编辑单行文字或多行文字。

(2)字段的自动更新文字。

(3)创建表格样式和表格。

(4)合理利用块、外部参照等辅助工具,可以在很大程度上减少重复劳动,提高绘图的效率。

(5)“块”是一种能存储和重复使用的图形部件,是一组用同一名称标识的实体,这组实体能放入一张图纸中的任意位置,并能进行任意比例的转换和旋转。要使用块,首先需要定义块,然后使用“插入”→“块”命令将块手稿到图形中。

(6)外部参照是指将已有的图形文件插入到当前图形中,插入时 AutoCAD 将外部的图形文件作为一个单独的图形实体。外部参照的引用之间是一种链接关系。作为外部参照的图形文件被修改后,引用该图形的所有图形都将自动改变。使用“外部参照”选项板可以定义、控制和附着外部参照,使用“参照编辑”对话框,则可以在位编辑参照。

习题

一、简答题:

1. 若 X,Y,Z 方向比例不同,插入的块能否分解?

2. 写块和块存盘有哪些区别?图形文件是否可以理解为块?

3. 阵列插入块和插入块后再阵列有什么区别?

4. 0 层上的块有哪些特殊性?如何控制在 0 层建立的块的颜色和线型的性质?

5. 块和外部参照有哪些区别?

6. 如何区别外部参照进来的图层和图形自身建立的图层?

7. 建立块时为什么要设置基点?

8. 用 Dtext 命令和 Mtext 命令标注的文本有何区别?

9. Style 命令中的 Oblique 倾斜角设置与 Mtext 命令中的 Rotation 旋转角设置作用相同吗?

10. 特殊字符的输入方法有哪些?

11. 块中的对象能否单独进行编辑？

二、绘图编辑：

1. 将形位位公差基准代号定义为一个带有属性的块文件，如图习题 6-1 所示（图中字高 h 取 5）

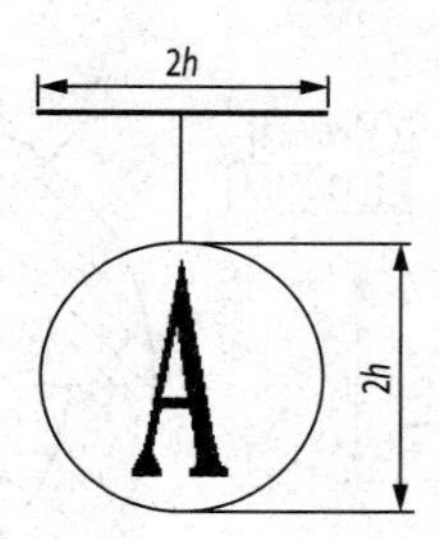

习题 6-1　形位公差基准代号

2. 绘制如图习题 6-2 所示图形，并存储成块备用。

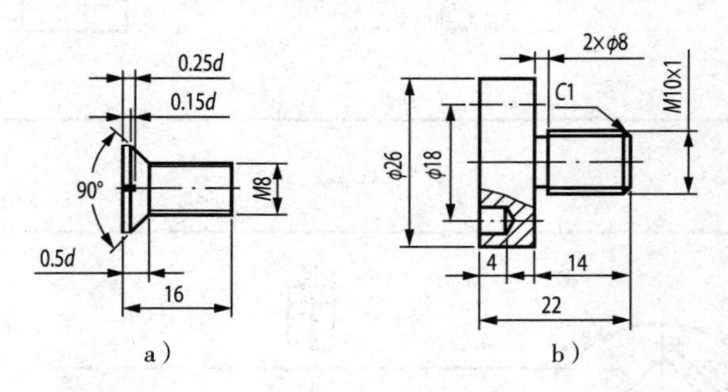

习题 6-2　螺钉

3. 在 AutoCAD 中设计表格样式，完成如表习题 6-3 所示表格

库存商品一览表					
2001 年度					
商品代号	商品名	单位	单价	库存量	金额
100151	主板	块	980.23	58	56853.34
100132	CPU	片	1200.00	60	72000
103050	音箱	对	450.00	20	9000
103042	硬盘	个	750.00	45	33750
合计					171603.3

习题 6-3

4. 绘制如图习题 6-4 所示的图形，不注尺寸，并存储为块备用。

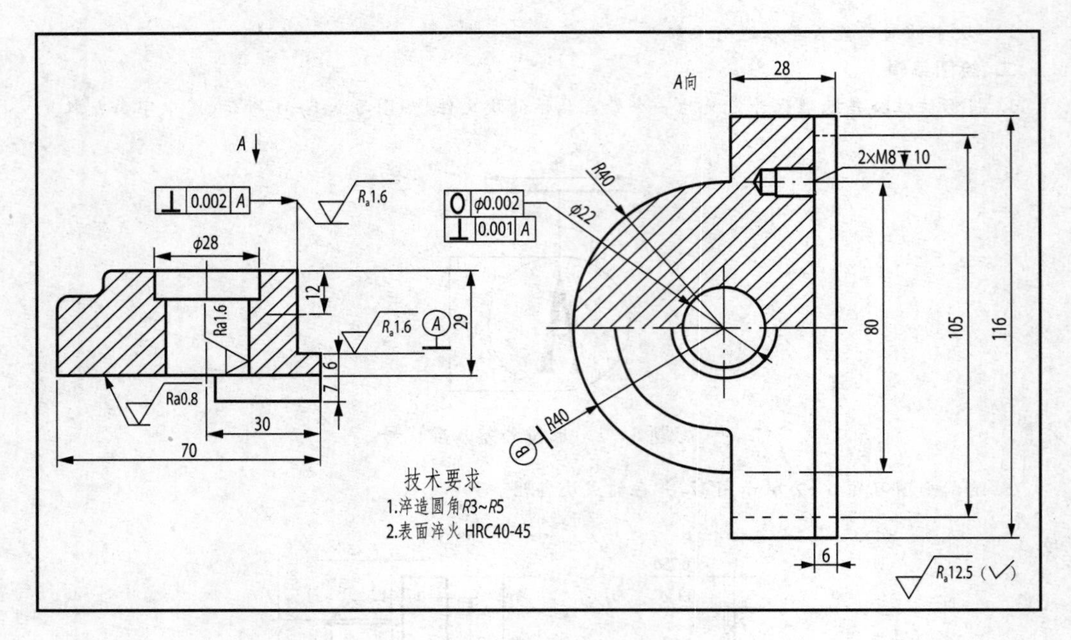
A向
28
A
⊥ 0.002 A
R_a1.6
○ φ0.002
⊥ 0.001 A
R40
φ22
2×M8 ▼10
φ28
12
29
Ra1.6
R_a1.6
A
80
105
116
6
7
Ra0.8
30
70
R40
B
6
技术要求
1.淬造圆角R3~R5
2.表面淬火 HRC40-45
R_a12.5 (✓)

图(1)

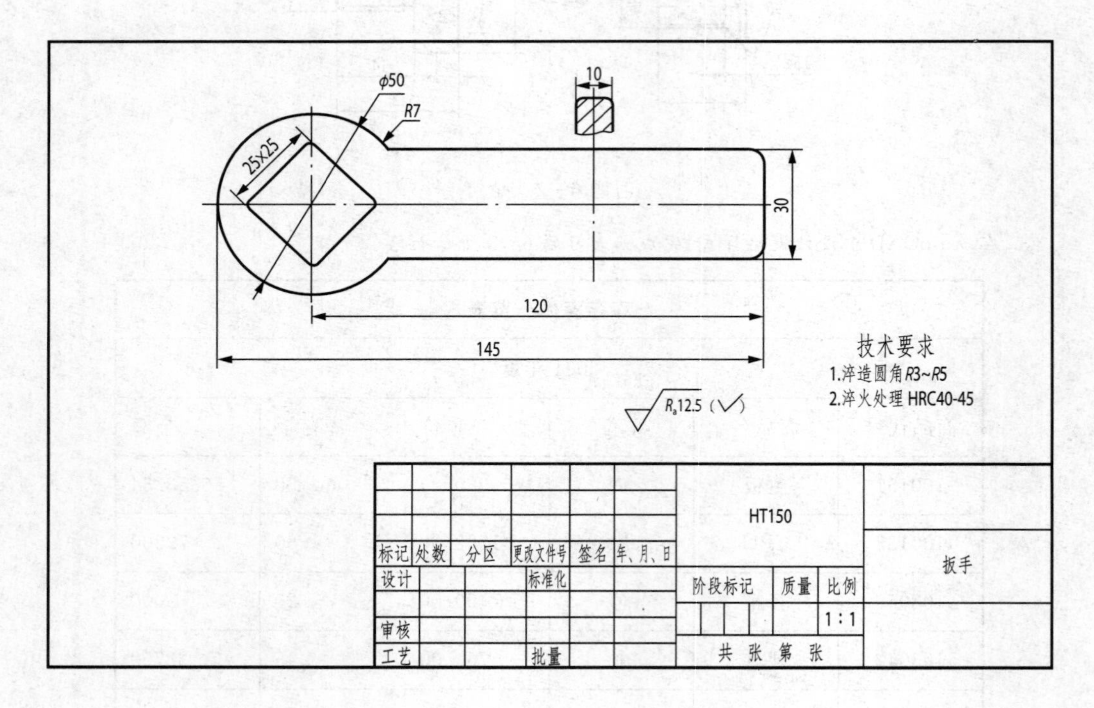
φ50
R7
10
25x25
30
120
145
R_a12.5 (✓)
技术要求
1.淬造圆角R3~R5
2.淬火处理 HRC40-45
HT150
标记 处数 分区 更改文件号 签名 年、月、日
设计 标准化
阶段标记 质量 比例
1:1
审核
工艺 批量
共 张 第 张
扳手

图(2)

习题 6－4

第 7 章　尺寸标注

在机械制图中，绘制各种图形的最终目的都是为了表现零件的形状，以便于加工主产。为了体现零件的实际尺寸以及零件之间的装配关系，所有的图纸都必须进行尺寸标注，因此必须正确添加尺寸标注。

尺寸标注包括基本尺寸标注、文字注释、尺寸公差、形位公差、表面粗糙度和引线标注等内容。国家标准和有关行业标准对标注的内容的准则有严格的规定，因此绘图人员在标注过程中必须遵守相关标准规定。

AutoCAD 2008 版本中增加了许多标注新功能，主要有标注公差对齐、角度标注文字、半径标注的圆弧延伸线选项、向标注添加折断、调整标注之间的距离以及多重引线中增加的排列多重引线和对齐多重引线功能。本章将重点介绍与机械制图有关的功能。

7.1　尺寸标注国家标准

机械图形只能表达机械零件的形状，而零件的大小必须通过标注必要的尺寸才能确定。机械图形中尺寸的标注是十分重要，必须认真严谨、一丝不苟。

在机械制图国家标准中对尺寸标注的规定主要有基本规则、尺寸线、尺寸界线、标注尺寸的符号、简化标注、尺寸公差与配合标注。

7.1.1　尺寸标注基本规定

(1)零件的真实大小应以图样上所标注的尺寸数值为依据，与图形的大小及绘图的准确度无关。

(2)图样中的尺寸以毫米为单位时，不需标注的计量单位的代号或者名称，如采用其他单位，必须注明相应的计量单位的代号或名称。

(3)图样中所标注的尺寸，为该图样所示机件的最后完工尺寸，否则应该加以说明。

(4)零件的每一个尺寸，一般只应该标注一次，并应该标注在反映该特征最清晰的位置上。

7.1.2 尺寸组成

一个完整的尺寸，应该包括尺寸界线、尺寸线、尺寸线终端和尺寸数字四个尺寸要素。

1. 尺寸界线

尺寸界线用细实线绘制，如图 7-1 所示，尺寸界线一般是图形轮廓线、轴线或者对称中心线的延长线，超出尺寸线终端约 2～3mm。也可以直接用轮廓线、轴线或者对称中心线作尺寸界线。尺寸界线一般与尺寸线垂直，必要时允许倾斜。

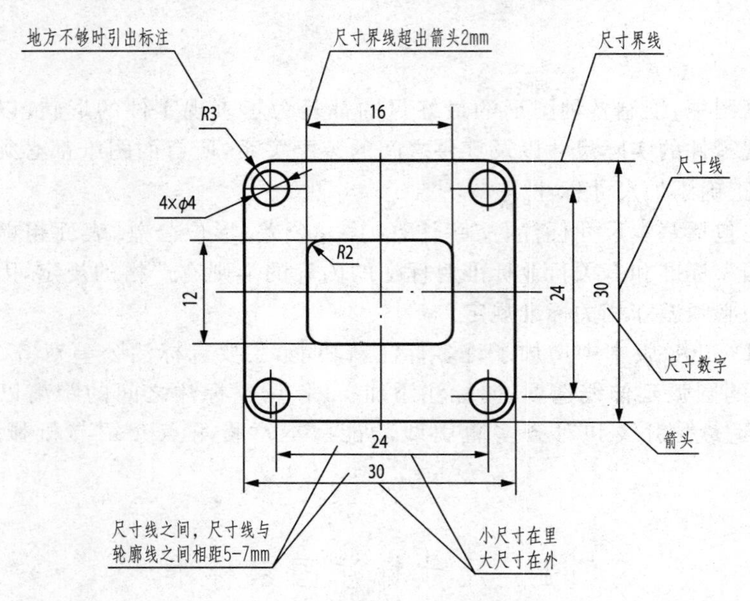

图 7-1 尺寸的组成及标注示例

2. 尺寸线

尺寸线用细实线绘制，尺寸线必须单独画出，不能与其他图线重合或者在其延长线上，标注线性尺寸时，尺寸线必须与所标注的线段平行，相同方向的各尺寸线的间距要均匀，间隔大于 5mm，以便注写尺寸数字和有关符号。

3. 尺寸线终端

尺寸线终端有如图 7-2 所示的箭头或者细斜线两种形式。箭头适合于各种类型的图形，箭头尖端与尺寸界线接触，不得超出或者离开。

当尺寸线终端采用斜线形式时，尺寸线与尺寸界线必须相互垂直，并且同一图样中只能采用一种尺寸线终端形式。

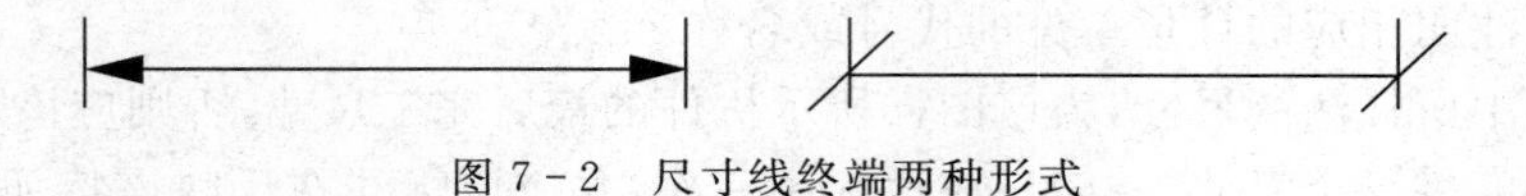

图 7-2 尺寸线终端两种形式

4. 尺寸数字

线性尺寸的数字一般注写在尺寸线上方或者尺寸线中断处。同一图样内尺寸数字的字号大小应一致，位置不够可引出标注。当尺寸线呈铅垂方向时，尺寸数字在尺寸线左侧，字头朝左，其余方向时，字头有朝上趋势。尺寸数字不可被任何图线通过。当尺寸数字不可避免被图线通过时，图线必须断开。

尺寸数字前的符号用来区分不同类型的尺寸：

ϕ—表示直径；R—表示半径；S—表示球面；t—表示板状零件厚度；□—表示正方形；±—表示正负偏差；×—表示参数分隔符；∠—表示斜度；——表示连字符。

7.1.3　各种尺寸注法示例

1. 线型尺寸的标注

标注线性尺寸时，线性尺寸的数字应尽可能避免在图示 300 的范围内标注尺寸，当无法避免时，可以使用引线引出尺寸在空白区域标注。

2. 角度尺寸注法

标注角度尺寸时，尺寸界线应沿径向引出，尺寸线画成圆弧，圆心是角的顶点，如图 7－3a所示。尺寸数字一律水平书写，即字头永远朝上，一般注在尺寸线的中断处，如图 7－3b所示，角度必须注明单位。

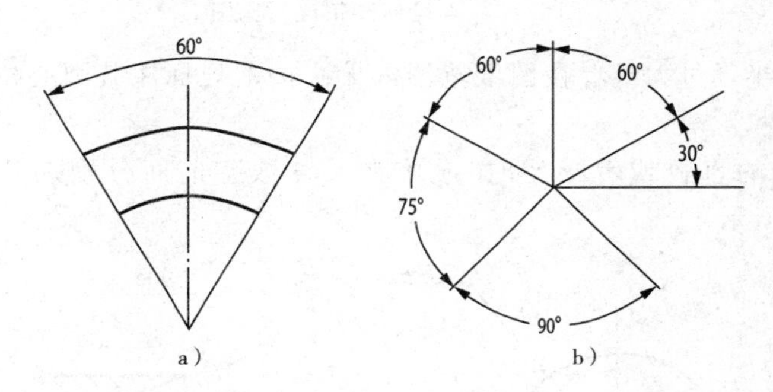

图 7－3　角度尺寸标注

3. 圆、圆弧击球面尺寸的注法

(1)标注圆的直径时，应在尺寸数字前加注符号“ϕ”，标注圆弧半径时，应该在尺寸数字前加注符号“R”。圆的直径和圆弧半径的尺寸线的终端应该画成箭头，并按如图 7－4 所示的方法标注，当圆弧的弧度大于 180°时应在尺寸数字前加注符号“ϕ”；当圆弧弧度小于 180°时应在数字前面加注符号“R”。

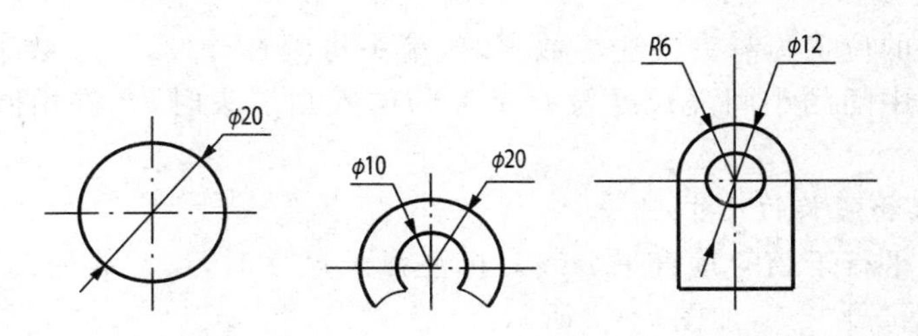

图 7－4　圆及圆弧尺寸标注

(2)半径标注必须在投影圆为圆弧处，且尺寸线应通过圆心，如图 7-5 所示。

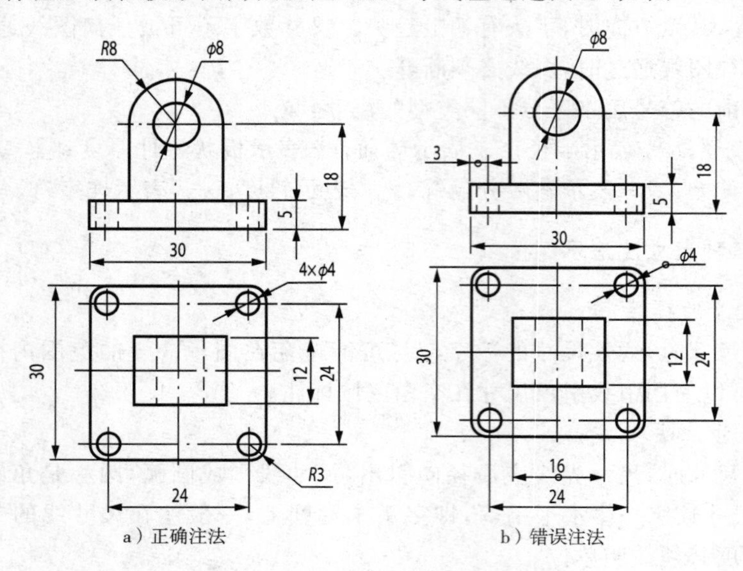

a）正确注法　　b）错误注法

图 7-5　半径标注正误对比图

(3)当圆弧的半径过大或者在图纸范围内无法按常规标注其圆心位置时，可以使用“折弯”的方式标注。

(4)标注球面的直径或者半径时，应该在尺寸数字前面分别加注符号“$S\phi$”或者“SR”，如图 7-6 所示。

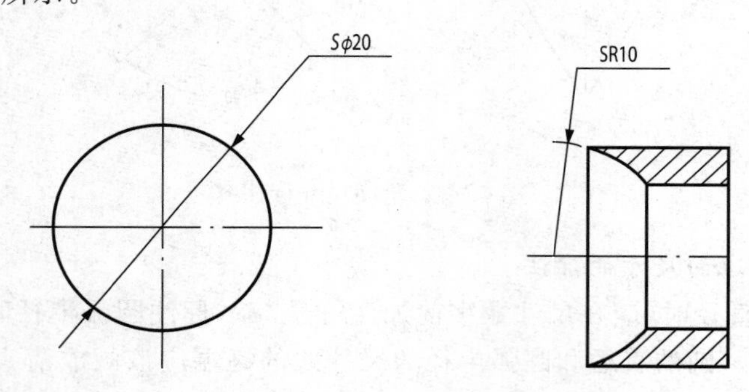

图 7-6　球面尺寸标注

4. 小尺寸的注法

在没有足够的位置画箭头或注写数字时，箭头可画在外面，尺寸数字也可采用旁注或引出标注。当中间的小间隔尺寸没有足够的位置画箭头时，允许用圆点或斜线代替箭头。

5. 标注弦长和弧长的尺寸

尺寸界线应平行于弦的垂直平分线。标注弧长尺寸时，尺寸线用圆弧线，并应在尺寸数字左方加注符号“⌒”，如图 7-7 所示。

6. 其他结构尺寸的注法

(1)光滑过渡处的尺寸注法：在光滑过渡处，必须用细实线将轮廓线延长，并从它们的交点引出尺寸界线。尺寸界线一般应与尺寸线垂直，必要时允许倾斜。尺寸线应平行于两交点的连线。

(2)板状零件和正方形结构的注法：标注板状零件的尺寸时在厚度的尺寸数字前加注符号“t”。标注机件的断面为正方形结构的尺寸时，可在边长尺寸数字前加注符号“□”。

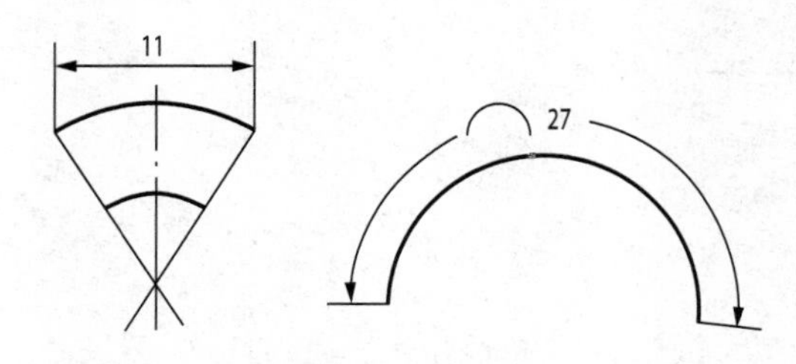

图 7-7　弧长及弦长标注

7.1.4　尺寸公差与配合标注

1. 零件图上的尺寸公差与配合标注标准

采用公差代号标注线性尺寸的公差时，公差带的代号应在基本尺寸的右边。

采用极限偏差标注线性尺寸的公差时，上偏差应注在基本尺寸的右上方；下偏差应与基本尺寸注在同一底线上。当上偏差或者下偏差为零时，用数字“0”标注，并与下偏差或者上偏差的小数点前的个位数对齐。标注极限偏差时，上下偏差的小数点必须对齐，小数点后的位数也必须相同，若上下偏差的位数不同时，用“0”补齐。

当尺寸需要同时标注公差代号和相应的极限偏差时，则后者应加上相应圆括号。

当尺寸仅需限制单个方向的极限时，应在该极限尺寸的右边加注符号“max”或者“min”。

若要素的尺寸公差和形状公差的关系遵循包容原则时，应在尺寸的右边加注符号“⑤”。角度公差与线性尺寸公差的注法规则相同。

2. 装配图上的尺寸公差与配合标注标准

在装配图中标注线性尺寸的配合代号时，必须在基本尺寸的右边，用分数的形式注出，分子为孔的公差带代号，分母为轴的公差带代号。

在装配图上标注相配零件的极限偏差时，一般的原则是：孔的极限偏差写在尺寸线上方，轴的极限偏差写在尺寸线下方。

标注标准件、外购件与零件(轴或者孔)的配合代号时，可以仅标注相配零件的公差代号。

用户在对 AutoCAD 中绘制的机械图形进行尺寸标注时，使用当前尺寸样式进行标注，尺寸的外观及功能取决于当前尺寸样式的设定。尺寸标注样式主要用于设置尺寸线、标注文字、尺寸文本相对于尺寸线的位置、尺寸界线、箭头的外观及方式等尺寸变量。

在 AutoCAD 2008 中，对图形尺寸的标注是通过如图 7-8 所示的“标注”菜单和如图 7-9 所示的“标注”面板实现的。

图 7-8 “标注”菜单

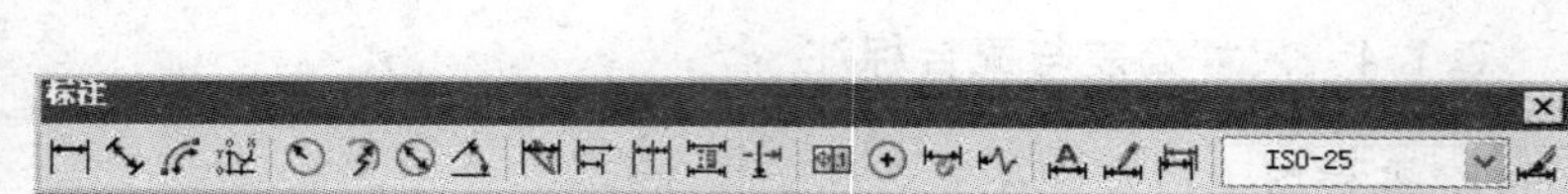

图 7-9 “标注”面板

7.2 创建及修改尺寸标注样式

用户通过使用 AutoCAD 进行尺寸标注时，使用当前尺寸样式进行标注，尺寸的外观及功能取决于当前尺寸样式的设定。尺寸标注样式控制的尺寸变量有：尺寸线、标注文字、尺寸文本相对于尺寸线的位置、尺寸界线、箭头的外观及方式。

选择“格式”→“标注样式”命令，或者单击“标注”面板中的“标注样式”按钮，弹出如图 7-10 所示的“标注样式管理器”对话框。用户可以在该对话框中创建新的尺寸标注样式和管理已有的尺寸标注样式。

尺寸标注样式管理器的主要功能包括：预览尺寸标注样式，创建新的尺寸标注样式，修改已有的尺寸标注样式，设置一个尺寸标注样式的替代，设置当前的尺寸标注样式，比较尺寸标注样式，重命名尺寸标注样式，删除尺寸标注样式。

在“标注样式管理器”对话框中，“当前标注样式”区域显示当前的尺寸标注样式。“样式”列表框显示了图形中所有的尺寸标注样式、或者正在使用的样式（根据“列出”下拉列表框中的选择）。用户在列表框中选择了合适的标注样式，单击“置为当前”按钮，则可将选择的样式置为当前。

用户单击“新建”按钮，弹出“创建新标注样式”对话框。单击“修改”按钮，弹出“修改标注样式”对话框，此对话框用于修改当前尺寸标注的样式的设置。单击“替代”按钮弹出“替代当前样式”对话框，在该对话框中，用户可以设置临时的尺寸标注样式，用来替代当前尺寸标注样式的相应设置。

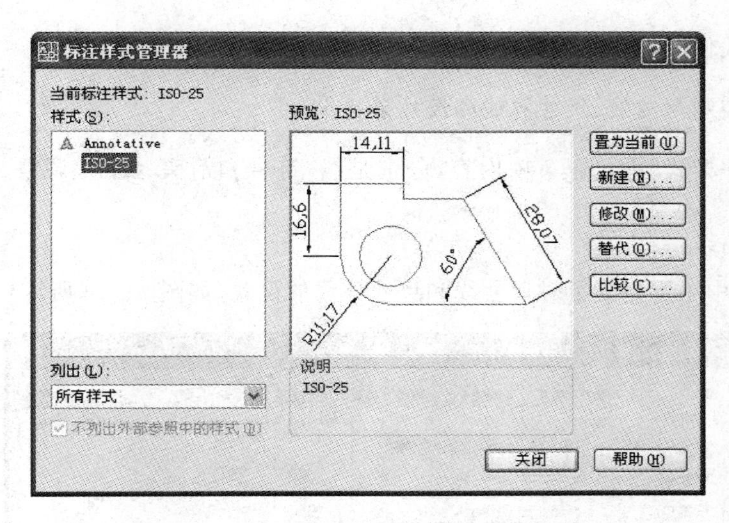

图 7-10　“标注样式管理器”对话框

7.2.1　创建尺寸样式

1. 命令

工具栏：标注工具栏命令：dimstyle

菜单：“标注菜单”→“标注样式”

2. 功能

弹出“标注样式管理器”，创建、修改或替代标注样式。

3. 创建尺寸样式

点击标注工具栏按钮，将弹出“标注样式管理器”，如图 7-10 所示。

置为当前：将选中标注样式作为默认样式。

新建、修改、替代：新建、修改或替代一个标注样式。

比较：对两种标注样式做比较，对比它们的各项参数。

【例 7-1】 新建一个名为“工程标注样式”的标注样式。

[操作步骤]：

(1)选择“标注”菜单，选择“标注样式”，弹出“标注样式管理器”。如图 7-10 所示。

(2)点击“新建”按钮，在弹出的“创建新标注样式”对话框中设置标注样式名字等，如图 7-11 所示。

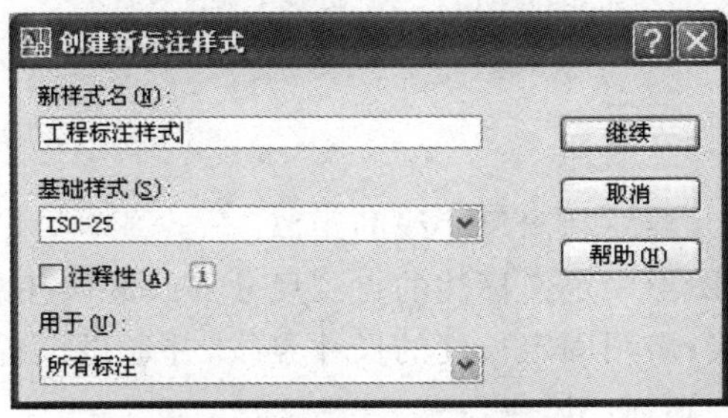

图 7-11　创建新标注样式

(3)这样我们就创建了一个标注样式,具体设置后面章节将详细介绍。

7.2.2 控制尺寸线、尺寸界线和尺寸箭头

“新建标注样式”中包含 7 项内容,分别是线、符号和箭头、文字、调整、主单位、换算单位、公差。

1.“线”选项卡

线选项卡中主要包含了对尺寸线和尺寸界线的设置(如图 7 - 12 所示)。

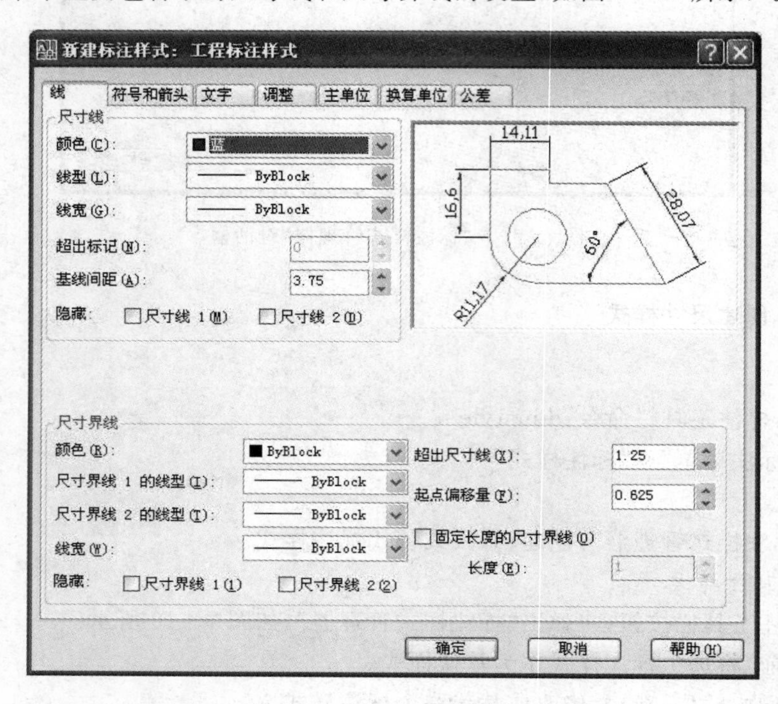

图 7 - 12 “线”选项卡

(1)尺寸线

颜色、线型、线宽:分别对尺寸线的颜色、线型、线宽进行设置。

超出标记:指定当箭头使用倾斜、建筑标记、积分和无标记时尺寸线超过尺寸界线的距离。

基线间距:设置基线标注的尺寸线之间的距离。输入距离。

隐藏:不显示尺寸线。“尺寸线 1”隐藏第一条尺寸线,“尺寸线 2”隐藏第二条尺寸线。

(2)尺寸界线

超出尺寸线:指定尺寸界线超出尺寸线的距离。

起点偏移量:设置自图形中定义标注的点到尺寸界线的偏移距离。

固定长度的尺寸界线:启用固定长度的尺寸界线,并通过设置长度,设置尺寸界线的总长度,起始于尺寸线,直到标注原点。

2."符号和箭头"选项卡

主要设置尺寸线两端箭头，引线箭头、圆心标志和一些特许标注，例如折弯标注、折断标注等。如图 7－13 所示：

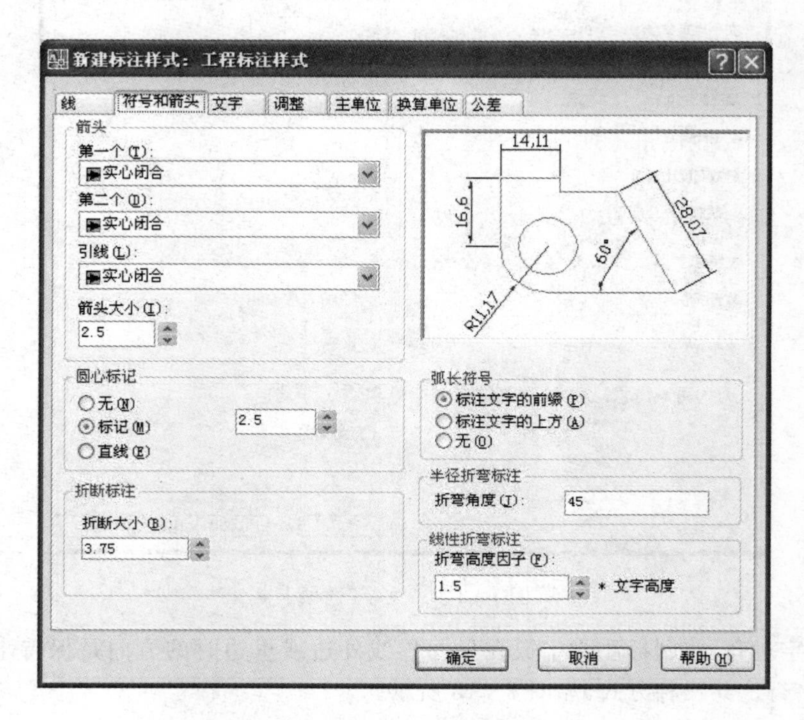

图 7－13　"符号和箭头"选项卡

(1)箭头：分别设置第一个、第二个和引线的箭头类型

(2)圆心标记：控制直径标注和半径标注的圆心标记和中心线的外观。

(3)折断标记：控制折断标注的间距宽度。

(4)弧长符号：控制弧长标注中圆弧符号的显示位置。

(5)半径折弯标注：确定折弯半径标注中，尺寸线的横向线段的角度(如图 7－14 所示)。

(6)线性折弯标注：确定折弯的比例因子。

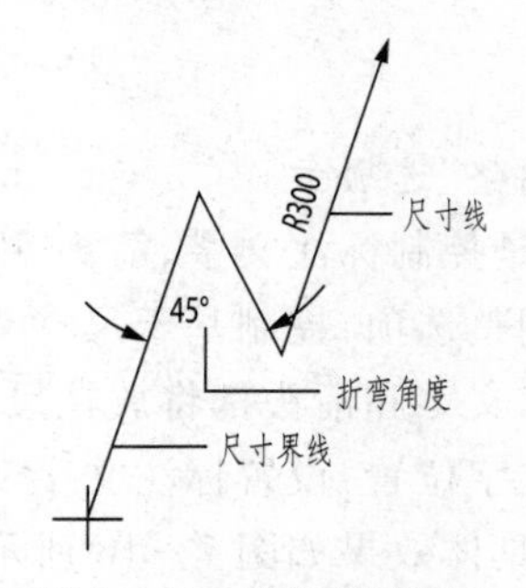

图 7－14　半径折弯标注

3."文字"选项卡

标注文字的比例要和图形向配，所以对文字的设置是经常用到的，如图 7－15 所示。

(1)文字外观：主要用来设置文字的字体、大小、颜色、文字背景颜色、是否有边框等效果

(2)文字位置：是用来调整文字与尺寸线之间的相对位置。各种位置关系。

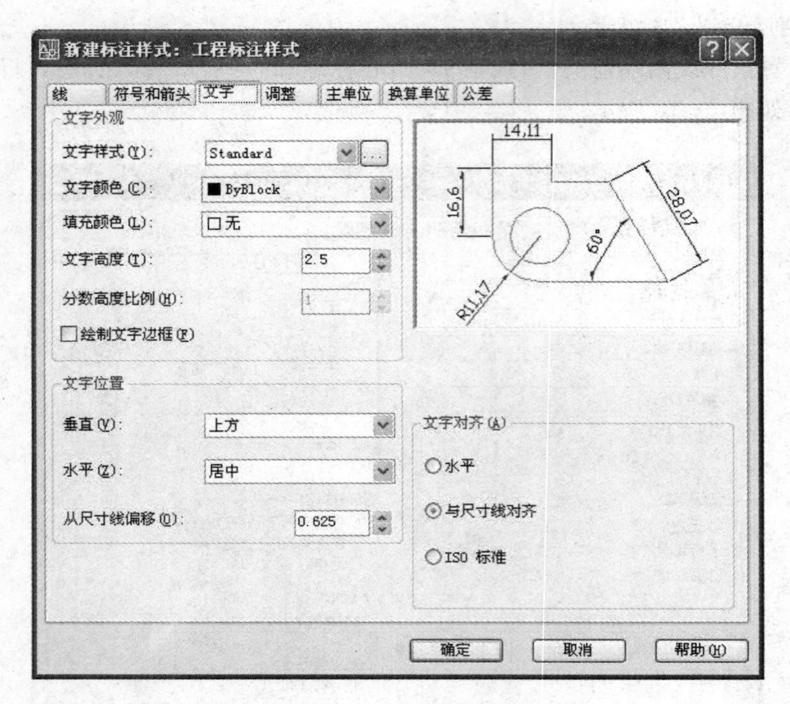

图 7-15 “文字”选项卡

(3)文字对齐：控制标注文字放在尺寸界线外边或里边时的方向是保持水平还是与尺寸界线平行。共三种方式，如图 7-16 所示。

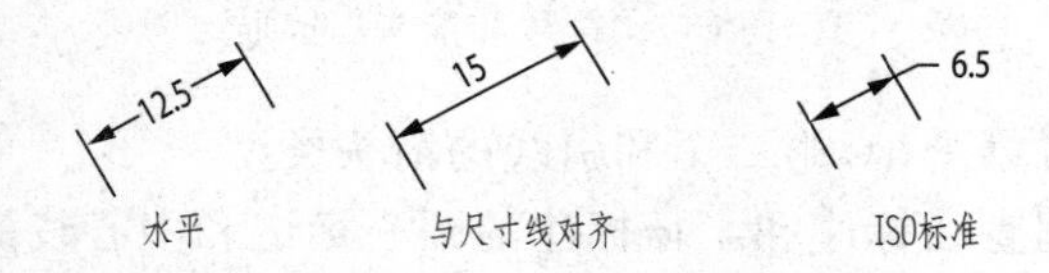

图 7-16 文字对齐

4.“调整”选项卡

主要是控制标注文字、箭头、引线和尺寸线的放置(如图 7-17 所示)。

(1)调整选项：控制基于尺寸界线之间可用空间的文字和箭头的位置。如果有足够大的空间，文字和箭头都将放在尺寸界线内。否则，将按照“调整”选项放置文字和箭头。

(2)文字位置：设置标注文字从默认位置(由标注样式定义的位置)移动时标注文字的位置。具体效果如图 7-18 所示。

(3)标注特征比例：设置全局标注比例值或图纸空间比例。

(4)手动放置文字：忽略所有水平对正设置并把文字放在“尺寸线位置”提示下指定的位置。

(5)在尺寸界线之间绘制尺寸线：即使箭头放在测量点之外，也在测量点之间绘制尺寸线。

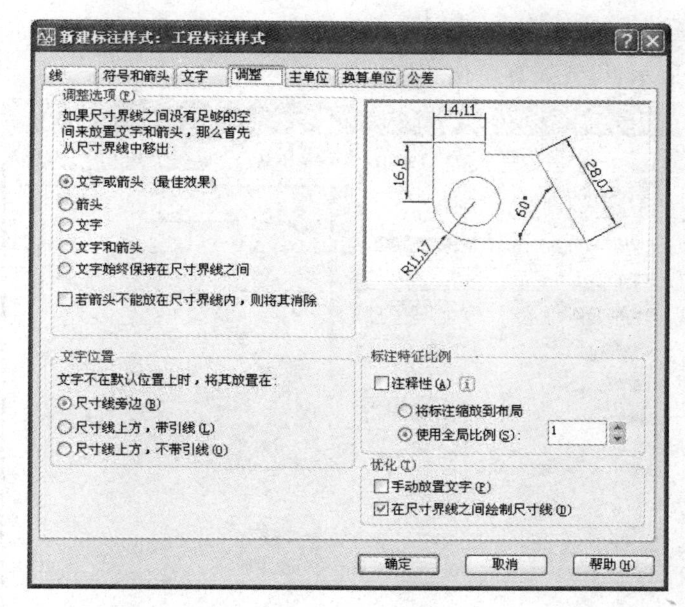

图 7－17　“调整”选项卡

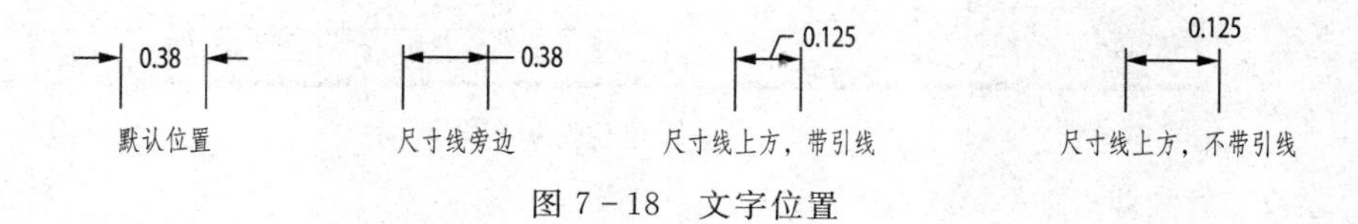

图 7－18　文字位置

7.2.3　标注样式其他参数设置

1.“主单位”选项卡

如图 7－19 所示，设置尺寸标注的单位和精度等。

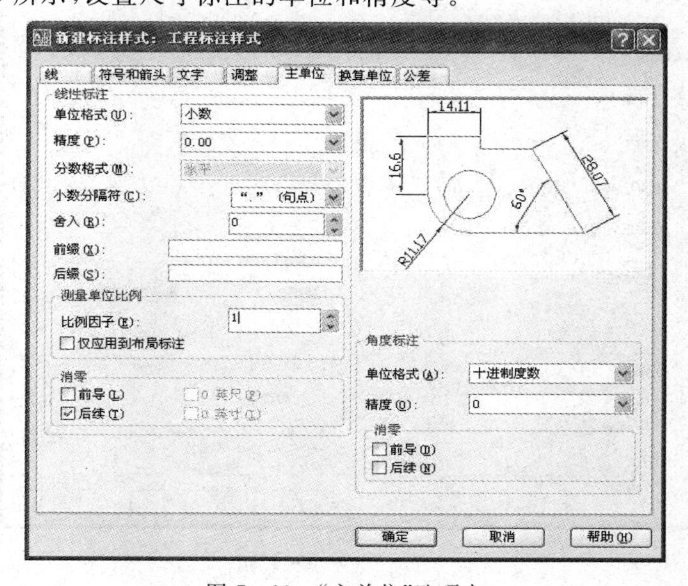

图 7－19　“主单位”选项卡

2.“换算单位”选项卡

如图 7－20 所示,设置换算单位及格式等。

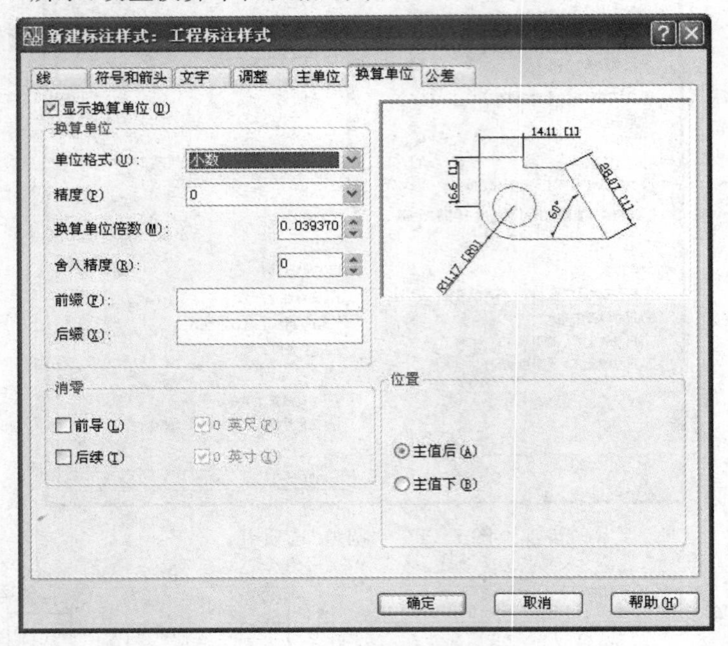

图 7－20 “换算单位”选项卡

3.“公差”选项卡

如图 7－21 所示,设置尺寸公差的标注形式和精度等。

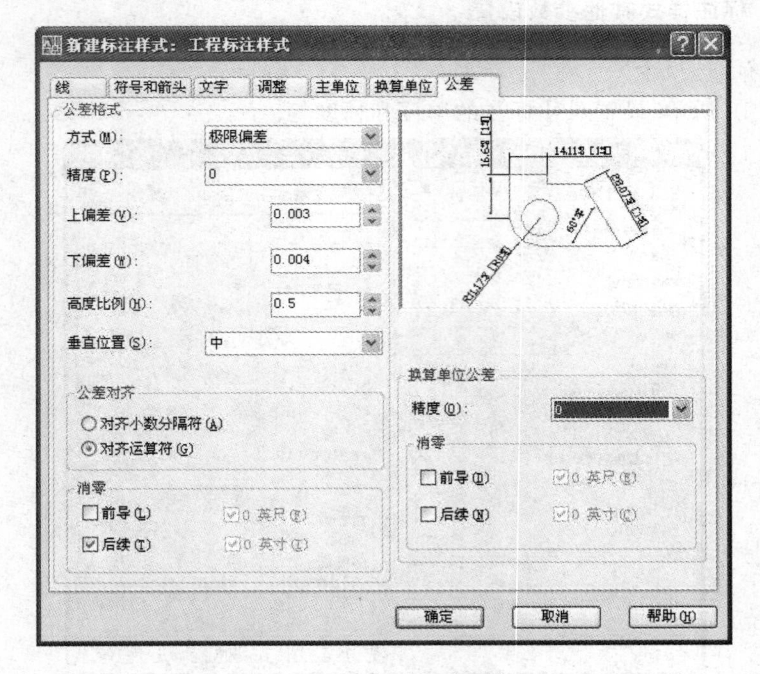

图 7－21 “公差”选项卡

4.“主单位”选项卡

(1)“线性标注”选项组，设置线性标注尺寸的单位格式和精度。

● “单位格式(U)”下拉列表框，选择标注单位格式。单击该框右边的下拉箭头，在弹出的下拉列表框中，选择单位格式。单位格式有“科学”、“小数”、“工程”、“建筑”、“分数”、“Windows 桌面”。

● “精度(P)”下拉列表框，设置尺寸标注的精度，即保留小数点后的位数。

● “分数格式”下拉列表框，设置分数的格式，该选项只有在“单位格式(U)”选择“分数”或“建筑”后才有效。在下拉列表框中有三个选项，“水平”、“对角”和“非堆叠”。

● “小数分隔符”下们列表框，设置十进制数的整数部分之间的分隔符。在下拉列表框中有三个选项，“逗点(,)”“句点(.)”和“空格()”。

● “舍入”文本框，设定测量尺寸的圆整值，即精确位数。

● “前缀”和“后缀”文本框，设置尺寸文本的前缀和后缀。在相应的文本框中，输入尺寸文本的说明文字或类型代号等内容。

(2)“测量单位比例”选项组，可使用“比例因子”文本框设置测量尺寸的缩放比例，系统的实际标注值为测量值与该比例因子的乘积；选中“仅应用到布局标注”复先框，可以设置该比例关系是否仅适用于布局。

(3)“消零“选项组，控制前导和后续零以及英尺和英寸单位的零是否输出。

● “前导”复选按钮，系统不输出十进制尺寸的前导零。

● “后续”复选按钮，系统不输出十进制尺寸的后缀零。

● “0 英尺”或“0 英寸”复选按钮，在选择英尺或英寸为单位时，控制零的可见性。

(4)“角度标注”选项组，在该选项组中，可以使用“单位格式”下拉列表框设置标注角度时的单位；使用“精度”下拉列表框设置标注角度的尺寸精度；使用“消零”选项区设置是否消除角度尺寸的前导或后续零。

5.“换算单位”选项卡

通过换算标注单位，可以转换使用不同测量单位制的标注，通常是显示英制标注的等效公制标注，或公制标注的等效英制标注。在标注文字中，换算标注单位显示在主单位旁边的方括号“[ ]”内。

选中“显示换算单位”复选按钮，这时对话框的其他选项才可用，可以在“换算单位”栏中设置换算单位的“单位格式”、“精度”、“换算单位乘数”、“舍入精度”、“前缀”及“后缀”选项等，方法与设置主单位的方法相同。

可以使用“位置”选项组中的“主值后”、“主值下”单选按钮，设置换算单位的位置。

6.“公差”选项卡

(1)“公差格式”选项组，设置公差标注格式。包括：

● “方式”下拉列表框，选择公差标注类型。单击该列表框的右侧的下们箭头，在弹出的下拉列表框中，选取公差标注格式。公差的格式有：“无”、“对称”、“极限偏差”、“极限尺寸”和“基本尺寸(标注基本尺寸，并在基本尺寸外加方框)”。

● “精度”下拉列表框，设置尺寸公差精度。

● “上偏差”、“下偏差”文本框，用于设置尺寸的上偏差、下偏差。

● “高度比例”文本框，设置公差数字高度比例因子。这个比例因子是相对于尺寸文本而言的。例如：尺寸文本的高度为 5，若比例因子设置为 0.5，则公差数字高度为 2.5。

● “垂直位置”下拉列表框，控制尺寸公差文字相对于尺寸文字的摆放位置。包括：“下”，即尺寸公差对齐尺寸文本的下边缘；“中”，即尺寸公差对齐尺寸文本的中线；“上”，即尺寸公差对齐尺寸文本的上边缘。

(2)“消零”选项组，控制公差中小数点前或后零的可见性。

(3)“换算单位公差”选项组，设置换算公差单位的精度和消零的规则。

当完成各项操作后，就建立了一个新的尺寸标注样式，单击“确定”按钮，返回到“标注样式管理器”对话框，再单击“关闭”按钮，完成新尺寸标注样式的设置。

【例 7-2】 现有一个 500×500 的图形需要标注，请利用例 7-1 创建“工程标注样式”设置比例，使标注在图中比例适当。

分析：500×500 图纸，我们需要的标注文字大小在 10 左右，其他设置可以从预览中观察比例是否恰当。

[操作步骤]：

(1)选择“标注”菜单，选择“标注样式”，弹出“标注样式管理器”。

(2)点击“新建”按钮，在弹出的“创建新标注样式”对话框中设置标注样式名字等。点击“继续”，弹出“新标注样式设计”对话框。

(3)依次按照图 7-22、图 7-23、图 7-24 设置尺寸线、尺寸界线、文字等各项参数。

① “线”选项卡设置

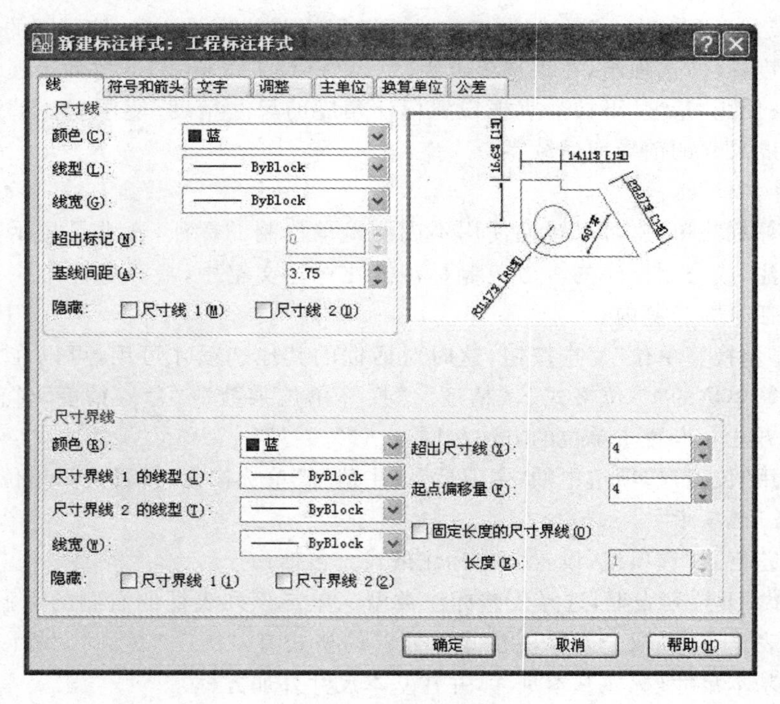

图 7-22 “线”选项卡设置

② “符号和箭头”选项卡设置

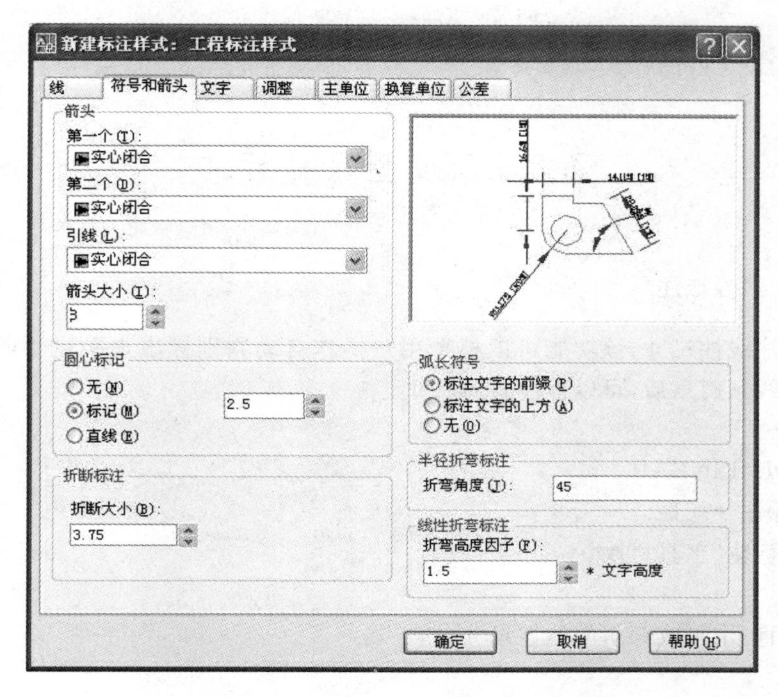

图 7－23　“符号和箭头”选项卡设置

③ “文字”选项卡设置

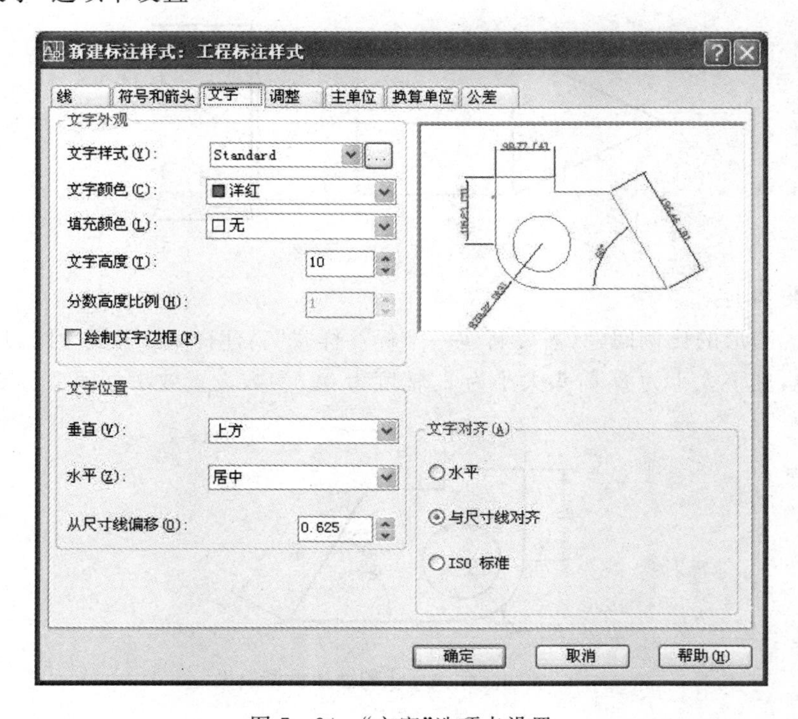

图 7－24　“文字”选项卡设置

(4)点击“确定”,退出到“标注样式管理器”对话框中,选中“工程标注样式”,点击“置为当前”。

(5)应用设计好的样式,观察效果。

7.3 长度型尺寸标注

7.3.1 线性标注

用于标注线性尺寸,该功能可以根据用户操作自动判别标出水平尺寸或垂直尺寸,在指定尺寸线倾斜角后,可以标注斜向尺寸。

1. 命令

命令:DIMLINEAR

菜单:标注→线性

图标:“标注”工具栏

2. 功能

标注垂直、水平或倾斜的线性尺寸。

3. 格式

命令: DIMLINEAR↙

【例 7-3】 如图 7-25 所示,在该图的基础上绘制进行标注。

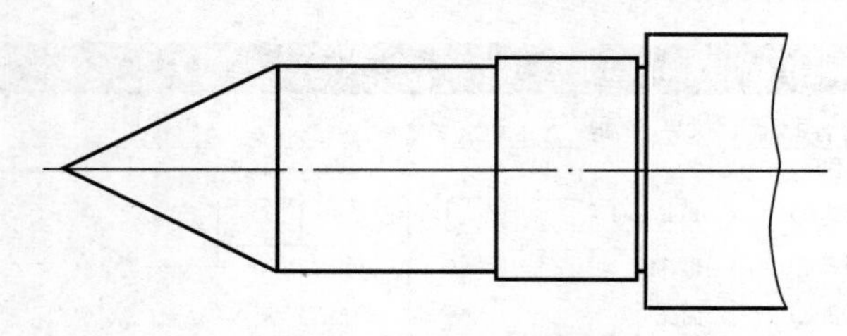

图 7-25 被标注样图

[操作步骤]:

(1)因为图形的比例问题,需要新建一个标注样式“新建样式 1”,尺寸线、尺寸界限颜色均为蓝色,文字大小为 2,箭头大小为 2,精度为 0。参数设置效果如图 7-26 所示。

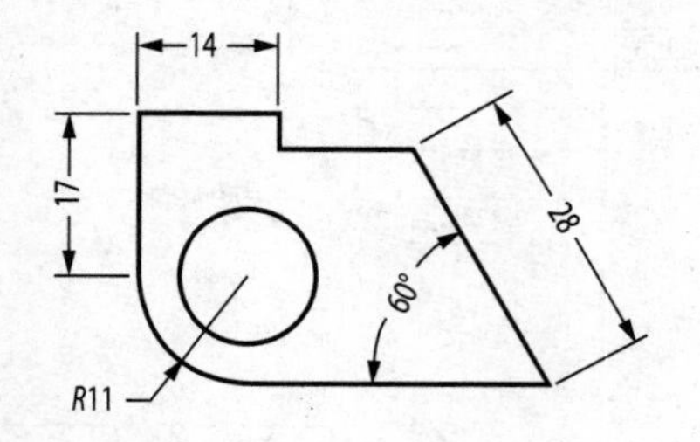

图 7-26 标注样式的参数设置效果

(2)将“新建样式 1”设置为“当前样式”。

(3)在标注工具栏中点击按钮,对图 7－23 中各线段做线性标注。效果图如图7－27。

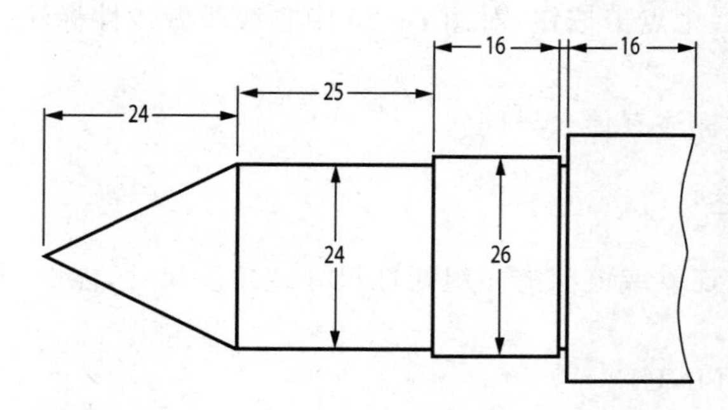

图 7－27　标注后的效果图

思考:

(1)图形最前端的 24 是指哪一段线段:斜线还是水平线?

(2)使用线性标注能否用来标注斜线?

7.3.2　对齐标注

对齐标注也是标注线性尺寸,其特点是尺寸线和两条尺寸界线起点连线平行,它可以标注斜线。

1. 命令

命令:　DIMALIGNED

菜单:标注→对齐

图标:“标注”工具栏

2. 功能

标注对齐尺寸。

3. 格式

命令:DIMALIGNED↙

【例 7－4】　使用对齐标注来标注例 7－3 中的图 7－28。

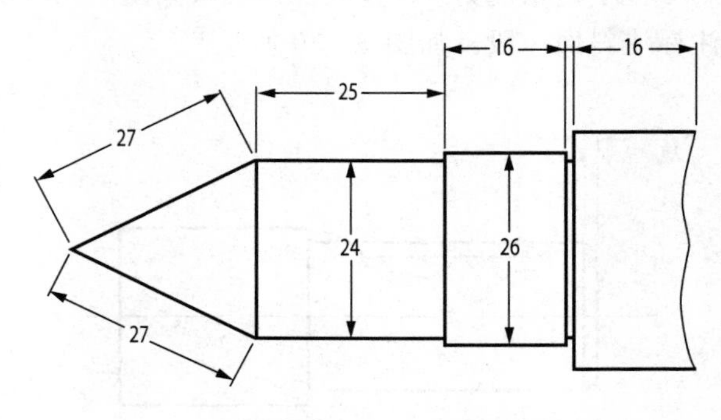

图 7－28　对齐标注样图

[操作步骤]:

(1)与例 7 - 3 相同,设置标注样式,并将“新建样式 1”设置为“当前样式”。

(2)在标注工具栏中点击按钮,对图 7 - 25 中各线段做线性标注。效果图如图7 - 28。

思考:

对齐标注和线性标注有什么异同?

7.3.3 连续标注

用于标注尺寸线连续或链状的一组线性尺寸或角度尺寸,能够做连续的线性标注。

1. 命令

命令:DIMCONTINUE

菜单:标注→连续

图标:“标注”工具栏

2. 功能

标注连续型链式尺寸。

3. 格式

命令:DIMCONTINUE ↙

【例 7 - 5】 如图 7 - 29 所示。使用连续标注,对图 7 - 29 上半部分线段进行标注。

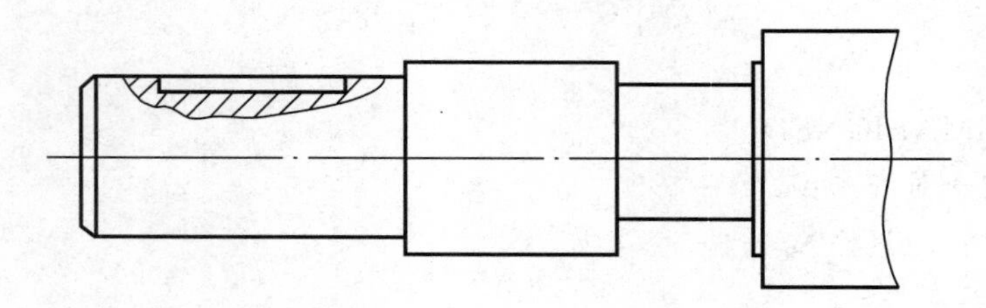

图 7 - 29 连续标注样图

[操作步骤]:

(1)新建一个标注样式“新建样式 1”,尺寸线、尺寸界限颜色均为黄色,起点偏移量为 1,文字大小为 2,箭头大小为 2,精度为 0。参数设置效果如图 7 - 26 所示。

(2)使用线性标注标注斜面一段。如图 7 - 30 所示。

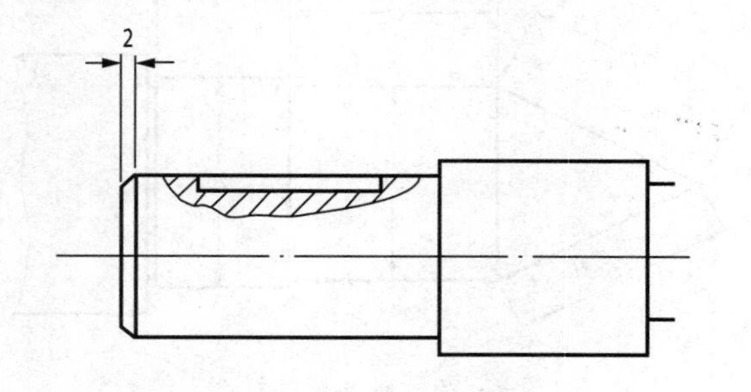

图 7 - 30 线性标注

点击连续标注按钮，对其余线段进行连续标注，回车结束。最终效果如图 7－31。

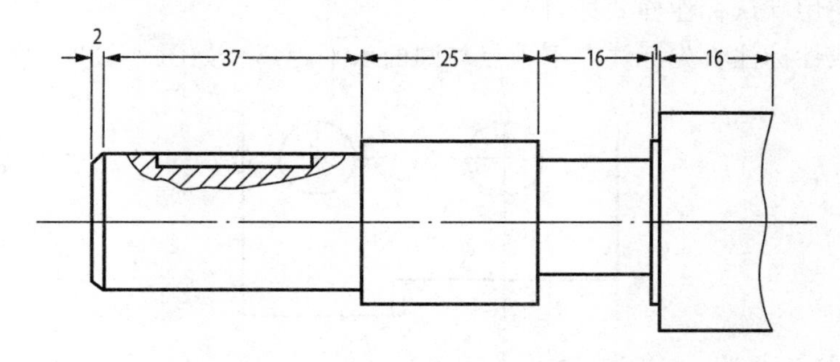

图 7－31　连续标注

7.3.4　基线标注

用于标注有公共的第一条尺寸界线（作为基线）的一组尺寸线互相平行的线性尺寸或角度尺寸。必须先标注第一个尺寸后才能用此命令。

1．命令

命令：DIMBASELINE

菜单：标注→基线

图标："标注"工具栏

2．功能

标注具有共同基线的一组线性尺寸或角度尺寸。

3．格式及示例

命令：DIMBASELINE↙

【例 7－6】　如图 7－32 所示。使用基线标注制作如图 7－32 样式标注。

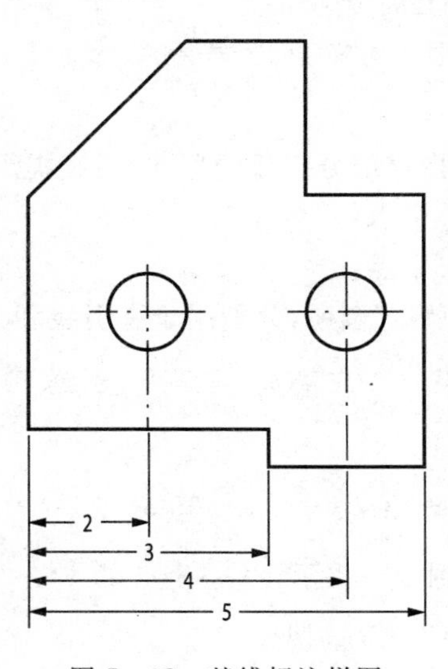

图 7－32　基线标注样图

[操作步骤]：

(1)该图使用默认标注样式即可。

(2)使用线性标注首先标注左下顶点与圆的水平距离。如图 7－33。

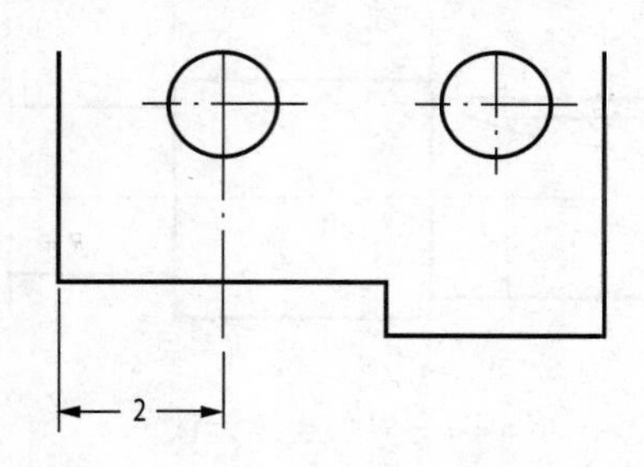

图 7－33　水平标注

(3)点击基线标注按钮，进行基线标注，达到最后效果。

思考：

(1)分析基线标注和连续标注的异同？

(2)基线标注和连续标注常用在那些地方？

7.3.5　弧长尺寸标注

1. 格式

(1) 键盘输入。命令：Dimare

(2) 下拉菜单。标注(N)弧长(H)

(3) 工具条。在“标注”工具条中，单击“弧长标注”图标按钮

提示：

选择弧线段或多段弧线段：(选择对象)

指定弧长标注位置或[多行文字(M)/文字(T)/角度(A)/部分(P)/引线(L)]：(输出选择项)

其中：

① “部分(P)”选项，用于指定部分圆弧的标注，后续提示：

指定圆弧长度标注的第一个点：

指定圆弧长度标注的第二个点：

② “引线(L)”和“无引线(N)”选项，分别用于有引线和无引线标注选择，后续提示：

指定弧长标注位置或[多行文字(M)/文字(T)/角度(A)/部分(P)/引线(L)]：L

提示：

指定弧长标注位置或[多行文字(M)/文字(T)/角度(A)/部分(P)/无引线(N)]：

此时，输入 N 后，又返回到上一提示。

弧长标注图例及说明，如图 7－34 所示。

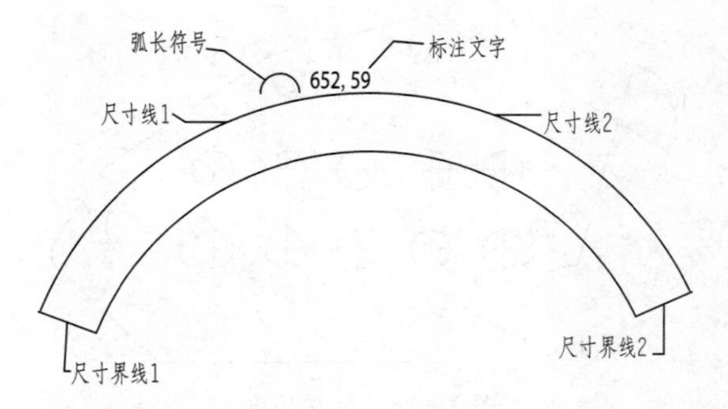

图 7－34　弧长标注图例及说明

7.4　角度型尺寸标注

角度标注测量两条直线或三个点之间的角度。要测量圆的两条半径之间的角度，可以选择此圆，然后指定角度端点。对于其他对象，需要选择对象然后指定标注位置。还可以通过指定角度顶点和端点标注角度。

1. 命令

命令：DIMANGULAR

菜单：标注→角度

图标："标注"工具栏

2. 功能

标注角度。

3. 格式

命令：DINANGULAR↙

【例 7－7】　如图 7－35 所示。使用角度标注所有角度，并标注一个圆的角度。

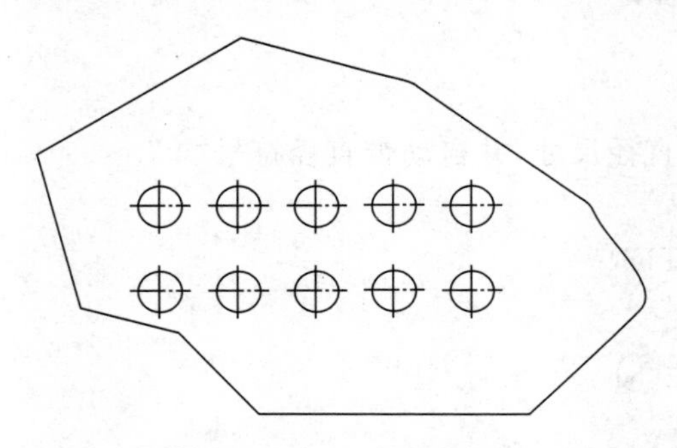

图 7－35　角度标注样图

［操作步骤］：

(1)设置样式，文字高度为 6，起点偏移量为 2，箭头大小为 4，精度为 0.00。

(2)点击标注工具栏按钮，依次标注每个角度，效果如图 7－36 所示。

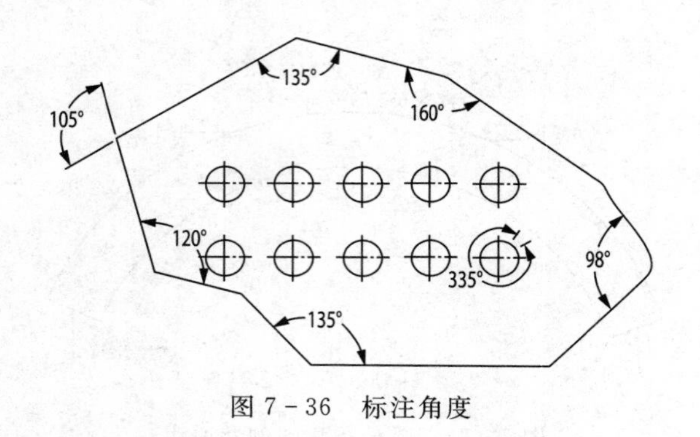

图 7－36　标注角度

思考：

使用角度标注工具能标注那些类型的角度？

7.5　半径和直径型尺寸标注

7.5.1　半径标注

用于标注圆或圆弧的半径，并自动带半径符号“R”。

1. 命令

命令：DIMRADIUS

菜单：标注→半径

图标：“图标”工具栏

2. 功能

标注半径。

3. 格式

命令：DIMRADIUS↙

7.5.2　直径标注

在圆或圆弧上标注直径尺寸，并自动带直径符号“Φ”。

1. 命令

命令：DIMDIAMETER

菜单：标注→直径

图标：“标注”工具栏

2. 功能

标注直径

3. 格式

命令：DIMDIAMETER↙

【例 7－8】　如图 7－37 所示。标注图 7－37 中圆或圆弧的直径或半径。

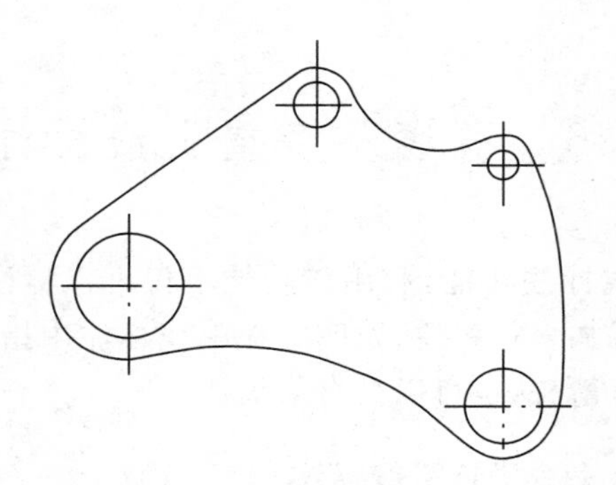

图 7 - 37　圆或圆弧标注样图

[操作步骤]：

(1)修改 STANDRD 样式如图 7 - 38 示，并设置精度为 0.0，文字高度为 2.5。

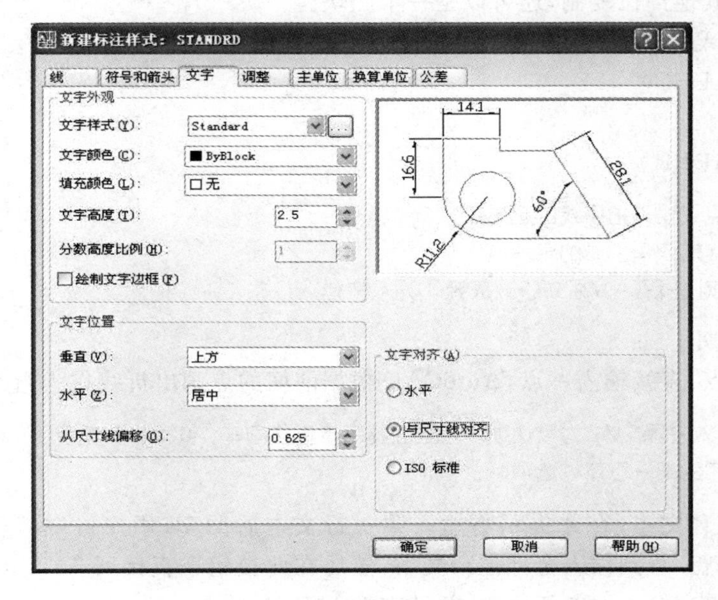

图 7 - 38　“文字”选项卡设置

(2)使用半径或直径标注来标注图形，最终效果如图 7 - 39 所示。

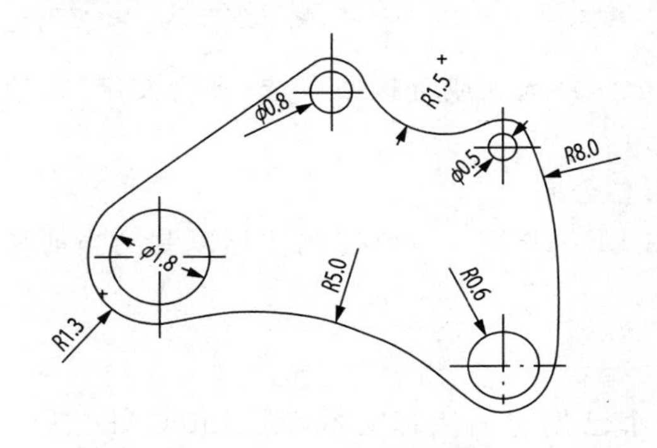

图 7 - 39　半径或直径的标注

7.6 引线及多重引线标注

AutoCAD 提供了引线标注功能，利用该功能不仅可以标注特定的尺寸，如圆角、倒角等，还可以实现在图中添加多行旁注、说明。在引线标注中指引线可以是折线，也可以是曲线，指引线端部可以有箭头，也可以没有箭头。

7.6.1 利用 LEADER 命令进行引线标注

LEADE 命令可以创建灵活多样的引线标注形式，可根据需要把指引线设置为折线或曲线，指引线可带箭头，也可不带箭头，注释文本可以是多行文本，也可以是形位公差，还可以从图形其他部位复制，还可以是一个图块。

1. 执行方式

命令：LEADER

2. 操作步骤

命令：LEADER↙

指定引线起点：(输入指引线的起始点)

指定下一点：(输入指引线的另一点)

指定下一点或[注释(A)/格式(F)/放弃(U)]<注释>：

3. 选项说明

指定下一点：直接输入一点，AutoCAD 根据前面的点画出折线作为指引线。

<注释>：输入注释文本，为默认项。在上面提示下直接回车，AutoCAD 提示：

输入注释文字的第一行或<选项>：

(1)输入注释文本：在此提示下输入第一行文本后回车，用户可继续输入第二行文本，如此反复执行，直到输入全部注释文本，然后在此提示下直接回车，AutoCAD 会在指引线终端标注出所输入的多行文本，并结束 LEADER 命令。

(2)直接回车：如果在上面的提示下直接回车，AutoCAD 提示：

输入注释选项[公差(T)/副本(c)/块(B)/无(N)/多行文字(M)]<多行文字>：

在此提示下选择一个注释选项或直接回车选“多行文字”选项。其中各选项的含义如下：

① 公差(T)：标注形位公差。

② 副本(C)：把已由 LEADER 命令创建的注释复制到当前指引线末端。执行该选项，系统提示：

选择要复制的对象：

在此提示下选取一个已创建的注释文本，则 AutoCAD 把它复制到当前指引线的末端。

③ 块(B):插入块,把已经定义好的图块插入到指引线的末端。执行该选项,系统提示:

输入块名或[?]:

在此提示下输入一个已定义好的图块名,AutoCAD把该图块插入到指引线的末端。或键入"?"列出当前已有图块,用户可从中选择。

④ 无(N):不进行注释,没有注释文本。

⑤ ＜多行文字＞:用多行文本编辑器标注注释文本并定制文本格式,为默认选项。

格式(F):确定指引线的形式。选择该项,AutoCAD提示:

输入引线格式选项[样条曲线(S)/直线(ST)/箭头(A)/无(N)]＜退出＞:

选择指引线形式,或直接回车回到上一级提示。

(1)样条曲线(S):设置指引线为样条曲线。

(2)直线(ST):设置指引线为折线。

(3)箭头(A):在指引线的起始位置画箭头。

(4)无(N):在指引线的起始位置不画箭头。

(5)＜退出＞:此项为默认选项,选取该项退出"格式"选项,返回"指定下一点或[注释(A)/格式(F)/放弃(u)]＜注释＞:"提示,并且指引线形式按默认方式设置。

7.6.2　利用QLEADER命令进行引线标注

利用QLEADER命令可快速生成指引线及注释,而且可以通过命令优化对话框进行用户自定义,由此可以消除不必要的命令提示,取得最高的工作效率。

1. 执行方式

命令:QLEADER

2. 操作步骤

命令:QLEADERJ↙

指定第一个引线点或[设置(S)]＜设置＞:

3. 选项说明

指定第一个引线点:在上面的提示下确定一点作为指引线的第一点,AutoCAD提示:

指定下一点:(输入指引线的第二点)
指定下一点:(输入指引线的第三点)

AutoCAD提示用户输入的点的数目由"引线设置"对话框确定。输入完指引线的点后AutoCAD提示:

指定文字宽度＜0.0000＞:(输入多行文本的宽度)
输入注释文字的第一行＜多行文字(M)＞:

此时,有两种命令输入选择,含义如下:

(1)输入注释文字的第一行:在命令输入第一行文本。系统继续提示。

输入注释文字的下一行:(输入另一行文本)

输入注释文字的下一行:(输入另一行文本或回车)

(2)＜多行文字(M)＞:打开多行文字编辑器,输入编辑多行文字。

直接回车,结束 QLEADER 命令并把多行文本标注在指引线的末端附近。

＜设置＞:直接回车或键入 S,打开图 7-40 所示"引线设置"对话框,允许对引线标注进行设置。该对话框包含"注释"、"引线和箭头"、"附着"3 个选项卡,下面分别进行介绍。

① "注释"选项卡(如图 7-40 所示):用于设置引线标注中注释文本的类型、多行文本的格式并确定注释文本是否多次使用。

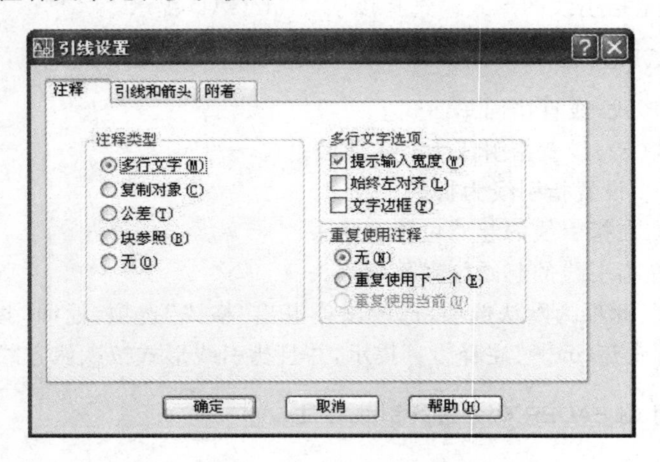

图 7-40 "注释"选项卡

② "引线和箭头"选项卡(如图 7-41 所示):用来设置引线标注中指引线和箭头的形式。其中"点数"选项组设置执行 QLEADER 命令时 AutoCAD 提示用户输入的点的数目。例如,设置点数为 3,执行 QLEADER 命令时当用户在提示下指定 3 个点后,AutoCAD 自动提示用户输入注释文本。注意设置的点数要比用户希望的指引线的段数多 1。可利用微调框进行设置,如果选择"无限制"复选框,AutoCAD 会一直提示用户输入点直到连续回车两次为止。"角度约束"选项组设置第一段和第二段指引线的角度约束。

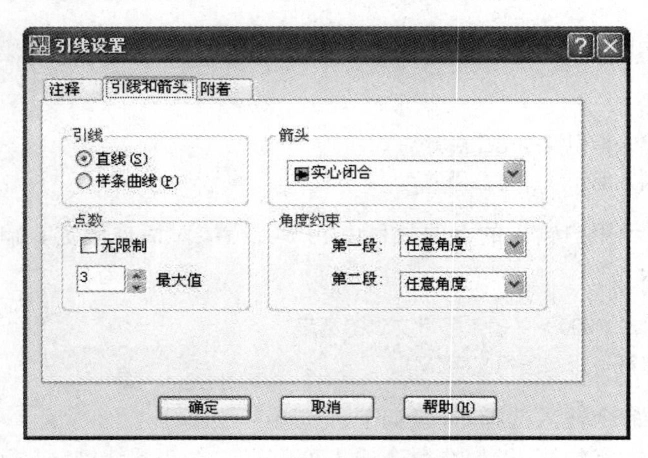

图 7-41 "引线和箭头"选项卡

③“附着”选项卡(如图 7－42 所示):设置注释文本和指引线的相对位置。如果最后一段指引线指向右边,系统自动把注释文本放在右侧;反之放在左侧。利用本选项卡左侧和右侧的单选按钮分别设置位于左侧和右侧的注释文本与最后一段指引线的相对位置,二者可相同也可不相同。

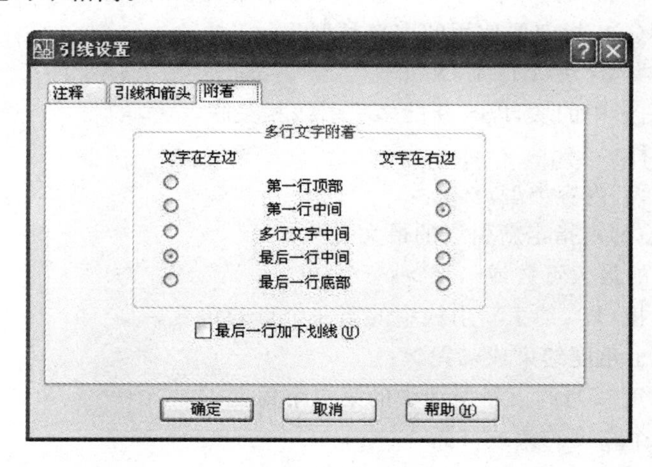

图 7－42　“附着”选项卡

7.6.3　多重引线

多重引线可创建为箭头优先、引线基线优先或内容优先。

1. 执行方式

命令:MLEADER

菜单:标注→多重引线

2. 操作格式

命令:MLEADER

指定引线箭头的位置或[引线基线优先(L)/内容优先(c)/选项(0)]<选项>:

3. 选项说明

- 引线箭头位置:指定多重引线对象箭头的位置。
- 引线基线优先(L):指定多重引线对象的基线的位置。如果先前绘制的多重引线对象是基线优先,则后续的多重引线也将先创建基线(除非另外指定)。
- 内容优先(C):指定与多重引线对象相关联的文字或块的位置。如果先前绘制的多重引线对象是内容优先,则后续的多重引线对象也将先创建内容(除非另外指定)。
- 选项(O):指定用于放置多重引线对象的选项。

输入选项[引线类型(L)/引线基线(A)/内容类型(C)/最大点数(M)/第一个角度(F)/第二个角度(S)/退出选项(X)]:

(1)引线类型(L):指定要使用的引线类型。

- 输入选项[类型(T)/基线(L)]
- 类型(T):指定直线、样条曲线或无引线。

● 选择引线类型[直线(S)/样条曲线(P)/无(N)]

● 基线(L):更改水平基线的距离。

● 使用基线[是(Y)/否(N)]

如果此时选择"否",则不会有与多重引线对象相关联的基线。

(2)内容类型(C):指定要使用的内容类型。

● 输入内容类型[块(B)/无(N)]

● 块:指定图形中的块,以与新的多重引线相关联。

● 输入块名称

● 无:指定"无"内容类型。

(3)最大点数(M):指定新引线的最大点数。

● 输入引线的最大点数或<无>:

(4)第一个角度(F):约束新引线中的第一个点的角度。

● 输入第一个角度约束或<无>:

(5)第二个角度(S):约束新引线中的第二个角度。

● 输入第二个角度约束或<无>:

(6)退出选项(X):返回到第一个 MLEADER 命令提示。

【例 7-9】 标注如图 7-43 所示的齿轮尺寸。

绘制步骤:

(1)利用"格式→文字样式"菜单命令设置文字样式,为后面尺寸标注输入文字作准备。

(2)利用"格式→标注样式"菜单命令设置标注样式。

(3)利用"线性标注"命令与"基线标注"命令标注齿轮主视图中的线性及基线尺寸。

在标注公差的过程中,要先设置替代尺寸样式,在替代样式中逐个设置公差。

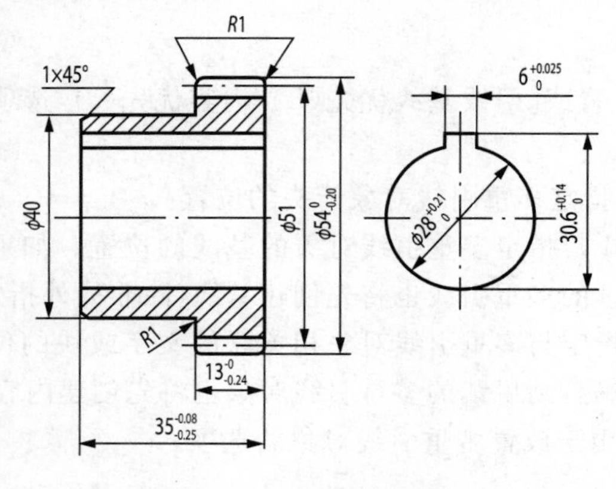

图 7-43 齿轮

(4)利用"半径标注"命令标注齿轮主视图中的半径尺寸。

(5)用"引线"命令标注齿轮主视图上部圆角半径,例如标注上端 R1 按下面方法操作:

命令:Leader↙(引线标注)

指定引线起点:_nea 到(捕捉齿轮主视图上部圆角上一点)

指定下一点:(拖动鼠标,在适当位置处单击)

指定下一点或[注释(A)/格式(F)/放弃(u)]＜注释＞:＜正交开＞(打开正交功能,向右拖动鼠标,在适当位置处单击)

指定下一点或[注释(A)/格式(F)/放弃(U)]＜注释＞:↙

输入注释文字的第一行或＜选项＞:R1↙

输入注释文字的下一行:↙

命令:↙(继续引线标注)

指定引线起点:_nea 到(捕捉齿轮主视图上部右端圆角上一点)

指定下一点:(利用对象追踪功能,捕捉上一个引线标注的端点,拖动鼠标,在适当位置处单击鼠标左键)

指定下一点或[注释(A)/格式(F)/放弃(U)]＜注释＞:(捕捉上一个引线标注的端点)

指定下一点或[注释(A)/格式(F)/放弃(U)]＜注释＞:↙

输入注释文字的第一行或＜选项＞:↙

输入注释选项[公差(T)/副本(C)/块(B)/无(N)/多行文字(M)]＜多行文字＞:N↙(无注释的引线标注)

(6)用“引线”命令标注齿轮主视图的倒角。

(7)用“线性标注”命令与“直径标注”命令标注齿轮局部视图中的尺寸,在标注公差的过程中,同样要先设置替代尺寸样式,在替代样式中逐个设置公差。

7.7　快速标注尺寸

1. 格式

(1) 键盘输入。命令:Qdim

(2) 下拉菜单。标注(N)快速标注(Q)

(3) 工具条。在“标注”工具条中,单击“快速标注”图标按钮

提示:关联标注优先级 = 端点

选择要标注的几何图形:(选择要标注尺寸的几何体)

选择要标注的几何图形:(结束要标注尺寸的几何体选择)

指定尺寸线位置或[连续(C)/并列(S)/基线(B)/坐标(O)/半径(R)/直径(D)/基准点(P)/编辑(E)/设置(T)]〈半径〉:(输入选择项)

2. 选择项说明

(1)“指定尺寸线位置”。确定尺寸线位置。直接确定尺寸位置时,则系统按测量值对所选择的实体进行快速标注。

(2)“C” 创建一系列连续并列尺寸标注方式。

(3)“S” 按相交关系创建一系列并列尺寸标注。

(4)“B” 创建基线尺寸标注。

(5)“O” 创建以基点为标准，标注其他端点相对于基点的相对坐标。

(6)“R” 创建半径尺寸标注方式。

(7)“D” 创建直径尺寸标注方式。

(8)“P” 为基线和坐标标注设置新的基点。

(9)“E” 从选择的几何体尺寸标注中添加或删除标注点，即尺寸界线数。后续提示：

指定要删除的标注点或[添加(A)/退出(X)]〈退出〉:(输入选择项)

① “指定要删除的标注点(R)”，直接指定要删除的标注点，减少几何体尺寸标注中的标注端点数量。

② “A”。增加几何体尺寸标注中的标注端点数量

③ “退出”。退出该选项。

7.8 编辑尺寸标注

对已存在的尺寸的组成要素进行局部修改，使之更符合有关规定，而不必删除所标注的尺寸对象再重新进行标注。

7.8.1 替代已存在的尺寸标注变量

1. 格式

(1) 键盘输入。命令:Qdimoverride

(2) 下拉菜单。标注(N)→替代(V)

提示:输入要替代的标注变量名或[清除替代(C)]:(输入尺寸变量名来指定替代某一尺寸对象，也可输入“C”清除尺寸对象上的任何替代。)

7.8.2 编辑标注

1. 格式

(1) 键盘输入。命令:Qdimdit

(2) 下拉菜单。标注(N)对齐文字(X)光标菜单

(3) 工具条。在“标注”工具条中，单击“编辑标注”图标按钮

提示：

输入标注编辑类型[默认(H)/新建(N)/旋转(R)/倾斜(O)]〈默认〉:(输入选择项)

2. 选择项说明

(1)“H”。文本的默认位置。移动标注文本到默认位置，对应下拉菜单“标注(D)”“对齐文字”“光标菜单”“默认(H)”选项。

(2)“N”。修改尺寸文本。在弹出的“文字格式”窗口中输入新的尺寸文本。

(3)“R”。旋转标注尺寸文本。对应下拉菜单“标注(D)”“对齐文字”“光标菜单”“角度(A)”选项。在命令提示行输入尺寸文本的旋转角度。

（4）“O”。调整线性标注尺寸界线的倾斜角度。对应下拉菜单“标注(D)”“倾斜(Q)”选项。

7.8.3 调整标注文本位置

1. 格式

（1）键盘输入。命令:Qdimtedit

（2）下拉菜单。标注(N)对齐文字(X)光标菜单

（3）工具条。在“标注”工具条中,单击“编辑标注文字”图标按钮

提示:

选择标注:(选择一尺寸对象)

指定标注文字的新位置或(左(L)/右(R)/中心(C)/默认(H)/角度(A)):

此时,可以指定一点或输入一选项。如果移动光标到标注文本位置且 Dimsho 为 ON,则当拖动光标时尺寸位置自动修改。标注文字的垂直放置设置将控制标注文本出现在尺寸线的上方、下文或中间。

2. 选择项说明

（1）“指定标注文字的新位置”通过移动光标标注文本新位置。

（2）“L” 沿尺寸线左对齐文本。该选项适用于线性、半径和直径标注。

（3）“R” 沿尺寸线右对齐文本。该选项适用于线性、半径和直径标注。

（4）“C” 把标注文本放在尺寸线的中心。

（5）“H” 将标注文本移至默认位置。

（6）“A” 将标注文本旋转至指定角度。

7.8.4 修改尺寸标注文本

1. 格式

（1）键盘输入。命令:Ddedit

（2）下拉菜单。修改(M)对象(O)文字(T)编辑(E)……

提示:

选择注释对象或[放弃(U)]:(输入选择项)

2. 选择项说明

（1）“选择注释对象”。拾取尺寸文本对象。当完成尺寸文本的拾取并回车后,弹出的“文字格式”窗口中,可以输入新的尺寸文本。

（2）“U”。放弃最近一次的文本编辑操作。

7.8.5 标注更新

1. 格式

（1）键盘输入。命令:Update

（2）下拉菜单。标注(N)更新(U)

(3) 工具条。在“标注”工具条中，单击“标注更新”图标按钮

提示：

当前标注样式：[保存(S)/恢复(H)/状态(ST)/变量(V)/应用(A)/?]〈恢复〉：(输入各选择项)

2. 各选择项说明

(1) “S”。将当前尺寸系统变量的设置作为一个尺寸标注样式命名保存。

(2) “R”。用已设置的某一尺寸标注样式作为当前标注尺寸样式。

(3) “ST”。在文本窗口显示当前标注尺寸样式的设置状态。

(4) “V”。选择一个尺寸标注，自动在文本窗口显示有关尺寸样式设置数据。

(5) “A”。将所选择的标注尺寸样式应用到被选择的标注尺寸对象上，即用所选择的标注尺寸样式来替代原有的标注尺寸样式。

(6) “?”。在文本窗口中，显示当前图形中命名的标注尺寸样式的设置数据。

7.8.6 分解尺寸组成实体

利用“分解”命令可以分解尺寸组成实体，将其分解为文本、箭头、尺寸线等多个实体。

7.8.7 用“特性”对话框修改已标注的尺寸

通过“特性”对话框，对选择的尺寸标注进行样式及属性修改，如图 7-44 所示。通过该对话框，可以修改尺寸的内容如下：

图 7-44 用“特性”对话框

(1)尺寸的基本特性，包括尺寸颜色、图层、线型、线型比例、线宽和超链接等。

(2)尺寸的其他样式，通过下拉列表框，选择新的尺寸标注样式。

(3)尺寸的文字，包括填充颜色(背景颜色)、文字颜色、文字高度、文字偏移、文字界外对齐、水平放置文字、垂直放置文字、文字样式、文字界内对齐、文字位置 X 坐标、文字位置 Y 坐标、文字旋转、测量单位(即尺寸测量值)和文字替代(替换新尺寸数值)等。

(4)尺寸的调整，包括尺寸线强制、尺寸线内、标注全局比例、调整、文字在内和文字移动等。

(5)尺寸主单位，包括尺寸小数分隔符、标注前缀、标注后缀、标注舍入、标注线性比例标注单位、消去前导零、消去后续零、消去零英尺、消去零英寸和精度等。

(6)尺寸换算单位，包括尺寸启用换算、换算格式、换算圆整、换算比例因子、换算消去前导零、换算消去后续零、换算消去零英尺、换算消去零英寸、换算前缀和换算后缀。

(7)尺寸公差，包括尺寸显示公差、公差下偏差、公差上偏差、水平放置公差、公差精度、公差修改标注尺寸消去前导零、公差消去后续零、公差消去零英尺、公差消去零英寸、

公差文字高度、换算公差精度、换算公差消去前导零、换算公差消去后续零、换算公差消去零英尺、换算公差消去零英寸。

7.8.8　编辑修改尺寸右键菜单

当选择一个尺寸标注后，单击鼠标右键，弹出一尺寸编辑修改快捷菜单，如图 7-45 所示。

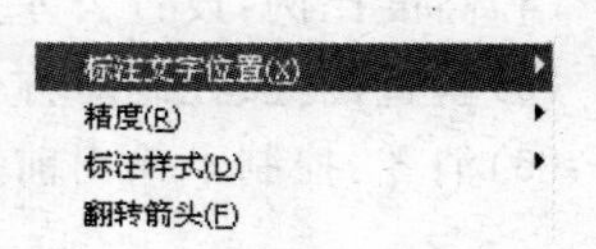

图 7-45　编辑修改快捷菜单

通过该快捷菜单，完成尺寸的标注文字位置、精度、标注样式及翻转箭头等的编辑修改。

7.9　尺寸和形位公差标注

7.9.1　尺寸公差标注

尺寸公差是表示测量的距离可以变动的数目的值。尺寸公差的设置是在“新建标注样式”“修改标注样式”对话框中的“公差”选项卡中。如图 7-46 所示，具体参数如下：

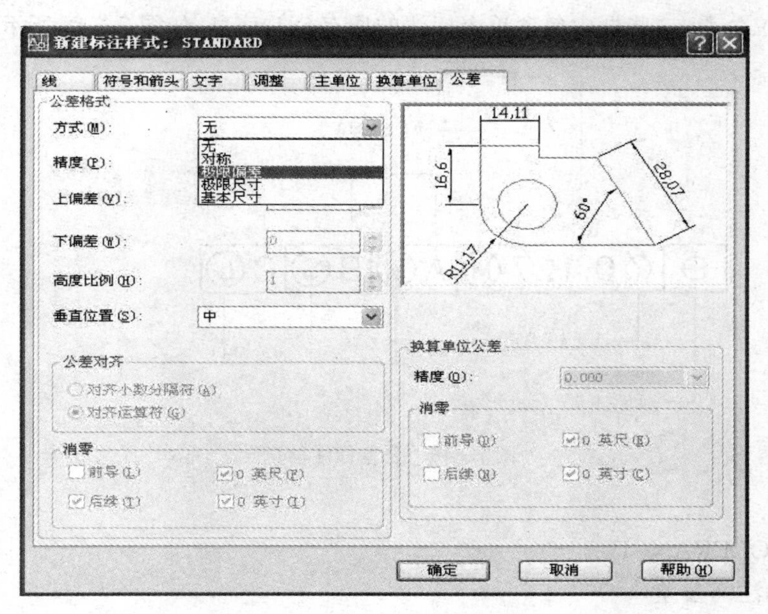

图 7-46　“公差”选项卡设置

(1)方式：设置计算公差的方法。“无”表示不添加公差，其余还有以下几种类型(如图 7-47 所示)。

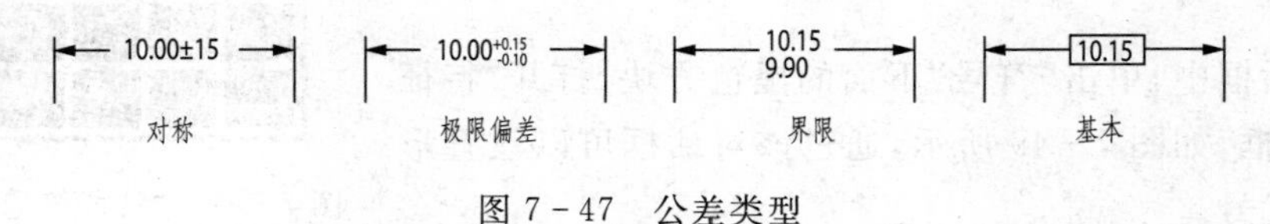

图 7-47　公差类型

(2)精度:设置小数位数。

(3)上、下偏差:分别设置最大、小公差或上、下偏差。

(4)高度比例:设置公差文字的当前高度。

(5)垂直位置:控制对称公差和极限公差的文字对正。

(6)消零:控制不输出前导零或者后续零以及零英尺和零英寸部分。

7.9.2 引线

1. 命令

命令:LEADER

2. 功能

完成带文字的注释或形位公差标注。

3. 格式

命令:LEADER↙

7.9.3 形位公差标注

形位公差表示特征的形状、轮廓、方向、位置和跳动的允许偏差。可以通过特征控制框来添加形位公差,这些框中包含单个标注的所有公差信息,如图 7-48 所示。

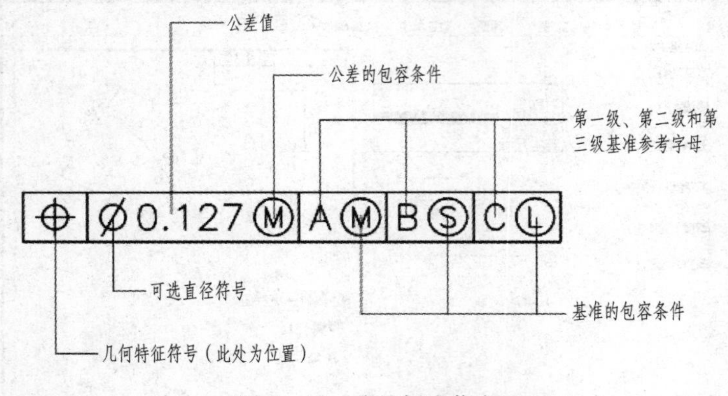

图 7-48 公差标注信息

1. 命令

命令:TOLERANGE

菜单:标注→公差

工具栏:"标注"工具栏

2. 功能

标注形位公差。

3. 格式

在对话框中,单击"符号"下面的黑色方块,打开"特征符号"对话框,如图 7-49 所示,通过该对话框可以设置形位公差的代号。

图 7-49 "特征符号"对话框

【例 7 - 10】 使用标注完成图 7 - 50 所示效果。

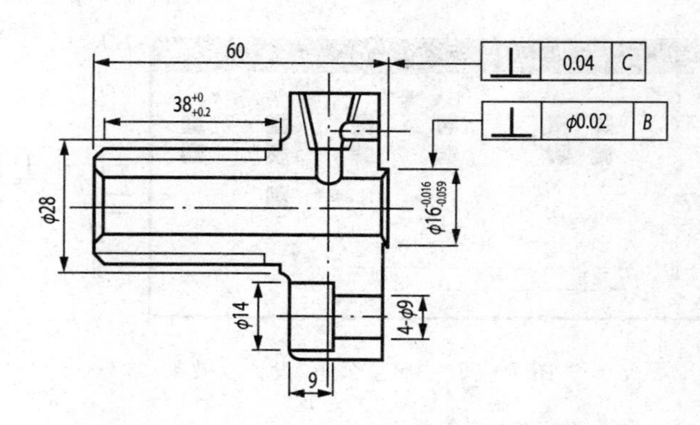

图 7 - 50　标注完成后的效果图

[操作步骤]:

(1)修改标注样式。设置文字高度为 4,精度为 0,箭头大小 2,其他根据需要自己做设置。并使用设置好的标注样式,对 60 和 9 标注位置进行标注。

(2)绘制左侧 ϕ28 标注。输入如下命令:

命令:_dimlinear

同样方法设置其他标注。编辑文字,如图 7 - 51 所示。

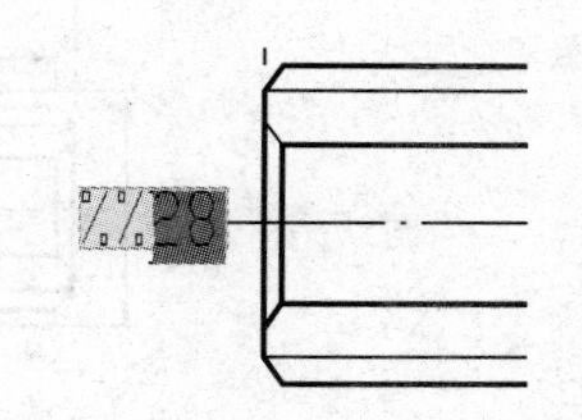

图 7 - 51　编辑文字

添加尺寸公差。在“标注样式管理器”中选择当前标注样式,点击“替代”,弹出“替代当前样式”对话框,在该对话框中设置参数如图 7 - 52、如图 7 - 53 所示。

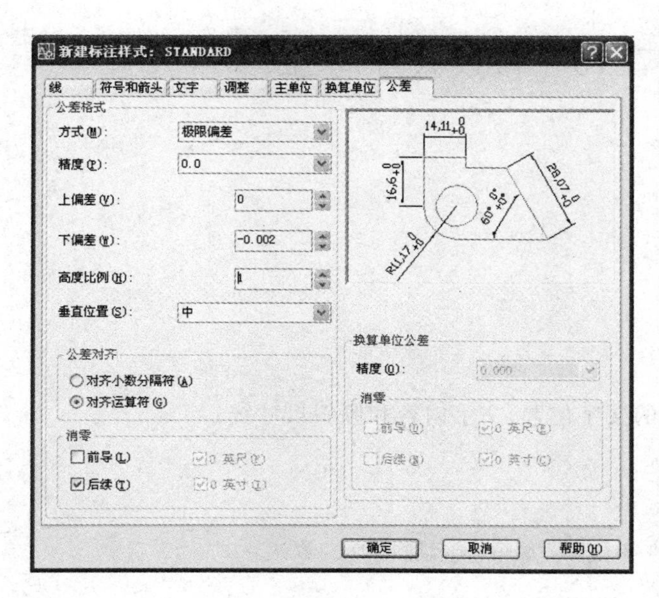

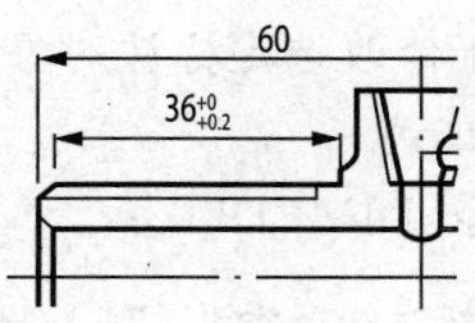

图 7 - 52　“公差”设置及效果

“形位公差”设置、效果：

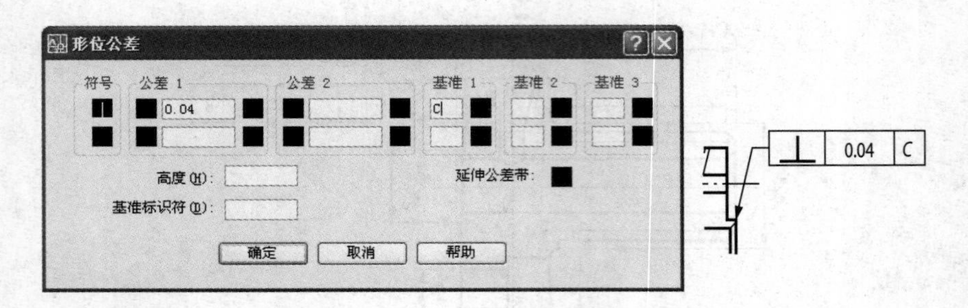

图 7 - 53 “形位公差”设置及效果

最终效果图如图 7 - 54 所示。

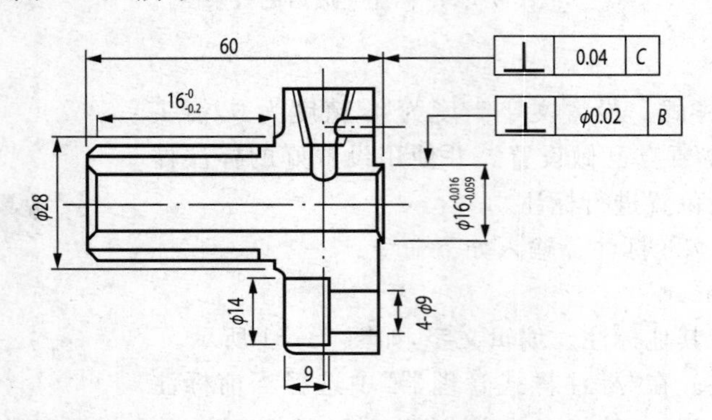

图 7 - 54 最终效果图

7.10 修改尺寸标注

7.10.1 修改尺寸标注

1. 命令

命令：DIMEDIT

工具栏：“标注”工具栏

2. 功能

用于修改选定标注对象的文字位置、文字内容和倾斜尺寸线。

3. 格式

命令：DIMEDIT ↙

输入标注编辑类型 [默认(H)/新建(N)/旋转(R)/倾斜(O)]<默认>：

选项说明如下。

(1)默认(H)：使标注文字放回到默认位置。

(2)新建(N):修改标注文字内容，

(3)旋转(R):使标注文字旋转一角度。

(4)倾斜(O):使尺寸线倾斜,与此相对应的菜单为“标注”下拉菜单的“倾斜”命令。

【例 7－11】 使用修改尺寸标注命令,使矩形长宽标注倾斜 45 度。

[操作步骤]:

(1)使用线性标注矩形的长和宽,如图 7－55 所示。

(2)输入如下命令:

命令:_dimedit↙

输入标注编辑类型[默认(H)/新建(N)/旋转(R)/倾斜(O)]<默认>:O

选择对象:找到 1 个

选择对象:找到 1 个,总计 2 个

选择对象:↙

输入倾斜角度(按 ENTER 表示无):45↙

得到效果如图 7－56 所示。

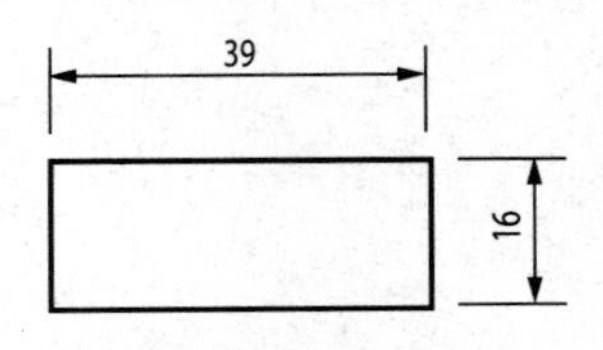

图 7－55　线性标注矩形

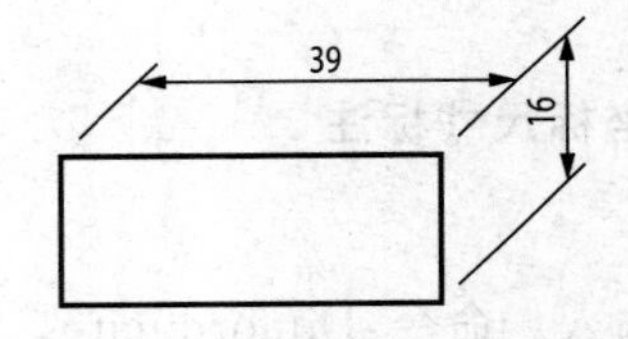

图 7－56　倾斜效果图

7.10.2　修改尺寸文字位置

1. 命令

命令:DIMTEDIT

菜单:标注→对齐文字

工具栏:“标注”工具栏

2. 功能

用户移动或旋转标注文字,可动态拖动文字。

3. 格式

命令:DIMTEDIT↙

参数说明如下:

(1)左:沿尺寸线左对正标注文字。本选项只适用于线性、直径和半径标注。

(2)右:沿尺寸线右对正标注文字。本选项只适用于线性、直径和半径标注。

(3)中心:将标注文字放在尺寸线的中间。

(4)默认:将标注文字移回默认位置。

(5)角度:修改标注文字的角度。

文字位置调整(如图 7－57 所示):

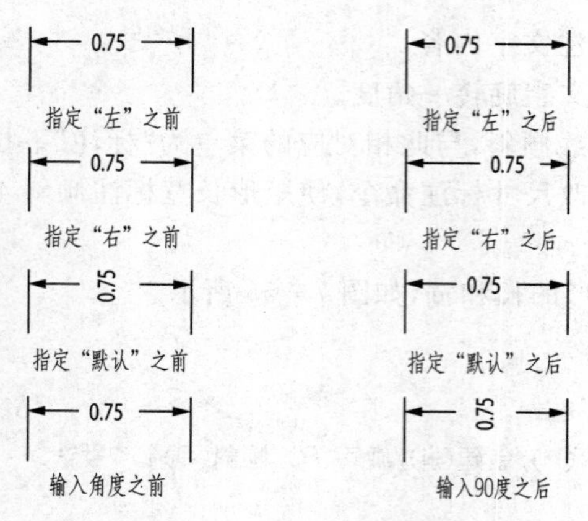

图 7-57　文字位置的调整

7.11　坐标尺寸标注和圆心标记

7.11.1　坐标尺寸标注

1. 格式

(1) 键盘输入。命令:Dimordinate

(2) 下拉菜单。标注(N)坐标(O)

(3) 工具条。在“标注”工具条中,单击“坐标标注”图标按钮

提示:

选择坐标:(选择坐标对象)
指定点坐标:
指定引线端点或 [X 基准(X)/Y 基准(Y)/多行文字(M)/文字(T)/角度(A)]:
标注文字 = Ｘ Ｘ Ｘ (测量尺寸)

1. 选择项说明

(1)指定引线端点。根据给出两点的坐标差生成坐标尺寸,如果 X<Y 则标注 Y 坐标,反之亦然。

(2)“X”标注 X 坐标。

(3)“Y”标注 Y 坐标。

(4)“M”输入多行尺寸文本。

(5)“T”可以在引线后标注文本。

(6)“A”表示输入文本转角,产生一个标注文本与水平线呈一定角度的尺寸标注。

7.11.2　圆心标记

1. 格式

(1) 键盘输入。命令:Dimcenter

(2) 下拉菜单。标注(N)圆心标记(C)

(3) 工具条。在"标注"工具条中,单击"圆心标记"图标按钮

提示:

选择圆弧或圆:(选择圆弧或圆对象)

2. 说明

圆心标记可以是过圆心的十字标记,也可以是过圆心的中心线。它是通过系统变量Simcen的设置来进行控制,当该变量值大于0时,作圆心十字标记,且该值是圆心标记的长度的一半;当变量值小于0时,画中心线,且该值是圆心处小十字长度的一半。

7.11.3 折弯半径标注

1. 格式

(1) 键盘输入。命令:Dimjogged

(2) 下拉菜单。标注(N)→折弯(J)

(3) 工具条。在"标注"工具条中,单击"折弯标注"图标按钮

提示:

选择圆弧或圆:(选择圆或圆弧)
指定中心位置替代:(指定中心替代位置)
标注文字 = X X X (测量尺寸)
指定尺寸线位置或[多行文字(M)/文字(T)/角度(A)]:

当直接确定尺寸线的位置时,系统按测量值标注出半径及半径符号。另外,还可以用"多行文字(M)"、"文字(T)"、"角度(A)"选项,输入标注的尺寸数值及尺寸数值的倾斜角度,当重新输入尺寸值时,应输入前缀"R"。

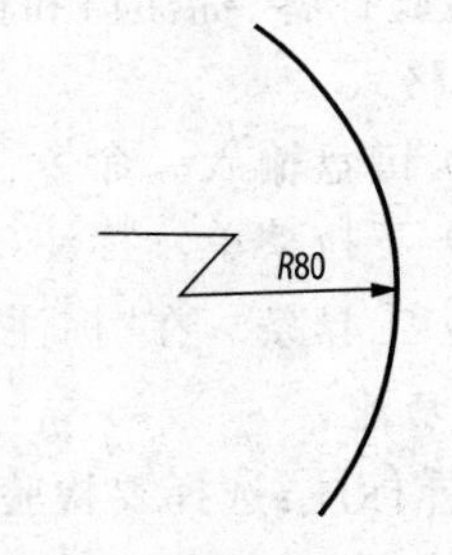

图7-58　威者折弯尺寸标注

折弯尺寸标注样例,如图7-58所示。

7.11.4 折弯线性标注

1. 格式

(1) 键盘输入。命令:DIMJOGLINE

(2) 下拉菜单。标注(N)→折弯线性(J)

(3) 工具条。在"标注"工具条中,单击"折弯标注"图标按钮

提示:

选择直线:(选择直线)

使用"折弯线性"命令可以将折弯线添加到线性标注。折弯线用于表示不显示实际测量值的标注值。通常,标注的实际测量值小于显示的值。

命令:_DIMJOGLINE

选择要添加折弯的标注或[删除(R)]:　如图7-59(a)所示,选择标注文字的尺寸线

指定折弯位置（或按 ENTER 键）： 在标注文字位置的尺寸线的适当处点击一下，如图 7-59b 所示

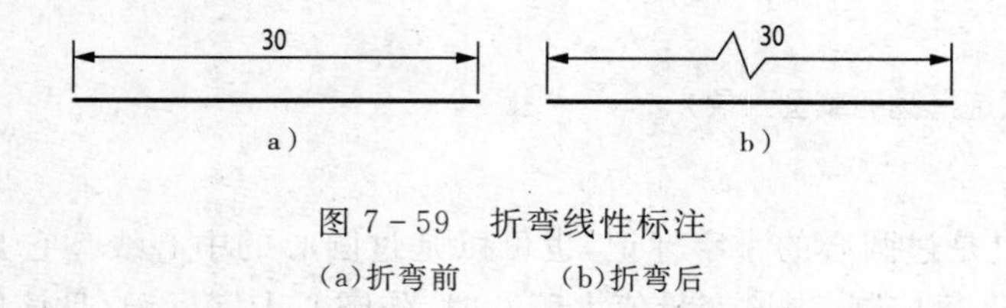

图 7-59　折弯线性标注

(a)折弯前　　(b)折弯后

7.11.5　检验

检验标注使用户可以有效地传达检查所制造的部件的频率，以确保标注值和部件公差位于指定范围内。将必须符合指定公差或标注值的部件安装在最终装配的产品中之前使用这些部件时，可以使用检验标注指定测试部件的频率。可以将检验标注添加到任何类型的标注对象；检验标注由边框和文字值组成。检验标注的边框由两条平行线组成，末端呈圆形或方形。文字值用垂直线隔开。检验标注最多可以包含三种不同的信息字段：检验标签、标注值和检验率。

1. 格式

(1) 键盘输入。命令：DIMINSPECT

(2) 下拉菜单。标注(N)→检验(I)

(3) 工具条。在“标注”工具条中，单击“检验”图标按钮

2. 功能

选择标注：选择要检验的标注对象。

形状：末端呈圆形、尖角或无。

标签：用来标识各检验标注的文字。该标签位于检验标注的最左侧部分。

检验率：用于传达应检验标注值的频率，以百分比表示。检验率位于检验标注的最右侧部分。

3. 操作步骤

(1)依次单击标注(N)菜单→检验(I)或在命令提示下，输入 DIMINSPECT，弹出如图 7-60 所示的对话框。

(2)在“检验标注”对话框中，单击“选择标注”。

“检验标注”对话框将关闭。将提示用户选择标注。

(3)选择要使之成为检验标注的标注。按 ENTER 键返回该对话框。

(4)在“造型”部分中，指定线框类型。

(5)在“标签/检验率”部分中，指定所需的选项。

选择“标签”复选框，然后在文本框中输入所需的标签。

选择“检验率”复选框，然后在文本框中输入所需的检验率。

(6)单击“确定”。

如图 7-61a 所示，可对其进行检验，效果如图 7-61b 所示。

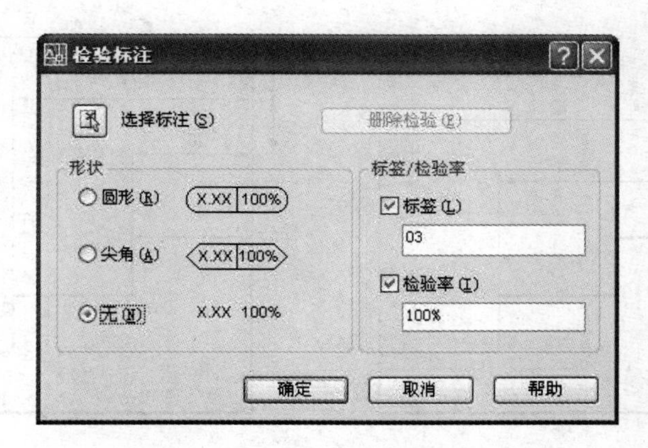

图 7-60 “检验标注”对话框

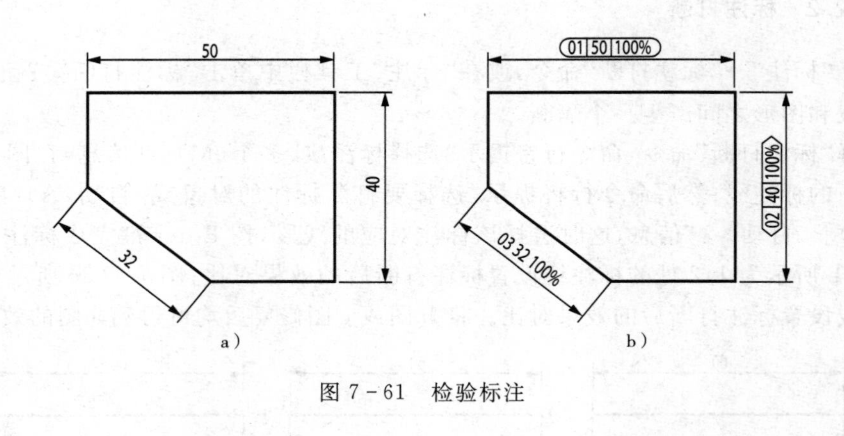

图 7-61 检验标注

7.12 标注间距和标注打断

7.12.1 标注间距

选择“标注”→“标注间距”命令，或在“标注”工具栏中单击“标注”工具栏中单击“标注间距”按钮，可以修改已经标注的图形中的标注线的位置间距大小。

选择“标注间距”命令，命令行将提示“选择基准标注：”信息，在图形中选择第一个标注线；然后命令行将提示“选择要产生间距的标注：”信息，这时再选择第二个标注线；接下来命令行将提示“输入值或[自动(A)，〈自动〉：信息，这里输入标注线的间距数值 10，按 Enter 键完成标注间距。该命令可以选择连续设置多个标注线之间的间距。如图 7-62 所示为左图的 1、2 和 3 处的标注线设置标注间距后的效果对比。

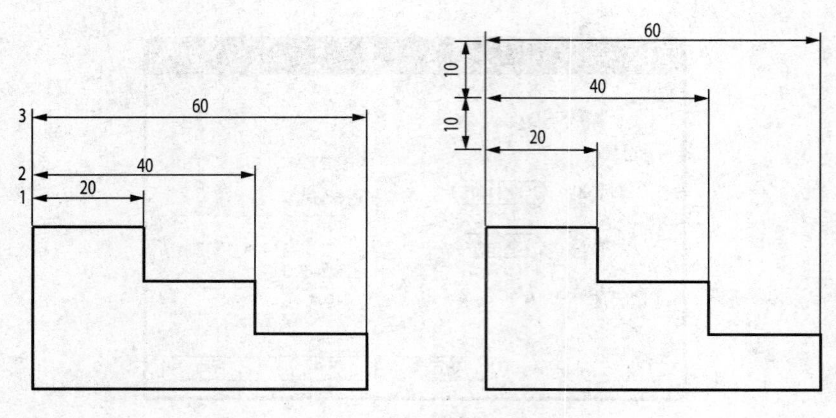

图 7-62 标注间距

7.12.2 标注打断

选择“标注”→“标注打断”命令，或在“标注”工具栏中单击“标注打断”按钮，可以在标注线和图形之间产生一个隔断。

选择“标注打断”命令，命令行将提示“选择标注或[多个(M)]：”信息，在图形中选择需要打断的标注线；然后命令行将提示“选择要打断标注的对象或[自动(A)/恢复(R)/手动(M)]<自动>：”信息，这时选择该标注对应的线段，按 Enter 键完成标注打断。如图 7-63b 所示为 1，2 处的标注线设置标注打断后的效果对比；图 7-63c 所示为 3，4 处的标注线设置标注打断后的效果对比。将 b 图或 c 图修复后均可得到 a 图的效果。

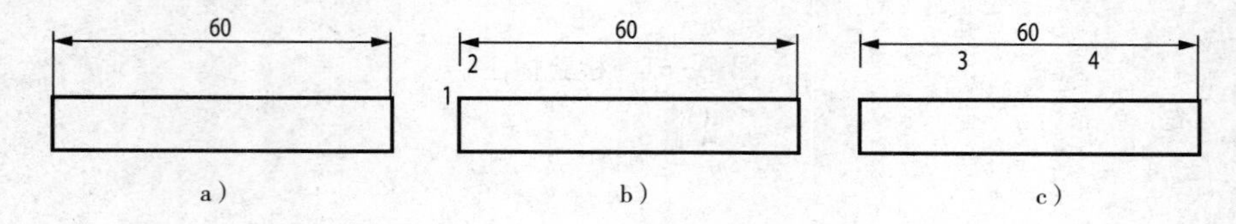

图 7-63 标注打断

(a)原图和修复后图 (b)打断尺寸界线 (c)在 b 图上打断尺寸线

小 结

(1)尺寸标注的规则、组成元素和类型。

(2)创建尺寸标注的基本步骤。

(3)线性、对齐、弧长、基线和连续标注的方法。

(4)半径、直径、折弯标注的方法及检验标注。

(5)角度和引线标注的方法。

(6)形位公差的标注方法。

(7)编辑标注对象的方法。

(8)坐标尺寸标注和圆心标记。

(9)标注间距和标注打断。

习　题

一、问答题

1. 在尺寸标注中，尺寸有哪几部分组成？

2. 如何进行形位公差的标注？

3. 形位公差的"包容条件"的含义什么？

4. 如何设置"标注样式"？

5. 在尺寸标注中，有哪几种常见的类型，各有什么特点？

6. 尺寸标注编辑，有何意义？常见的尺寸编辑有哪些方法？如何使用？

7."引线"标注有什么意义？

8. 形位公差有哪几个包容条件？他们的含义是什么？

二、填空题

1."新建标注样式"对话框包括________、________、________、________、________、________选项卡。

2. 在中文版 AutoCAD 2008 中，除了可以创建用于所有尺寸标注外的标注样式外，还可以为创建特定对象的专用标注样式，如________、________、________、________、________、________等。

3. 在中文版 AutoCAD 2008 中，用于标注直线尺寸的标注类型有________、________、________、________。

4. 如果要创建成组的基线、连续和坐标标注，可使用 AutoCAD 的________功能。

5. 在中文版 AutoCAD 2008 中，可以使用尺寸变量________设置所标注的尺寸是否为关联标注。当前变量值为________，表示尺寸与被标注的对象有关联关系。

6. 在中文版 AutoCAD 2008 中，所有的标注命令都位于________下拉菜单下。

7."引线设置"对话框包括________、________、________选项卡。

三、作图题

1. 使用标注完成如图习题 7－1 所示效果。

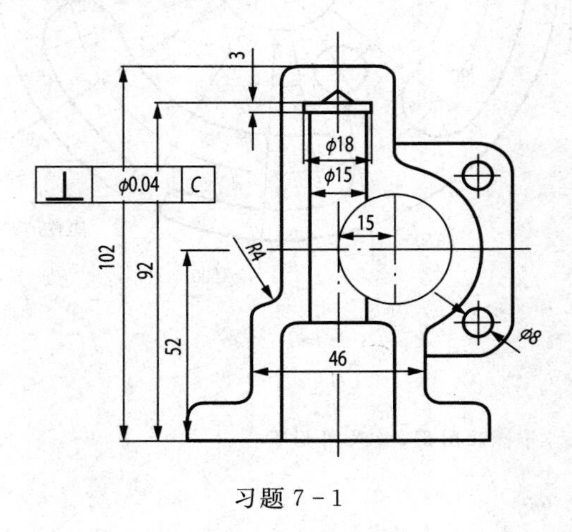

习题 7－1

2. 如图习题 7－2 所示。对所有线段进行标注。

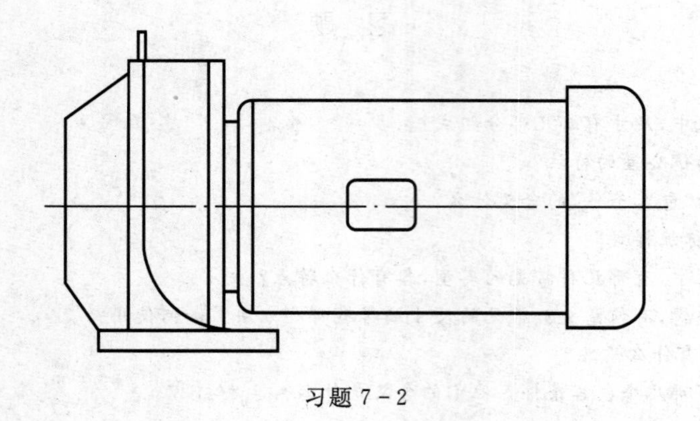

习题 7－2

3. 如图习题 7－3 所示，并标注图形，效果图如下：

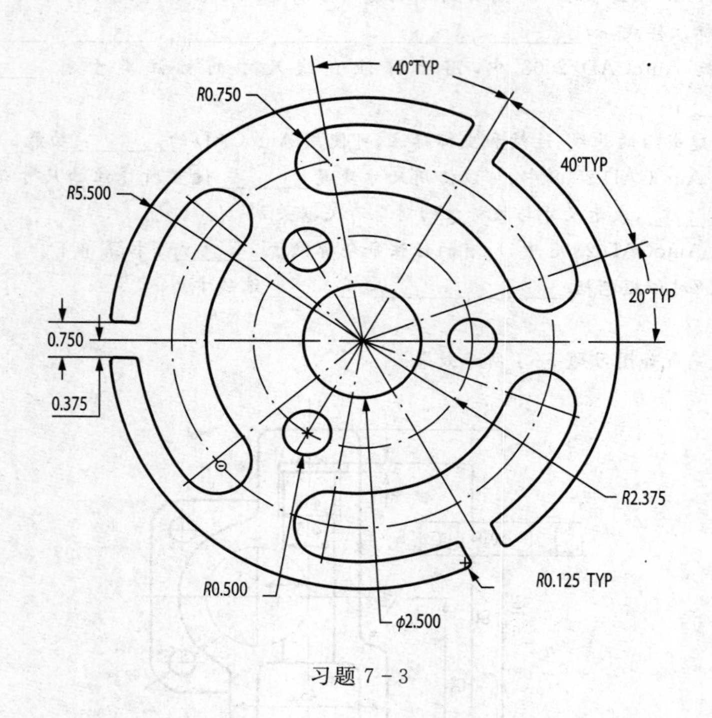

习题 7－3

4. 如图习题 7－4 所示，并标注图形，效果图如下：

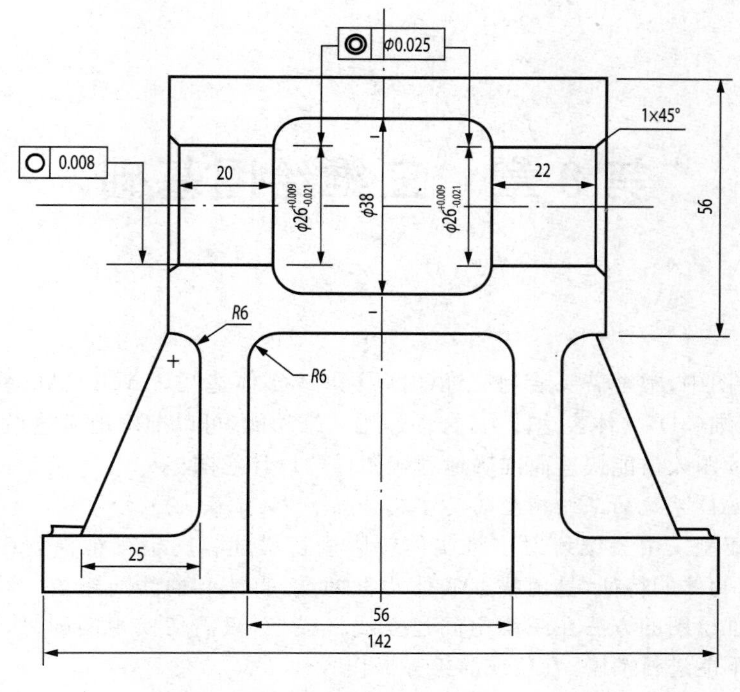

习题 7 - 4

5. 绘制如图习题 7 - 5 所示三视图。

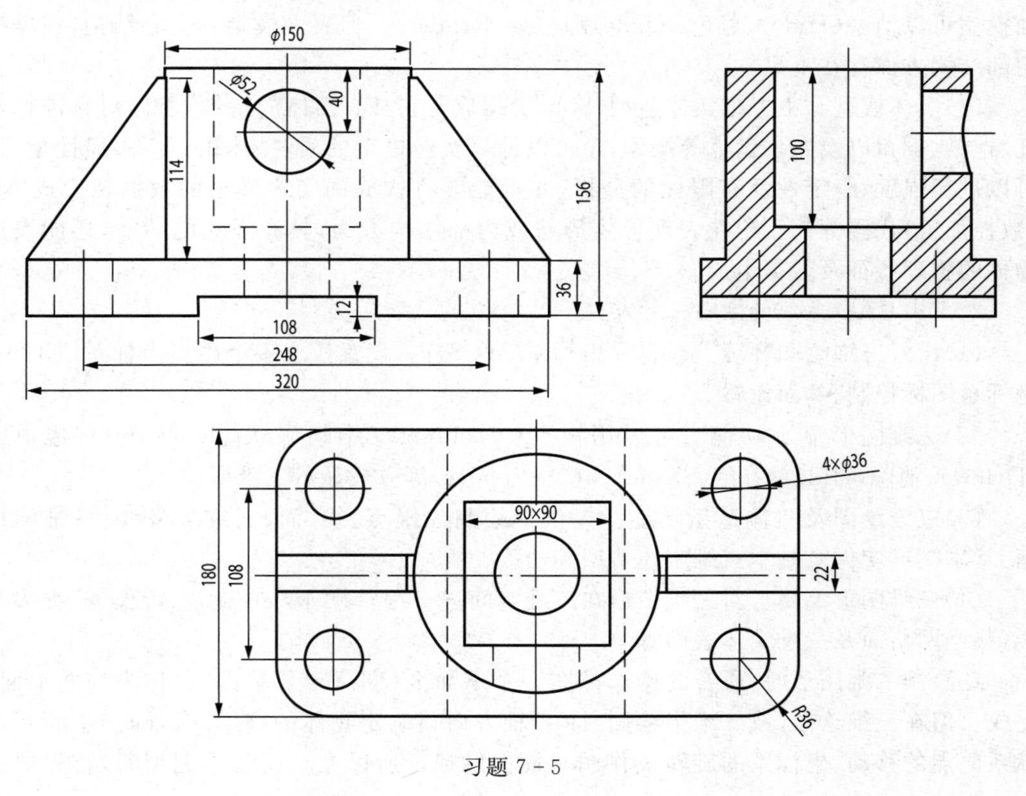

习题 7 - 5

第 8 章　三维绘图基础

在工程绘图中，常常需要绘制三维(3D)图形或实体造型。AutoCAD 系统也提供了较为完善的三维(3D)立体表达能力，合理运用三维功能，可以准确地表达设计思想，提高设计效率，使读图人员能快速而准确地理解图样的设计意图。

1. AutoCAD 系统的三维模型的类型及特点

(1)线框模型。由三维线对三维实体轮廓进行描述。属于三维模型中最简单的一种。它没有面和体的特征，是由描述实体边框的点、直线和曲线所组成。绘制线框模型时，是通过三维绘图的方法在三维空间建立线框模型，只需切换视图即可。线框模型显示速度快，但不能进行消隐、着色或渲染等操作。

(2)表面模型。由三维实体构成。它不仅定义了三维实体的边界，而且还定义了它的表面，因而具有面的特征。可以先生成线框模型，将其作为骨架在上面附加表面。表面模型可以消隐(Hide)、着色(Shade)和渲染(Render)。但表面模型是空心结构，在反映内部结构方面存在不足。

(3)实体模型。由三维实体造型(Solids)构成。它具有实体的特性，可以对它进行钻孔、挖槽、倒角以及布尔运算等操作，还可以计算实体模型的质量、体积、重心、惯性矩，还可以进行强度、稳定性及有限元的分析，并且能够将构成的实体模型的数据转换成 NC(数控加工)代码等。无论在表现形体形状或内部结构方面，具有强大的功能，还能表达物体的物理特征及数据生成。

2. AutoCAD 系统的主要三维功能

(1)设置三维绘图环境。在世界坐标系(WCS)内，设置任意多个用户坐标系(UCS)、坐标系图标控制、基面设置。

(2)三维图形显示功能。可以用视点(Vpoint)、三维动态轨道(3Dorbit)、透视图(Dview)、消隐(Hide)、着色(Shade)、渲染(Render)等方式显示三维形体。

(3)三维绘图及实体造型功能。提供了绘制三维点、线、面、三维多义线、三维网格面、基本三维实体及基本三维实体造型等功能。

(4)三维图形编辑。对三维图形在三维空间进行编辑操作，如：旋转、镜像、三维多义线、三维网格面及三维实体表面等。

在绘制二维图形时，所有的操作都在一个平面上(即 $X-Y$ 平面，也称为构造平面)完成。但在三维绘图(或二维半绘图，即 Z 轴方向只确定物体的高度)时，却经常涉及坐标系原点的移动、坐标系的旋转及作图平面的转换。所以在绘图三维图形时，首先应设置三维绘图环境。因此，三维模型图形绘制时，绘图环境的设置及显示是非常重要的，只有确定合适的三维绘图环境及显示，才能绘制及显示出三维图形。

3. 三维绘图相关术语

在创建三维图形前，应首先了解下面几个术语，如图 8-1 所示。

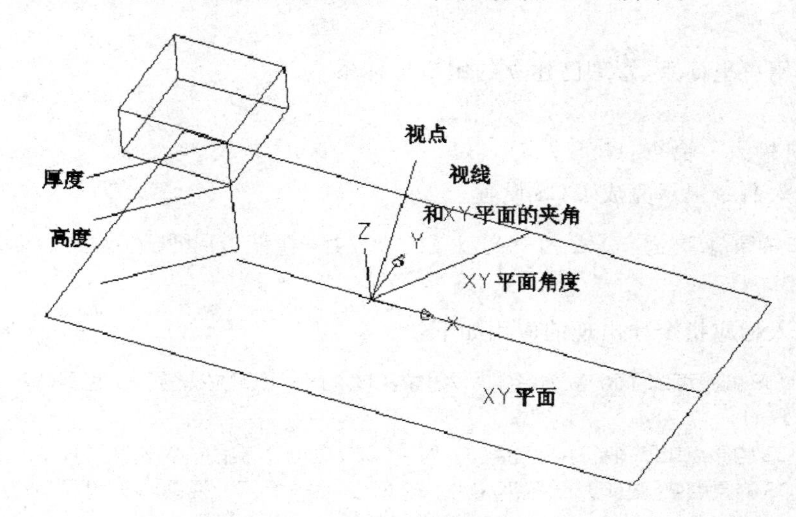

图 8-1　三维绘图术语

(1)*XY* 平面：它是一个平滑的三维面，仅包含 *X* 轴和 *Y* 轴，即 *Z* 坐标为 0。

(2)*Z* 轴：它是三维坐标系的第三轴，它总是垂直于 *XY* 面。

(3)平面视图：以视线与 *Z* 轴平行所看到的 *XY* 平面上的视图即为平面视图。

(4)高度：*Z* 轴坐标值。

(5)厚度：指三维实体沿 *Z* 轴测量的长度。

(6)相机位置：若假定用照相机作比喻，观察三维图形，照相机的位置相当于视点。

(7)目标点：通过照相机看某物体时，聚集到一个清晰点上，该点就是所谓的目标点。在 AutoCAD 中，坐标系原点即为目标点。

(8)视线：假想的线，它把相机位置与目标点连接起来。

(9)与 *XY* 平面的夹角：即视线与其在 *XY* 平面的投影线之间的夹角。

(10)*XY* 平面角度：即视线在 *XY* 平面的投影线与 *X* 轴之间的夹角。

8.1　三维坐标系

AutoCAD 大部分 2D 命令只能在当前坐标系的 *XY* 平面或者与 *XY* 平面平行的平面内使用，如若用户想在空间的某一个平面内使用 2D 命令，则应该先在此平面上创建新的 UCS。

8.1.1 用户坐标系

1. 命令

命令:UCS

2. 功能

设置新用户坐标系、管理已建立的用户坐标系

3. 格式

(1)键盘输入　命令:UCS↓

通过输入命令提示完成 UCS 设置。

指定 UCS 的原点或[面(F)/命名(NA)/对象(OB)/上一个(P)/视图(V)/世界(W)/X/Y/Z/Z 轴(ZA)]<世界>:

需要输入相应指令才出现的应用如下:

(1)指定 UCS 的原点或[面(F)/命名(NA)/对象(OB)/上一个(P)/视图(V)/世界(W)/X/Y/Z/Z 轴(ZA)]<世界>:N

指定新 UCS 的原点或[Z 轴(ZA)/三点(3)/对象(OB)/面(F)/视图(V)/X/Y/Z]<0,0,0>:

(2)指定 CS 的原点或[面(F)/命名(NA)/对象(OB)/上一个(P)/视图(V)/世界(W)/X/Y/Z/Z 轴(ZA)]<世界>:M

指定新原点或[Z 向深度(Z)]<0,0,0>:

(3)指定 UCS 的原点或[面(F)/命名(NA)/对象(OB)/上一个(P)/视图(V)/世界(W)/X/Y/Z/Z 轴(ZA)]<世界>:G

输入选项[俯视(T)/仰视(B)/主视(F)/后视(BA)/左视(L)/右视(R)]<俯视>:

(4)指定 UCS 的原点或[面(F)/命名(NA)/对象(OB)/上一个(P)/视图(V)/世界(W)/X/Y/Z/Z 轴(ZA)]<世界>:R

输入要恢复的 UCS 名称或[?]:

(5)指定 UCS 的原点或[面(F)/命名(NA)/对象(OB)/上一个(P)/视图(V)/世界(W)/X/Y/Z/Z 轴(ZA)]<世界>:S

输入保存当前 UCS 的名称或[?]:

(6)指定 UCS 的原点或[面(F)/命名(NA)/对象(OB)/上一个(P)/视图(V)/世界(W)/X/Y/Z/Z 轴(ZA)]<世界>:D

输入要删除的 UCS 名称<无>:

(7)指定 UCS 的原点或[面(F)/命名(NA)/对象(OB)/上一个(P)/视图(V)/世界(W)/X/Y/Z/Z 轴(ZA)]<世界>:A

拾取要应用当前 UCS 的视口或[所有(A)]<当前>:

各选项说明如下

(1)"N"(新建),创建新的用户坐标系。后续提示:

指定新 UCS 的原点或[Z 轴(ZA)/三点(3)/对象(OB)/面(F)/视图(V)/X/Y/Z]〈0,0,0〉:(输入选项)↓

①"指定新原点",通过移动当前 UCS 的原点,保持其 X、Y 和 Z 轴方向不变,从而定义新的 UCS,后续提示:

指定新原点〈0,0,0〉:(指定点)

相对于当前 UCS 的原点指定新原点。如果不给原点指定 Z 坐标值，此选项将使用当前标高。

②"ZA"，通过选择新坐标系原点和 Z 轴正向上一点确定新的用户坐标系。在确定了 Z 上一点后，系统会根据右手定则，相应地确定新坐标系 X 和 Y 轴。后续提示：

指定新原点〈0,0,0〉：(指定新 UCS 的原点位置)在正 Z 轴范围上指定点〈当前〉：(指定新 UCS 的 Z 轴正向上的一点)

③"3"，通过指定点新 UCS 原点及其 X 和 Y 轴的正方向上的一点，确定用户坐标系，Z 轴由右手定则确定。后续提示：

指定新原点〈0,0,0〉：(输入新 UCS 的 X 轴正方向上的一点，即点 1)
在正 X 轴范围上指定点〈当前〉：(输入新 UCS 的 X 轴正方向上的一点，即点 2)
在 UCSXY 平面的正 Y 轴范围上指定点〈当前〉：(输入新 UCS 的正 Y 轴方向上的一点，即点 3)

④"OB"，根据选定三维实体对象定义新的坐标系。新用户坐标系与所选实体对象具有相同的 Z 轴方向。后续提示：

选择对齐 UCS 的对象：(选择对象)。

不能使用三维实体、三维多线段、三维网格、视口，多线、面域、样条曲线、椭圆、射线、构造线、引线、多行文字等定义新的 UCS 对象。对于非三维面的对象，新 UCS 的 XY 平面与当绘制该对象的 XY 平面平行，但 X 和 Y 轴可作不同的旋转，用实体对象创建新 UCS 的定义规则，见表 8－1 所示。

表 8－1　实体对象创建新 UCS 的定义规则

实体对象	确定新 UCS 的规则
圆弧	圆弧的圆心成为新 UCS 的原点。X 轴通过距离选择点最近的圆弧端点
圆	圆的圆心成为新 UCS 的原点。X 轴通过选择点
标注	标注文字的中点成为新 UCS 的原点。新 X 轴的方向平行于当绘制该标注时生效的 UCS 的 X 轴
直线	离选择点最近的端点成为新 UCS 的原点。AutoCAD 选择新的 X 轴使该直线位于 UCS 的 XZ 平面上。该直线的第二个端点在新坐标系中 Y 坐标为零
点	该点成为新 UCS 的原点
二维多线段	多段线的起点成为新 UCS 的原点。X 轴沿从起点到下一顶点的线段延伸
实体填充	二维实体填充的第一点确定新 UCS 的原点。新 X 轴沿前两点之间的连线方向

（续表）

实体对象	确定新 UCS 的规则
宽线	宽线的“起点”成为新 UCS 的原点，X 轴沿宽线的中心线方向
三维面	取第一点作为新 UCS 的原点，X 轴沿前两点的连线方向，Y 的正方向取自第一点和第四点。Z 轴由右手定则确定
形、块参照、属性定义、外部引用	该对象的插入点成为新 UCS 的原点，新 X 轴由对象绕其拉伸方向旋转定义。用于建立新 UCS 的对象在新 UCS 中的旋转角度为零

⑤“F”，通过指定三维实体的一个面来定义一个新 UCS。新的 UCS 与所选取面具有相同的 XOY 平面，所选面离选取点最近的边缘线定义为 X 轴，它离选取点近的端点为新 UCS 的原点。选取点所在该面上的方向为 Z 轴正方。后续提示：

选择实体对象的面：（选择实体对象的面）

输入选项[下一个(N)/X 轴反向(X)/Y 轴反向(Y)〈接受〉：（输入选择项）

“下一个(N)”，将 UCS 定位于邻接的面或选定边的后向面；“X 轴反向(X)”，将 UCS 绕 X 轴旋转 180 度；“Y 轴反向(Y)”，将 UCS 绕 Y 轴旋转 180 度；“接受”，如果按回车键，则接受该位置。否则将重复出现上面提示，直到接受位置为止。

⑥“V”，通过视图定义的一个新的 UCS，它的 XY 平面与当前观察方向垂直，原点位置保持不变。

⑦X/Y/Z，绕指定的 X、Y、Z 轴按输入角度旋转来确定新的 UCS。后续提示：

指定绕 n 轴的旋转角度〈0〉：（指定角度）

在提示中 n 代表 X、Y 或 Z。输入正或负的角度以旋转 UCS。AutoCAD 用右手定则来确定绕该轴旋转的正方向。

(2)“M”（移动），通过移动当前 UCS 的原点或修改其 Z 轴深度来重新定义 UCS，但保留其 XY 平面的方向不变。修改 Z 轴深度将使 UCS 相对于当前原点沿自身 Z 轴的正方向或负方向移动，后续提示：

指定新原点或[Z 向深度(Z)〈0，0，0〉：（指定或输入 Z 坐标值）

(3)“G”（正交），指定 AutoCAD 提供的六个正交 UCS 之一。这些 UCS 设置通常用于查看和编辑三维模型。后续提示：

输入选项[俯视(T)/仰视(B)主视(F)/后视(BA)/左视(L)/右视(R)]〈当前〉：（输入选项）

默认情况下，正交 UCS 设置将相对于世界坐标系（WCS）的原点和方向确定当前 UCS 的方向。Ucsbase 系统变量控制 UCS，此 UCS 是正交设置的基础。使用 UCS 命令的“移动”(M)选项可以修改正交 UCS 设置中的原点或 Z 向深度。系统提供的六种正交模式的 UCS 为上（TOP）、下（Bottom）\前（Front）、后（Back）、左（Left）和右（Right）。

(4)“P”（上一个），返回上一个 UCS 坐标系。最多可恢复 10 次 UCS。

(5)“R”恢复，恢复一个已命名保存的 UCS 坐标系。后续提示：

输入要恢复的 UCS 名称或[?]:(可以输入一个存储过的 UCS 名称,也可以输入"?","以查询已有的 UCS 名称)

(6)"S"(保存),将当前新设置的 UCS,确定一个名字并存储。后续提示:

输入保存当前 UCS 的名称或[?]:(输入 UCS 名或"? "查询已有的 UCS 名)

(7)"D"(删除),在已存储的 UCS 中删除指定的 UCS。后续提示:

输入要删除的 UCS 名称〈无〉:(删除输入一个已存储的 UCS 名称,也可用通配符或一系列由逗号隔开的 UCS 名称删除多个 UCS)

(8)"A"(应用),系统允许在每个视口中定义独立的 UCS。该选项可以把当前 UCS 设置应用于所指定的特殊视口或图形中的所有激活视口中,后续提示:

拾取要应用当前 UCS 的视口或[所有(A)]〈当前〉:(单击视口内部指定视口、输入 A 或按回车键)

(9)"W"(世界),设置用户坐标系为 WCS。为 UCS 命令的默认选项。

(10)"?"(列表),可以列出指定 UCS 的列表。该选项可给出相对于现有 UCS 的所有坐标系统的名称、原点和 X、Y、Z 轴。如果当前 UCS 没有名称,则它以 World 或 Unnamed 列出。在这两个名称之间的选择取决于当前 UCS 是否与 WCS 相同。

(11)下拉菜单:通过下拉菜单 UCS 完成。

① 下拉菜单,工具(T)→命名 UCS(U)。

② 下拉菜单,工具(T)→新建 UCS(W)→光标菜单,如图 8-2 所示。

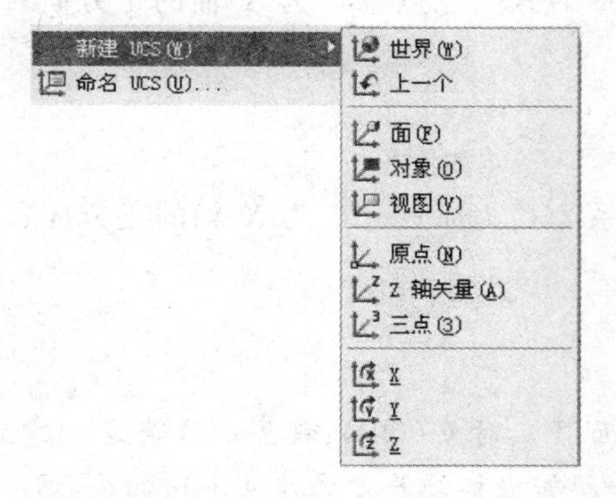

图 8-2 "新建 UCS"光标菜单

③ UCS 工具条:通过 UCS 工具条完成 UCS 设置,如图 8-3 所示。

④ UCSⅡ工具条:通过 UCSⅡ工具条 UCS 设置。如图 8-4 所示。

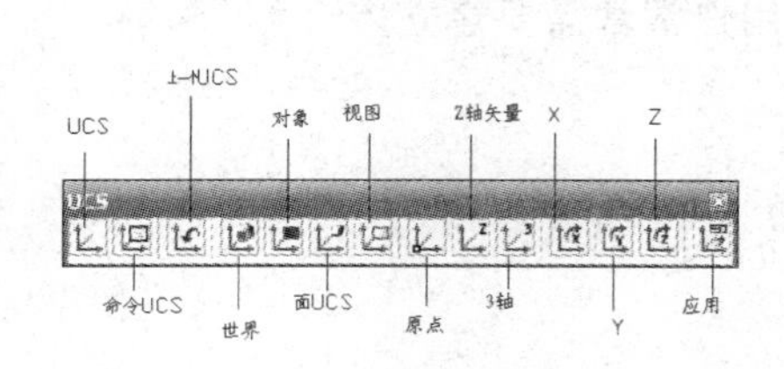

图 8-3 UCS 工具条

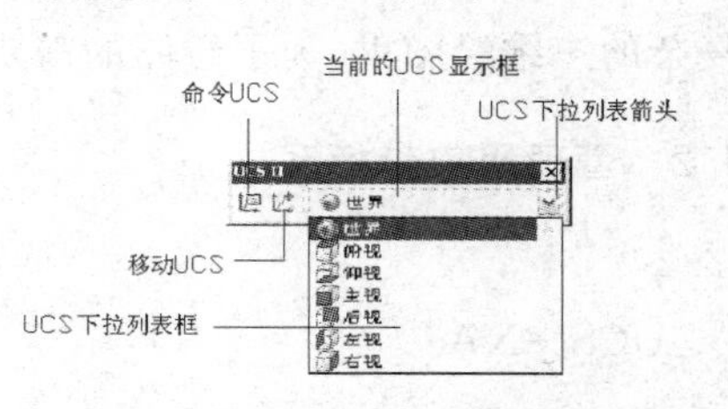

图 8-4 UCSⅡ工具条及下拉列表框

【8-1】 如图8-5a所示，已知一长方体的一个顶点上有一个半径为16mm的圆，请在该立方体的另外两个顶点 B 和 C 点处分别画两个16mm的圆，并使这三个圆互相垂直，如图8-5b所示。

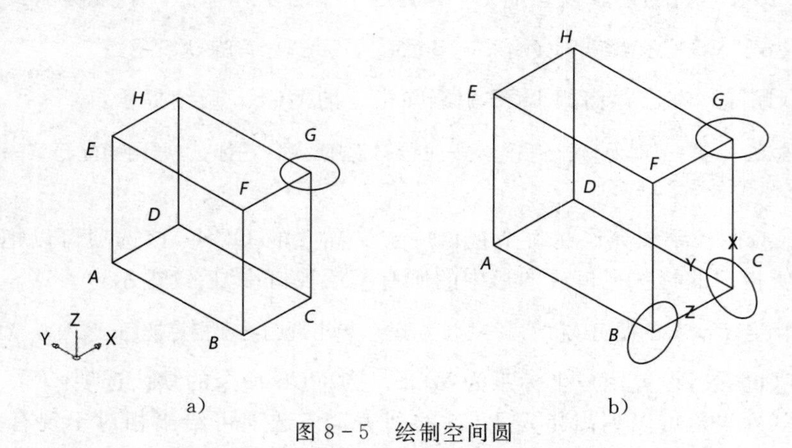

图8-5 绘制空间圆

[分析]：绘制整圆命令CIRCLE是一个2D命令，只能在当前坐标系的 XY 平面或者与 XY 平面平行的平面内使用，如果用户直接选择 B、C 两点画圆，只能画出与 G 点相同的圆，不符合要求。所以只能先使用UCS命令，建立适当的用户坐标系。

[步骤]：

(1)建立新用户坐标系1(B 为原点、BC 为 X 轴的正方向、BF 为 Y 轴的正方向)，并绘制平面 BCF 上的圆：

命令：UCS

命令：CIRCLE

(2)建立新用户坐标系2(C 为原点、CG 为 X 轴的正方向、CD 为 Y 轴的正方向)，并绘制平面 GCD 上的圆：

命令：UCS

命令：CIRCLE

[注意]：用户还可以面(F)、对象(OB)、视图(V)等方式建立新UCS，也可以通过对已有的UCS进行编辑，如旋转坐标轴等方式建立不同的UCS。

[小结]：在三维绘图的过程中经常会遇到需要在立体各个表面进行2D绘图的情况，如果在这些不同的平面上直接进行2D绘图，通常所绘制出来的图素都在一个相同的平面上。如果能够根据需要建立适当的UCS，将会使在三维实体上绘制平面图形变得非常容易。

在复杂的三维绘图里，为了绘图的需要，用户常常需要建立多个UCS。

8.1.2 管理用户坐标系

1. 命令

命令：UCS→NA

2. 功能

对已建立用户坐标系进行恢复、保存、删除等管理。

3. 格式

命令：UCS↙

指定 UCS 的原点或[面(F)/命名(NA)/对象(OB)/上一个(P)/视图(V)/世界(W)/X/Y/Z/Z 轴(ZA)]<世界>： NA↙输入选项[恢复(R)/保存(S)/删除(D)/?]：

4. 使用"UCSⅡ"工具栏：

在"UCSⅡ"工具栏里，可以通过 UCS 管理对话框方便地管理 UCS(如图 8-6 所示)：

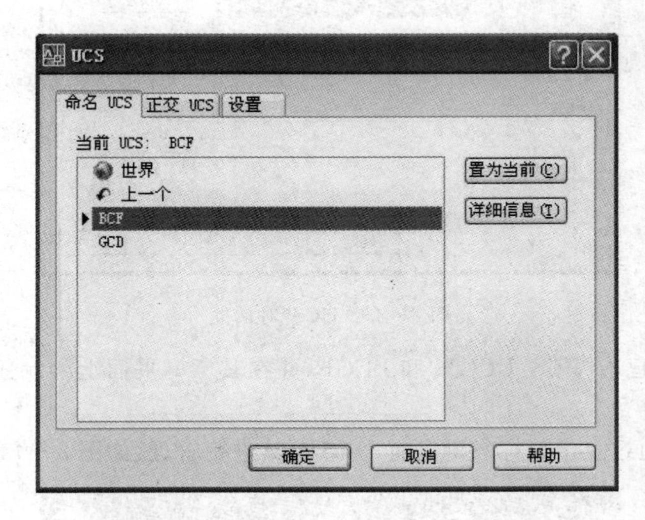

图 8-6　"UCS"界面

【8-2】　对在例 8-1 中建立的两个 UCS 进行命名，以其 XY 平面所包含的点为新坐标系的名称。命名后重新调用已建的 UCS，分别在其 XY 平面上绘制一矩形和圆形，如图 8-7 所示：

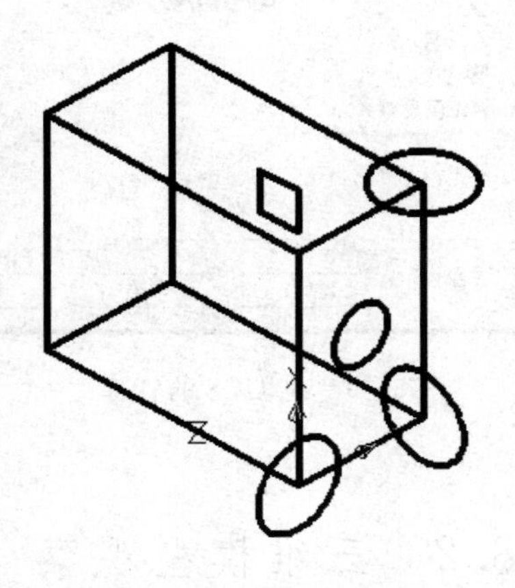

图 8-7　绘制不同面内的图形

[分析]：由于需要对已有的两个 UCS 进行命名，因此可以使用"UCSⅡ"工具栏的命令进行命名。

[步骤]:

(1)命名已有 UCS:单击"UCSⅡ"工具栏，系统弹出 UCS 对话框，如图 8-8 所示:

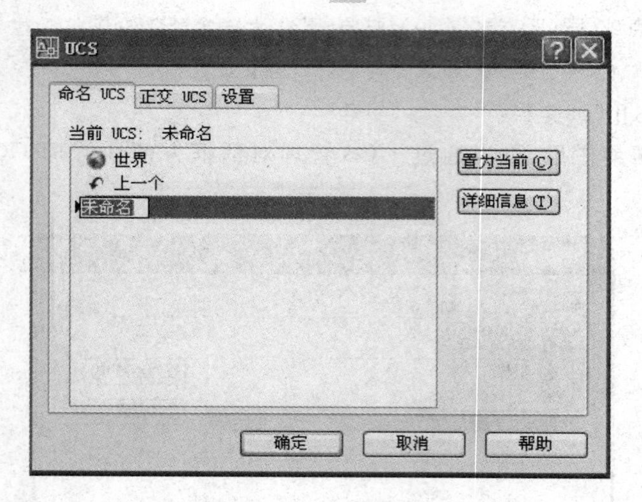

图 8-8 "UCS"对话框

(2)分别调用已有 UCS:DCGH 和 BCGF，并在其 *XY* 平面上绘制矩形和圆形。(过程略)

用户还可以通过点击鼠标右键已有 UCS 对其进行管理，如图 8-9 所示。

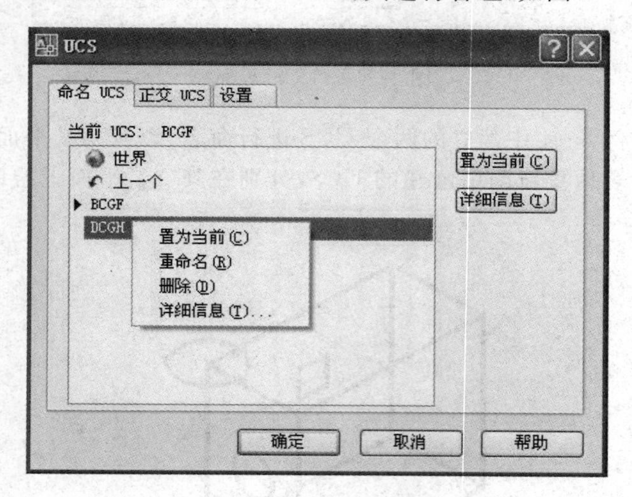

图 8-9 对 UCS 的管理

8.2 三维模型观察

绘制三维实体模型的过程中，常常需要从不同的角度不同的方位观察、编辑图素。具有立体感的三维图形将有助于用户快捷、准确地理解实体模型的空间结构。

AutoCAD 提供了多种观察实体模型的方案，用户可以方便地通过对应的命令，从各个不同的角度了解、观察和编辑实体。

8.2.1　用标准视点观察三维实体

任何三维实体模型都可以从任意一个方向进行观察，AutoCAD 提供了 10 种标准视点，如图 8－10 所示。通过这些标准视点就能够获得三维实体的 10 种视图，如俯视图、前视图、后视图、仰视图、西南轴测图、东北轴测图等（如图 8－10 所示）。

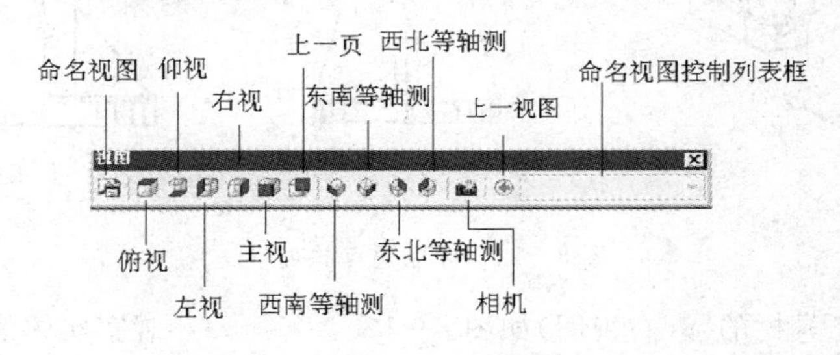

图 8－10　“视图”工具栏

标准视点是相对于某个基准坐标系而言的，基准坐标系不同，即使选择相同视点也会得出不同的视图。用户可以通过“UCSⅡ”工具栏设置指定的 UCS 为基准坐标系，从而获得更多的标准视图。标准视点于基准坐标系的位置关系如图 8－11 所示：

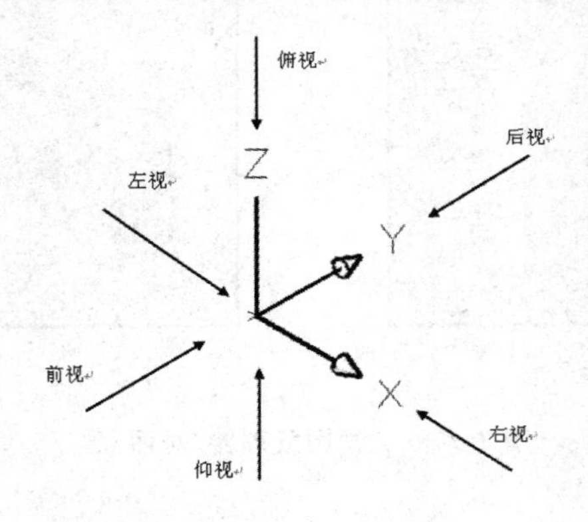

图 8－11　基准坐标系的位置关系

1. 命令

命令：view

2. 功能

选择 10 种标准视点观察从不同的方位观察实体。

【8－3】 如图 8－12a 所示，通过选择适当的标准视点来观察该实体的长、宽、高，如 b、c 图所示。

[步骤]：

方式一

命令：选择“视图”工具栏的■（主视图）如图 8－12b　　//观察实体的长和高

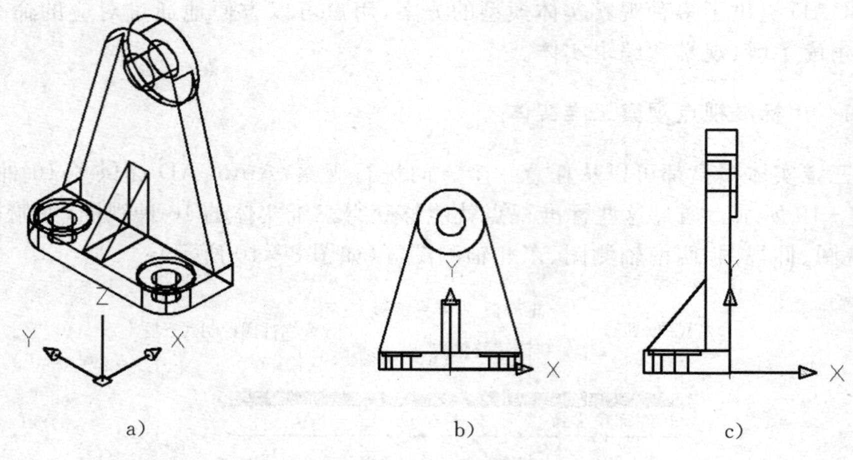

a)　　　　b)　　　　c)

图 8 - 12　标准视点的观察

选择“视图”工具栏的▣(右视图)如图 8 - 12c　　　　//观察实体的宽和高

方式二

命令:view 选择主视,再点击置为当前(如图 8 - 13a 所示)://观察实体的长和高
view 选择右视,再点击置为当前(如图 8 - 13b 所示)://观察实体的宽和高

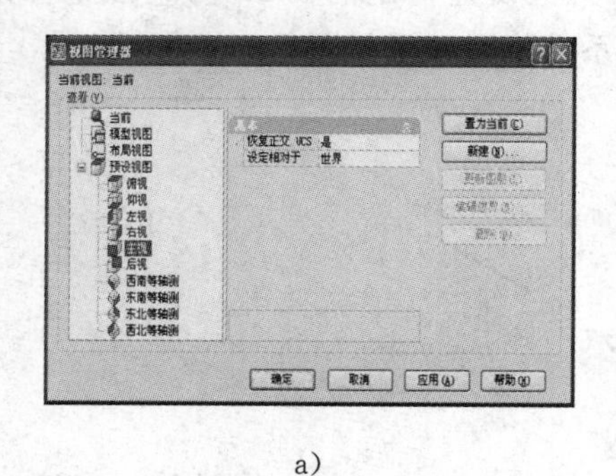

a)

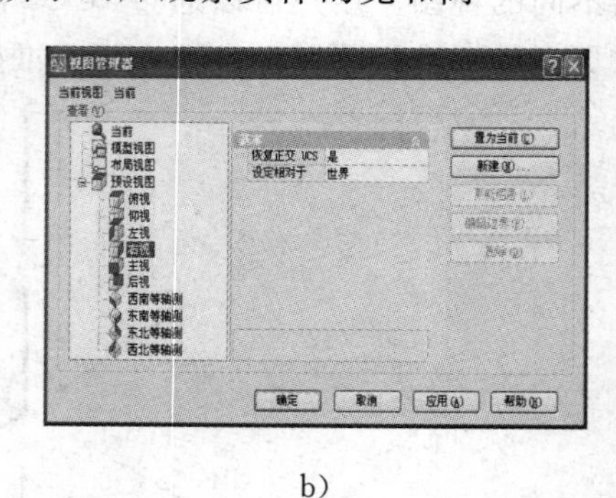

b)

图 8 - 13　“视图管理器”对话框

8.2.2　设置视点

AutoCAD 除了提供 10 种标准视点外,还可以通过输入坐标等方式设置任意的一个点作为视点来从任何一个角度观察实体。AutoCAD 里各轴测视点在基准坐标系的位置矢量分别为:

1. 命令提示行设置三维视点命令(Vpoint)

(1)功能

用来设置当前视口的视点。视点与坐标原点的连线即为观察方向,每个视口都有自己的视点。此时,AutoCAD 重新生成图形和投影实体,这样看到的就如同在空中看到的一样。Vpoint 命令设置视点的投影为轴测投影图,而不是透视投影图,其投影方向是视点 A(X,Y,Z)与坐标原点 O 连线。视点只指定方向,不指导定距离,即在 OA 直线及其

延长一上选择任意一点作为视点，其投影效果是相同的，一旦使用 V*point* 命令选择一个视点之后，这个位置一直保持到重新使用 Vpoint 命令改变它为止。

(2)格式

键盘输入：命令：Vpoint ↓

提示：指定视点或[旋转(R)]〈显示坐标球和三轴架〉：(输入选择项)

视点的默认值为(0,0,1)即视点位于 *XOY* 平面上，视线与该平面垂直。因而在未设定三维视点时，所见的视图都为模型的平面视图。在该默认视图中，无法观察三维实体的高度和三维实体的相对空间关系。

(3)选项说明

①“指定视点”，直接指定视点位置的矢量数据，即 *X*、*Y*、*Z* 坐标值，作为视点。由坐标点到坐标原点的连线为三维视点方向。

②“R”，用旋转方式视点。通过指定视线与 *XOY* 平而后夹角和在 *XOY* 平面中与 *X* 轴的夹角来生成视图。

③“显示坐标球和三轴架”，为默认选项，当直接回车后，在屏幕上会产生一个视点罗盘。通过移动罗盘上的光标，三维轴坐标相应旋转，可以动态地设置位置。

其中，罗盘是用二维图像表达三维空间，在罗盘选取点，实际定义了视点在 *XOY* 平面上的投影与 *X* 轴的角度和视线到 *XOY* 平面的角度。

当光标位于罗盘中心时，观察视点位于 *XOY* 平面上方的 *Z* 轴上，视线方向与 *XOY* 平面垂直 90°。

当光标位于罗盘内圈上时，观察点位于 *XOY* 平面上方非 *Z* 轴的部分，视线方向与 *XOY* 平面成 0°～90°。

当光标位于罗盘内圈上时，观察点位于 *XOY* 平面上，视线方向与 *XOY* 平面成 0°角。

当光标位于罗盘内外圈之间时，观察视点位于 *XOY* 平面下方非 *Z* 轴的部分，视线方向与 *XOY* 平面成—90°～0°。

当光标位于罗盘外圈上时，观察视点位于 *XOY* 平面下方的 *Z* 轴上，视线方向与 *XOY* 平面垂直。

另外，罗盘上水平和垂直的直线代表 *XOY* 平面内 0°、90°、180°和 270°。相对水平线和垂直线的光标位置决定了视线方向与 *X* 轴的夹角。

常用视点矢量(视点坐标)设置及对应的视图，见表 10－2。

表 10－2　常用视点矢量(视点坐标)设置及对应的视图

视点坐标	所显示的视图	视点坐标	所显示的视图
0,0,1	顶面(俯视)	－1,－1,－1	底面、正面、左面
0,0,－1	底面(仰视)	1,1,－1	底面、背面、右面
0,－1,0	正面(前视)	－1,1,－1	底面、背面、左面
0,1,0	背面(后视)	1,－1,1	顶面、正面、左面(东南轴测图)

（续表）

视点坐标	所显示的视图	视点坐标	所显示的视图
1,0,0	右面（右视）	−1,−1,1	顶面、正面、右面（西南轴测图）
−1,0,0	左面（左视）	1,1,1	顶面、背面、右面（东北轴测图）
1,−1,−1	底面、正面、右面	−1,1,1	顶面、背面、左面（西北轴测图）

【8-4】 如图 8-14a 所示，设置点(1,2,3)为新视点，并对实体进行消隐来观察该实体的结构，如图 8-14b 所示。

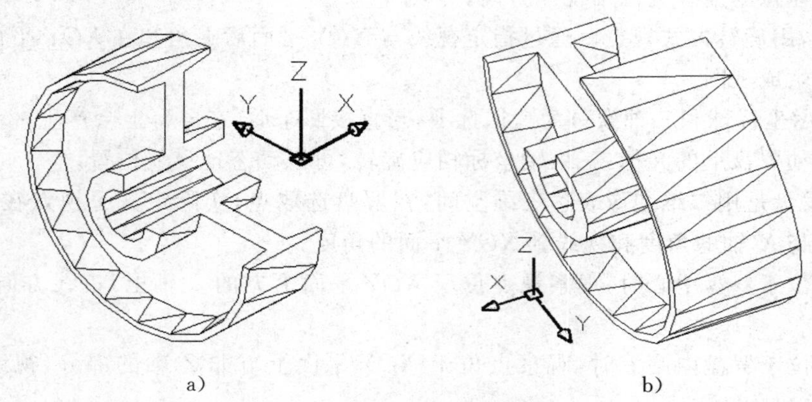

图 8-14 新视点的消隐观察

8.2.3 动态观察器

1. 受约束的动态观察

(1)命令

命令：3DORBIT

定点设备：按 SHIFT 键并单击鼠标滚轮可进入"三维动态观察"模式。

(2)功能

沿 *XY* 平面或 *Z* 轴约束三维动态观察。

(3)格式与示例

命令：3DORBIT↙

按 ESC 或 ENTER 键退出，或者单击鼠标右键显示快捷菜单。

2. 自由动态观察

(1)命令

命令：3DFORBIT

定点设备：按住 SHIFT+CTRL 组合键，然后单击鼠标滚轮以暂时进入 3DFORBIT 模式。

(2)功能

不参照平面,在任意方向上进行动态观察。沿 XY 平面和 Z 轴进行动态观察时,视点不受约束。

(3)格式与示例

命令:3DFOrbit↙

按 ESC 或 ENTER 键退出,或者单击鼠标右键显示快捷菜单,切换到其他动态观察命令。

3. 连续动态观察

(1)命令

命令:3DCORBIT

定点设备:按住 SHIFT+CTRL 组合键,然后单击鼠标滚轮以暂时进入 3DFORBIT 模式。

(2)功能

使三维实体按某一方向,以一定速率连续地进行转动,方便用户动态观察实体。

(3)格式与示例

命令:3DCORBIT↙

按 ESC 或 ENTER 键退出,或者单击鼠标右键显示快捷菜单,切换到其他动态观察命令。

【8-5】 如图 8-15 所示,分别利用受约束的动态观察、自由动态观察和连续动态观察 3 个命令来从多方位观察此实体模型,感受这 3 个命令的异同。

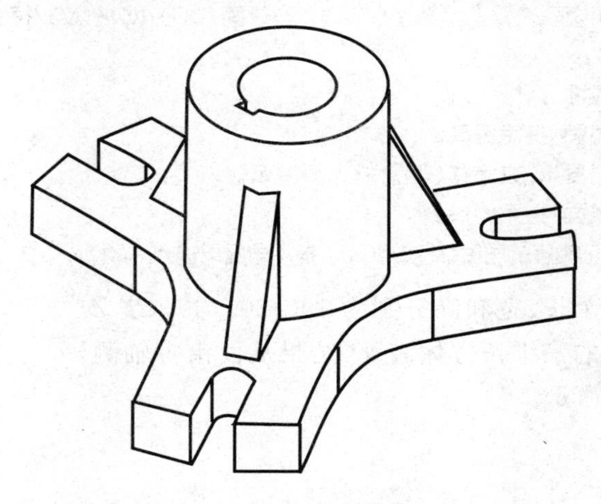

图 8-15　动态观察

[分析]:这 3 种动态观察命令是有不少区别的,例如与 3DORBIT 不同,3DFORBIT 不约束沿 XY 轴或 Z 方向的视图变化,而 3DCORBIT 则只需要拖动鼠标一次就可以可以连续、动态地观察实体。

[步骤]:

打开“动态观察”工具栏,分别点击(受约束的动态观察)、(自由动态观察)和(连续动态观察)3 个快捷方式,从不同的角度来观察此实体。

8.3 绘制三维曲面

AutoCAD 提供创建基本三维曲面的快捷方式，用户可以通过使用 3D 命令，设置基本参数就可以方便、快捷地创建常用的基本的三维曲面。用户还可以通过扫掠、放样、旋转等方式创建较复杂的三维曲面。

8.3.1 绘制长方体表面

1. 命令

命令：3D↙

[长方体表面(B)/圆锥面(C)/下半球面(DI)/上半球面(DO)/网格(M)/棱锥面(P)/球面(S)/圆环面(T)/楔体表面(W)]：B↙

2. 功能

通过指定基本立体的参数，创建三维长方体表面多边形网格。

3. 格式

命令：3D↙

输入选项

[长方体表面(B)/圆锥面(C)/下半球面(DI)/上半球面(DO)/网格(M)/棱锥面(P)/球面(S)/圆环面(T)/楔体表面(W)]：B↙

指定角点给长方体表面：↙

指定长度给长方体表面：指定距离↙

指定长方体表面的宽度或[立方体(C)]：指定距离或输入 C↙

指定高度给长方体表面：指定距离↙

指定长方体表面绕 Z 轴旋转的角度或[参照(R)]：指定角度或输入 r↙

【8-6】 创建一个长、宽和高分别为 100，200，300，绕 Z 轴旋转的角度为 0 度的三维长方体表面，结果从西南等轴测视图观察如图 8-16 所示。

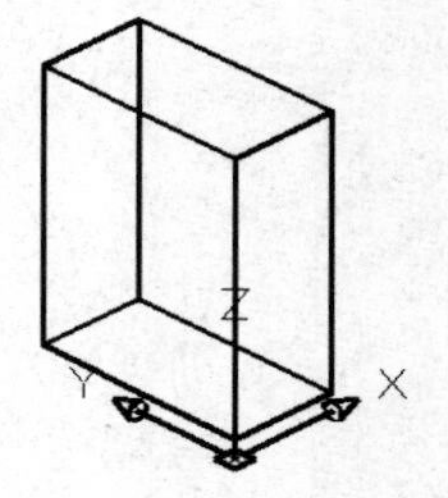

图 8-16 长方体的创建

[步骤]：

命令：3D↙

输入选项

[长方体表面(B)/圆锥面(C)/下半球面(DI)/上半球面(DO)/网格(M)/棱锥面(P)/球面(S)/圆环面(T)/楔体表面(W)]：B↙ //进入绘制长方体表面模式

指定角点给长方体表面：任选一点↙ //指定长方体表面角点

指定长度给长方体表面：100↙ //指定长 100

指定长方体表面的宽度或[立方体(C)]：200↙ //指定宽 200

指定高度给长方体表面：300↙ //指定高 100

指定长方体表面绕 Z 轴旋转的角度或[参照(R)]：0↙ //指定不旋转

8.3.2　绘制圆锥面

1. 命令

命令:3D↙

[长方体表面(B)/圆锥面(C)/下半球面(DI)/上半球面(DO)/网格(M)/棱锥面(P)/球面(S)/圆环面(T)/楔体表面(W)]:C↙

2. 功能

通过指定基本立体的参数,创建圆锥状多边形网格。

3. 格式

命令:3D↙

输入选项

[长方体表面(B)/圆锥面(C)/下半球面(DI)/上半球面(DO)/网格(M)/棱锥面(P)/球面(S)/圆环面(T)/楔体表面(W)]:C

指定圆锥体底面的中心点:指定点

指定圆锥体底面的半径或[直径(D)]:指定距离或输入 d

指定圆锥体顶面的半径或[直径(D)]<0>:指定距离,输入 d,或按 ENTER 键

指定圆锥体的高度:指定距离

输入圆锥体曲面的线段数目<16>:输入大于 1 的值或按 ENTER 键↙

【8-7】 创建一个圆锥体底面半径为 100,顶面的半径为 30,高度为 70,圆锥体曲面的线段数目为 25 的圆锥体表面。结果从西南等轴测视图观察如图 8-17 所示。

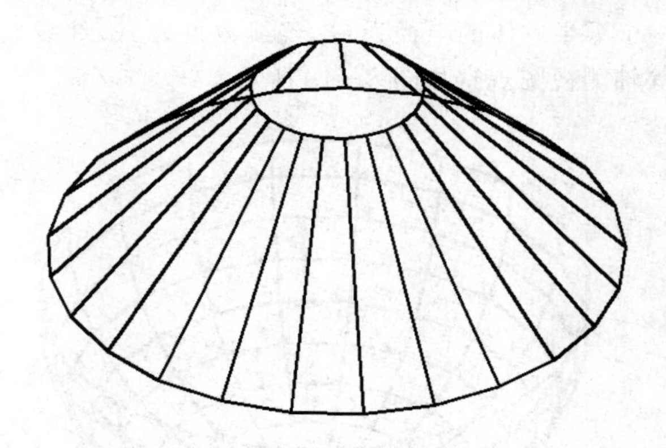

图 8-17　圆锥体的创建

[步骤]:

命令:3D↙

输入选项

[长方体表面(B)/圆锥面(C)/下半球面(DI)/上半球面(DO)/网格(M)/棱锥面(P)/球面(S)/圆环面(T)/楔体表面(W)]:C↙

指定圆锥体底面的中心点:任意指定一点↙

指定圆锥体底面的半径或[直径(D)]:100↙

指定圆锥体顶面的半径或[直径(D)]<0>:30↙
指定圆锥体的高度:70↙
输入圆锥体曲面的线段数目<16>:25↙

8.3.3 绘制下半球面

1. 命令

命令:3D↙

[长方体表面(B)/圆锥面(C)/下半球面(DI)/上半球面(DO)/网格(M)/棱锥面(P)/球面(S)/圆环面(T)/楔体表面(W)]:DI↙

2. 功能

通过指定基本立体的参数,创建球状多边形网格的下半部分。

3. 格式

命令:3D↙
输入选项
[长方体表面(B)/圆锥面(C)/下半球面(DI)/上半球面(DO)/网格(M)/棱锥面(P)/球面(S)/圆环面(T)/楔体表面(W)]:DI↙
指定中心点给下半球体:指定点(1)↙
指定下半球体的半径或[直径(D)]:指定距离或输入 d↙
输入曲面的经线数目给下半球体<16>:输入大于 1 的值或按 ENTER 键↙
输入曲面的纬线数目给下半球体<8>:输入大于 1 的值或按 ENTER 键↙

【8-8】 创建一个下半球体的半径为 68,经线数目为 20,纬线数目为 10 的下半球面表面。结果从西南等轴测视图观察如图 8-18 所示。

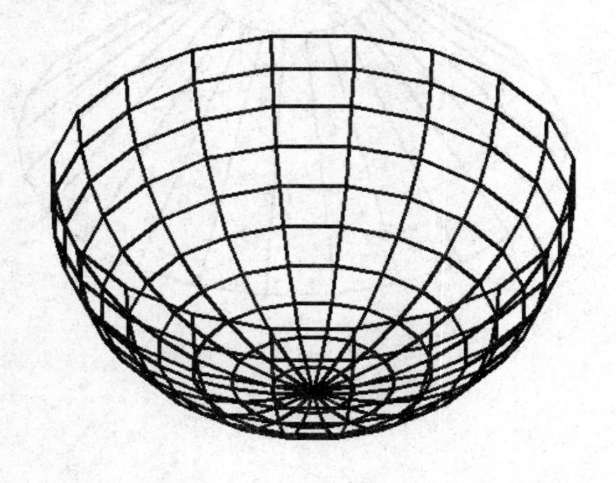

图 8-18 下半球体的创建

[步骤]:
命令:3D↙
输入选项

[长方体表面(B)/圆锥面(C)/下半球面(DI)/上半球面(DO)/网格(M)/棱锥面(P)/球面(S)/圆环面(T)/楔体表面(W)]:DI↙　　　　//进入绘制下半球面表面模式

指定中心点给下半球体:任意指定一点↙　　　　//指定下半球体的中心点

指定下半球体的半径或[直径(D)]:68↙　　　　//指定下半球体半径

输入曲面的经线数目给下半球体＜16＞:20↙　　　　//指定下半球体的经线数

输入曲面的纬线数目给下半球体＜8＞:10↙　　　　//指定下半球体的纬线数

8.3.4　绘制上半球面

1. 命令

命令:3D↙

[长方体表面(B)/圆锥面(C)/下半球面(DI)/上半球面(DO)/网格(M)/棱锥面(P)/球面(S)/圆环面(T)/楔体表面(W)]:DO↙

2. 功能

通过指定基本立体的参数,创建球状多边形网格的上半部分。

3. 格式

命令:3D↙

输入选项

[长方体表面(B)/圆锥面(C)/下半球面(DI)/上半球面(DO)/网格(M)/棱锥面(P)/球面(S)/圆环面(T)/楔体表面(W)]:DO↙

指定中心点给上半球体:指定点(1)↙

指定上半球体的半径或[直径(D)]:指定距离或输入 d↙

输入曲面的经线数目给上半球体＜16＞:输入大于 1 的值或按 ENTER 键↙

输入曲面的纬线数目给上半球体＜8＞:输入大于 1 的值或按 ENTER 键↙

【8-9】 创建一个下半球体的半径为 68,经线数目为 10,纬线数目为 5 的上半球面表面。结果从西南等轴测视图观察,如图 8-19 所示。

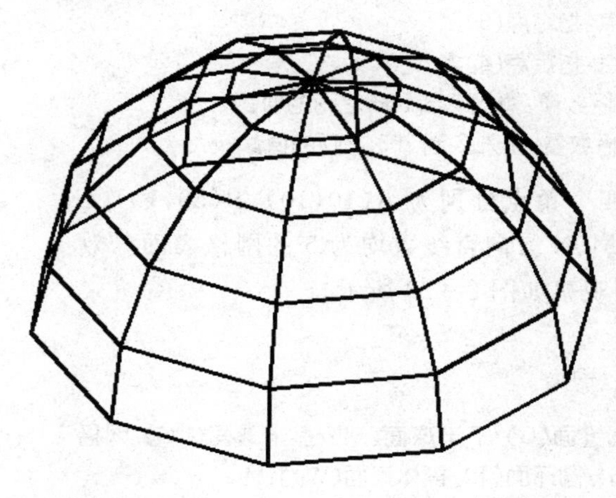

图 8-19　下半球体的创建

[步骤]:

命令:3D↙

输入选项

[长方体表面(B)/圆锥面(C)/下半球面(DI)/上半球面(DO)/网格(M)/棱锥面(P)/球面(S)/圆环面(T)/楔体表面(W)]:DO↙　　//进入绘制上半球面表面模式

指定中心点给上半球体:任意指定一点↙　　//指定上半球体的中心点

指定上半球体的半径或[直径(D)]:68↙　　//指定上半球体半径

输入曲面的经线数目给上半球体<16>:10↙　　//指定上半球体的经线数

输入曲面的纬线数目给上半球体<8>:5↙　　//指定上半球体的纬线数

8.3.5　绘制网格

1. 命令

命令:3D↙

[长方体表面(B)/圆锥面(C)/下半球面(DI)/上半球面(DO)/网格(M)/棱锥面(P)/球面(S)/圆环面(T)/楔体表面(W)]:M↙

2. 功能

通过指定M、N方向的直线数目,创建平面网格。M向和N向与 XY 平面的 X 和 Y 轴类似。

3. 格式

命令:3D↙

输入选项

[长方体表面(B)/圆锥面(C)/下半球面(DI)/上半球面(DO)/网格(M)/棱锥面(P)/球面(S)/圆环面(T)/楔体表面(W)]　M↙

指定网格的第一角点:指定点(1)↙

指定网格的第二角点:指定点(2)↙

指定网格的第三角点:指定点(3)↙

指定网格的第四角点:指定点(4)↙

输入M方向上的网格数量:输入2到256之间的值↙

输入N方向上的网格数量:输入2到256之间的值↙

【8-10】 创建四个角点分别为 $A(10,10)$、$B(50,10)$、$C(10,50)$、$D(50,50)$,M、N方向直线数均为5的网格表面。效果从西南等轴测视图观察如图8-20所示。

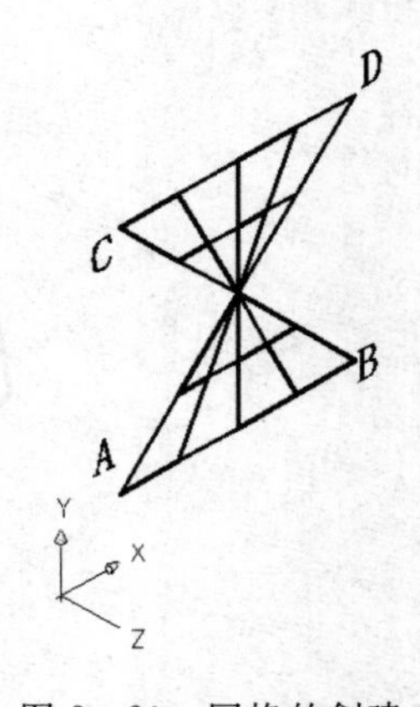

图8-20　网格的创建

[步骤]:

命令:3D↙输入选项

[长方体表面(B)/圆锥面(C)/下半球面(DI)/上半球面(DO)/网格(M)/棱锥面(P)/球面(S)/圆环面(T)/楔体表面(W)]:M↙

//进入绘制网格表面模式

指定网格的第一角点:10,10↙　　//指定网格A点坐标

指定网格的第二角点:50,10↙　　　　//指定网格 B 点坐标
指定网格的第三角点:10,50↙　　　　//指定网格 C 点坐标
指定网格的第四角点:50,50↙　　　　//指定网格 D 点坐标
输入 M 方向上的网格数量:5↙　　　　//指定 M 方向上的直线条数
输入 N 方向上的网格数量:5↙　　　　//指定 N 方向上的直线条数

8.3.6 绘制棱锥面

1. 命令

命令:3D↙

[长方体表面(B)/圆锥面(C)/下半球面(DI)/上半球面(DO)/网格(M)/棱锥面(P)/球面(S)/圆环面(T)/楔体表面(W)]:P↙

2. 功能

通过指定角点,创建一个棱锥面或四面体表面。

3. 格式

命令:3D↙

输入选项

[长方体表面(B)/圆锥面(C)/下半球面(DI)/上半球面(DO)/网格(M)/棱锥面(P)/球面(S)/圆环面(T)/楔体表面(W)]:P↙

指定棱锥面底面的第一角点:指定点(1)
指定棱锥面底面的第二角点:指定点(2)
指定棱锥面底面的第三角点:指定点(3)
指定棱锥面底面的第四角点或[四面体(T)]:指定点(4)或输入 t

指定棱锥面的顶点或[棱(R)/顶面(T)]:指定点(5)或输入选项

【8-11】 创建一个四面体表面,使它的底面三个角点分别为 $A(0,0)$、$B(50,0)$、$C(50,50)$,顶点 D 为(20,30,80)。效果从西南等轴测视图观察如图 8-21 所示。

[提示]:在本例题中,由于需要创建的是四面体表面,故在系统提示输入第四个角点时输入字母 T 进入四面体模式。

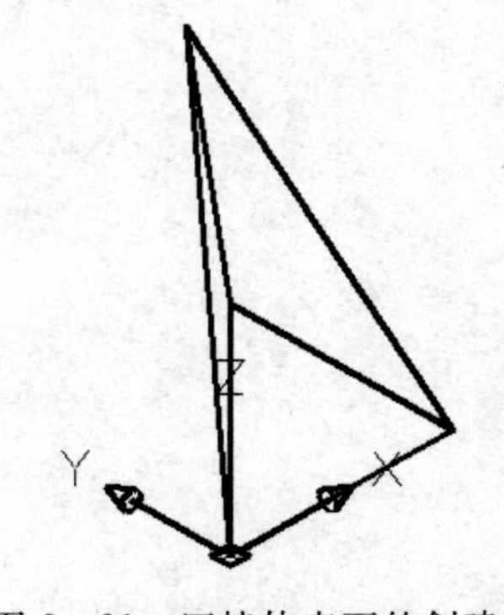

图 8-21　四棱体表面的创建

[步骤]:

命令:3D↙

输入选项

[长方体表面(B)/圆锥面(C)/下半球面(DI)/上半球面(DO)/网格(M)/棱锥面(P)/球面(S)/圆环面(T)/楔体表面(W)]:P↙

指定棱锥面底面的第一角点:0,0↙
指定棱锥面底面的第二角点:50,0↙

指定棱锥面底面的第三角点:50,50↙

指定棱锥面底面的第四角点或[四面体(T)]:t↙

指定四面体表面的顶点或[顶面(T)]:20,30,80↙

8.3.7 绘制球面

1. 命令

命令:3D↙

[长方体表面(B)/圆锥面(C)/下半球面(DI)/上半球面(DO)/网格(M)/棱锥面(P)/球面(S)/圆环面(T)/楔体表面(W)]:S↙

2. 功能

通过指定球体的中心点和半径,创建球状多边形网格

3. 格式

命令:3D↙

输入选项

[长方体表面(B)/圆锥面(C)/下半球面(DI)/上半球面(DO)/网格(M)/棱锥面(P)/球面(S)/圆环面(T)/楔体表面(W)]:S↙

指定中心点给球体:指定点(1)

指定球体的半径或[直径(D)]:指定距离或输入 d

输入曲面的经线数目给球体<16>:输入大于 1 的值或按 ENTER 键

输入曲面的纬线数目给球体<16>:输入大于 1 的值或按 ENTER 键

【8-12】 创建一个球体,使它的中心点位于 WCS 的坐标原点上,其半径为 88,经线和纬线的数目均为 16。绘制完毕后其效果从西南等轴测视图观察,如图 8-22 所示。

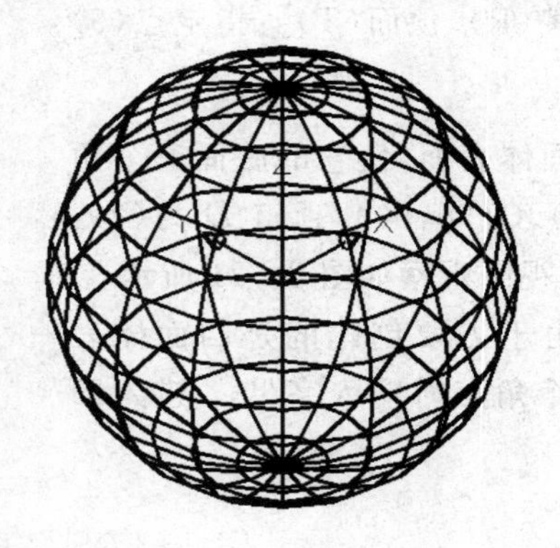

图 8-22 球体的创建

[步骤]:

命令:3d

输入选项

[长方体表面(B)/圆锥面(C)/下半球面(DI)/上半球面(DO)/网格(M)/棱锥面(P)/球面(S)/圆环面(T)/楔体表面(W)]:s↙

指定中心点给球面:0,0,0↙
指定球面的半径或[直径(D)]:88↙
输入曲面的经线数目给球面＜16＞:↙
输入曲面的纬线数目给球面＜16＞:↙

8.3.8　绘制圆环面

1. 命令

命令:3D↙

[长方体表面(B)/圆锥面(C)/下半球面(DI)/上半球面(DO)/网格(M)/棱锥面(P)/球面(S)/圆环面(T)/楔体表面(W)]:T↙

2. 功能

通过指定圆环面的中心点、圆环体的半径和圆管半径,创建与当前 UCS 的 XY 平面平行的圆环状多边形网格。

3. 格式

命令:3D↙

输入选项

[长方体表面(B)/圆锥面(C)/下半球面(DI)/上半球面(DO)/网格(M)/棱锥面(P)/球面(S)/圆环面(T)/楔体表面(W)]:T↙
指定圆环体的中心点:指定点(1)↙
指定圆环体的半径或[直径(D)]:指定距离或输入 d↙
指定圆管半径或[直径(D)]:指定距离或输入 d↙
输入环绕圆管圆周的线段数目＜16＞:输入大于 1 的值或按 ENTER 键↙
输入环绕圆环体圆周的线段数目＜16＞:输入大于 1 的值或按 ENTER 键↙

【8-13】 创建一个圆环面,使它的中心点位于 WCS 坐标系的 A(10,20,30)点上,其圆环体的半径为 40,圆管半径为 5,圆管圆周和圆环体圆周的线段数目均为 13。绘制完毕后其效果从西南等轴测视图观察如图所示。

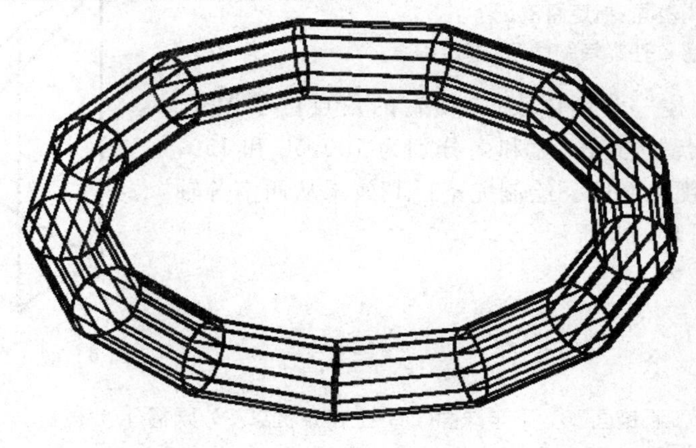

图 8-23　圆环面的创建

[步骤]:

命令:3d

输入选项

[长方体表面(B)/圆锥面(C)/下半球面(DI)/上半球面(DO)/网格(M)/棱锥面(P)/球面(S)/圆环面(T)/楔体表面(W)]:t

指定圆环面的中心点:10,20,30

指定圆环面的半径或[直径(D)]:40

指定圆管的半径或[直径(D)]:5

输入环绕圆管圆周的线段数目<16>:13

输入环绕圆环面圆周的线段数目<16>:13

8.3.9 绘制楔体表面

1. 命令

命令:3D↙

[长方体表面(B)/圆锥面(C)/下半球面(DI)/上半球面(DO)/网格(M)/棱锥面(P)/球面(S)/圆环面(T)/楔体表面(W)]:W↙

2. 功能

通过指定楔体参数,创建一个直角楔状多边形网格,其斜面沿 X 轴方向倾斜。

3. 格式

命令:3D↙

输入选项

[长方体表面(B)/圆锥面(C)/下半球面(DI)/上半球面(DO)/网格(M)/棱锥面(P)/球面(S)/圆环面(T)/楔体表面(W)]:W↙

指定角点给楔体表面:指定点(1)↙

指定长度给楔体表面:指定距离↙

指定楔体表面的宽度:指定距离↙

指定高度给楔体表面:指定距离↙

指定楔体表面绕 Z 轴旋转的角度:指定角度↙

【8-14】 创建一个楔体表面,使它的角点位于 WCS 坐标系的坐标原点上,其长、宽和高分别为 100,50 和 150,绕 Z 轴旋转的角度为 0 度。绘制完毕后其效果从西南等轴测视图观察,如图 8-24 所示。

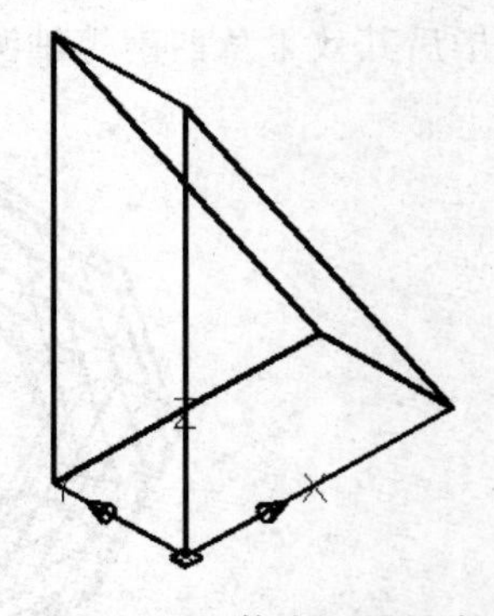

图 8-24 楔体表面的创建

[步骤]:

命令:3d

输入选项

[长方体表面(B)/圆锥面(C)/下半球面(DI)/上半球面(DO)/网格(M)/棱锥面(P)/球面(S)/圆环面(T)/楔体表面(W)]:w

指定角点给楔体表面:0,0

指定长度给楔体表面:100
指定楔体表面的宽度:50
指定高度给楔体表面:150
指定楔体表面绕 Z 轴旋转的角度:0

8.3.10　拉伸表面

1. 命令

“建模”工具栏:

“绘图(D)”菜单:建模(M)→拉伸(X)

命令:extrude

2. 功能

通过沿指定的方向将对象或平面拉伸出指定距离来创建三维实体或曲面。

[注意]:如果拉伸曲面、面域等闭合对象,则生成的对象为实体。如果拉伸开放对象、或者不是一体的闭合对象,则生成的对象为曲面。在这里我们将先重点介绍拉伸表面的使用方法。

3. 格式

命令:extrude↙

选择要拉伸的对象:↙
指定拉伸的高度或[方向(D)/路径(P)/倾斜角(T)]↙

4. 选项

指定拉伸的高度:通过输入数值指定拉伸高度。

方向(D):通过指定的两点指定拉伸的长度和方向。

路径(P):选择基于指定曲线对象的拉伸路径。

倾斜角(T):用于拉伸的倾斜角是两个指定点之间的距离。

【8-15】　如图 8-25a 所示,利用拉伸表面命令,将圆弧 A 沿着路径圆弧 B 拉伸成如图 8-25b 所示的曲面。

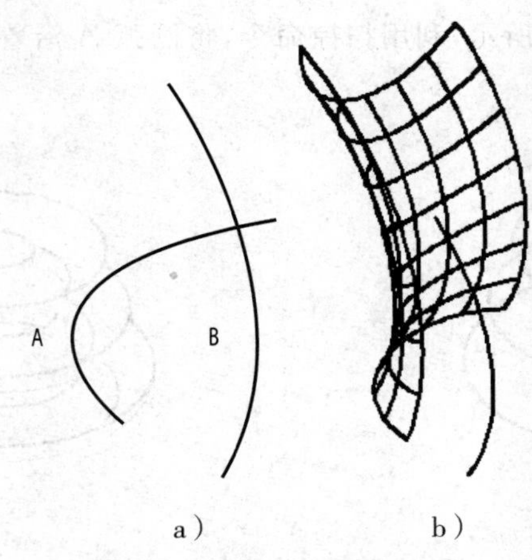

图 8-25　拉伸表面的创建

[步骤]:

命令:extrude ↙

选择要拉伸的对象:选择圆弧 A ↙ //指定圆弧 A 为拉伸对象

指定拉伸的高度或[方向(D)/路径(P)/倾斜角(T)] P ↙ //进入指定路径模式

选择拉伸路径或[倾斜角(T)]:选择圆弧 B ↙ //指定圆弧 B 为拉伸路径

8.3.11 扫掠表面

1. 命令

命令:sweep

2. 功能

通过沿开放或闭合的二维或三维路径扫掠开放或闭合的平面曲线(轮廓)来创建新实体或曲面。

[注意]:SWEEP 命令用于沿指定路径以指定轮廓的形状(扫掠对象)绘制实体或曲面。可以扫掠多个对象,但是这些对象必须位于同一平面中。如果沿一条路径扫掠闭合的曲线,则生成实体。在这里我们将先重点介绍扫掠表面的使用方法。

3. 格式

命令:sweep ↙

当前线框密度:

选择要扫掠的对象:

选择扫掠路径或[对齐(A)/基点(B)/比例(S)/扭曲(T)]:

4. 选项

选择扫掠路径:通过指定路径扫掠曲面。

对齐(A):指定是否对齐轮廓以使其作为扫掠路径切向的法向。

基点(B):指定要扫掠对象的基点。

比例(S):指定比例因子以进行扫掠操作。

扭曲(T):设置正被扫掠的对象的扭曲角度。

【8-16】 如图 8-26a 所示,利用扫掠命令,将圆弧 *A* 沿着路径圆弧 *B* 扫掠成一如图 8-26b 所示的曲面。

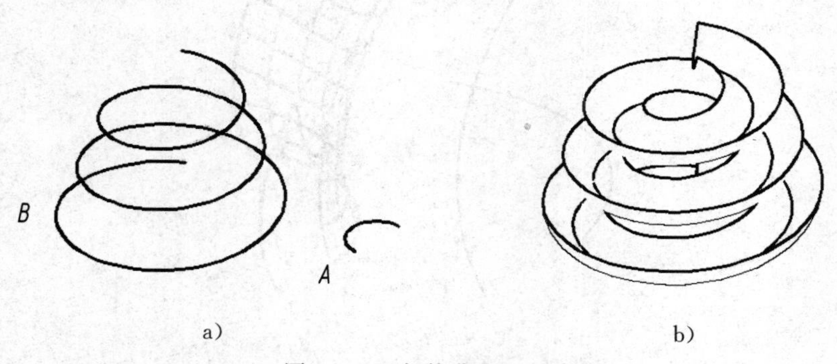

图 8-26 扫掠曲面的创建

[步骤]:

命令:_sweep

选择要扫掠的对象:选择圆弧 A ↙　　//指定扫掠的对象

选择扫掠路径或[对齐(A)/基点(B)/比例(S)/扭曲(T)]:选择曲线 B↙　　//指定扫掠的对象

8.3.12　放样表面

1. 命令

"绘图(D)"菜单:建模(M)→放样(L)

命令:loft

2. 功能

通过指定一系列横截面来创建新的实体或曲面。

注意:使用 LOFT 命令时必须指定至少两个横截面。

3. 格式

命令:loft↙

按放样次序选择横截面:

输入选项[引导(G)/路径(P)/仅横截面(C)]<仅横截面>:

4. 选项

引导(G):指定控制放样实体或曲面形状的导向曲线。

路径(P):指定放样实体或曲面的单一路径。

仅横截面(C):显示"放样设置"对话框。

【8-17】 如图 8-27a 所示,利用放样表面命令,将三段空间线段放样成一曲面,如图 8-27b 所示的曲面。

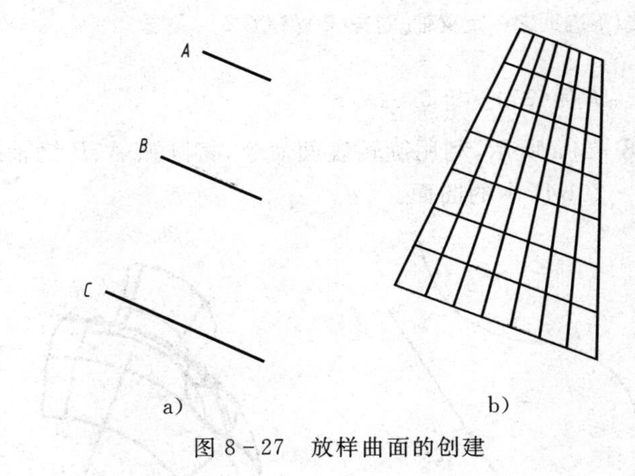

图 8-27　放样曲面的创建

[步骤]:

命令:_loft

按放样次序选择横截面:选择线段 A　　//选择放样横截面 1

按放样次序选择横截面:选择线段 B　　//选择放样横截面 2

按放样次序选择横截面:选择线段 C　　　　　　　　　　//选择放样横截面 3

输入选项[导向(G)/路径(P)/仅横截面(C)]<仅横截面>:↙

选择“确定”按钮(如图 8-28 所示)。

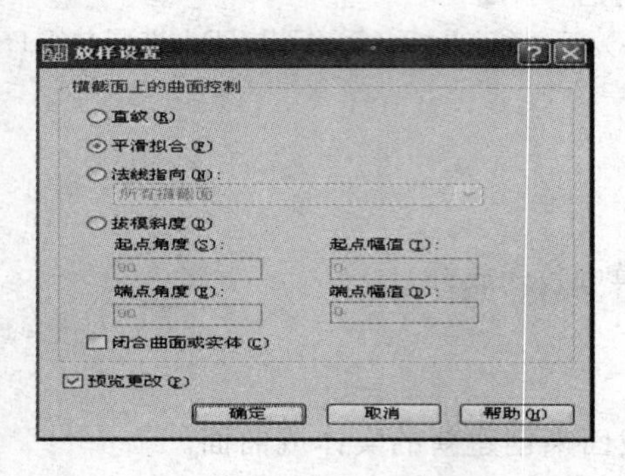

图 8-28 “放样设置”对话框

8.3.13 旋转表面

1. 命令

“绘图(D)”菜单:建模(M)→旋转(R)

命令:revolve

2. 功能

通过绕轴旋转开放或闭合的平面曲线来创建新的实体或曲面。

3. 格式

命令:_revolve

选择要旋转的对象:

指定轴起点或根据以下选项之一定义轴[对象(O)/X/Y/Z]<对象>:

指定轴端点:

指定旋转角度或[起点角度(ST)]<360>:

【8-18】 如图 8-29a 所示,利用旋转表面命令,将圆弧 A、B 绕轴线 C 旋转 100 度,旋转成的曲面如图 8-29b 所示的曲面。

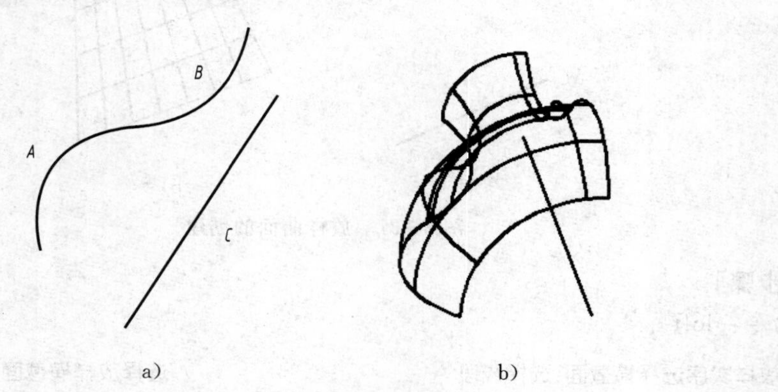

a)　　　　　　　　b)

图 8-29 旋转曲面的创建

[步骤]:

命令:_revolve

当前线框密度:　ISOLINES=5
选择要旋转的对象:指定对角点:找到 1 个
选择要旋转的对象:指定对角点:找到 1 个,总计 2 个
选择要旋转的对象:
指定轴起点或根据以下选项之一定义轴[对象(O)/X/Y/Z]<对象>:
指定轴端点:在直线 C 上选两点
指定旋转角度或[起点角度(ST)]<360>:100

8.3.14　平面曲面

1. 命令

命令:Planesurf↙

2. 功能

通过选择构成一个或多个封闭区域的一个或多个对象或者指定矩形的对角点创建平面曲面。

3. 格式

命令:Planesurf↙

指定第一个角点或[对象(O)]:

指定其他角点:

4. 选项

● 角点:指定矩形的对角

● 对象:通过对象选择来创建平面曲面或修剪曲面。可以选择构成封闭区域的一个闭合对象或多个对象。

【8-19】 如图 8-30a 所示,利用平面曲面命令,分别以 A、B、C、D 为边界创建一平面曲面。生成的平面如图 8-30b 所示。

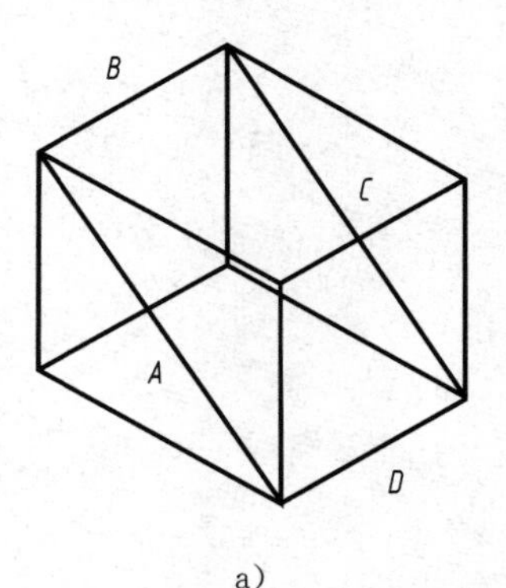

a)

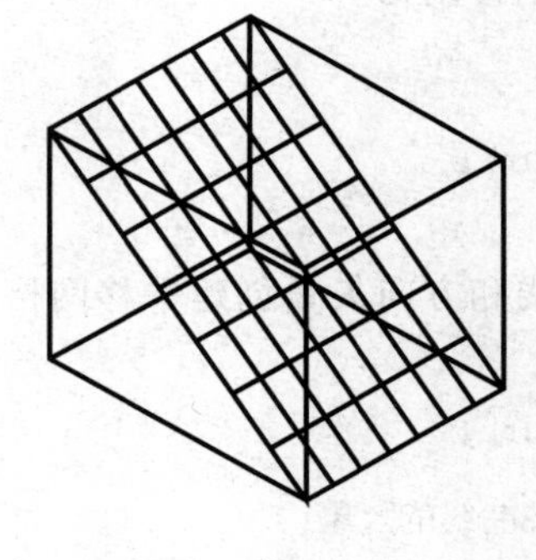

b)

图 8-30　平面曲面的创建

8.3.15 直纹网格

1. 命令

命令：rulesurf↙

2. 功能

在两条曲线之间创建直纹网格。

3. 格式

命令：rulesurf↙

当前线框密度：SURFTAB1＝当前值

选择第一条定义曲线：

选择第二条定义曲线：

【8－20】 如图 8－31a 所示，利用直纹网格命令，使生成的网格如图 8－31b 所示。

图 8－31 直纹网格的创建

［步骤］：

命令：rulesurf

当前线框密度：SURFTAB1＝10

选择第一条定义曲线： //选择曲线 1

选择第二条定义曲线： //选择曲线 2

8.3.16 平移网格

1. 命令

命令：tabsurf↙

2. 功能

沿路径曲线和方向矢量创建平移网格。

3. 格式

命令：tabsurf↙

选择用作轮廓曲线的对象：

选择用作方向矢量的对象：

【8－21】 如图 8－32a 所示，利用平移网格命令，使生成的网格如图 8－32b 所示。

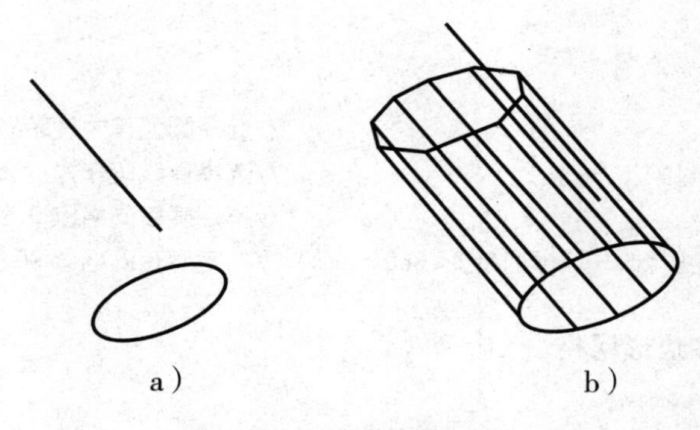

图 8－32　平移网格的创建

［步骤］：

命令：tabsurf

选择用作轮廓曲线的对象：　　//选择椭圆作为轮廓曲线
选择用作方向矢量的对象：　　//选择直线段作为方向矢量

8.3.17　旋转网格

1. 命令

命令：revsurf ↙

2. 功能

通过将路径曲线或轮廓绕指定的轴旋转创建一个近似于旋转曲面的多边形网格。

3. 格式

命令：revsurf

选择要旋转的对象：
选择定义旋转轴的对象：

【8－22】　如图 8－33a 所示，利用旋转网格命令，使生成的网格如图 8－33b 所示。

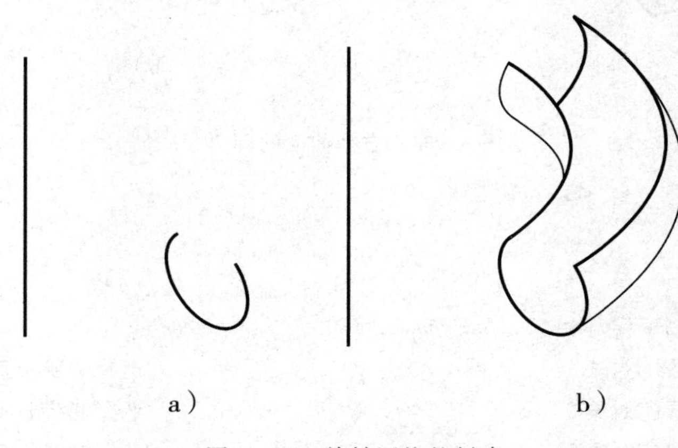

图 8－33　旋转网格的创建

[步骤]:

命令:revsurf

选择要旋转的对象: //选择圆弧作为旋转对象
选择定义旋转轴的对象: //选择直线段作为旋转轴
指定起点角度<0>: //指定旋转网格以 0 度为起点
指定包含角(+=逆时针,-=顺时针)<360>:90 //指定旋转网格以 90 度为终点

8.3.18 三维多边形网格

1. 命令

命令:edgesurf↙

2. 功能

通过定义边界,创建一个多边形网格。

3. 格式

命令:edgesurf↙

选择用作曲面边界的对象 1:
选择用作曲面边界的对象 2:
选择用作曲面边界的对象 3:
选择用作曲面边界的对象 4:

【8-23】 如图 8-34a 所示,以已有的 4 条曲线为边界创建一三维多边形网格,使生成的网格如图 8-34b 所示的。

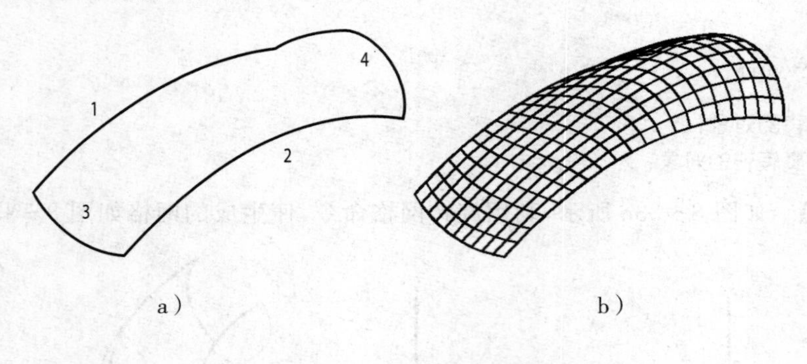

图 8-34 空间曲面的创建

[步骤]:

命令:edgesurf

当前线框密度:SURFTAB1=10 SURFTAB2=20
选择用作曲面边界的对象 1: //选择曲线 1 作为边界 1
选择用作曲面边界的对象 2: //选择曲线 2 作为边界 2
选择用作曲面边界的对象 3: //选择曲线 3 作为边界 3
选择用作曲面边界的对象 4: //选择曲线 4 作为边界 4

8.4　创建简单实体模型

8.4.1　创建实体长方体

1. 命令

命令：box↙

“绘图(D)”菜单：→建模(M)→长方体(B)

2. 功能

创建三维实体长方体

3. 格式

命令：box↙

指定第一个角点或[中心(C)]:
指定其他角点或[立方体(C)/长度(L)]:
指定高度或[2Point(2P)]<默认值>:

【8-24】 绘制一个长、宽、高分别为 60、50、100 的长方体，如图 8-35 所示。

[步骤]：

命令：box

指定第一个角点或[中心(C)]:
//任意选一点作为长方体的角点
指定其他角点或[立方体(C)/长度(L)]:l
//进入指定长度模式
指定长度<1.0000>:60
//指定长方体的长度为 60
指定宽度:50
//指定长方体的宽度为 50
指定高度或[两点(2P)]<1.0000>:100
//指定长方体的高度为 100

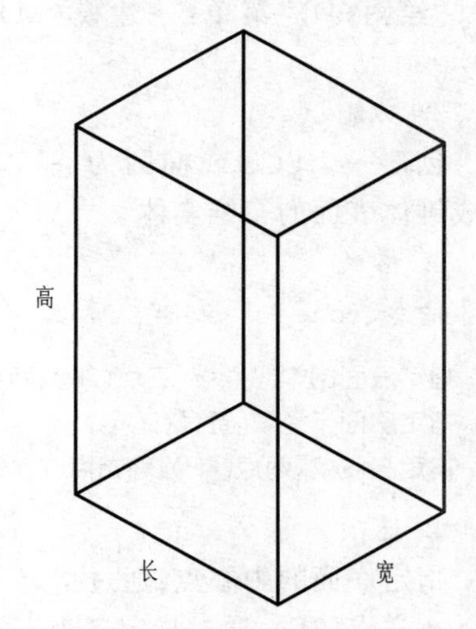

图 8-35　实体箱体的创建

8.4.2　创建实体楔体

1. 命令

命令：wedge↙

“绘图(D)”菜单：→建模(M)→楔体(W)

2. 功能

创建实体楔体。

3. 格式

命令：wedge↙

指定第一个角点或[中心(C)]:

指定其他角点或[立方体(C)/长度(L)]:

指定高度或[两点(2P)]<默认值>:

【8-25】 创建一个角点位于 WCS 坐标系的原点上的实体楔体，其各边长度如图 8-36所示。

[步骤]:

命令:_wedge

指定第一个角点或[中心(C)]:0,0,0 ↙

//指定实体楔体的角点

指定其他角点或[立方体(C)/长度(L)]:@100,100 ↙ //指定实体楔体的底面长度

指定高度或[两点(2P)]<-248.3562>:200 ↙

//指定实体楔体的高度

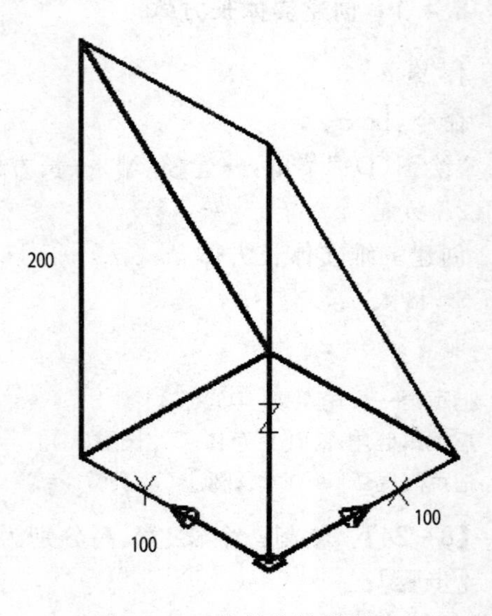

图 8-36 实体楔体的创建

8.4.3 创建实体圆锥体

1. 命令

命令:CONE ↙

“绘图(D)”菜单:→建模(M)→圆锥体(O)

2. 功能

创建一个以圆或椭圆为底，以对称方式形成锥体表面的三维实体。

3. 格式

命令:cone

指定底面的中心点或[三点(3P)/两点(2P)/相切、相切、半径(T)/椭圆(E)]:

指定底面半径或[直径(D)]:

指定高度或[两点(2P)/轴端点(A)/顶面半径(T)]:

4. 选项

指定底面的中心点:通过指定中心点来定义圆锥体的底面位置。

- 三点(3P):通过指定三个点来定义圆锥体的底面周长和底面。
- 两点(2P):通过指定两个点来定义圆锥体的底面直径。
- 相切、相切、半径(T):定义指定半径，与两个对象相切的圆锥体底面。
- 椭圆(E):指定圆锥体的椭圆底面。
- 轴端点(A):指定圆锥体轴的端点位置。
- 顶面半径(T):创建圆台时指定圆台的顶面半径。

【8-26】 创建一个底圆半径为 40，顶圆半径为 20，高度为 30 的圆台体，如图 8-37 所示。

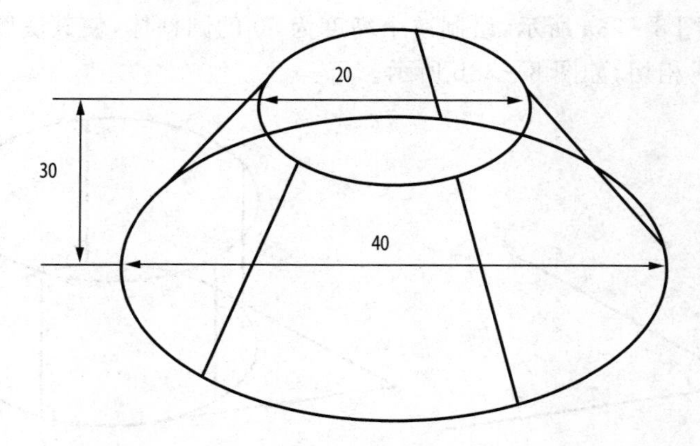

图 8－37　实体圆台体的创建

[步骤]:

命令:_cone

指定底面的中心点或[三点(3P)/两点(2P)/相切、相切、半径(T)/椭圆(E)]:任意点击一点
指定底面半径或[直径(D)]<15.0000>:40　　//指定底面半径
指定高度或[两点(2P)/轴端点(A)/顶面半径(T)]<20.0000>:t　　//进入圆台模式
指定顶面半径<0.0000>:20　　//指定顶面半径
指定高度或[两点(2P)/轴端点(A)]<20.0000>:30　　//指定圆台高度

8.4.4　创建实体圆柱体

1. 命令

命令:cylinder↙

"绘图(D)"菜单:→建模(M)→圆柱体(C)

2. 功能

创建以圆或椭圆为底面的实体圆柱体。

3. 格式

命令:cylinder↙

指定底面的中心点或[三点(3P)/两点(2P)/相切、相切、半径(T)/椭圆(E)]:
指定底面半径或[直径(D)]<默认值>:
指定高度或[两点(2P)/轴端点(A)]<默认值>:

4. 选项

指定底面的中心点:通过指定中心点来定义圆柱体的底面位置。

- 三点(3P):通过指定三个点来定义圆柱体的底面周长和底面。
- 两点(2P):通过指定两个点来定义圆柱体的底面直径。
- 相切、相切、半径(T):定义具有指定半径,与两个对象相切的圆柱体底面。
- 椭圆(E):指定圆柱体的椭圆底面。
- 轴端点(A):指定圆柱体轴的端点位置。

【8－27】 如图 8－38a 所示，绘制一个高度为50 的圆柱体，使其底圆半径为 40，且底圆与已有的两直线相切，如图 8－38b 所示。

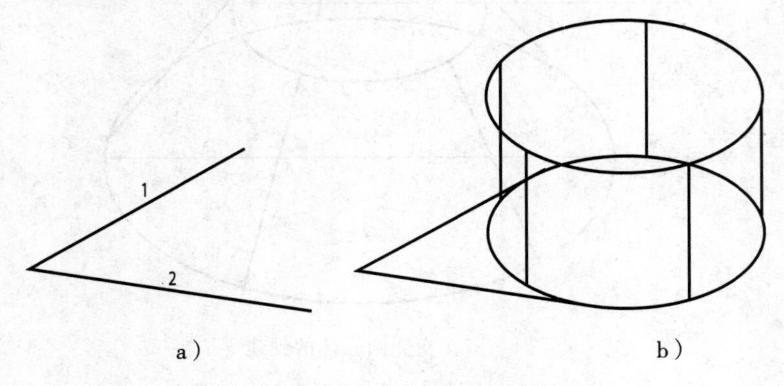

图 8－38 实体圆柱体的创建

[步骤]:

命令：cylinder

指定底面的中心点或[三点(3P)/两点(2P)/相切、相切、半径(T)/椭圆(E)]：t
//进入相切模式
指定对象的第一个切点：选择线段 1 //指定切线 1
指定对象的第二个切点：选择线段 2 //指定切线 2
指定圆的半径<58.5745>：40 //指定圆柱体的半径
指定高度或[两点(2P)/轴端点(A)]<40.0000>：50 //指定圆柱体高度

8.4.5 创建三维实心球体

1. 命令

命令：sphere↙

“绘图(D)”菜单：→建模(M)→球体(S)

2. 功能

创建三维实心球体。

3. 格式

命令：sphere↙

指定中心点或[三点(3P)/两点(2P)/相切、相切、半径(T)]：
指定半径或[直径(D)]：

4. 选项

指定中心点：指定球体的中心点。指定中心点后，将放置球体以使其中心轴与当前用户坐标系(UCS)的 Z 轴平行。纬线与 XY 平面平行。

- 三点(3P)：通过在三维空间的任意位置指定三个点来定义球体的圆周。
- 两点(2P)：通过在三维空间的任意位置指定两个点来定义球体的圆周。
- 相切、相切、半径(TTR)：通过指定半径定义可与两个对象相切的球体。

【8－28】 如图 8－39a 所示，创建一个实心球体，使该实心球体表面经过已有长方体的 A、B、C 三点，如图 8－39b 所示。

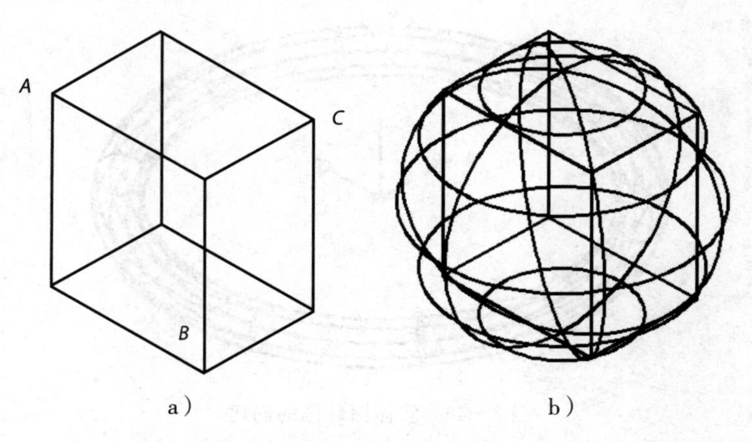

图 8－39　实心球体的创建

[步骤]：

命令：_sphere

指定中心点或[三点(3P)/两点(2P)/相切、相切、半径(T)]：3p　　//进入 3 点模式

指定第一点：选择 A 点　　//指定切点 1

指定第二点：选择 B 点　　//指定切点 2

指定第三点：选择 C 点　　//指定切点 3

8.4.6　创建圆环形实体

1. 命令

命令：torus ↙

“绘图(D)”菜单：→建模(M)→圆环体(T)

2. 功能

创建三维圆环形实体。

3. 格式

命令：torus ↙

指定中心点或[三点(3P)/两点(2P)/相切、相切、半径(T)]：

指定半径或[直径(D)]：

指定圆管半径或[两点(2P)/直径(D)]：

4. 选项

指定中心点：通过指定中心点来定义三维圆环形实体中心位置。

- 三点(3P)：用指定的三个点定义圆环体的圆周。
- 两点(2P)：用指定的两个点定义圆环体的圆周。
- 相切、相切、半径(T)：使用指定半径定义可与两个对象相切的圆环体。

【8-29】 创建一个三维圆环形实体，使该圆环形实体中心点在WCS坐标的原点上，圆环半径为100，圆管半径为10，如图8-40所示。

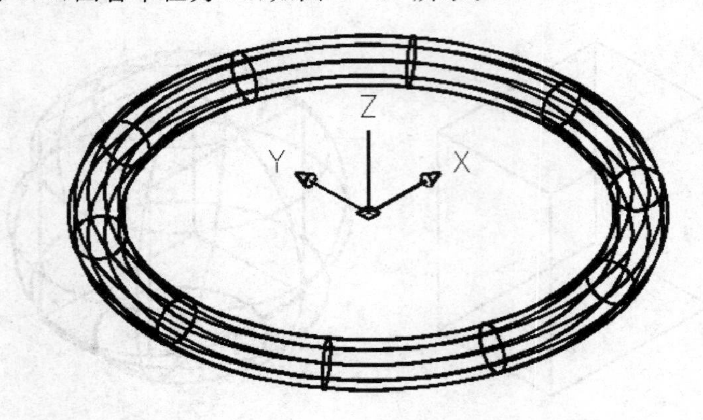

图8-40 实体圆环体的创建

[步骤]:

命令：torus

指定中心点或[三点(3P)/两点(2P)/相切、相切、半径(T)]:0,0,0
指定半径或[直径(D)]<312.6688>:100
指定圆管半径或[两点(2P)/直径(D)]<93.3949>:10

8.5 创建复杂实体模型

8.5.1 拉伸实体

1. 命令

"绘图(D)"菜单：建模(M)→拉伸(X)

命令：extrude

2. 功能

通过沿指定的方向将对象或平面拉伸出指定距离来创建三维实体。

[注意]：如果拉伸开放对象、或者不是一体的闭合对象，则生成的对象为曲面。如果拉伸曲面、面域等闭合对象，则生成的对象为实体。在这里我们将重点介绍拉伸实体的使用方法。

3. 格式

命令：extrude ↙

选择要拉伸的对象：↙
指定拉伸的高度或[方向(D)/路径(P)/倾斜角(T)]:↙

4. 选项

指定拉伸的高度：通过输入数值指定拉伸高度。

● 方向(D):通过指定的两点指定拉伸的长度和方向。

● 路径(P):选择基于指定曲线对象的拉伸路径。

● 倾斜角(T):用于拉伸的倾斜角是两个指定点之间的距离。

【8-30】 如图 8-41a 所示,通过拉伸该闭合曲线,创建一个高度为 100 的实体,如图 8-41b 所示。

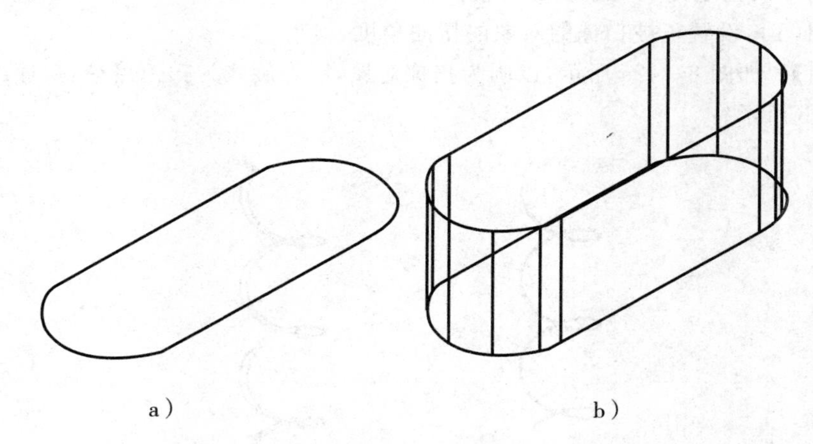

图 8-41　拉伸实体的创建

[步骤]:

命令:_extrude

当前线框密度: ISOLINES=4

选择要拉伸的对象:找到 1 个

选择要拉伸的对象:↙

指定拉伸的高度或[方向(D)/路径(P)/倾斜角(T)]<-50.0000>:100

8.5.2 扫掠实体

1. 命令

命令:sweep

2. 功能

通过沿开放或闭合的二维或三维路径扫掠开放或闭合的平面曲线(轮廓)来创建新实体或曲面。

[注意]:SWEEP 命令用于沿指定路径以指定轮廓的形状(扫掠对象)绘制实体或曲面。可以扫掠多个对象,但是这些对象必须位于同一平面中。如果沿一条路径扫掠闭合的曲线,则生成实体。在这里我们将重点介绍扫掠实体的使用方法。

3. 格式

命令:sweep ↙

当前线框密度:

选择要扫掠的对象:

选择扫掠路径或[对齐(A)/基点(B)/比例(S)/扭曲(T)]:

4. 选项

选择扫掠路径：通过指定路径扫掠曲面。

- 对齐(A)：指定是否对齐轮廓以使其作为扫掠路径切向的法向。
- 基点(B)：指定要扫掠对象的基点。
- 比例(S)：指定比例因子以进行扫掠操作。
- 扭曲(T)：设置正被扫掠的对象的扭曲角度。

【8-31】 如图8-42a所示，以圆为扫掠对象，以螺旋线为扫掠路径，扫掠出一实体，如图8-42b所示。

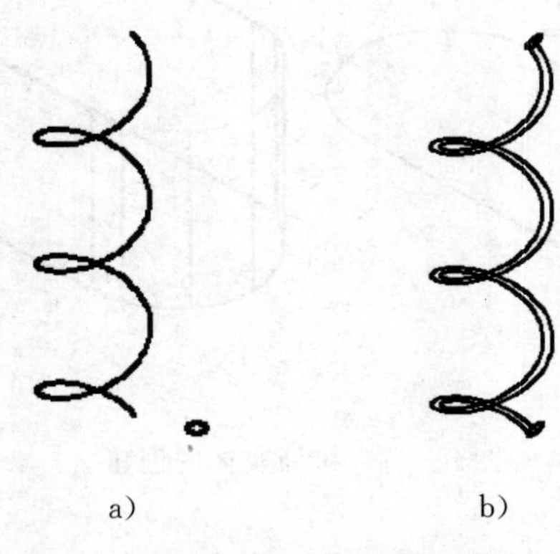

图8-42 扫掠实体的创建

[步骤]：

命令：sweep

当前线框密度： ISOLINES=4

选择要扫掠的对象：找到1个 //选择小圆

选择要扫掠的对象：↙

选择扫掠路径或[对齐(A)/基点(B)/比例(S)/扭曲(T)]： //选择螺旋线

8.5.3 放样实体

1. 命令

"绘图(D)"菜单：建模(M)→放样(L)

命令：loft

2. 功能

通过指定一系列横截面来创建新的实体或曲面。

[注意]：使用LOFT命令时必须指定至少两个横截面。

3. 格式

命令：loft↙

按放样次序选择横截面：

输入选项[引导(G)/路径(P)/仅横截面(C)]<仅横截面>：

4. 选项

- 引导(G):指定控制放样实体或曲面形状的导向曲线。
- 路径(P):指定放样实体或曲面的单一路径。
- 仅横截面(C):显示“放样设置”对话框。

【8-32】 如图 8-43a 所示,分别以三个矩形为放样横截面对象,通过放样创建一实体,如图 8-43b 所示。

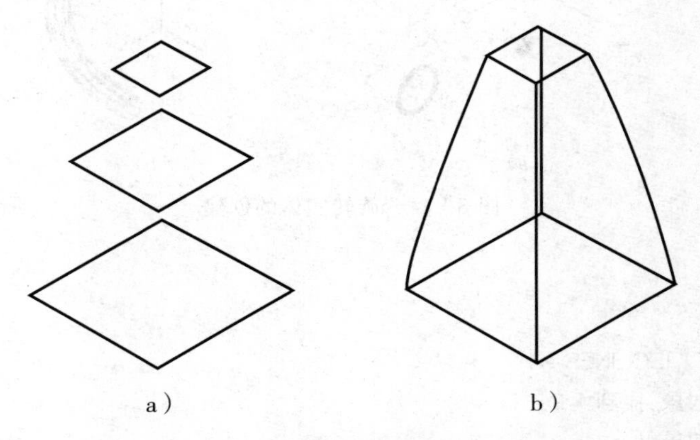

图 8-43 放样横截面实体的创建

[步骤]:

命令:loft

按放样次序选择横截面:找到 1 个

按放样次序选择横截面:找到 1 个,总计 2 个

按放样次序选择横截面:找到 1 个,总计 3 个

按放样次序选择横截面:↙

输入选项[导向(G)/路径(P)/仅横截面(C)]<仅横截面>:↙

8.5.4 旋转实体

1. 命令

“绘图(D)”菜单: 建模(M)→旋转(R)

命令:revolve

2. 功能

通过绕轴旋转开放或闭合的平面曲线来创建新的实体或曲面。

3. 格式

命令:_revolve

选择要旋转的对象:

指定轴起点或根据以下选项之一定义轴[对象(O)/X/Y/Z]<对象>:

指定轴端点:

指定旋转角度或[起点角度(ST)]<360>:100

【8-33】 如图8-44a所示，以整圆绕Y轴旋转120度，创建一个旋转实体，如图8-44b所示。

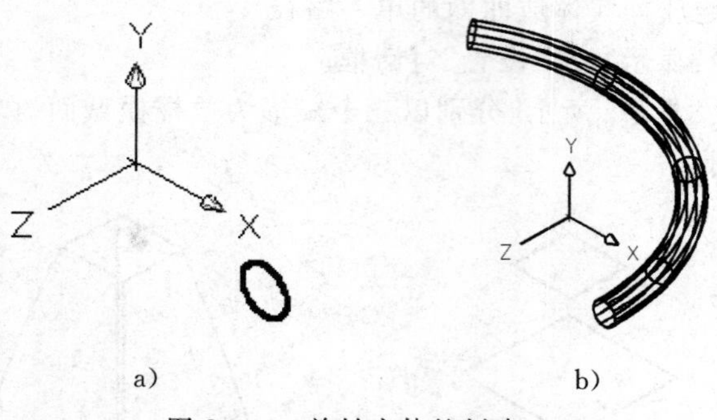

图8-44 旋转实体的创建

[步骤]:

命令:_revolve

当前线框密度： ISOLINES=4

选择要旋转的对象:找到1个

选择要旋转的对象:↙

指定轴起点或根据以下选项之一定义轴[对象(O)/X/Y/Z]<对象>:y

指定旋转角度或[起点角度(ST)]<360>:120

8.6 编辑实体模型

8.6.1 切割实体

1. 命令

命令:slice

2. 功能

用平面或曲面剖切实体

3. 格式

命令:slice

选择要剖切的对象:

指定切面的起点或[平面对象(O)/曲面(S)/Z轴(Z)/视图(V)/XY/YZ/ZX/三点(3)]<三点>:

指定平面上的第二点:

在所需的侧面上指定点或[保留两个侧面(B)]<保留两个侧面>:

4. 选项:

指定剖切平面的起点:通过两点定义剖切平面的角度，该剖切平面垂直于当前UCS。

● 平面对象(O):将剪切面与圆、椭圆、圆弧、椭圆弧、二维样条曲线或二维多段线对齐。

●曲面(S):将剪切平面与曲面对齐。

●Z 轴(Z):通过平面上指定一点和在平面的 Z 轴(法向)上指定另一点来定义剪切平面。

●视图(V):将剪切平面与当前视口的视图平面对齐。指定一点定义剪切平面的位置。

●XY/YZ/ZX/:将剪切平面与当前用户坐标系(UCS)的 $XY/YZ/ZX/$平面对齐。

●三点(3):用三点定义剪切平面。

●选择要保留的实体:保留剖切实体的一部分。

●保留两侧(B):保留剖切实体的所有部分。

【8-34】 如图 8-45a 所示,现需要沿此长方体对角线 A、B、C、D 对其进行切割,并要求保留 E 部分,如图 8-45b 所示

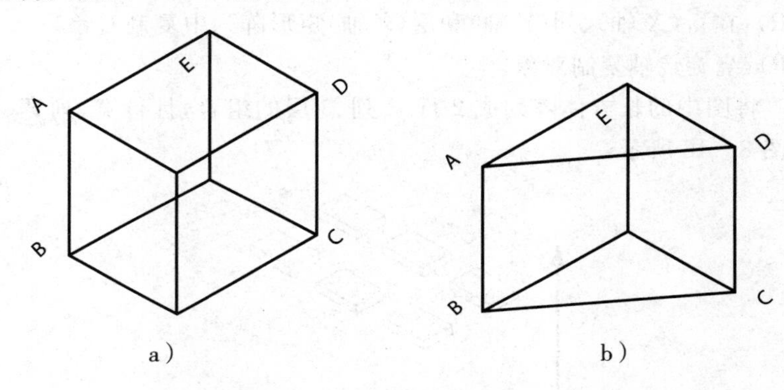

图 8-45　切割实体

[步骤]:

命令:slice

选择要剖切的对象:找到 1 个　　　　//选择实体 ABCD

选择要剖切的对象:↙　　　　//点击鼠标右键

指定切面的起点或[平面对象(O)/曲面(S)/Z 轴(Z)/视图(V)/XY(XY)/YZ(YZ)/ZX(ZX)/三点(3)]<三点>:3

指定平面上的第一个点:　　　　//选择 A 点

指定平面上的第二个点:　　　　//选择 C 点

指定平面上的第三个点:　　　　//选择 E 点

在所需的侧面上指定点或[保留两个侧面(B)]<保留两个侧面>:选择要保留的一侧

8.6.2　三维阵列

1. 命令

命令:3darray

“修改(M)”菜单:→三维操作(3)→三维阵列(3)

2. 功能

在矩形或环形(圆形)阵列中创建对象的副本。

3. 格式

命令:3darray

选择对象:
输入阵列类型[矩形(R)/环形(P)]<矩形>:
输入行数(---)<1>:
输入列数(|||)<1>:
输入层数(...)<1>:
指定行间距(---):
指定列间距(|||):
指定层间距(...):

4. 选项:

● 矩形(R):在行(X 轴)、列(Y 轴)和层(Z 轴)矩形阵列中复制对象。

● 环形(P):绕旋转轴复制对象。

【8-35】 将图中的长方体阵列成 2 行、3 列、3 层的组合,且行宽、列宽、层宽分别为 10、10、30,如图 8-46 所示。

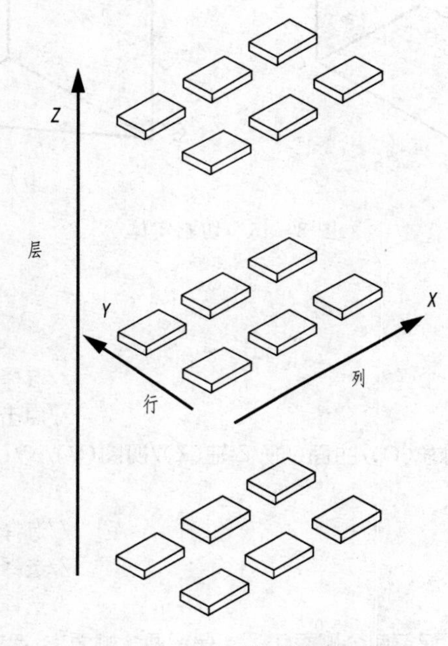

图 8-46 矩形阵列

[步骤]:

命令:3darray

正在初始化... 已加载 3DARRAY。
选择对象:找到 1 个 //选择需要阵列的长方体
选择对象:↙
输入阵列类型[矩形(R)/环形(P)]<矩形>:r //进入矩形阵列模式

输入行数(－－－)＜1＞:2
输入列数(|||)＜1＞:3
输入层数(...)＜1＞:3
指定行间距(－－－):10
指定列间距(|||):10
指定层间距(...):30

8.6.3　三维旋转

1. 命令

命令:3drotate

"修改(M)"菜单:→三维操作(3)→三维旋转(R)

2. 功能

绕三维轴移动对象。

3. 格式

命令:3drotate

选择对象:
指定基点:
拾取旋转轴:
指定角的起点或键入角度:

【8－36】　如图 8－47a 所示，为了方便观察该实体的背面结构，以 A 点为基点，将图中的实体沿轴线 AB 旋转 90 度，如图 8－47b 所示。

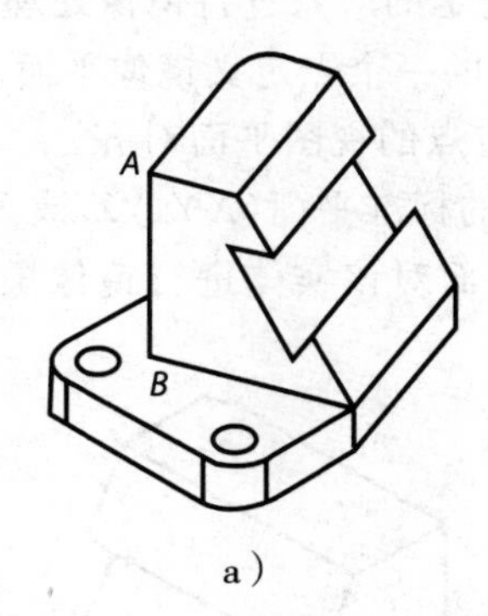

a)

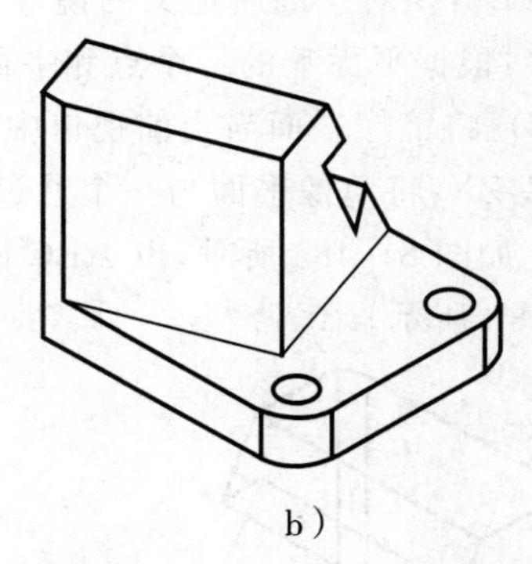

b)

图 8－47　旋转实体

[步骤]:

命令:_3drotate

UCS 当前的正角方向:　ANGDIR＝逆时针　ANGBASE＝0
选择对象:指定对角点:找到 1 个　　　　　　　　//选择需要旋转的实体
选择对象:↙
指定基点:　　　　　　　　　　　　　　　　　　//选择 A 点作为基点
拾取旋转轴:　　　　　　　　　　　　　　　　　//选择 B 点作为旋转轴的另一点

指定角的起点或键入角度:90

正在重生成模型。

8.6.4 三维镜像

1. 命令

命令:3d mirror

2. 功能

创建相对于某一平面的镜像对象

3. 格式

命令:3d mirror

选择对象:找到 1 个

选择对象:

指定镜像平面(三点)的第一个点或

[对象(O)/最近的(L)/Z 轴(Z)/视图(V)/XY 平面(XY)/YZ 平面(YZ)/ZX 平面(ZX)/三点(3)]<三点>:

在镜像平面上指定第二点:在镜像平面上指定第三点:

是否删除源对象?[是(Y)/否(N)]<否>:

4. 选项:

指定镜像平面的第一个点:使用 3 点指定镜像平面。

- 对象(O):使用选定平面对象的平面作为镜像平面。
- 上一个(L):相对于最后定义的镜像平面对选定的对象进行镜像处理。
- Z 轴(Z):根据平面上的一个点和平面法线上的一个点定义镜像平面。
- 视图(V):将镜像平面与当前视口中通过指定点的视图平面对齐。
- XY/YZ/ZX:将镜像平面与一个通过指定点的标准平面(*XY*、*YZ* 或 *ZX*)对齐。

【8-37】 如图 8-48a 所示,以 ABC 面为镜像面对该实体进行镜像操作,生成的新实体如图 8-48b 所示。

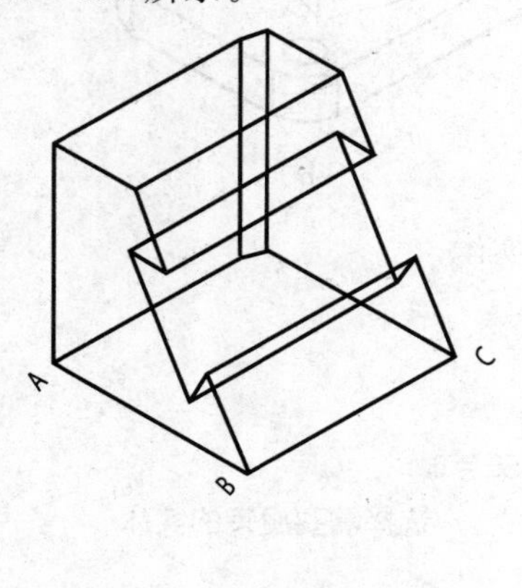

a)

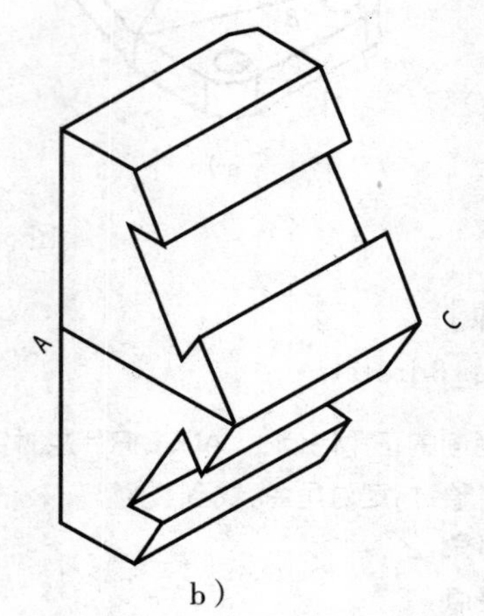

b)

图 8-48 镜像实体

[步骤]:

命令:3dmirror

MIRROR3D

选择对象:找到 1 个　　　　　　　　　　　　//选择需要镜像的实体

选择对象:↙

指定镜像平面(三点)的第一个点或

[对象(O)/最近的(L)/Z 轴(Z)/视图(V)/XY 平面(XY)/YZ 平面(YZ)/ZX 平面(ZX)/三点(3)]<三点>:　　　　　　　　　　//分别选择 A、B、C 点作为镜像平面点

在镜像平面上指定第二点:

在镜像平面上指定第三点:

是否删除源对象? [是(Y)/否(N)]<否>:N　//保留原有实体

8.6.5　三维对齐

1. 命令

命令:align

2. 功能

在二维和三维空间中将对象与其他对象对齐

3. 格式

命令:align

选择对象:

指定第一个源点:

指定第一个目标点:

指定第二个源点:

指定第二个目标点:

指定第三个源点:

指定第三个目标点:

【8-38】 如图 8-49a 所示,通过 ALIGN 命令将两个实体对齐具有相同字母的顶点,如图 8-49b 所示。

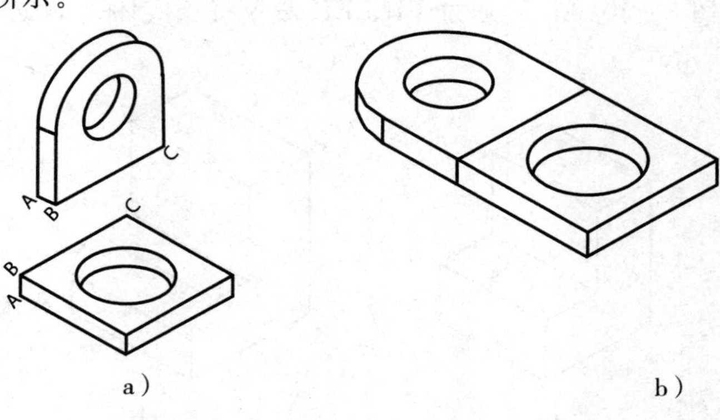

图 8-49　实体对齐

[步骤]:

命令:ALIGN

选择对象:找到 1 个　　　　　　　　　　　　　　　//选择需要对齐的实体
选择对象:↙
指定第一个源点:　　　　　　　　　　　　　　　　　//选择一个 A 点
指定第一个目标点:　　　　　　　　　　　　　　　　//选择另一个实体的 A 点
指定第二个源点:　　　　　　　　　　　　　　　　　//选择一个 B 点
指定第二个目标点:　　　　　　　　　　　　　　　　//选择另一个实体的 B 点
指定第三个源点或<继续>:　　　　　　　　　　　　//选择一个 C 点
指定第三个目标点:　　　　　　　　　　　　　　　　//选择另一个实体的 C 点

8.6.6 三维倒圆角

1. 命令

命令:FILLER

2. 功能

在三维空间中给对象加圆角

3. 格式

命令:_fillet

当前设置:模式 = 修剪,半径 = 0.0000
选择第一个对象或[放弃(U)/多段线(P)/半径(R)/修剪(T)/多个(M)]:
输入圆角半径:
选择边或[链(C)/半径(R)]:
选择边或[链(C)/半径(R)]:

4. 选项

- 边:选择一条边,可以连续选择单个边直到按 ENTER 键为止。
- 链(C):从单边选择改为连续相切边选择。
- 半径(R):定义被圆整的边的半径。

【8-39】 如图 8-50a 所示,通过 FILLER 命令将该实体一 A 边倒半径为 2 的圆角,如图 8-50b 所示。

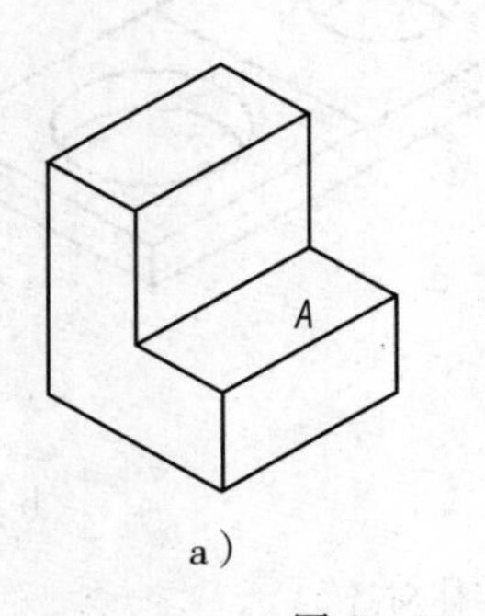

a)

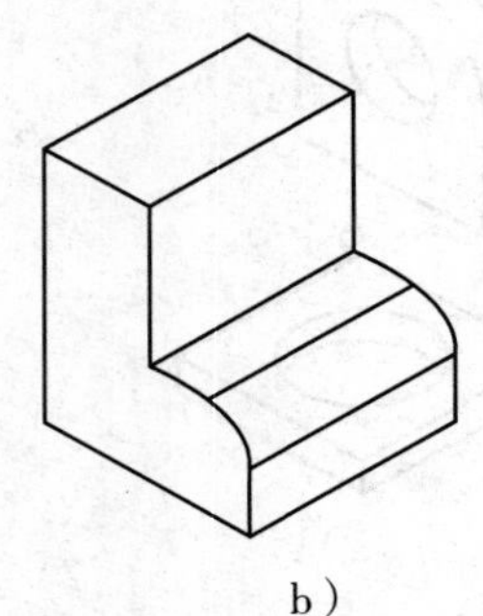

b)

图 8-50 实体边倒圆角

[步骤]:

命令:_fillet

当前设置:模式=修剪,半径=0.0000
选择第一个对象或[放弃(U)/多段线(P)/半径(R)/修剪(T)/多个(M)]:　//选择实体
输入圆角半径:2　//指定倒圆角的半径
选择边或[链(C)/半径(R)]:已拾取到边。　//选择实体边 A
选择边或[链(C)/半径(R)]:↙
已选定 1 个边用于圆角。

8.6.7　三维倒斜角

1. 命令

命令:CHAMFER

"修改"工具栏:

2. 功能

在三维空间中给对象加斜角。

3. 格式

命令:_chamfer

选择第一条直线或[放弃(U)/多段线(P)/距离(D)/角度(A)/修剪(T)/方式(E)/多个(M)]:基面选择...
输入曲面选择选项[下一个(N)/当前(OK)]＜当前(OK)＞:
输入曲面选择选项[下一个(N)/当前(OK)]＜当前(OK)＞:
指定基面的倒角距离:
指定其他曲面的倒角距离＜2.0000＞:
选择边或[环(L)]:

【8-40】　如图 8-51a 所示,通过 CHAMFER 命令将该实体一边 A 倒成 2×2 的斜角,如图 8-51b 所示。

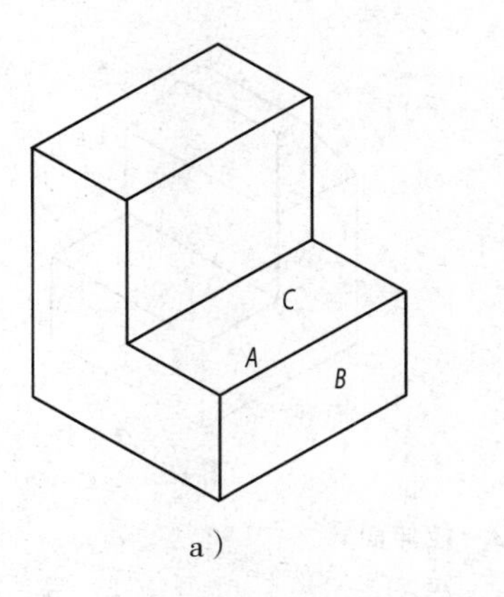

a)

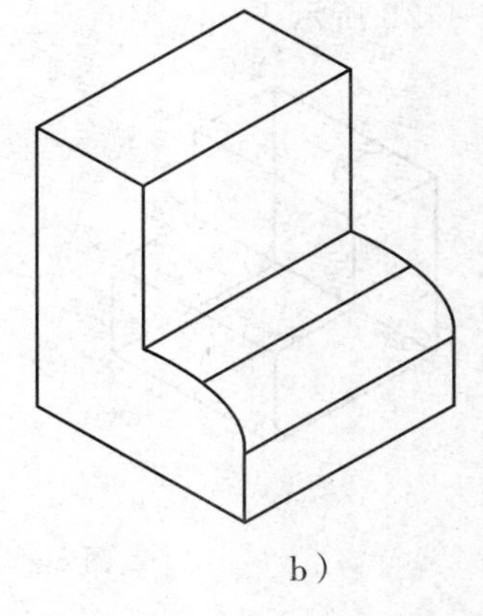
b)

图 8-51　实体边的倒斜角

[步骤]:

命令:_chamfer

("修剪"模式)当前倒角距离 1=0.0000,距离 2=0.0000

选择第一条直线或[放弃(U)/多段线(P)/距离(D)/角度(A)/修剪(T)/方式(E)/多个(M)]:基面选择...

//平面 B 高亮显示

输入曲面选择选项[下一个(N)/当前(OK)]<当前(OK)>:OK↙

指定基面的倒角距离:50　　//输入倒角距离 1

指定其他曲面的倒角距离<50.0000>:↙　　//输入倒角距离 2

选择边或[环(L)]:选择边或[环(L)]:　　//选择棱边 A

8.6.8 拉伸面

1. 命令

命令:_extrude

"实体编辑"工具栏:

2. 功能

根据指定的距离拉伸面或将面沿某条路径进行拉伸。

3. 格式

命令:_extrude

选择面或[放弃(U)/删除(R)]:

选择面或[放弃(U)/删除(R)/全部(ALL)]:

指定拉伸高度或[路径(P)]:

指定拉伸的倾斜角度<0>:

4. 选项

指定拉伸高度:根据指定的距离拉伸面

路径(P):根据指定的路径拉伸面

【8-41】 如图 8-52a 所示,将该实体的 A 面往上方拉伸 3mm,且拉伸的倾斜角度为 30 度,如图 8-52b 所示。

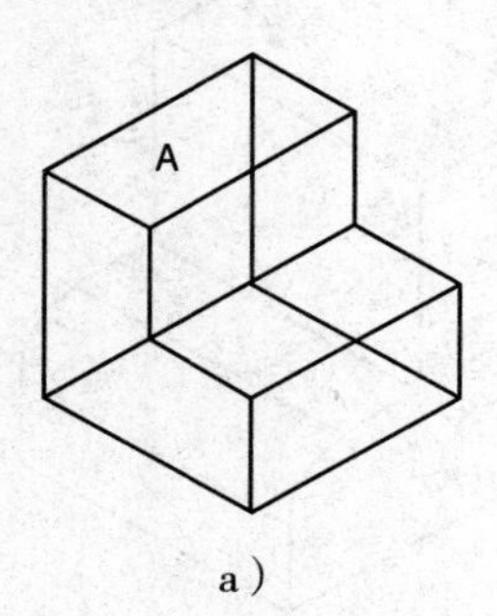

a)

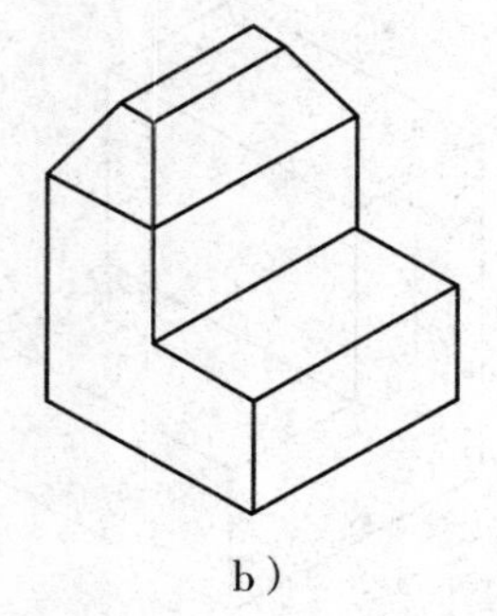

b)

图 8-52　拉伸面

[步骤]:

_extrude

选择面或[放弃(U)/删除(R)]:找到一个面。　　　　//选择平面 A,
选择面或[放弃(U)/删除(R)/全部(ALL)]:　　　　//按 ENTER 键
指定拉伸高度或[路径(P)]:3　　　　//指定拉伸高度
指定拉伸的倾斜角度＜0＞:30　　　　//指定拉伸的倾斜角度
已开始实体校验。
已完成实体校验。

8.6.9　移动面

1. 命令

"实体编辑"工具栏:

2. 功能

沿指定的高度或距离移动选定的三维实体对象的面。

3. 格式

命令:_solidedit

实体编辑自动检查：　SOLIDCHECK＝1
输入实体编辑选项[面(F)/边(E)/体(B)/放弃(U)/退出(X)]＜退出＞:_face
输入面编辑选项
[拉伸(E)/移动(M)/旋转(R)/偏移(O)/倾斜(T)/删除(D)/复制(C)/颜色(L)/材质(A)/放弃(U)/退出(X)]＜退出＞:_move
选择面或[放弃(U)/删除(R)]:
选择面或[放弃(U)/删除(R)/全部(ALL)]:
指定基点或位移:
指定位移的第二点:

【8-42】　如图 8-53a 所示,将该实体的 A 圆柱面移动到实体的中央处,如图 8-53b 所示。

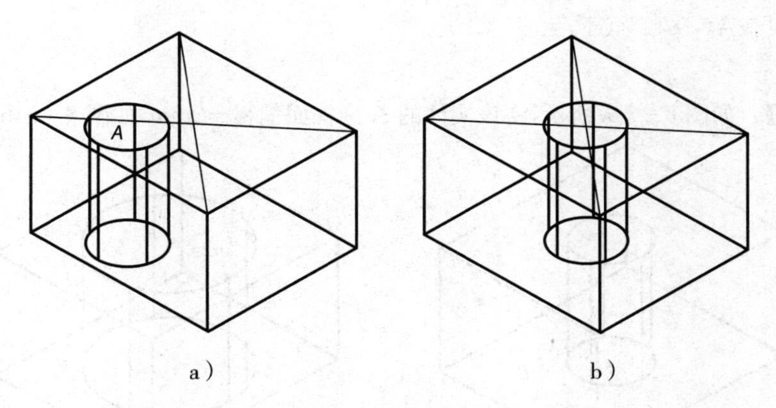

图 8-53　圆柱的移动

[步骤]:

命令:_solidedit

实体编辑自动检查： SOLIDCHECK＝1

输入实体编辑选项[面(F)/边(E)/体(B)/放弃(U)/退出(X)]＜退出＞：_face

输入面编辑选项

[拉伸(E)/移动(M)/旋转(R)/偏移(O)/倾斜(T)/删除(D)/复制(C)/颜色(L)/材质(A)/放弃(U)/退出(X)]＜退出＞：_move

选择面或[放弃(U)/删除(R)]：找到一个面。 //选择圆柱面 A，

选择面或[放弃(U)/删除(R)/全部(ALL)]：↙

指定基点或位移： //捕捉圆柱面顶面圆心

指定位移的第二点： //捕捉实体上表面中心

已开始实体校验。

已完成实体校验。

8.6.10 偏移面

1. 命令

"实体编辑"工具栏：

2. 功能

按指定的距离或通过指定的点，将面均匀地偏移。正值增大实体尺寸或体积，负值减小实体尺寸或体积。

3. 格式

命令：_solidedit

输入实体编辑选项[面(F)/边(E)/体(B)/放弃(U)/退出(X)]＜退出＞：_face

输入面编辑选项

[拉伸(E)/移动(M)/旋转(R)/偏移(O)/倾斜(T)/删除(D)/复制(C)/颜色(L)/材质(A)/放弃(U)/退出(X)]＜退出＞：_offset

选择面或[放弃(U)/删除(R)]：

选择面或[放弃(U)/删除(R)/全部(ALL)]：

指定偏移距离：

【8-43】 如图 8-54a 所示，将该实体的 A 圆柱面偏移－2mm，如图 8-54b 所示。

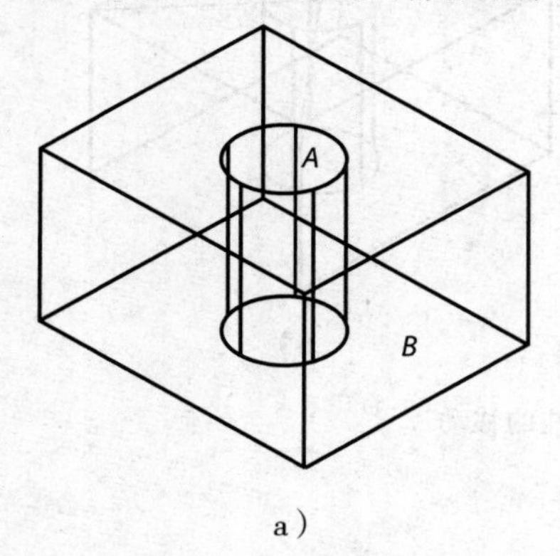

a)

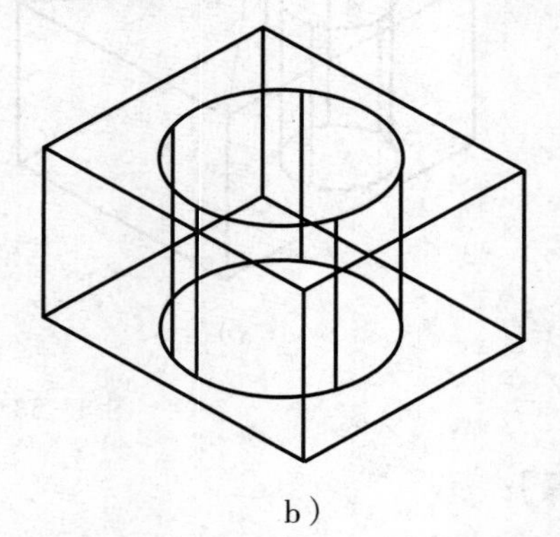

b)

8-54 圆柱的偏移

[步骤]:

命令:_solidedit

实体编辑自动检查：　SOLIDCHECK＝1

输入实体编辑选项[面(F)/边(E)/体(B)/放弃(U)/退出(X)]<退出>:_face

输入面编辑选项

[拉伸(E)/移动(M)/旋转(R)/偏移(O)/倾斜(T)/删除(D)/复制(C)/颜色(L)/材质(A)/放弃(U)/退出(X)]<退出>:_offset

选择面或[放弃(U)/删除(R)]:找到一个面。　　　　　　　　　//选择圆柱面 A,

选择面或[放弃(U)/删除(R)/全部(ALL)]:↙

指定偏移距离:－2

已开始实体校验。

已完成实体校验。

8.6.11　旋转面

1. 命令

“实体编辑”工具栏:

2. 功能

按指定的轴和角度旋转实体表面。

3. 格式

命令:solidedit

输入实体编辑选项[面(F)/边(E)/体(B)/放弃(U)/退出(X)]<退出>:_face

输入面编辑选项

[拉伸(E)/移动(M)/旋转(R)/偏移(O)/倾斜(T)/删除(D)/复制(C)/颜色(L)/材质(A)/放弃(U)/退出(X)]<退出>:_rotate

选择面或[放弃(U)/删除(R)]:

选择面或[放弃(U)/删除(R)/全部(ALL)]:

指定轴点或[经过对象的轴(A)/视图(V)/X 轴(X)/Y 轴(Y)/Z 轴(Z)]<两点>:

在旋转轴上指定第二个点:

指定旋转角度或[参照(R)]:

【8－44】　如图 8－55a 所示,将该实体的 C 表面以 AB 边为旋转轴向里旋转－45 度,如图 8－55b 所示。

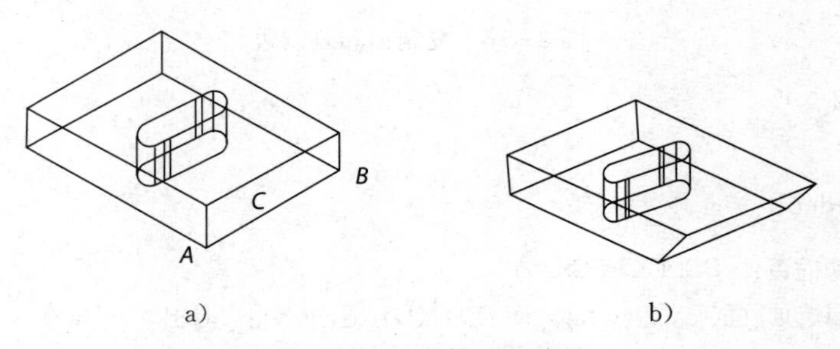

图 8－55　长方体面的旋转

[步骤]:

命令:_solidedit

实体编辑自动检查: SOLIDCHECK=1

输入实体编辑选项[面(F)/边(E)/体(B)/放弃(U)/退出(X)]<退出>:_face

输入面编辑选项

[拉伸(E)/移动(M)/旋转(R)/偏移(O)/倾斜(T)/删除(D)/复制(C)/颜色(L)/材质(A)/放弃(U)/退出(X)]<退出>:_rotate

选择面或[放弃(U)/删除(R)]:找到一个面。 //选择 C 面

选择面或[放弃(U)/删除(R)/全部(ALL)]: //按 ENTER 键

指定轴点或[经过对象的轴(A)/视图(V)/X 轴(X)/Y 轴(Y)/Z 轴(Z)]<两点>://选择 A 点

在旋转轴上指定第二个点: //选择 B 点

指定旋转角度或[参照(R)]:-45 //指定旋转角度

已开始实体校验。

已完成实体校验。

8.6.12 复制面及复制边

1. 命令

"实体编辑"工具栏:、

2. 功能

复制实体的表面、复制实体的边。

【8-45】 如图 8-56a 所示,复制该实体的 A 表面及 A 表面上的斜边 BC,如图 8-56b 所示。

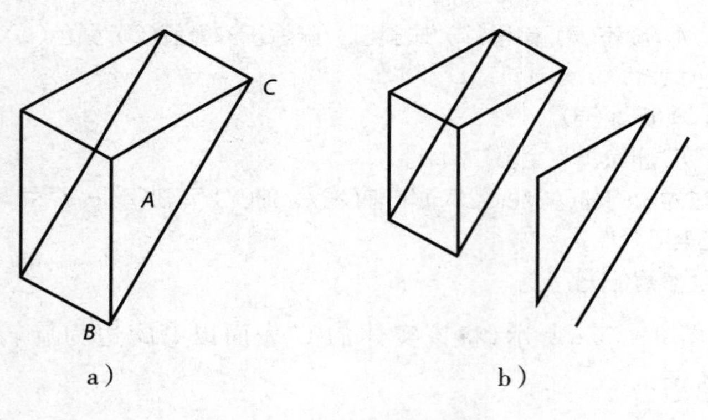

图 8-56 复制面和复制边

[步骤]:

(1)复制面

命令:_solidedit

实体编辑自动检查: SOLIDCHECK=1

输入实体编辑选项[面(F)/边(E)/体(B)/放弃(U)/退出(X)]<退出>:_face

输入面编辑选项

[拉伸(E)/移动(M)/旋转(R)/偏移(O)/倾斜(T)/删除(D)/复制(C)/颜色(L)/材质(A)/放弃(U)/退出(X)]<退出>:_copy

选择面或[放弃(U)/删除(R)]:找到一个面。　　//选择 A 表面

选择面或[放弃(U)/删除(R)/全部(ALL)]:　　//按 ENTER 键

指定基点或位移:　　//选择 B 点,以 B 点为基点

指定位移的第二点:20　　//指定复制面的位置

(2)复制边

命令:_solidedit

实体编辑自动检查:　SOLIDCHECK=1

输入实体编辑选项[面(F)/边(E)/体(B)/放弃(U)/退出(X)]<退出>:_edge

输入边编辑选项[复制(C)/着色(L)/放弃(U)/退出(X)]<退出>:_copy

选择边或[放弃(U)/删除(R)]:

选择边或[放弃(U)/删除(R)]:

指定基点或位移:　　//选择 BC 边

指定位移的第二点:30　　//指定位移距离

8.6.13　着色面及着色边

1. 命令

"实体编辑"工具栏:、

2. 功能

将实体的表面、边着色。

【8-46】　如图 8-57a 所示,将该实体 *A* 表面着色为红色,*A* 表面上的斜边 *BC* 着色为绿色,如图 8-57b 所示。

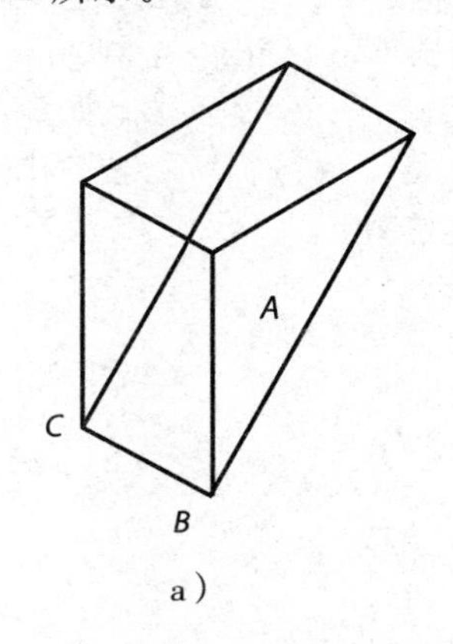

a)

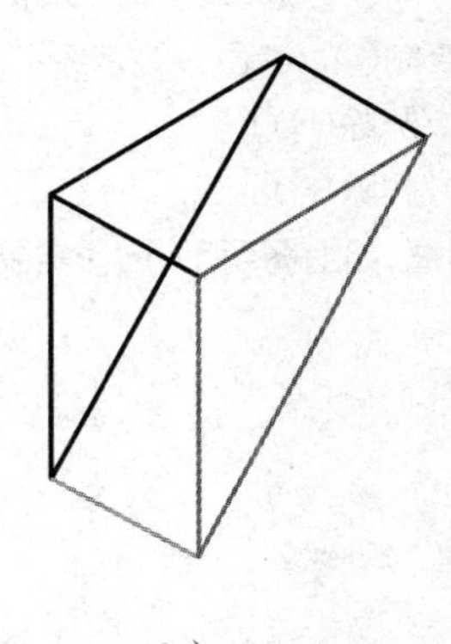

b)

图 8-57　着色面和着色边

[步骤]:(1)着色面

命令:_solidedit

实体编辑自动检查:　SOLIDCHECK=1

输入实体编辑选项[面(F)/边(E)/体(B)/放弃(U)/退出(X)]<退出>:_face

输入面编辑选项

[拉伸(E)/移动(M)/旋转(R)/偏移(O)/倾斜(T)/删除(D)/复制(C)/颜色(L)/材质(A)/放弃(U)/退出(X)]<退出>:_color

选择面或[放弃(U)/删除(R)]:找到一个面。 //选择 A 表面

选择面或[放弃(U)/删除(R)/全部(ALL)]: //按 ENTER 键

在“选择颜色”对话框选择需要着色的颜色(如图 8-58 所示)。

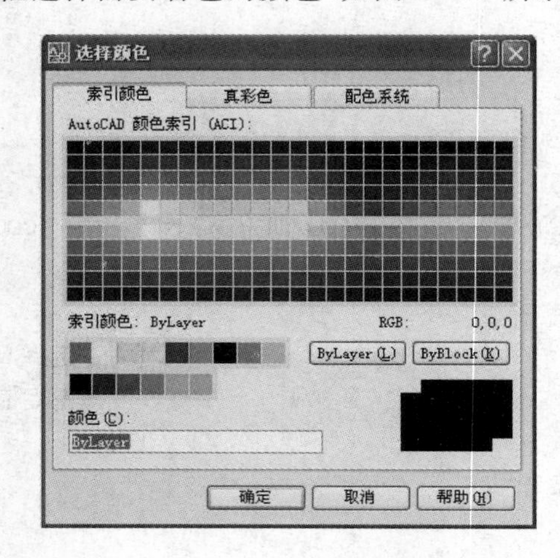

图 8-58 “选择颜色”对话框

(2)着色边

命令:_solidedit

实体编辑自动检查: SOLIDCHECK=1

输入实体编辑选项[面(F)/边(E)/体(B)/放弃(U)/退出(X)]<退出>:_edge

输入边编辑选项[复制(C)/着色(L)/放弃(U)/退出(X)]<退出>:_color

选择边或[放弃(U)/删除(R)]: //选择 BC 边

选择边或[放弃(U)/删除(R)]: //按 ENTER 键

在“选择颜色”对话框,如上图所示,选择需要着色的颜色。

8.6.14 倾斜面

1. 命令

“实体编辑”工具栏:

2. 功能

按指定的轴和角度倾斜实体表面。

3. 格式

命令:_solidedit

实体编辑自动检查: SOLIDCHECK=1

输入实体编辑选项[面(F)/边(E)/体(B)/放弃(U)/退出(X)]<退出>:_face

输入面编辑选项

[拉伸(E)/移动(M)/旋转(R)/偏移(O)/倾斜(T)/删除(D)/复制(C)/颜色(L)/材质(A)/放弃(U)/退出(X)]<退出>:_taper

选择面或[放弃(U)/删除(R)]:

选择面或[放弃(U)/删除(R)/全部(ALL)]:

指定基点:

指定沿倾斜轴的另一个点:

指定倾斜角度:

【8-47】 如图 8-59a 所示,将该实体的 C 表面以 AB 边为倾斜轴向里倾斜角度−45 度,如图 8-59b 所示。

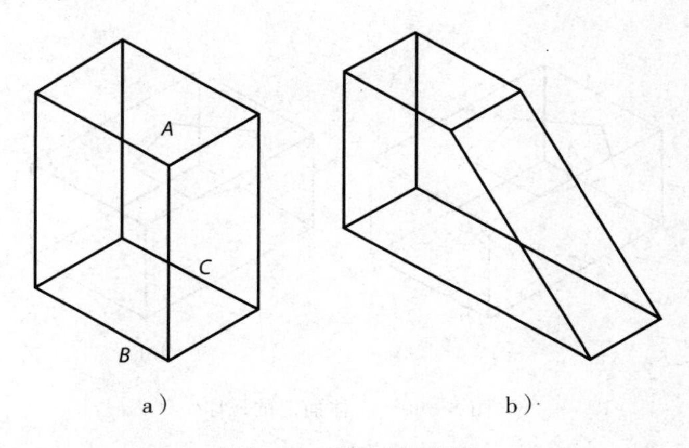

图 8-59　实体面的倾斜

[步骤]:

命令:_solidedit

实体编辑自动检查:　SOLIDCHECK=1

输入实体编辑选项[面(F)/边(E)/体(B)/放弃(U)/退出(X)]<退出>:_face

输入面编辑选项

[拉伸(E)/移动(M)/旋转(R)/偏移(O)/倾斜(T)/删除(D)/复制(C)/颜色(L)/材质(A)/放弃(U)/退出(X)]<退出>:_taper

选择面或[放弃(U)/删除(R)]:找到一个面。　　//选择 C 面

选择面或[放弃(U)/删除(R)/全部(ALL)]:

指定基点:　　//选择 A 点

指定沿倾斜轴的另一个点:　　//选择 B 点

指定倾斜角度:-45　　//指定倾斜角度

已开始实体校验。

已完成实体校验。

8.6.15　压印

1. 命令

“实体编辑”工具栏: 命令:imprint

2. 功能

将圆、直线、多段线、面域等对象压印到实体上，使其成为实体的一部分。

3. 格式

命令：_imprint

选择三维实体：
选择要压印的对象：
是否删除源对象[是(Y)/否(N)]＜N＞：

【8－48】 如图 8－60a 所示，将该实体的上表面的多边形 A 压印到该实体上，如图 8－60b所示。

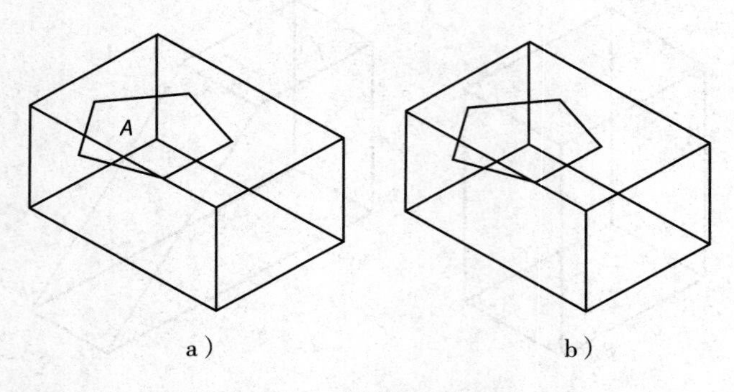

图 8－60 实体面上的压印

[步骤]：

命令：_imprint

选择三维实体： //选择实体
选择要压印的对象： //选择多边形 A
是否删除源对象[是(Y)/否(N)]＜N＞：↙ //删除原来的多边形

8.6.16 抽壳

1. 命令

"实体编辑"工具栏：

命令：imprint

2. 功能

将一个实心实体创建成一个空心的薄壁体。

3. 格式

命令：_solidedit

实体编辑自动检查： SOLIDCHECK＝1
输入实体编辑选项[面(F)/边(E)/体(B)/放弃(U)/退出(X)]＜退出＞：_body
输入体编辑选项
[压印(I)/分割实体(P)/抽壳(S)/清除(L)/检查(C)/放弃(U)/退出(X)]＜退出＞：_shell
选择三维实体：

删除面或[放弃(U)/添加(A)/全部(ALL)]:
输入抽壳偏移距离:

【8-49】 如图 8-61a 所示，将该实体编辑成上表面开放成壁厚为 0.5mm 的空心的薄壁体，如图 8-61b 所示。

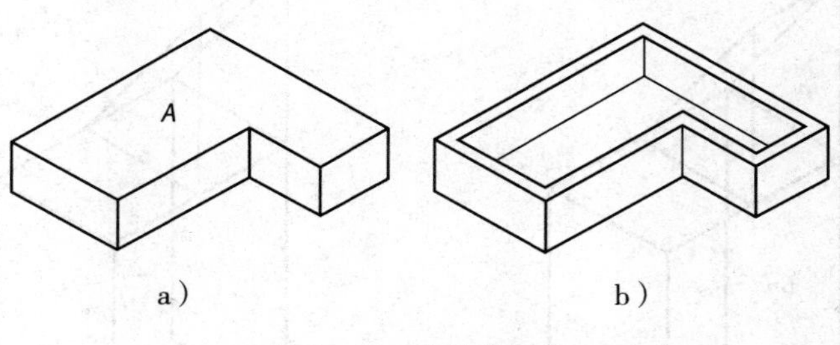

图 8-61　实体的抽壳

[步骤]:

命令:_solidedit

实体编辑自动检查:　SOLIDCHECK=1
输入实体编辑选项[面(F)/边(E)/体(B)/放弃(U)/退出(X)]<退出>:_body
输入体编辑选项
[压印(I)/分割实体(P)/抽壳(S)/清除(L)/检查(C)/放弃(U)/退出(X)]<退出>:_shell
选择三维实体:　　//选择实体
删除面或[放弃(U)/添加(A)/全部(ALL)]:找到一个面,已删除 1 个。　//选择 A 面
删除面或[放弃(U)/添加(A)/全部(ALL)]:　　//按 ENTER 键
输入抽壳偏移距离:0.5　　//指定薄壁体的壁厚
已开始实体校验。
已完成实体校验。

8.7　布尔运算

8.7.1　并集

1. 命令

"实体编辑"工具栏或者"建模"工具栏:

命令:union

2. 功能

通过添加操作合并选定面域或实体。

3. 格式

命令:_union

选择对象:

选择对象:
选择对象:

【8－50】 如图 8－62a 所示,将两个实体 A、B 合并成一个实体,如图 8－62b 所示。

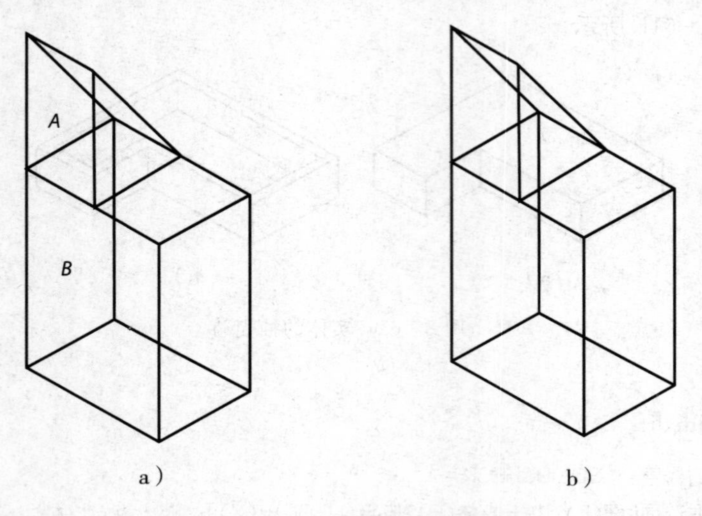

图 8－62　布尔运算的并集运算

［步骤］:

命令:_union

选择对象:找到 1 个　　　　//选择实体 A
选择对象:找到 1 个,总计 2 个　　　　//选择实体 B
选择对象:　　　　//ENTER

8.7.2　差集

1. 命令

“实体编辑”工具栏或者“建模”工具栏:

命令:subtract

2. 功能

通过减操作合并选定的面域或实体。

3. 格式

命令:_union

选择对象:
选择对象:
选择对象:

【8－51】 如图 8－63a 所示,球体的一部分在一个正方体里面,通过差集命令在正方体上将与球体重合的地方消除,如图 8－63b 所示。

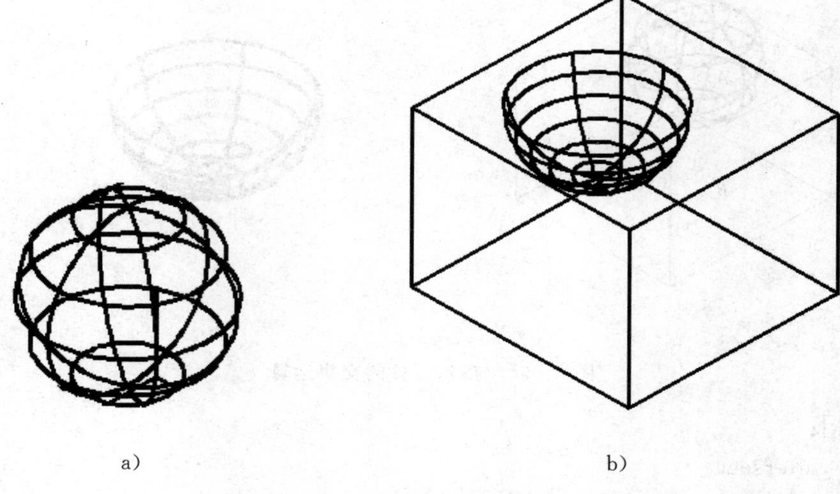

图 8－63　布尔运算的差集运算

[步骤]：

命令：_subtract 选择要从中减去的实体或面域...

选择对象：找到 1 个　　//选择正方形实体 B
选择对象：　　//ENTER，表示选择完毕
选择要减去的实体或面域..　　//选择球体 A
选择对象：找到 1 个　　//ENTER，表示选择完毕
选择对象：↙

8.7.3　交集

1. 命令

"实体编辑"工具栏或者"建模"工具栏：

命令：intersect

2. 功能

从两个或多个实体或面域的交集中创建复合实体或面域，然后删除交集外的区域。

3. 格式

命令：_intersect

选择对象：
选择对象：

【8－52】　如图 8－64a 所示，球体的一部分在一个正方体里面，通过交集命令保留这两个实体共有的部分，如图 8－64b 所示。

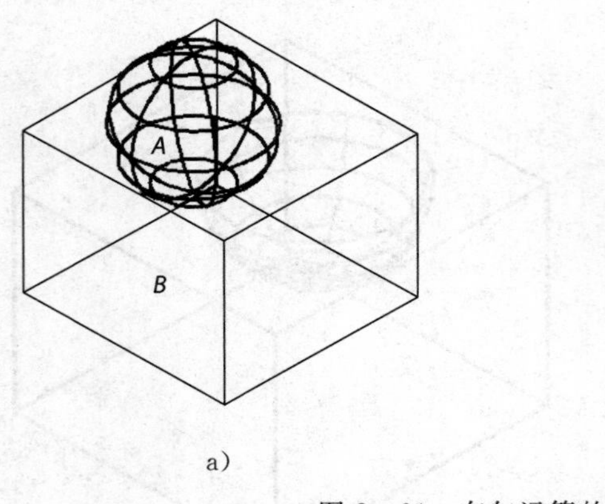

a)

b)

图 8 - 64　布尔运算的交集运算

[步骤]:

命令:_intersect

选择对象:找到 1 个　　　　　　　　//选择实体 A

选择对象:找到 1 个,总计 2 个　　　　//选择实体 B

选择对象:　　　　　　　　　　　　//ENTER,表示选择完毕

8.8　视觉样式

为了使绘制的立体模型更具有立体感,用户可以通过设置图形的视觉样式来观察绘制的实体。视觉样式是一组设置,用来控制视图中图形边和着色的显示。用户更改视觉样式的特性,而不是使用命令和设置系统变量。一旦应用了视觉样式或更改了其设置,就可以在视图中查看效果。AutoCAD 的视觉样式共提供五种默认视觉样式供用户使用,如下图所示。用户可以方便地通过"视觉样式"工具栏调用二维线框、三维线框、三维隐藏、真实和概念 5 种 AutoCAD 已设置好的视觉样式,用户也可以通过"管理视觉样式"命令创建新的视觉样式和对已有视觉样式进行修改。

1. 直接视觉(vscurrent)

(1)功能:生成具有明暗效果的三维图形。当前视图中的三维模型的各面被用单一颜色填充成明暗相同的图像,生成逼真的图像。

(2)格式:键盘输入命令 vscurrent。此时,在视图中的三维图形自动着色。

2. 选择着色类型着色(vscurrent)

(1)功能:选择着色类型对三维图形着色处理。

(2)格式

① 键盘输入。命令:vscurrent↓

提示:

输入选项[二维线框(2)/三维线框(3)/三维隐藏(H)/真实(R)/概念(C)/其他(O)/当前(U)]<当

前>:。

② 下拉菜单。视图(V)→视觉样式(S)→光标菜单,如图 8-65 所示。

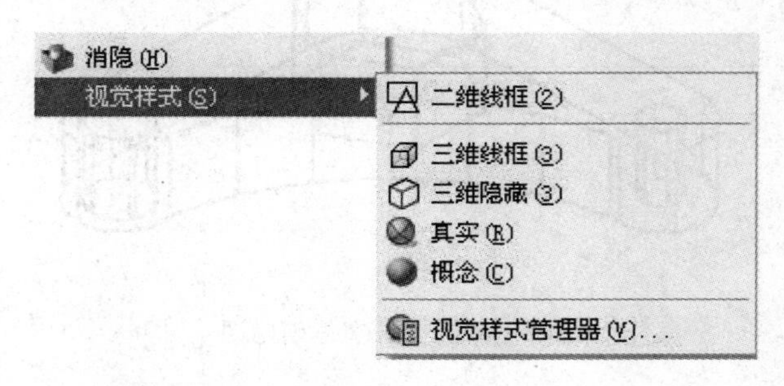

图 8-65　下拉菜单“视图(V)”

③ 工具条。在“视觉样式”工具条中,单击的相应图标按钮,如图 8-66 所示。

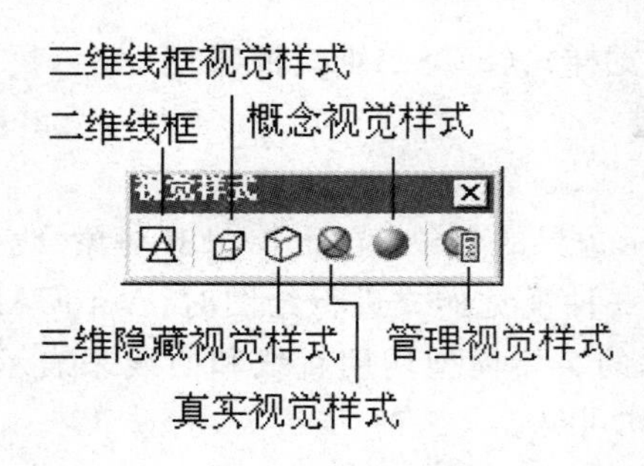

图 8-66　“视觉样式”工具条

对于视觉样式的有关选项说明:

①“二维线框(2D)”。显示用直线和曲线表示边界的对象。光栅和 OLE 对象、线型和线宽都是可见的。即使 Compass 系统变量设为开,在二维线框视图中也不显示坐标球。

②“三维线框(3D)”。显示用直线和曲线表示边界的对象。这时 UCS 为一个着色的三维图标。光栅和 OLE 对象、线型和线框都不可见。当将 Compass 系统变量设为开时可以显示坐标,并能够显示已使用的材质颜色。

③“三维隐藏(H)。显示用三维线框表示的对象,同时消隐表示后面的线。此时 UCS 为一个着色的三维图标。

④“真实(R)”。着色对象并在多边形面之间平滑边界,给对象一个光滑、具有真实感的对象,也可以显示已应用到的对象材质。

⑤“带边框平面着色(L)”。合并平面着色和线框选项。对象显示为带线框的平面着色效果。

⑥“概念(C)”。合并着色和线框选项。对象显示为带线框的体着色效果。进行着色的图像不能编辑、输出,但可以保存或制成幻灯片;图形着色时,自动消隐。如图 8-67 所示。

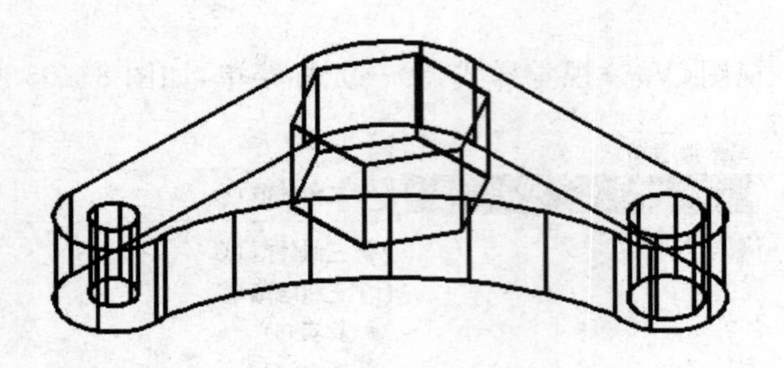

图 8-67　三维实体消隐图

8.8.1　二维线框视觉样式

1. 命令

"视图(V)"菜单:→视觉样式(S)→二维线框(2)

"视觉样式"工具栏:

2. 功能

显示用直线和曲线表示边界的对象,光栅和 OLE 对象、线型和线宽都是可见的。

用户在没有选择特定一种视觉样式进行绘图时,AutoCAD 将默认当前的视觉样式为二维线框视觉模式,显示的实体模型均用直线和曲线来表示实体模型的边界,用户设置实体模型的线型和线宽均可见。

二维线框视觉样式其效果如图 8-68 所示。

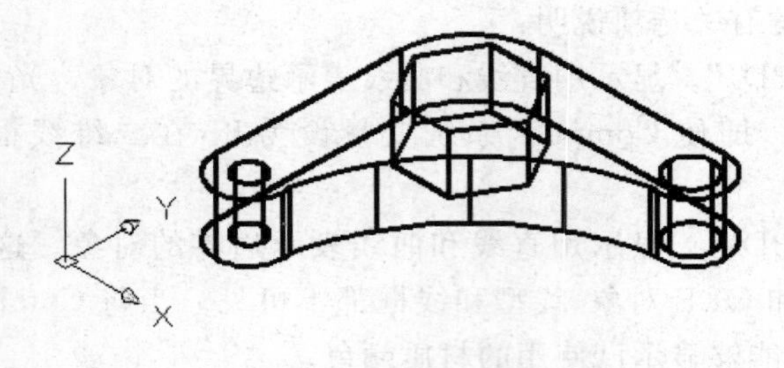

图 8-68　二维线框的视觉样式

8.8.2　三维线框视觉样式

1. 命令

"视图(V)"菜单:→视觉样式(S)→三维线框(3)

"视觉样式"工具栏:

2. 功能

显示用直线和曲线表示边界的对象,显示一个已着色的三维 UCS 图标。

三维线框视觉样式与二维线框视觉样式均使用直线和曲线表示实体模型的边界,两种视觉样式的显示效果大致一样,但三维线框视觉样式显示一个已着色的三维 UCS 图标。

三维线框视觉样式其效果如图 8－69 所示。

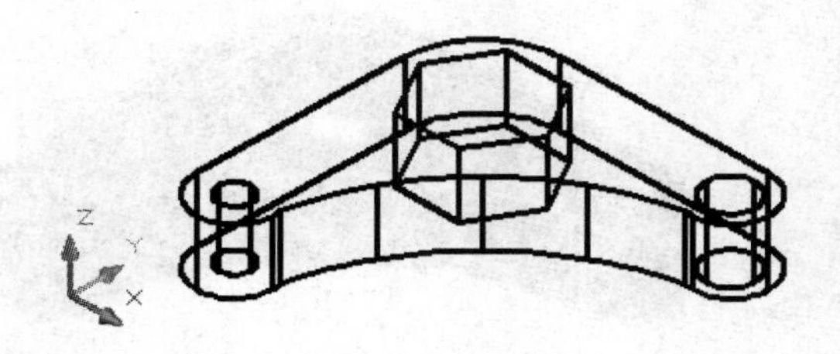

图 8－69　三维线框的视觉样式

8.8.3　三维隐藏视觉样式

1. 命令

“视图(V)”菜单:→视觉样式(S)→三维隐藏(3)

“视觉样式”工具栏:

2. 功能

显示用三维线框表示的对象并隐藏表示后向面的直线。

三维隐藏视觉样式同样使用直线和曲线表达实体模型的边界,并隐藏实体模型不可见部分。

三维隐藏视觉样式其效果如图 8－70 所示。

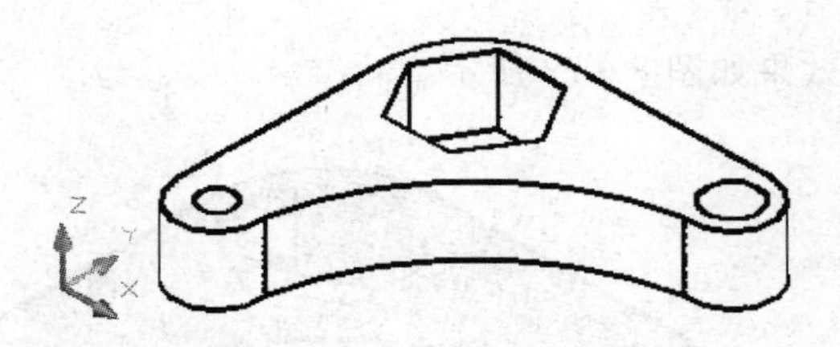

图 8－70　三维隐藏的视觉样式

8.8.4　真实视觉样式

1. 命令

“视图(V)”菜单:→视觉样式(S)→真实(R)

“视觉样式”工具栏:

2. 功能

着色多边形平面间的对象,使对象的边平滑化,并将显示已附着到对象的材质。

真实视觉样式可以对实体模型进行着色处理,对实体模型的边界也进行平滑处理,同时将显示实体模型的材质。

真实视觉样式其效果如图 8－71 所示。

图 8-71　真实的视觉样式

8.8.5　概念视觉样式

1. 命令

“视图(V)”菜单:→视觉样式(S)→概念(C)

“视觉样式”工具栏:

2. 功能

着色多边形平面间的对象,并使对象的边平滑化。

概念视觉样式与真实视觉样式都对实体模型进行着色和对边界进行平滑处理,但概念视觉样式的着色使用古氏面样式,古氏面样式是一种冷色和暖色之间的过渡而不是从深色到浅色的过渡。所以概念视觉样式效果缺乏真实感,但相对于真实视觉样式可以更方便地查看模型的细节。

概念视觉样式其效果如图 8-72 所示。

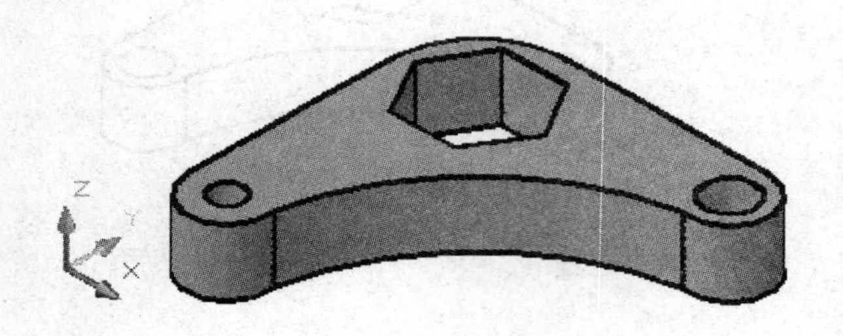

图 8-72　概念的视觉样式

8.8.6　视觉样式管理器

1. 命令

“视图(V)”菜单:→视觉样式(S)→视觉样式管理器(V)

“视觉样式”工具栏:(如图 8-73 所示)

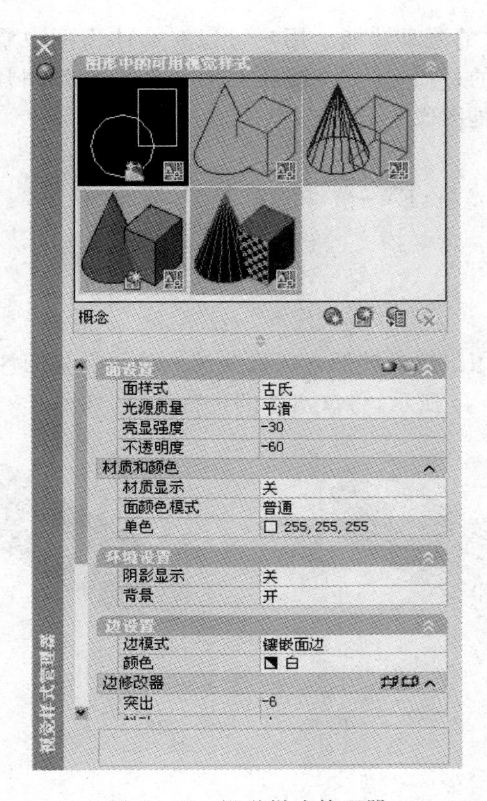

图 8－73　视觉样式管理器

2. 功能

显示图形中可用的视觉样式的样例图像，对选定的视觉样式的面设置、环境设置和边设置显示在设置面板中，设置视觉样式的各项参数。

AutoCAD 自带 5 种已设置好的视觉样式，但用户可以通过“管理视觉样式”对话框创建新的视觉样式和对已有视觉样式进行修改。例如对视觉样式的“面设置”参数进行修改，可以控制面在视图中的外观；对视觉样式的“环境设置”参数进行修改，可以控制实体模型的阴影和背景；对视觉样式的“边设置”参数进行修改，可以控制如何显示边。

8.9　渲染实体

实体模型的显示方式有多种方式，例如前面介绍的三维线框图、三维隐藏图、真实视觉图、概念视觉图等。但要创建更加逼真的模型图像，就需要对三维实体对象进行渲染处理，经过渲染处理的实体增加色泽感，更具真实感，更能够清晰地反映实体模型的结构形状。用户只需要一条简单的“渲染”命令就能创建渲染图，实体模型经渲染处理后，其表面就能显示出明暗色彩和光照效果，因而形成非常逼真的图像，同时，它仍然保留实体的特性，用户可以调整不同的视点从不同的方向进行观察。

AutoCAD 提供强大的渲染功能。用户可以在实体模型中添加不同类型的光源，给三维模型添附不同类型的材质，还能在渲染场景中添加背景图片。除此之外，用户还能以不同的格式来保存渲染图像。

1. 命令

"视图(V)"菜单：→渲染(E)→渲染(R)

"渲染"工具栏：

命令：render ↙

2. 功能

创建一个可以表达用户想象的照片级真实感的演示质量图像。

【8－53】 如图 8－74a 所示，将该实体的进行渲染，如图 8－74b 所示。

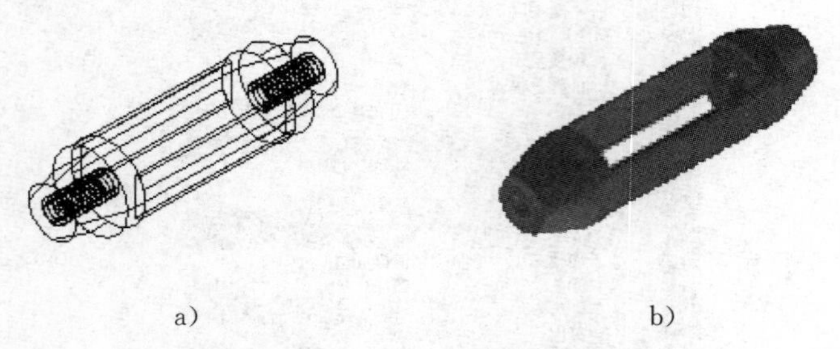

a)　　　　b)

图 8－74　渲染实体

[步骤]：

选择"渲染"工具栏： AutoCAD 将弹出渲染窗口，如图 8－75 所示。

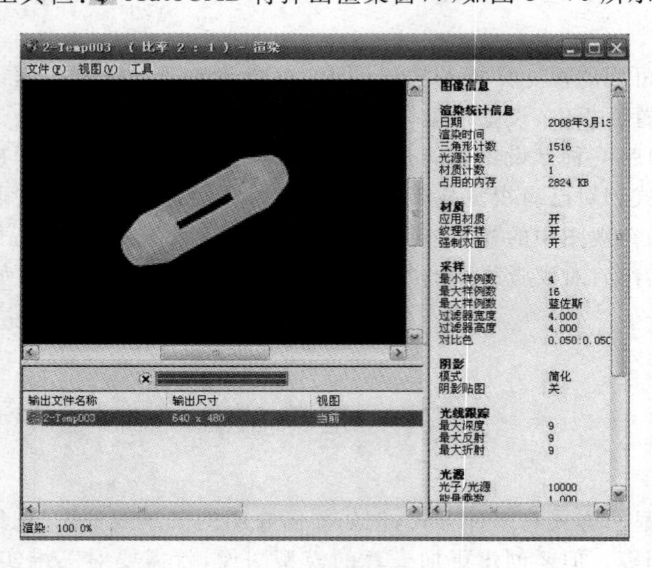

图 8－75"渲染"框

在[渲染]窗口的左上角包含着"文件(F)"、"视图(V)"和"工具"三个菜单，其功能如下。

(1)"文件(F)"菜单：将当前渲染图像按指定的格式保存到文件合作将当前图像的副

本保存到指定位置；

(2)“视图(V)”菜单：确定是否在渲染窗口显示渲染状态栏和统计信息窗格；

(3)“工具”菜单：使渲染图像放大或者缩小。

用户选择一个简单的“渲染”命令便可以完成实体模型的渲染处理，但针对不同的实体模型，为了达到更好更真实的渲染效果，用户通常需要在渲染之前先进行渲染相关参数的设置，如设置渲染材质、光源等参数。

8.9.1　材质

用户在渲染实体模型时，使用材质可以增强实体模型的真实感。合适的材质在渲染处理中起着很重要的作用，对渲染的效果有很大的影响。

1. 命令

“视图(V)”菜单：→渲染(E)→材质(M)

“渲染”工具栏：(如图 8-76 所示)

命令：materials ↙

2. 功能

管理、应用和修改材质。

当用户打开“材质”命令，AutoCAD 将弹出“材质”对话框供用户设置。

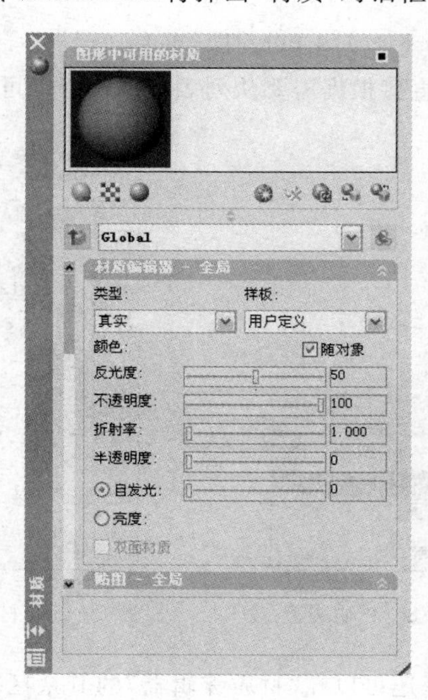

图 8-76　“材质”框

① “图形中可用的材质”选项组

在“图形中可用的材质”选项组中用户可以设置当前图形可用的材质及相关参数，预览图像显示当前材质的预览图像。用户可以通过“样例几何体”按钮设置预览样例，系统提供球体、立方体和圆柱体三种样例。如图 8－77 所示，通过“交错参考底图开/关”按钮用户可以设置预览图像的底图，用户也可以通过“预览样例光源模型”按钮确定预览样例的光源模型。此外，用户还可以通过此选项组的其他按钮完成创建新材质、从图形清除材质、将材质应用到对象等操作。

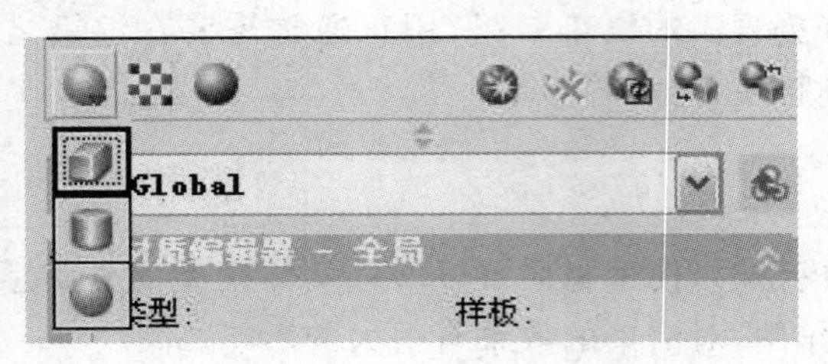

图 8－77　样例几何体

② “材质编辑器”选项组

用户在“材质编辑器”设置区域内可以完成编辑“图形中可用的材质”的相关操作。

a. “类型”下拉列表框

通过此下拉列表选择材质的类型，系统内置了 4 种类型，分别为“真实”、“真实金属”、“高级”和“高级金属”，如图 8－78 所示，用户直接选择即可。

b. “样板”下拉列表框

该下拉列表中当前材质类型列出可以使用的材质，

如图 8－79 所示，用户直接根据需要从列表框中选择即可。

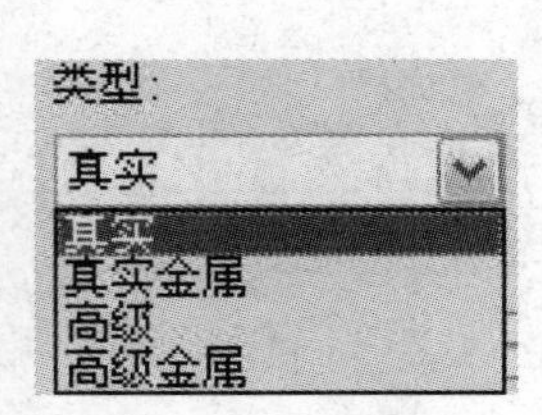

图 8－78　材质类型

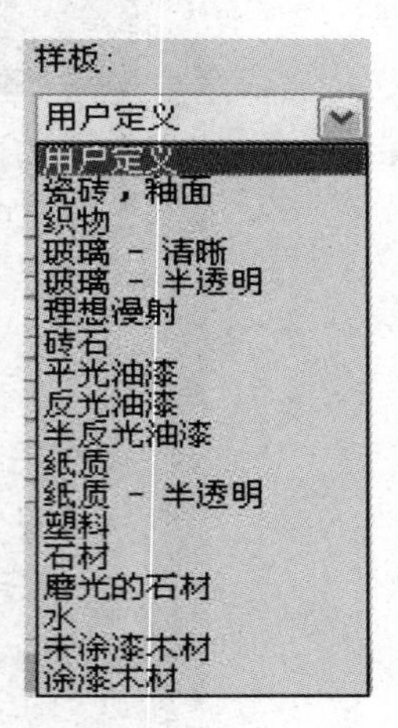

图 8－79　材质样板

通过用户选择“样板”后还可以在“材质编辑器”的其余区域设置渲染时的颜色、反光度、不通明度、折射率、半透明度、自发光、亮度以及双面材质等参数。而在“材质”对话框的其余区域，用户还可以对渲染模型进行“贴图”、“高级光源替代”、“材质缩放与平衡”和“材质偏移与预览”等渲染参数的设置。在此就不再一一论述，用户可自行尝试设置，用户需要注意的是：在“类型”下拉列表选择的材质类型不同时，其“材质”对话框显示的内容也将有所不同。

8.9.2　光源

在渲染过程中，光源的应用也非常重要。光源由强度和颜色两个因素决定。用户可以设置使用点光源、平行光源以及聚光灯光源 3 中光源形式照亮物体的不同区域。

1. 新建点光源

(1)命令

“视图(V)”菜单：→渲染(E)→光源(L)→新建点光源(P)

命令：pointlight↙

(2)功能

新建从光源处向外发射放射性光的光源，其效果与一般灯泡类似。

(3)格式

命令：pointlight

指定源位置＜0,0,0＞：

输入要更改的选项[名称(N)/强度因子(I)/状态(S)/光度(P)/阴影(W)/衰减(A)/过滤颜色(C)/退出(X)]＜退出＞：

(4)选项

● 名称(N)：指定光源名。名称中可以使用大小写字母、数字、空格、连字符(—)和下划线(_)。最大长度为 256 个字符。

● 强度因子(I)：设置光源的强度或亮度。取值范围为 0.00 到系统支持的最大值。

● 状态(S)：打开和关闭光源。如果图形中没有启用光源，则该设置没有影响。

● 光度(P)：光度是指测量可见光源的照度。

● 阴影(W)：使光源投射阴影。

● 衰减(A)：控制光线如何随着距离增加而衰减。

● 过滤颜色(C)：控制光源的颜色。

● 退出(X)：默认选项，原参数不作修改。

2. 新建平行光源

(1)命令

“视图(V)”菜单：→渲染(E)→光源(L)→新建平行光源(D)

命令：distantlight↙

(2)功能

新建从光源处向外发射平行性光的光源，其效果与太阳光类似。

(3)格式

命令：distantlight

指定光源来向＜0,0,0＞或[矢量(V)]：

指定光源去向＜1,1,1＞：

输入要更改的选项[名称(N)/强度因子(I)/状态(S)/光度(P)/阴影(W)/过滤颜色(C)/退出(X)]＜退出＞：

(4)选项

●名称(N):指定光源名。名称中可以使用大小写字母、数字、空格、连字符(-)和下划线(_)。最大长度为256个字符。

●强度因子(I):设置光源的强度或亮度。取值范围为0.00到系统支持的最大值。

●状态(S):打开和关闭光源。如果图形中没有启用光源,则该设置没有影响。

●光度(P):光度是指测量可见光源的照度。

●阴影(W):使光源投射阴影。

●过滤颜色(C):控制光源的颜色。

●退出(X):默认选项,原参数不做修改。

3. 新建聚光灯光源

(1)命令

"视图(V)"菜单:→渲染(E)→光源(L)→新建聚光灯光源(S)

命令:spotlight↙

(2)功能

新建从光源处向一个方向按锥形发射同向光的光源,其效果与聚光灯类似。

(3)格式

命令:spotlight

指定源位置<0,0,0>:

指定目标位置<0,0,-10>:

输入要更改的选项[名称(N)/强度因子(I)/状态(S)/光度(P)/聚光角(H)/照射角(F)/阴影(W)/衰减(A)/过滤颜色(C)/退出(X)]<退出>:

(4)选项

●名称(N):指定光源名。名称中可以使用大小写字母、数字、空格、连字符(-)和下划线(_)。最大长度为256个字符。

●强度因子(I):设置光源的强度或亮度。取值范围为0.00到系统支持的最大值。

●状态(S):打开和关闭光源。如果图形中没有启用光源,则该设置没有影响。

●光度(P):光度是指测量可见光源的照度。

●聚光角(H):指定定义最亮光锥的角度,也称为光束角。

●照射角(F):指定定义完整光锥的角度,也称为现场角。

●阴影(W):使光源投射阴影。

●衰减(A):控制光线如何随着距离增加而衰减。

●过滤颜色(C):控制光源的颜色。

●退出(X):默认选项,原参数不作修改。

8.9.3 高级渲染设置

1. 命令

"视图(V)"菜单:→渲染(E)→高级渲染设置(D)

"渲染"工具栏:

命令：rpref↙

2. 功能

显示“高级渲染设置”选项板以进行高级渲染参数的设置。

当用户打开“高级渲染设置”命令，AutoCAD 将弹出“高级渲染设置”对话框供用户设置，如图 8－80 所示。

“高级渲染设置”对话窗口包括标准渲染预设、基本渲染、光线跟踪、间接发光、诊断和处理等多个子窗口，个别子窗口还具有二级子窗口用户可以根据需要在对应的子窗口或者下拉列表进行设置即可。

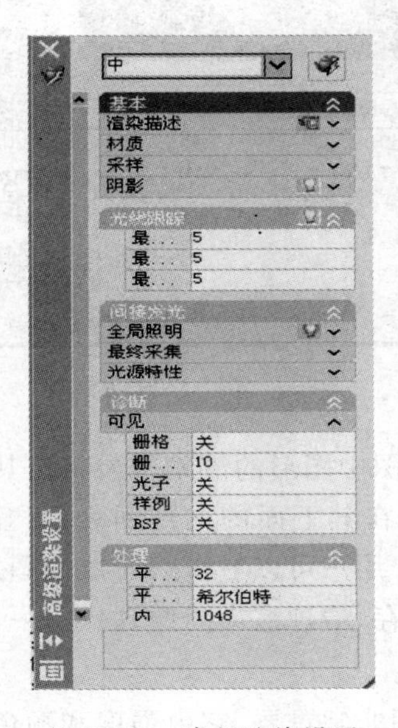

图 8－80　高级渲染设置

8.9.4　渲染对象

选择“视图”→“视觉样式”命令中的子命令为对象应用视觉样式时，并不能执行产生亮显、移动光源或添加光源的操作。要更全面地控制光源，必须使用渲染，可以使用“视图”→“渲染”菜单中的子命令或“渲染”工具栏实现，如图 8－81 所示。

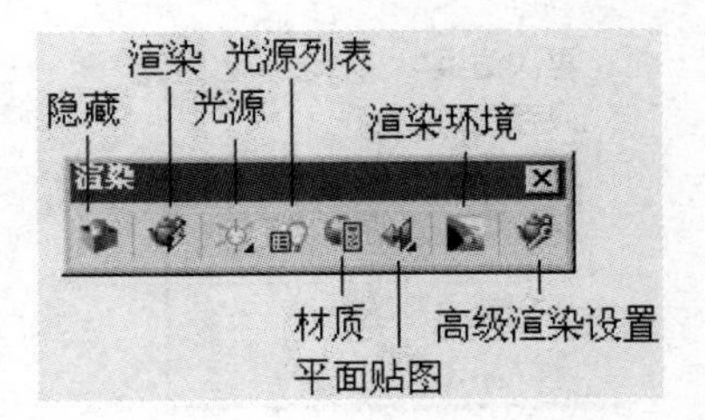

图 8－81　“渲染”子菜单和工具栏

1. 在渲染窗口中快速渲染对象

在 AutoCAD2008 中，选择“视图”“渲染”“渲染”命令，可以在打开的渲染窗口中快速渲染当前视口中的图形，如图 8－82 所示。

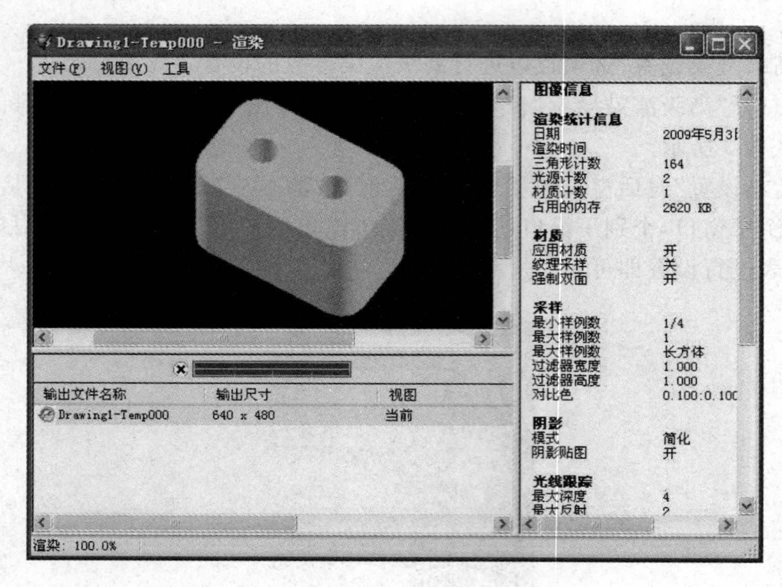

图 8－82　渲染图形

渲染窗口中显示了当前视图中图形的渲染效果。在其右边的列表中，显示了图像的质量、光源和材质等详细信息；在其下面的文件列表中，显示了当前渲染图像的文件名称、大小以及渲染时间等信息。用户可以右击某一渲染图形，这时将弹出一个快捷菜单，可以选择其中的相应命令来保存、清理渲染图像，如图 8－83 所示。

2. 设置光源

在渲染过程中，渲染的应用非常重要，它由强度和颜色两个因素决定。在 AutoCAD 中，不仅可以使用自然光（环境光），也可以使用点光源、平行光源及聚光灯光源，以照亮物体的特殊区域。

在 AutoCAD2008 中，选择"视图"→"渲染"→"光源"命令中的子命令，可以创建和管理光源，如图 8－84 所示。

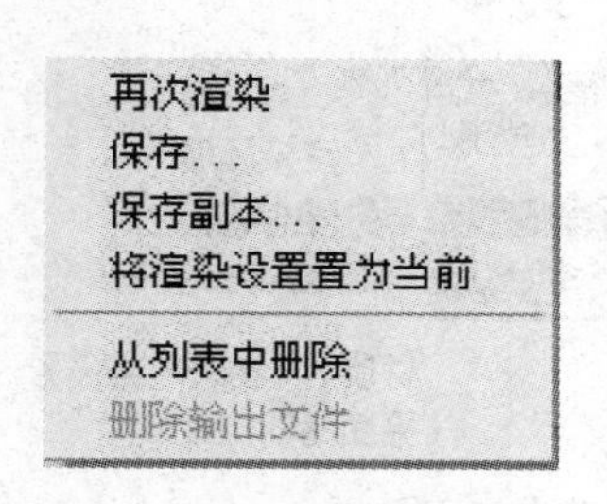

图 8－83　渲染图形的快捷菜单

图 8－84　"光源"子菜单

(1)创建光源

选择"视图"→"渲染"→"光源"→"新建点光源"、"新建聚光灯"和"新建平行光"命令,可以分别创建点光源、聚光灯和平行光。

① 创建点光源时,当指定了光源位置后,还可以设置光源的名称、强度、状态、阴影、衰减和颜色等选项,此时命令行将显示如下提示信息。

输入要更改的选项[名称(N)/强度(I)/状态(S)/阴影(W)/衰减(A)/颜色(C)/退出(X)]<退出>:

② 创建聚光灯时,当指定了光源位置和目标位置后,还可以设置光源的名称、强度、状态、聚光角、照射角、阴影、衰减和颜色等选项,此时命令行将显示如下提示信息。

输入要更改的选项[名称(N)/强度(I)/状态(S)/聚光角(H)/照射角(F)/阴影(W)/衰减(A)/颜色(C)/退出(X)]<退出>:

③ 创建平行光时,当指定了光源的矢量方向后,还可以设置光源的名称、强度、状态、阴影和颜色等选项,此时命令行将显示如下提示信息。

输入要更改的选项[名称(N)/强度(I)/状态(S)/阴影(W)/颜色(C)/退出(X)]<退出>:

(2)查看光源列表

当创建了光源后,可以选择"视图"→"渲染"→"光源"→"光源列表"命令,打开"模型中的光源"选项板,查看创建的光源,如图 8-85 所示。

(3)设置地理位置

由于太阳光受地理位置的影响,因此在使用太阳光时,还需要选择"视图"→"渲染"→"光源"→"地理位置"命令,打开"地理位置"对话框,设置光源的地理位置,如纬度、度、方向以及地区等,如图 8-86 所示。

选择"视图"→"渲染"→"光源"→"阳光特性"命令,将打开"阳光特性",在该选项板中可以编辑阳光特性,可以设置阳光的基本信息、太阳角度计算以及渲染着色细节等详细信息,如图 8-87 所示。

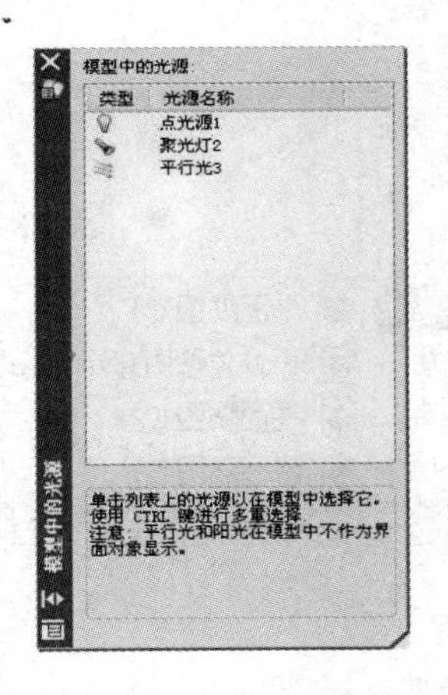

图 8-85　"模型中的光源"选项板

图 8-86　"地理位置"对话框

3. 设置渲染材质

在渲染对象时,使用材质可以增强模型的真实感。在 AutoCAD2008 中,选择"视图"→"渲染"→"材质"命令,将打开"材质"选项板,从中可以为对象选择并附加材质,如图 8-88所示。

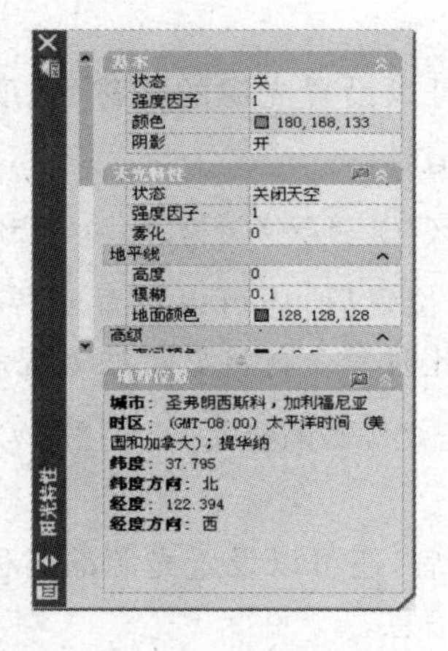

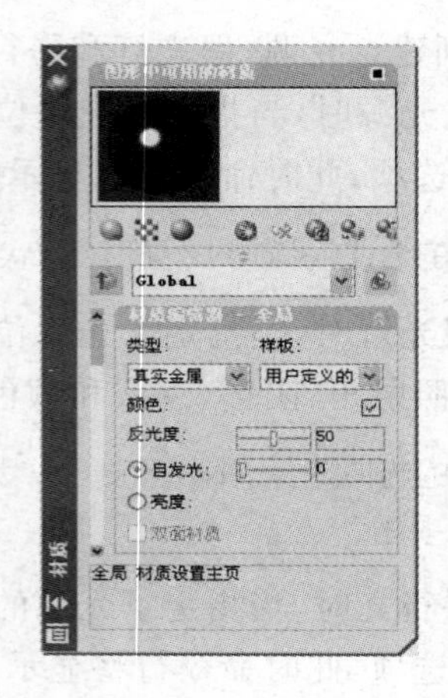

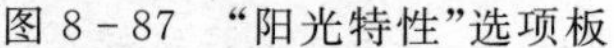
图 8-87 “阳光特性”选项板　　　图 8-88 “材质”选项板

在“材质”选项板的“图形中可用的材质”列表框中，显示了当前可以使用的材质。用户可以单击工具栏中的“样例几何体”按钮设置样例的形式，如球体、圆柱体和立方体 3 种；单击“交错参考底图开/关闭”按钮，将显示或关闭交错参考底图；单击“创建新材质”按钮，将创建新材质样例；单击“从图形中清除”按钮，将清除“材质”列表框中选中的材质；单击“将材质应用到对象”按钮，将选中的材质应用到图形对象上。

在“材质”选项板的“材质编辑器”选项区域中，在“样板”下拉列表框中选择一种材质样板后，可以设置材质的反光度、自发光和亮度等参数。

4. 设置贴图

在渲染图形时，可以将材质映射到对象上，称为贴图。选择“视图”“渲染”“贴匡”命令中的子命令，可以创建平面贴图、长方体贴图、柱面贴图和球面贴图，如图 8-89 所示。

图 8-89 “贴图”菜单

5. 渲染环境

选择“视图”→“渲染”→“渲染环境”命令，可在渲染对象时，对对象进行雾化处理，此时将打开“渲染环境”对话框，如图 8-90 所示。在“启用雾化”下拉列表框中选择“开”选项后，可以利用该对话框来设置使用雾化背景、颜色、雾化的近距离、远距离、近处雾化百分率及远处雾化百分率等雾化格式。如图 8-91 所示是使用雾化前后的对比。

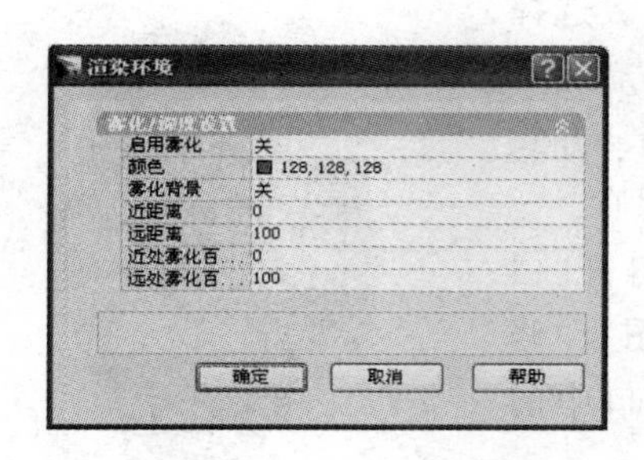

图 8－90　“渲染环境”对话框

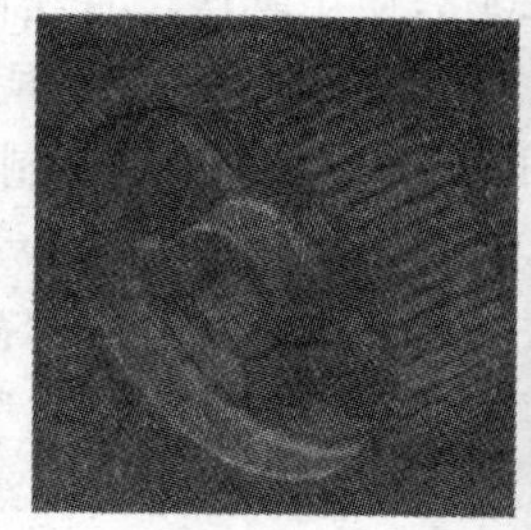
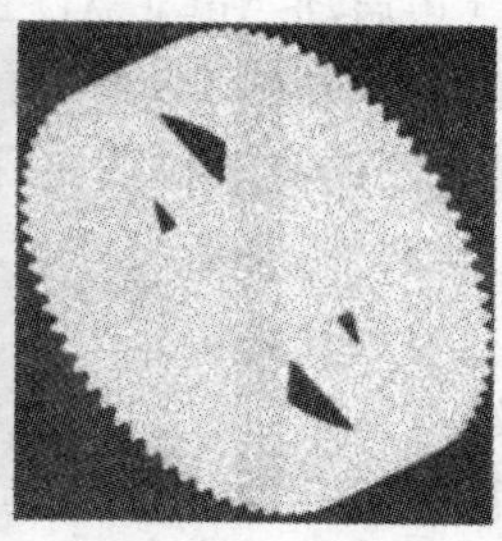

图 8－91　雾化对比

6. 高级渲染设置

在 AutoCAD2008 中，选择“视图”→“渲染”→“高级渲染设置”命令，再打开“高级渲染设置”选项板，从中可以设置渲染高级选项，如图 8－92 所示。

在“选择渲染预设”下拉列表框中，可以选择预设的渲染类型，这时在参数区中，可以设置该渲染类型的基本、光线跟踪、间接发光、诊断和处理等参数。当在“选择渲染预设”下拉列表框中选择“管理渲染预设”选项时，将打开“渲染预设管理器”对话框，可以在其中自定义渲染预设，如图 8－93 所示。

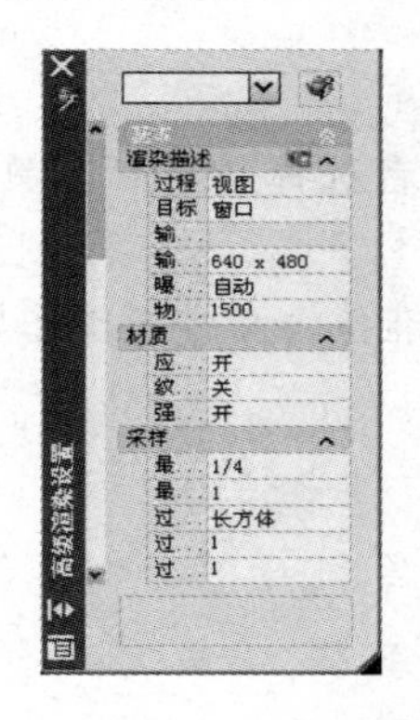

图 8－92　“高级渲染设置”选项板

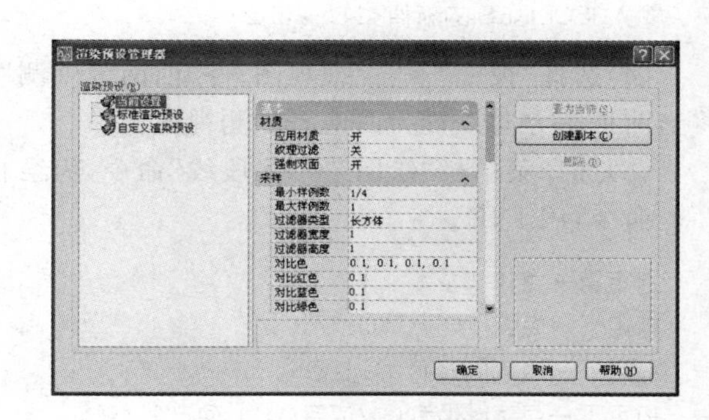

图 8－93　“渲染预设管理器”对话框

8.10　三维图形的绘制及尺寸标注

在 AutoCAD 中，使用“标注”菜单中的命令或“标注”工具栏中的标注工具，不仅可以标注二维对象的尺寸，还可以标注三维对象的尺寸。由于所有的尺寸标注都只能在当前坐标的 *XY* 平面中进行，因此为了准确标注三维对象中各部分的尺寸，需要不断地变换坐标系。

【8－54】　绘制并标注如图 8－94 所示的图形。

本实例的制作思路：首先绘制阀盖左端的螺纹，然后依次绘制其他外形轮廓，再绘制阀盖的内部轮廓，进行差集处理，最后绘制连接螺纹孔，得出阀盖立体图。然后，再对其进行标注。

(1)启动 AutoCAD 2008,使用默认设置绘图环境。选择“文件”→“新建”命令,打开“选择样板”对话框,单击“打开”按钮右侧的蔓下拉按钮,以“无样板打开一公制”(毫米)方式建立新文件;将新文件命名为“阀盖立体图 . dwg”并保存。

图 8-94　阀盖立体图

(2)选择菜单栏中的“视图”→“工具栏…”命令,打开“白定义”对话框,调出“标准”、“图层”、“对象特性”、“绘图”、“修改”和“标注”这 6 个工具栏,并将它们移动到绘图窗口中的适当位置。

(3)选择“格式”→“图形界限”命令,设置对象上每个曲面的轮廓线数目。默认设置是 4,有效值的范围 0～2047。该设置保存在图形中。

(4)在“图层”工具栏的图层控制下拉列表框中选择“标注层”选项,将其设置为当前层。

(5)选择“工具”→“移动 UCS”命令,将坐标系移动到所需要的位置。

命令行操作如下:

命令:ISOLINES↙

输入 ISOLINES 的新值<4>:10↙

(4)选择“视图”→“三维视图”→“西南等轴测”命令,或者选择“视图”工具栏按钮,将当前视图方向设置为西南等轴测视图。

(5)选择菜单栏“绘图”→“多段线”命令,为绘制螺纹作准备。命令行操作如下:

命令:PLINE↙

指定第一点:0,0↙

指定下一点或[放弃(U)]:17,0↙

指定下一点或[放弃(u),]:@1,-1↙

指定下一点或[闭合(C)/放弃(U)]:@-1,-1↙

指定下一点或[闭合(0/放弃(U)’]:@-17,0↙

指定下一点或[闭合(C)/放弃(U)]:C↙

(6)利用“旋转”命令,将上一步绘制的多段线绕 Y 轴旋转 360°。结果如图:8-95 所示。

(7)选择菜单栏“修改”→“三维操作”→“三维阵列”命令,阵列旋转后的图形。命令行操作如下:

命令:3DARRAY↙

正在初始化…　已加载 3DARRAY。

选择对象:(用鼠标选择上一步旋转的图形)

选择对象:↙

输入阵列类型[矩形(R)/环形(P)]<矩形>:↙

输入行数(——)<1>:8↙

输入列数(‖)<l>:↙

输入层数(…)<1>:↙

指定行间距(——):-2↙

(8)利用“并集”命令,将上一步三维阵列的螺纹合并为一个实体,结果如图 8-96 所示。

(9)利用“圆柱体”命令,以坐标 0,-16,0 为圆心,绘制半径为 10,另一个圆心为@0,-12,0 的圆柱体。结果如图 8-97 所示。

(10)利用“长方体”命令,绘制中心点坐标在上一个圆柱体端面中心,长度为 75,宽度为 12,高度为 75 的长方体,结果如图 8-98 所示。

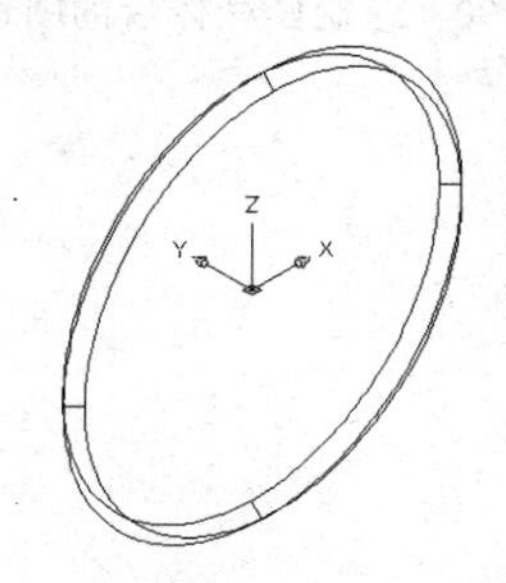

图 8-95　旋转后的图形

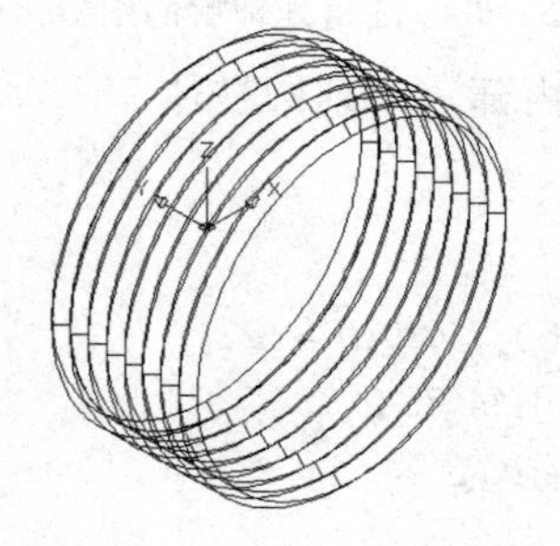

图 8-96　并集后的图形

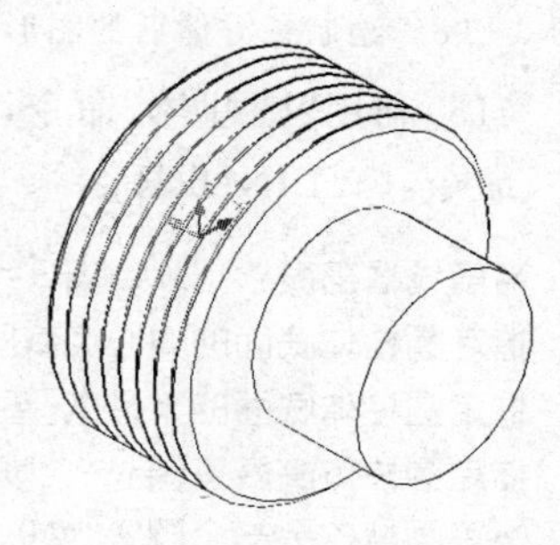

图 8-97　绘制圆柱体后的图形

(11)利用“圆角”命令,对上一步绘制的长方体的 4 个竖直边进行圆角处理,圆角的半径为 12.5mm。结果如图 8-99 所示。

(12)利用“圆柱体”命令,绘制一系列圆柱体。命令行操作如下:

命令:CYLINDER↙

当前线框密度:　ISOLINES=10

指定圆柱体底面的中心点或[椭圆(E)]<0,0,0>:0,-34,0↙

指定圆柱体底面的半径或[直径(D)]:26.5↙

指定圆柱体高度或[另一个圆心(C)]:C↙

指定圆柱的另一个圆心:@0,-1,0↙

命令:CYLINDER↙

当前线框密度:　ISOLINES=10

指定圆柱体底面的中心点或[椭圆(E)]<0,0,0>:0,-35,0↙

指定圆柱体底面的半径或[直径(D)]:25↙

指定圆柱体高度或[另一个圆心(C)]:C↙

指定圆柱的另一个圆心:@0,-5,0↙

命令:CYLINDER↙

当前线框密度:　ISOLINES=10

指定圆柱体底面的中心点或[椭圆(E)]<0,0,0>:0,-40,0↙

指定圆柱体底面的半径或[直径(D)]:20.5↙

指定圆柱体高度或[另一个圆心(C)]:C↙

指定圆柱的另一个圆心:@0,-4,0↙

利用“并集”命令，将视图中所有的图形合并为一个实体，结果如图 8-100 所示。

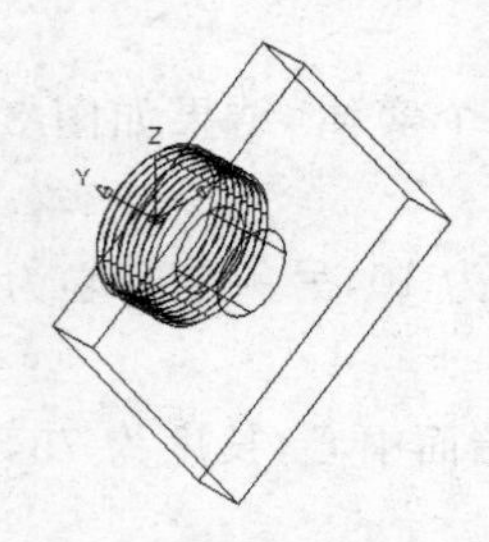

图 8-98 绘制长方体后的图形

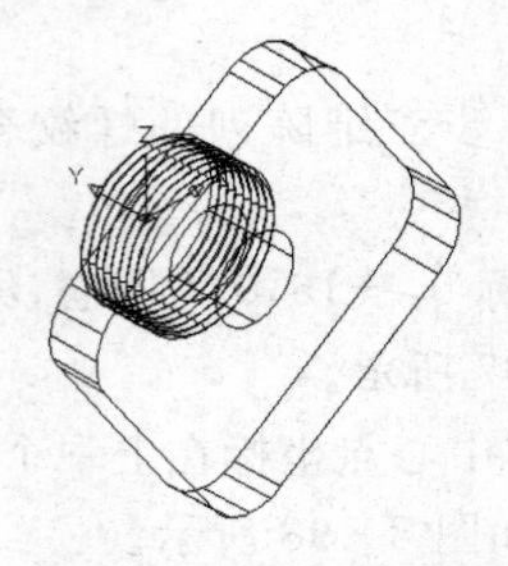

图 8-99 圆角处理后的图形

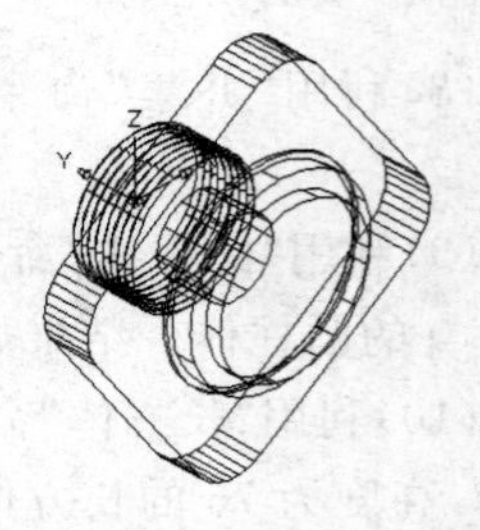

图 8-100 绘制圆柱体后的图形

(13)利用“圆柱体”命令，绘制内部一系列圆柱体。

命令：CYLINDER↙

当前线框密度： ISOLINES＝10
指定圆柱体底面的中心点或[椭圆(E)]<0,0,0>：↙
指定圆柱体底面的半径或[直径(D)]：14.25↙
指定圆柱体高度或[另一个圆心(C)]：C↙
指定圆柱的另一个圆心：@0，－5,0↙

命令：CYLINDER↙

当前线框密度： ISOLINES＝10
指定圆柱体底面的中心点或[椭圆(E)]<0,0,0>：0，－5,0↙
指定圆柱体底面的半径或[直径(D)]：10↙
指定圆柱体高度或[另一个圆心(C)]：C↙
指定圆柱的另一个圆心：@0，－36,0↙

命令：CYLINDER↙

当前线框密度： ISOLINES＝10
指定圆柱体底面的中心点或[椭圆(E)]<0,0,0>：0，－41,0↙
指定圆柱体底面的半径或[直径(D)]：17.5↙
指定圆柱体高度或[另一个圆心(C)]：C↙
指定圆柱的另一个圆心：@0，－7,0↙

利用“差集”命令，将实体和上一步绘制的 3 个圆柱体进行差集处理，结果如图 8-101 所示。

(14)利用“多段线”命令，为绘制螺纹作准备。命令行操作如下：

命令：PLINE↙

指定起点：0，－100
当前线宽为 0.0000
指定下一个点或[圆弧(A)/半宽(H)/长度(L)/放弃(U)/宽度(W)]：@5,0↙
指定下一点或[圆弧(A)/闭合(C)/半宽(H)/长度(L)/放弃(U)/宽度(W)]：@0.75,0.75↙
指定下一点或[圆弧(A)/闭合(C)/半宽(H)/长度(L)/放弃(U)/宽度(W)]：@－0.75,0.75↙
指定下一点或[圆弧(A)/闭合(C)/半宽(H)/长度(L)/放弃(U)/宽度(W)]：@－5,0↙

指定下一点或[圆弧(A)/闭合(C)/半宽(H)/长度(L)/放弃(U)/宽度(W)]:C↙

如图 8－102 所示。

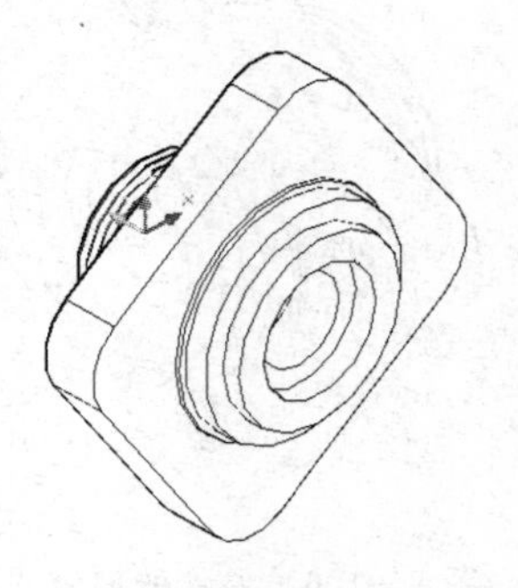

图 8－101　差集后的图形

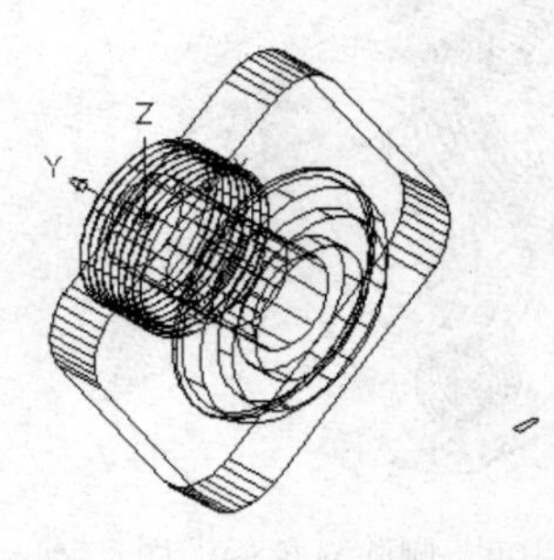

图 8－102　绘制多段线后的图形

利用“旋转”命令，将上一步绘制的多段线绕 Y 轴旋转 360°，结果如图 8－103 所示。

利用“三维阵列”命令，将旋转后的进行矩形阵列，行数为 8，列数为 1，行间距为 1.5。利用“并集”命令，将上一步三维阵列的螺纹合并为一个实体，结果如图 8－104 所示。

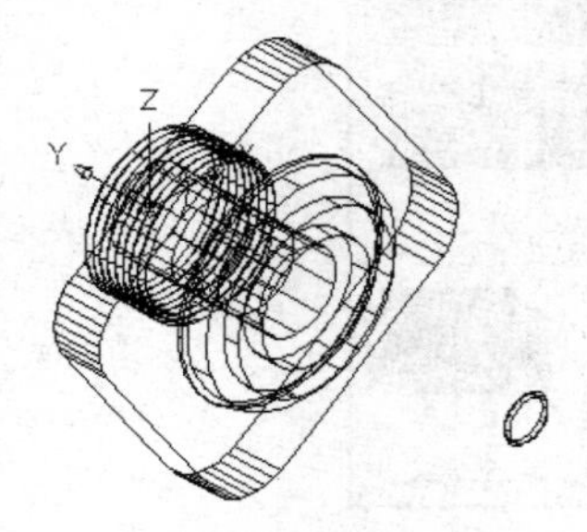

图 8－103　旋转后的图形

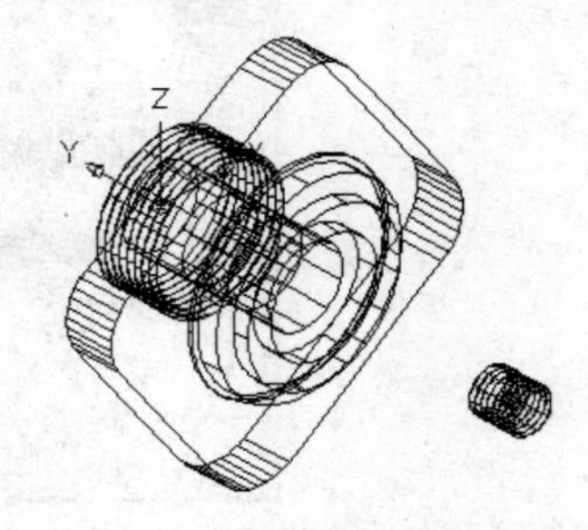

图 8－104　阵列后的图形

(15)利用“复制”命令，将上一步并集后的螺纹复制到相应的位置。命令行操作如下：

命令：COPY↙

选择对象:(选择并集后的螺纹)

选择对象:↙

当前设置:复制模式＝多个

指定基点或[位移(D)/模式(O)]＜位移＞0,－100,0↙

指定位移的第二点或＜用第一点作位移＞:－25,－38,－25↙

指定位移的第二点:25,－38,25↙

指定位移的第二点:25,－38,25↙

指定位移的第二点:25,－38,－25↙

指定位移的第二点:↙

利用“删除”命令，将第 4 步并集后的螺纹删除，结果如图 8－105 所示。

(16)利用“差集”命令，将实体与复制后的 4 个螺纹进行差集处理，结果如图 8－106 所示。

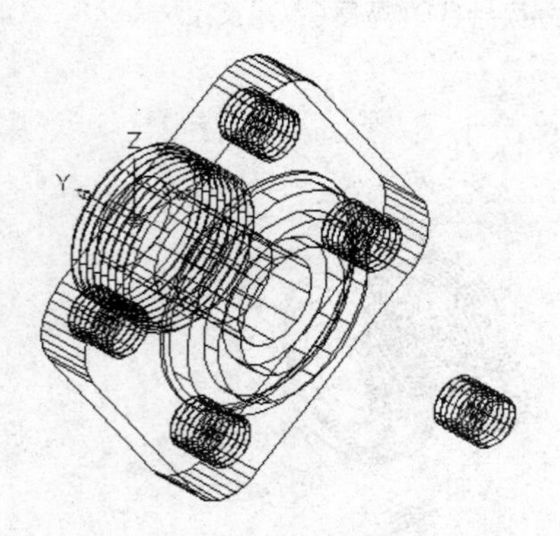

图 8-105　删除对象后的图形

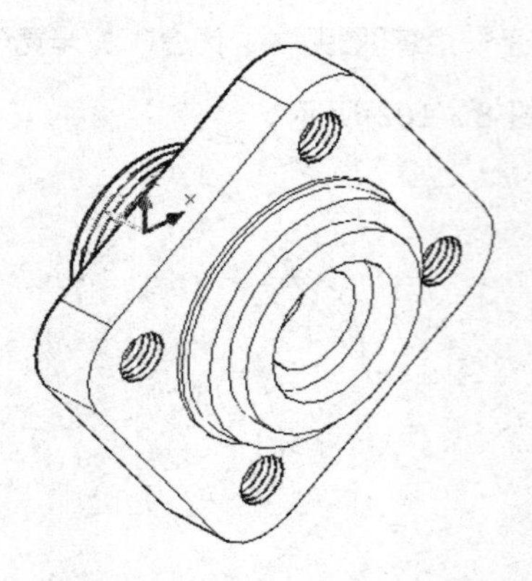

图 8-106　差集处理后的图形

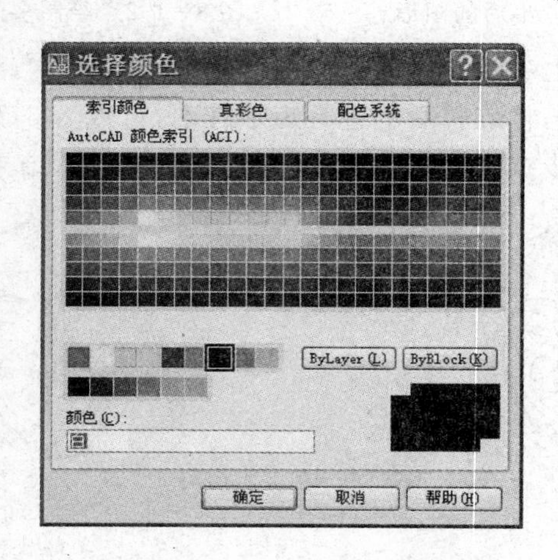

图 8-107“选择颜色”对话框

(17)设置视图方向：调用三维动态观测命令，将视图调整到比较合适的位置，以方便观测

(18)着色面：调用着色面命令，对相应的面进行着色。命令行操作如下：

命令：SOLIDEDIT↙

实体编辑自动检查：　SOLIDCHECK＝1

输入实体编辑选项[面(F)/边/(E)/体(B)/放弃(U)/退出(X)]＜退出＞：F↙

输入面编辑选项[拉伸(E)/移动(M)/旋转(R)/偏移(O)/倾斜(T)/删除(D)/复制(c)/着色(L)/放弃(U)/退出(X)]＜退出＞：L↙

选择面或[放弃(U)/删除(R)/全部(ALL)]：(选择实体上任意一个面)

选择面或[放弃(U)/删除(R)/全部(ALL)]：ALL↙

选择面或[放弃(U)/删除(R)/全部(ALL)]：↙

此时弹出“选择颜色”对话框，如图 8-108 所示，在其中选择所需要的颜色，然后单击确定。

在命令行继续出现如下提示：

输入面编辑选项[拉伸(E)/移动(M)/旋转(R)/偏移(O)/倾斜(T)/删除(D)/复制(C)/着色(L)/放

弃(U)/退出(X)]<退出>:X↙

实体编辑自动检查:　SOLIDCHECK=1

输入实体编辑选项[面(F)/边(E)/体(B)/放弃(u)/退出(x)]<退出>:X↙

(19)渲染实体:利用渲染命令,对实体进行渲染。渲染后的视图如图 8-94 所示。

小　结

本章主要介绍坐标系、曲面、实体及渲染等方面的知识,具体内容包括:

(1)使用 UCS 命令,设置和管理不同的坐标系。

(2)使用 view 命令,设置从不同的角度不同的方位观察、编辑图素。

(3)使用一系列的 3D 曲面命令来创建不同的曲面,如长方体表面、圆锥面、下半球面、上半球面、网格、棱锥面、球面、圆环面、楔体表面。

(4)使用一系列的 3D 实体命令来创建不同的实体,如长方体、圆锥体、球体、楔体、圆柱体、圆环形实体。

(5)使用一系列的 3D 实体编辑命令,编辑实体,如切割实体、三维阵列实体、三维旋转实体、三维镜像实体、三维倒圆角、三维倒斜角等操作。

(6)使用布尔运算命令,如差集、并集、交集,编辑实体矩形。

(7)使用视觉样式命令,使立体模型更具有立体真实感。

(8)使用渲染命令,渲染实体,使实体增加色泽感,更具真实感,更能够清晰地反映实体模型的结构形状。

习　题

一、简答题

1. 为什么要建立 UCS 坐标系?怎样建立、保存、恢复和修改 UCS?

2. 什么是消隐和渲染?它们的作用有哪些?

3. 如何渲染图形、设置场景、灯光、添加材质和背景?

4. 常用的三维表面网格实体的绘制命令有哪几个?

5. 如何生成面域造型?

6. 三维线框图形与三维网格表面有哪些不同?

7. 有几种“布尔运算”?他们的用途是什么?

8. 在三维编辑操作菜单中,有哪几种三维编辑命令?

9. 如何改变三维造型某个面的颜色?

二、填空题

1. 在绘制三维图形时,可以使用__________设置标高和厚度。

2. 在三维绘图时,选择__________命令,可通过单击和拖动的方式,在三维视图中动态观察实体对象。

3. 在中文版 AutoCAD 2008 中,“渲染”对象的类型有三种,分别是__________、__________和__________。

4. 在绘制等轴测图时,可以使用__________、__________和__________等方法,按__________、顺

序实现等轴测绘图面的转换。

5. 在中文版 AutoCAD 2008 中，通过__________、__________法，可以将二维实体转换为三维实体造型。

6. 在中文版 AutoCAD 2008 中，绘制圆锥体或椭圆锥体时，可使用__________命令。

7. 在三维实体造型中，与实体造型有关的三个变量是__________、__________和__________变量。

8. 在中文版 AutoCAD 2008 中，可以使用__________对三维实体造型或面域的数据信息进行查询。

9. 通过"分外"命令将三维实体造型分解时，可以将实体分解成一系列面域和主体。其中，实体中的平面被转换为__________，曲面被转换为__________。

10. 在中文版 AutoCAD 2008 中，除了可以对三维实体造型进行复制、移动、旋转、陈列等编辑外，还可以对三维实体的__________进行编辑。

11. 三维图形对齐操作时，需要指定__________点。

12. 三维实体切割命令功能是：__________。

三、作图题

1. 如图习题 8-1a 所示，在该图的基础上建立 2 个 UCS，并分别将其命名为"ABC"和"DEF"，如图习题 8-1b、c 所示。

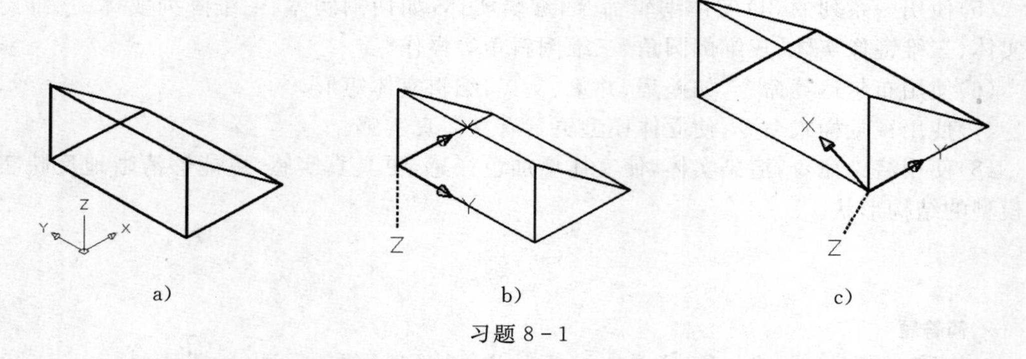

习题 8-1

2. 如图习题 8-2a 所示，在该长方体的 *BCHE* 平面的中央处绘制一个边长 30 的正方形，绘制结果如图 b 所示。

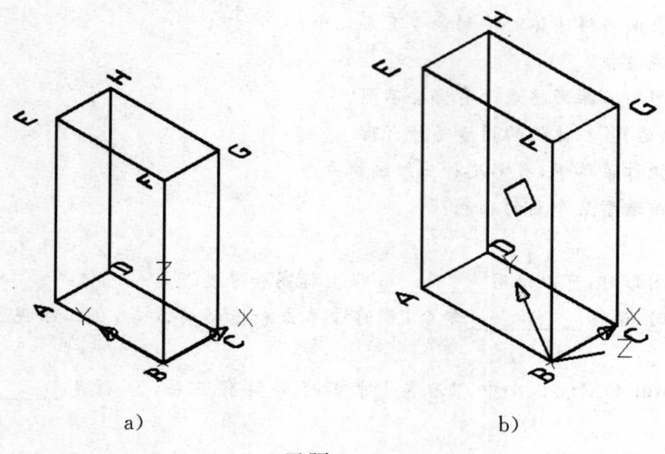

习题 8-2

3. 如图习题 8 - 3 所示，利用不同的标准视图、设置不同的视点来观察这两个实体在不同视图的区别。

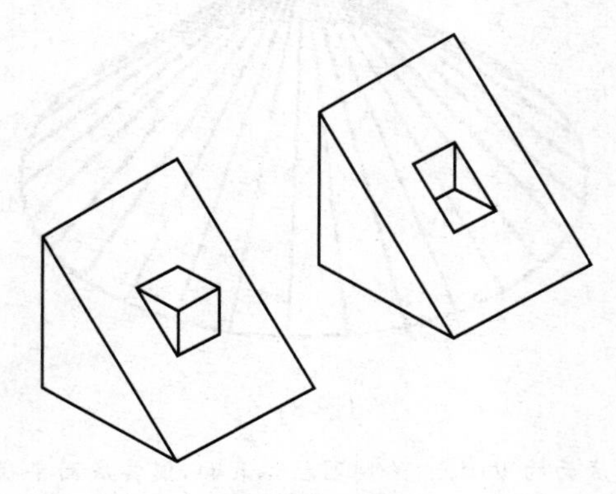

习题 8 - 3

4. 如图习题 8 - 4 所示，分别利用受约束的动态观察、自由动态观察和连续动态观察 3 个命令来从多方位观察此实体模型，特别注意在使用自由动态观察命令时把光标移动到导航球的四个小圆圈上转动实体，观察实体转动的方位与鼠标位置的关系。

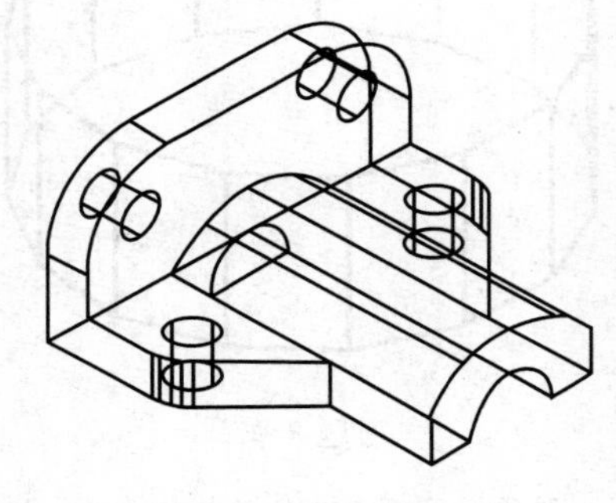

习题 8 - 4

5. 已知如图习题 8 - 5 所示管的直径为 10mm，总长为 200mm，弯曲半径为 50，且左右称。

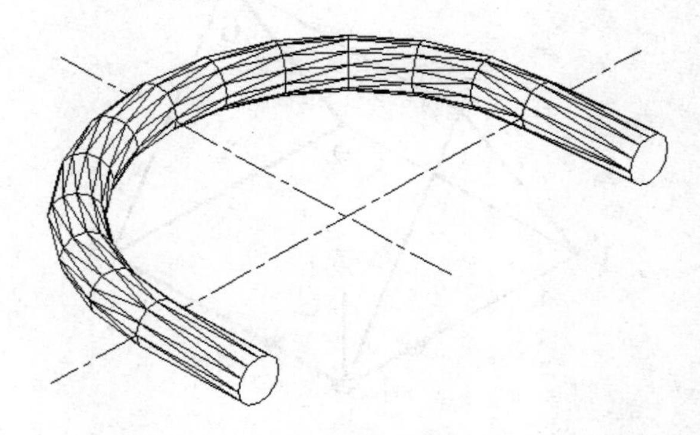

习题 8 - 5

6. 以 WCS 的坐标原点(50,100,150)为圆锥体底面的中心点，绘制圆锥体底面半径为 100，高度为 100，圆锥体曲面的线段数目为 30 的尖圆锥体表面，如图习题 8 - 6 所示。

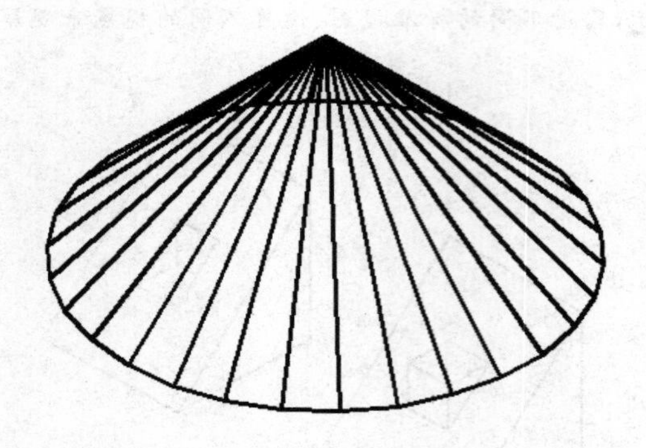

习题 8－6

7. 以任意一点为圆锥体底面的中心点，绘制圆柱体表面，使其底面半径均为 60，高度为 45，曲面线段数目为 15 的圆柱体表面。如图习题 8－7 所示：

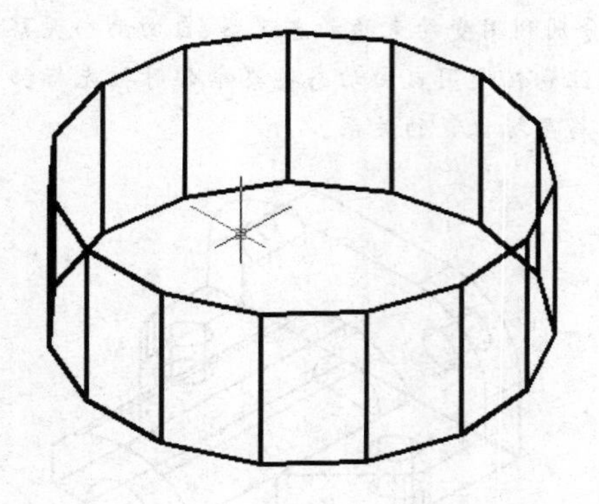

习题 8－7

8. 使用创建棱锥面命令绘制如图所示的顶点为棱的棱锥表面，各点坐标分别为 1(0,100)、2(100,100)、3(100,0)、4(0,0)、5(0,50,80)、6(100,50,80)，如图习题 8－8 所示。

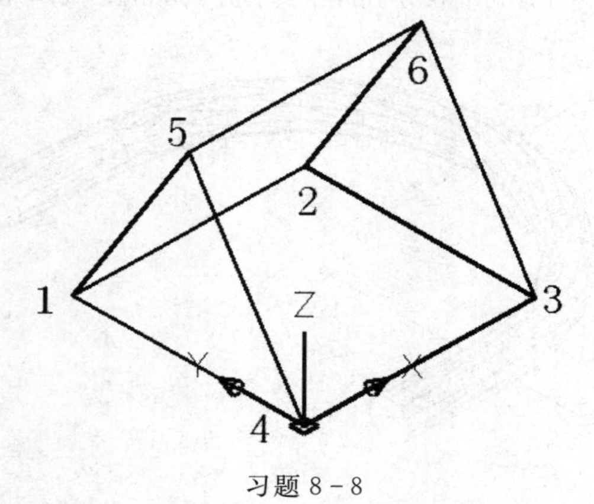

习题 8－8

（提示：在本作业中，由于需要创建的棱锥面的顶点是一条棱，棱的两个端点的顺序必须和基点的方向相同，以避免出现自交线框。各角点的输入顺序要特别注意，练习时可以依次按点 1、2、3、4、5、6、的顺序进行练习。）

9. 如图习题 8 - 9a 所示，利用拉伸表面命令，将曲线 A 沿着法线方向拉伸高度为 100 的曲面，拉伸后如图习题 8 - 9b 所示。

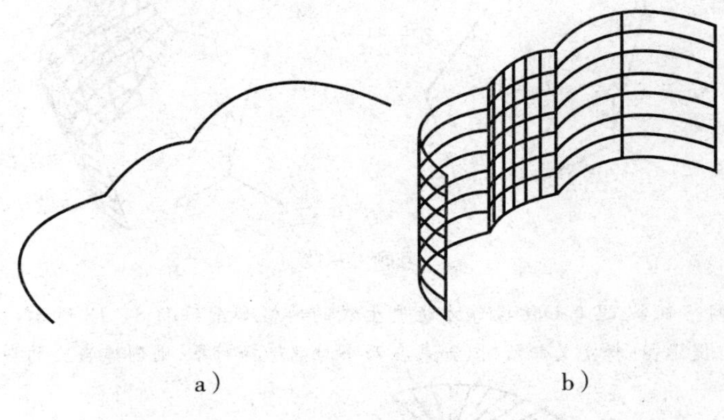

习题 8 - 9

10. 如图习题 8 - 10a 所示，利用扫掠表面命令，将封闭圆 A 以曲线 B 为路径，比例发大 3 倍创建一个扫掠曲面，扫掠后如图习题 8 - 10b 所示。

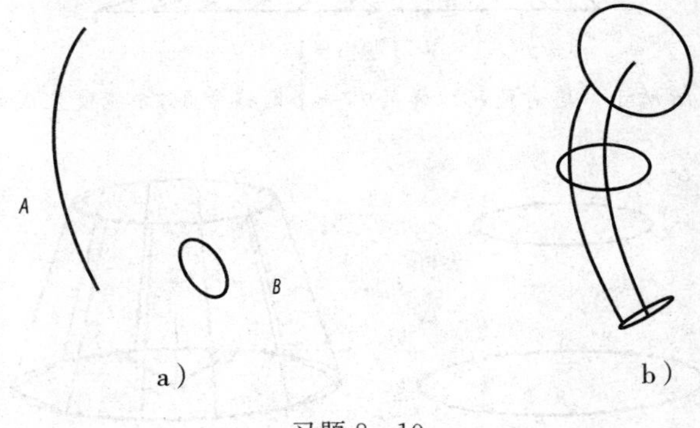

习题 8 - 10

11. 如图习题 8 - 11a 所示，分别以曲线 A、B、C 为放样的横截面，以曲线 D 为放样路径，放样以表面。放样后如图习题 8 - 11b 所示。

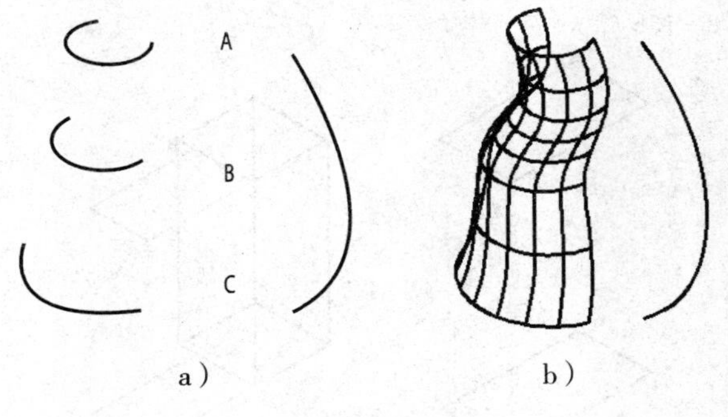

习题 8 - 11

12. 如图习题 8 - 12a 所示，利用旋转表面命令，将线段 A、B、C、D 绕 Y 轴和绕线段 A 分别旋转 100 度，绕 Y 轴旋转后的曲面如图习题 8 - 12b 所示的曲面。思考绕 Y 轴和绕线段 A 所形成的曲面有何区别。

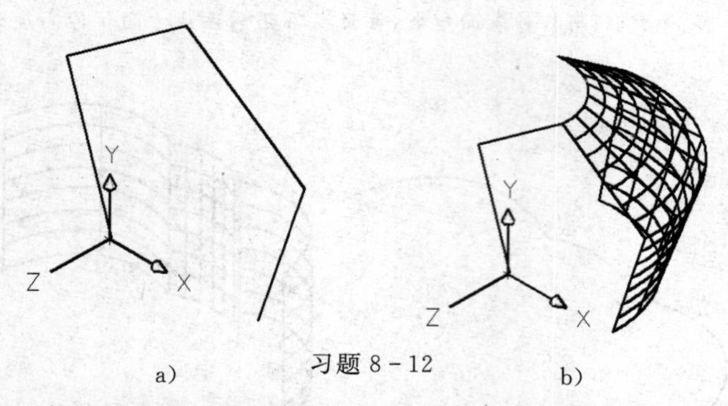

a)　　习题 8－12　　b)

13. 使用直纹网格命令，思考如何操作才能使生成的网格如图习题 8－13 所示，并总结使用 rulesurf 命令的操作特点。（提示：选择定义曲线时，如果在两个对端选择对象，则创建自交的多边形网格。）

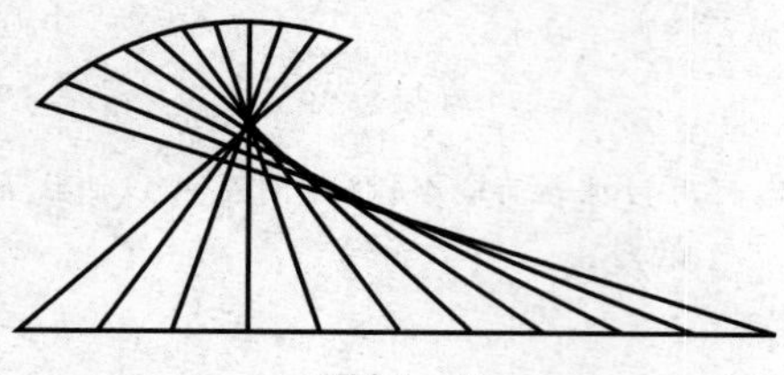

习题 8－13

14. 如图习题 8－14a 所示。思考使用以学的哪一个网格命令，才能使生成的网格如图习题 8－14b 所示。

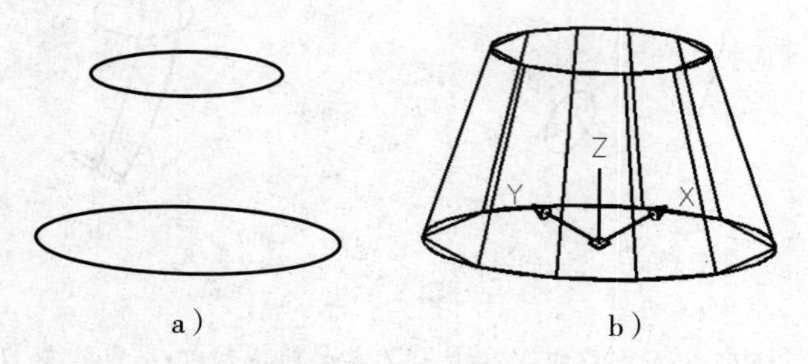

a)　　b)

习题 8－14

15. 如图习题 8－15a 所示，在上下两个矩形之间创建一个 100×100 的三维长方体模型，创建的三维长方体模型如图习题 8－15b 所示。

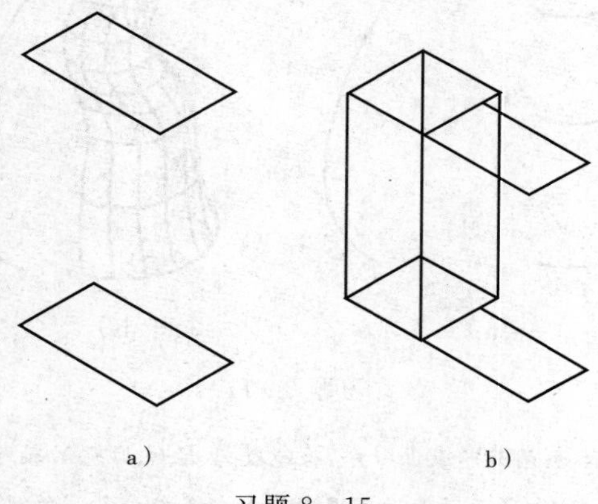

a)　　b)

习题 8－15

16. 如图习题 8-16a 所示，绘制一个高度为 100 的圆锥体，使其底圆经过已有的三角形的各个顶点，创建的圆锥体如图习题 8-16b 所示。

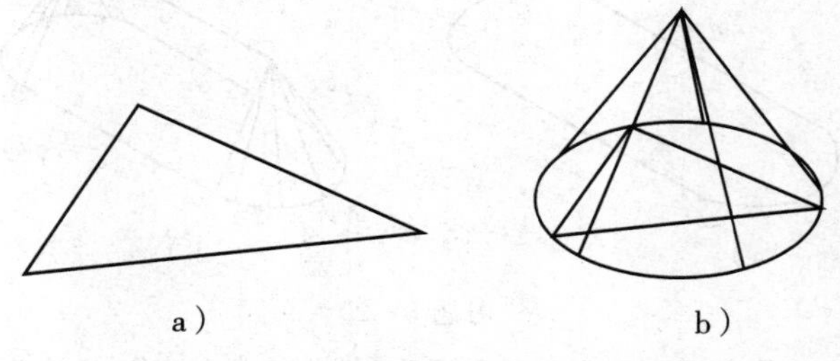

a)　　b)

习题 8-16

17. 使用创建实体圆柱体的命令，绘制一个底圆为椭圆，高度为 100 的圆柱体，图形可参照如图习题 8-17 所示。

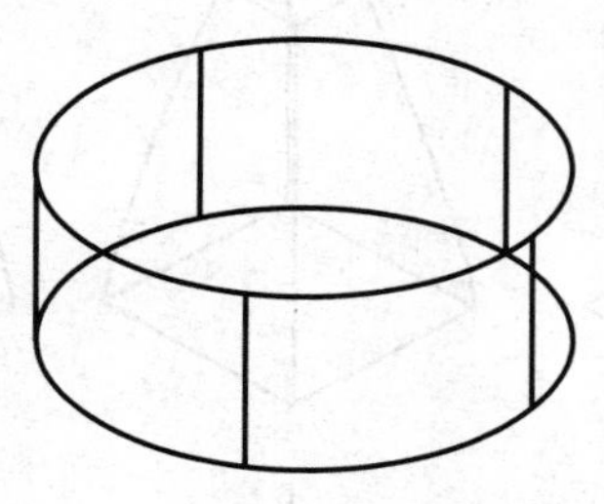

习题 8-17

18. 以原有的长方体(如图习题 8-18 所示)的顶点 A 为球心，创建一个球半径为 20 的实心球。

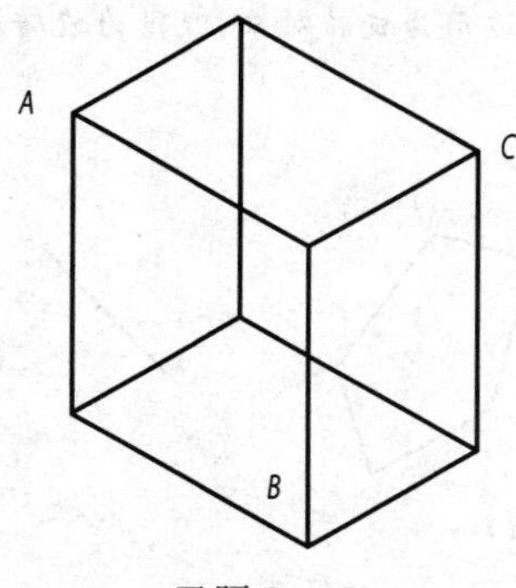

习题 8-18

19. 如图习题 8-19a 所示，经过线段的 2 各端点，创建一个圆管半径为 10 的圆环形实体，如图习题 8-19b 所示。

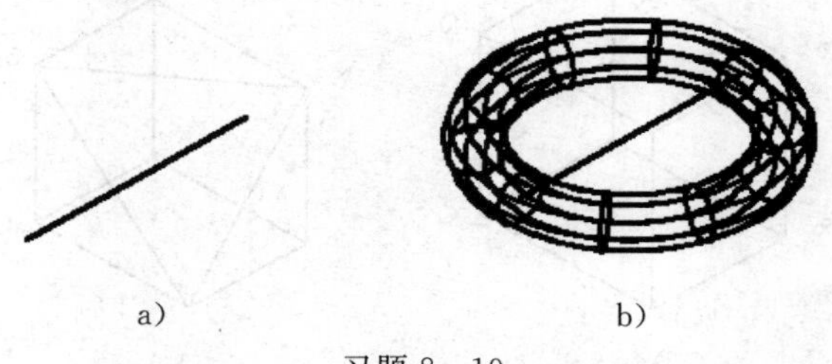

a)　　b)

习题 8-19

20. 如图习题 8-20a 所示，通过拉伸命令，使该闭合曲线拉伸成倾斜角为 30 度的实体，如图习题

8－20b所示。

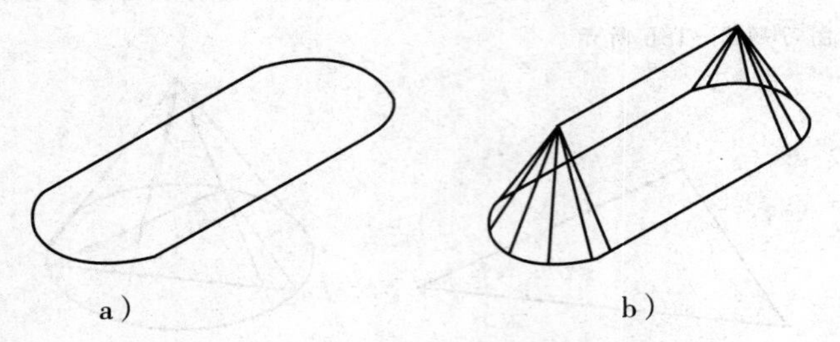

a）　　b）

习题 8－20

21. 如图习题 8－21a 所示，同样分别以三个矩形为放样横截面对象，通过放样创建一实体，如图习题 8－21c 所示，并思考创建的这个实体与如图习题 8－21b 所示的实体有什么区别。

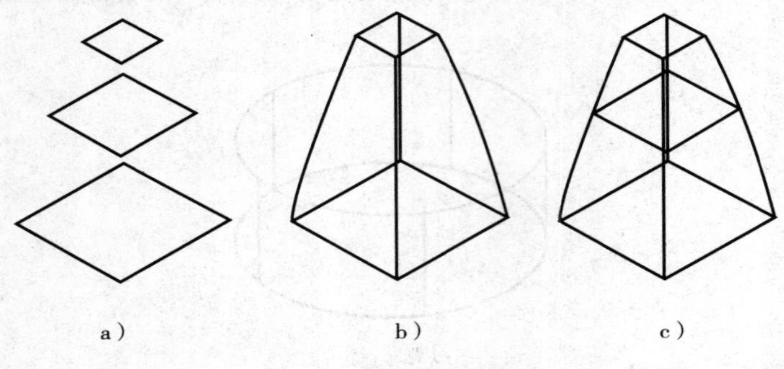

a）　　b）　　c）

习题 8－21

22. 如图习题 8－22a 所示，以五边形为旋转对象，线段为旋转轴，旋转角度为 90，创建一实体，如图习题 8－22b 所示。

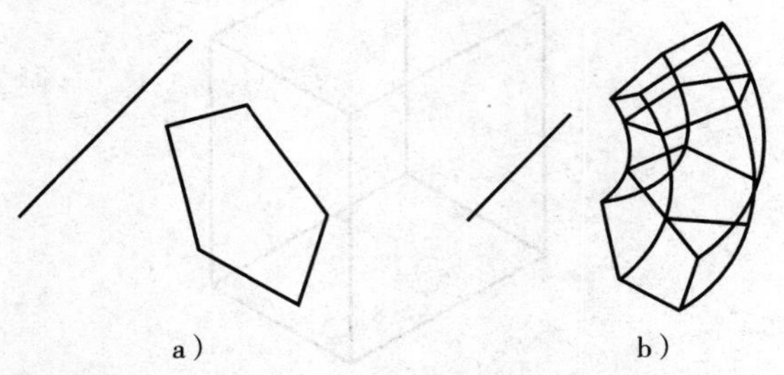

a）　　b）

习题 8－22

23. 如图习题 8－23a 所示，同样使用 SLICE 命令，将该实体切割成如图习题 8－23b 所示的实体。

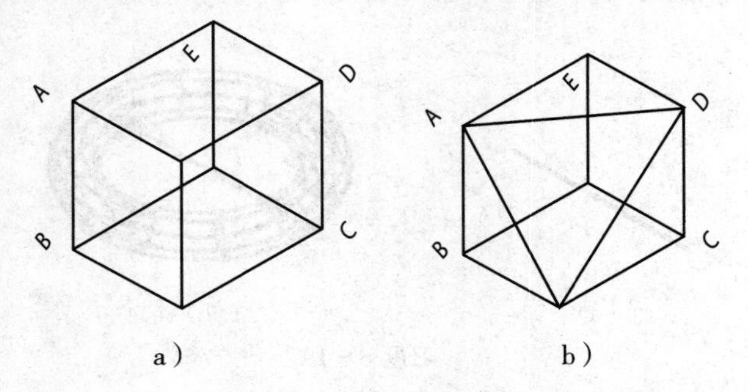

a）　　b）

习题 8－23

24. 同样使用 3darray 命令，将该长方体绕一轴线阵列成如图习题 8 - 24 所示的一组实体，要求所有的实体都位于同一个 *XOY* 平面上，参数自行设定。

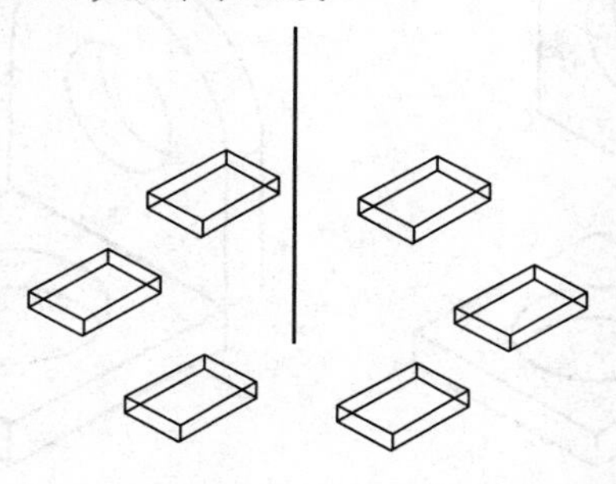

习题 8 - 24

25. 如图习题 8 - 25a 所示，在实体下面有一条线 *AB*。同样使用 3drotate 命令，将该实体以 *A* 点为基点，将图中的实体旋转一定角度使实体的 *AC* 边与线 *AB* 重合。如图习题 8 - 25b 所示。

提示：在三维旋转时使用"指定角的起点和端点"的方式指定旋转角度。

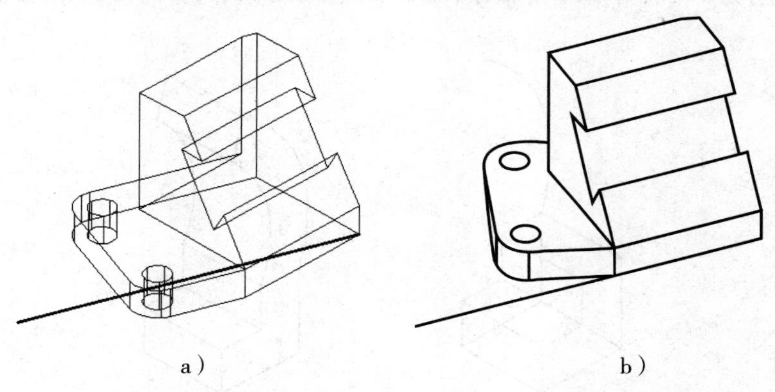

a）　　　　　　　　　　b）

习题 8 - 25

26. 如图习题 8 - 26a 所示，通过三维镜像的命令使该实体编辑成如图习题 8 - 26b 所示。

提示：在三维旋转时使用"指定角的起点和端点"的方式指定旋转角度。

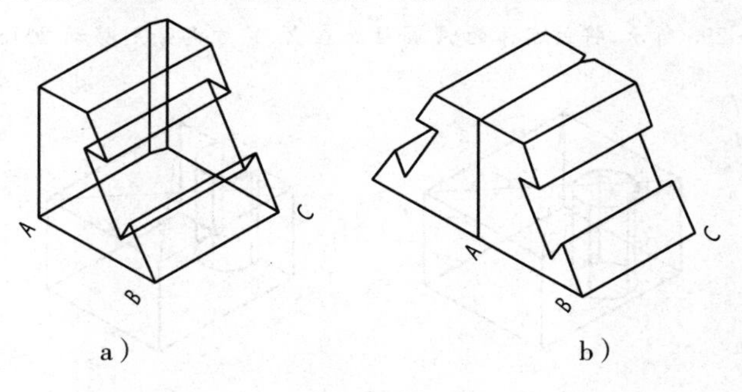

a）　　　　　　　　　　b）

习题 8 - 26

27. 如图习题 8 - 27a 所示，通过 ALIGN 命令使这两个实体该编辑成如图习题 8 - 27b 所示。

（提示：在使用三维对齐命令时三个源点和三个目标点是不能共线的。）

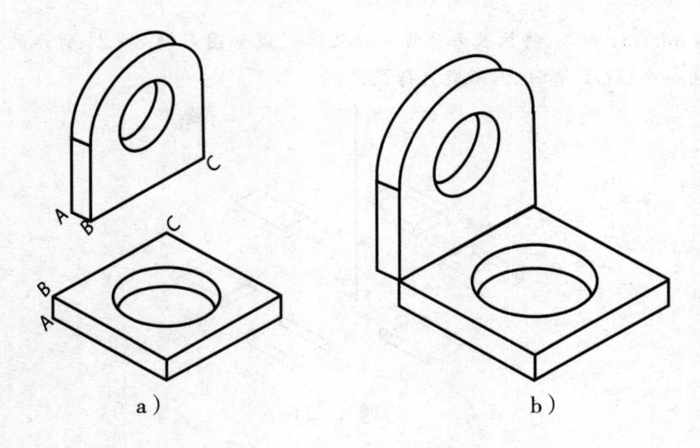

a)　　b)

习题 8-27

28. 如图习题 8-28a 所示,将实体的平面 A 沿图中曲线拉伸成一个新实体,如图习题 8-28b 所示。

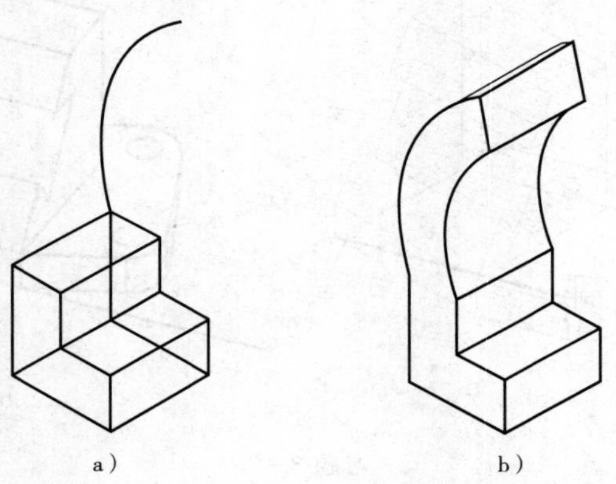

a)　　b)

习题 8-28

29. 如图习题 8-29a 所示,将该实体的 A 圆柱面在 X、Y 方向分别移动 2MM、3MM,如图习题 8-29b 所示。

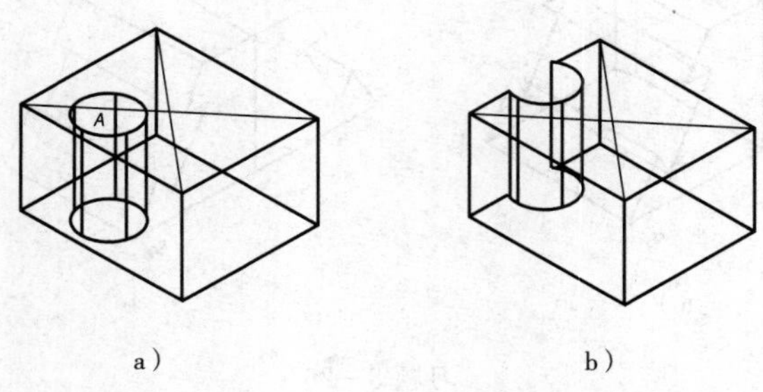

a)　　b)

习题 8-29

30. 如图习题 8-30a 所示,将该实体的 A 外表面偏移 4mm,如图习题 8-30b 所示。

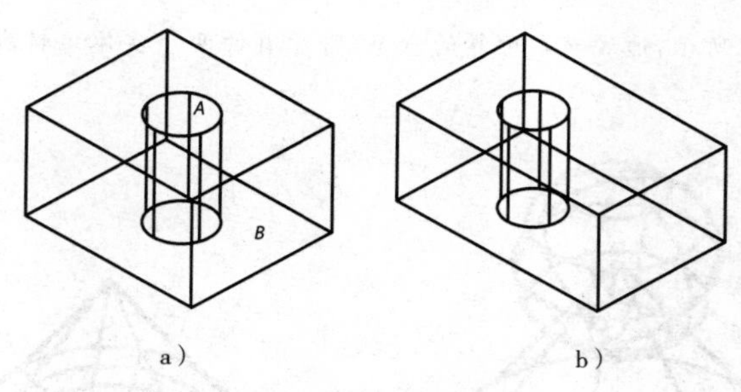

a)　　　　b)

习题 8-30

31. 如图习题 8-31a 所示，将该实体的 C 外表面旋转 45 度，使新实体如图习题 8-31b 所示。

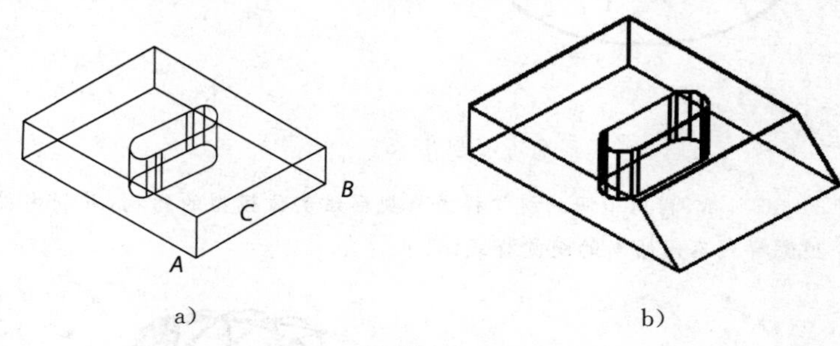

a)　　　　b)

习题 8-31

32. 如图习题 8-32a 所示，通过倾斜面的命令，将该实体某个面倾斜 45 度编辑成一个新实体，使新实体如图习题 8-32b 所示。

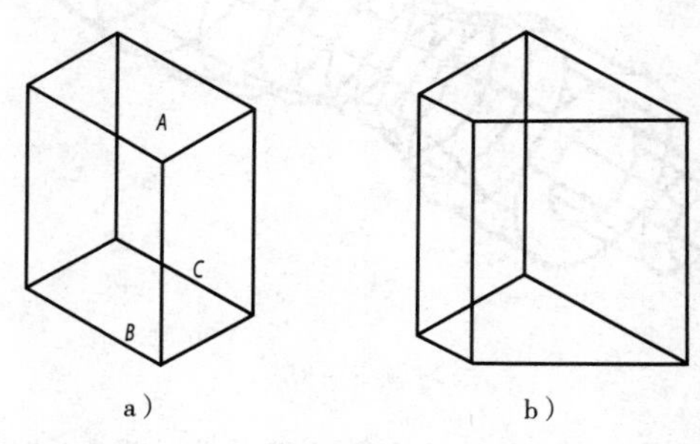

a)　　　　b)

习题 8-32

33. 已知(如图习题 8-33 所示)球体半径为 50mm，上顶面至球心距为 30mm，抽壳厚度为 5mm。

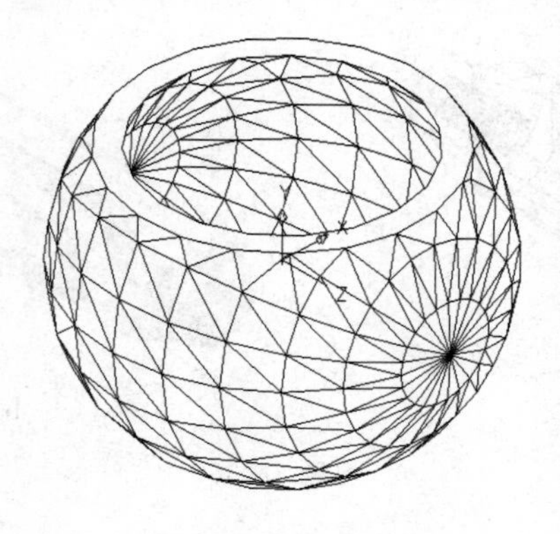

习题 8-33

34. 如图习题 8－34a 所示，通过布尔运算的命令，将原有的两个实体编辑成如图习题 8－34b 所示的实体。

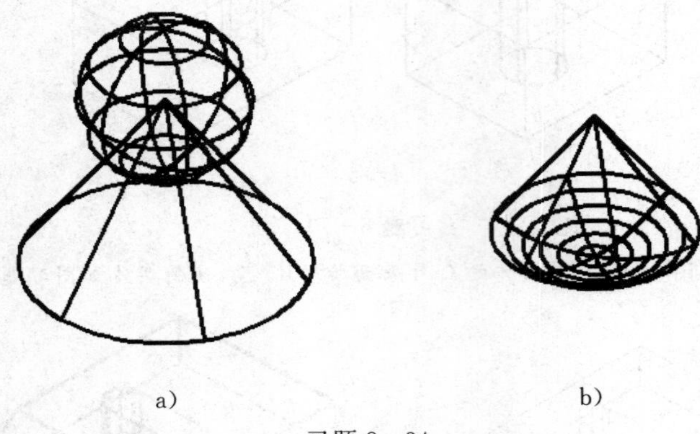

a)　　　　　　b)

习题 8－34

35. 如图习题 8－35 所示，利用不同的视觉样式来观察该实体模型的结构，并利用视觉样式管理器创建与原有的 5 个视觉样式不同的新的视觉样式。

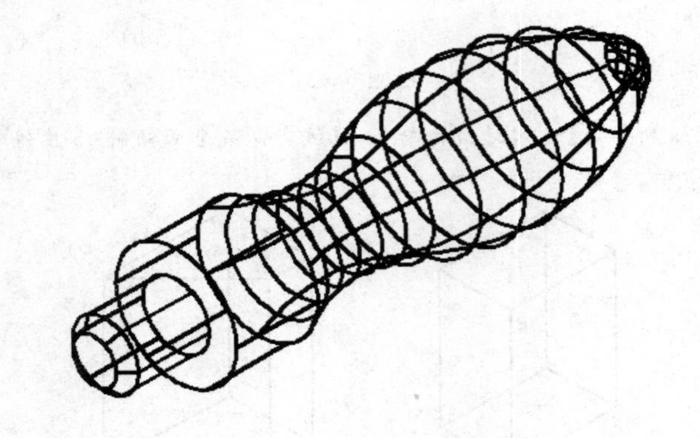

习题 8－35

36. 如图习题 8－36a 所示，将该实体的进行渲染，并设置其材质类为“高级金属”，漫射贴图、发射贴图、不透明贴图、凹凸贴图的贴图类型均为“平铺”，渲染后的效果如图习题 8－36b 所示。

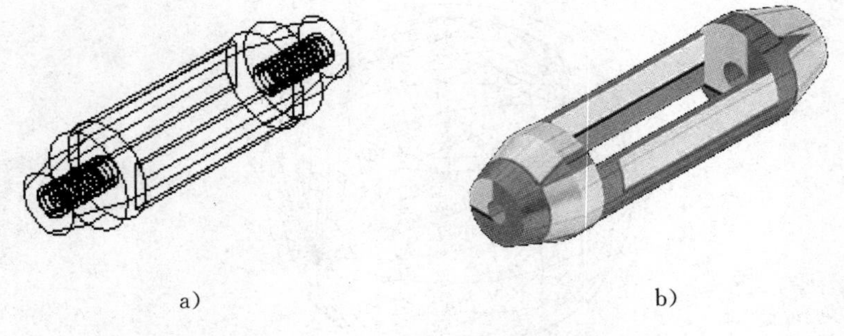

a)　　　　　　b)

习题 8－36

37. 如图习题 8－37 所示，尝试使用“高级渲染设置”进行相关参数的设置，如修改物理比例、纹理过滤、阴影贴图、最大深度、全局照明和平铺次序等参数，观察不同参数的功能。

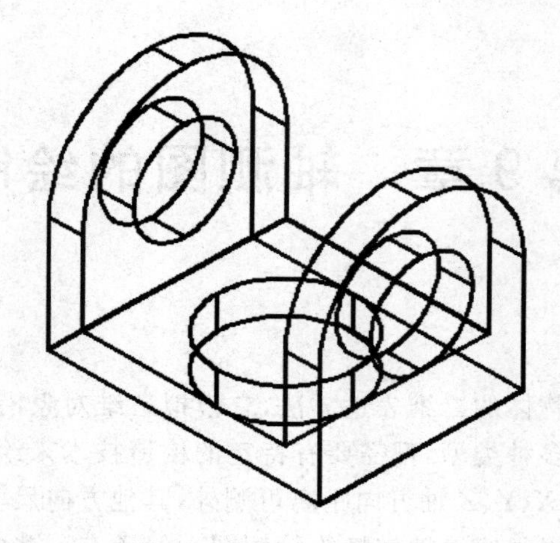

习题 8－37

38. 以 WCS 的坐标原点(0,0,0)为角点绘制一边长为 250，旋转角度为 0 度的三维立方形表面，如图习题 8－38 所示。

(提示：可以尝试在指定长方体表面的宽度时进入立方体模式。)

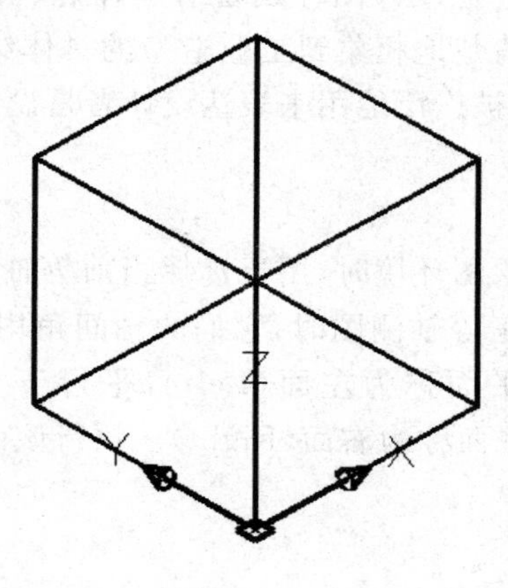

习题 8－38

第9章　轴测图的绘制

轴测图是一个三维物体的二维表达方法，它模拟三维对象沿特定视点产生的三维平行投影视图。轴测图有多种类型，都需要有特定的构造技术来绘制。主要介绍等轴测图的绘制。等轴测图除沿 X、Y、Z 轴方向距离可测外，其他方向尺寸均不能测量。

正交的三维模型可以很容易地转换为等测图。但还有一些实体，它们在轴测面的投影与水平线的夹角不是 30°、90°、或 150°，这此实体称为非等轴测实体，，线段的测量长度不能直接在等测图中使用，可采用作辅助线的方法来绘制。

轴测图虽然也是二维图形，但它通过独特的视角帮助观察者更快速、清晰、方便地观察立体模型的结构。如果能够把设计图样用富有立体感、真实感的轴测图表现出来，那么即使是非专业人士都能很清楚地相象到工业造型的具体结构。因此，无论在机械设计还是在建筑工程上，轴测图都被广泛地用来表达设计者是设计意图和设计方案。

1. 等轴测平面(Isoplane)

(1)功能

在光标处于正等轴测图绘图环境时，用于选择当前等轴测平面。空间三个互相垂直的坐标轴 OX、OY、OZ，在画正等轴测图时，它们的轴间角均为 120°，轴向变形系数为 1。把空间平行于 YOZ 平面的平面称为左面(Left)，平行于 XOY 平面的平面称为顶面(Top)，平行于 XOZ 平面的平面称为右面(Right)。执行该命令时，首先应使栅格捕捉处于等轴测(Isometric)方式。

(2)格式

键盘输入：命令：Isoplane ↓

提示：输入等轴测平面设置[左(L)/上(T)/右(R)]<上>：(输入选择项)。

(3)选择项说明

① “L”左轴测面：该面为当前绘图面，光标十线变为 150°和 90°的方向。

② “R”左轴测面：该面为当前绘图面，光标十线变为 30°和 90°的方向。

③ “T”左轴测面：该面为当前绘图面，光标十线变为 30°和 150°的方向。

在该提示下连续回车，也可以用 F5 键或组合键 Ctrl+E，按 E→T→R→L 顺序实现等轴测绘图的转换。

2. 等轴测图的绘制方法

(1)设置正等轴测图绘图环境　将捕捉和栅格实质为轴测方式。轴测方式的栅格和光标十字线的 X 方向与 Y 方向不再相互垂直。在等轴测图上，X 轴和 Y 轴成 120°。

(2)绘制等轴测图

① 绘制直线。在等轴测图中绘制直线最简单的方法是使用栅格捕捉、对象捕捉和相对坐标。

② 绘制圆和圆弧。在轴测图中,正交视图中的圆变成椭圆,所以要用绘制椭圆的命令来完成轴测图上的圆。

3. 轴测图的尺寸标注及文字注写

轴测图实际上是一个在 *XOY* 平面上完成的二维图形,因此对于三维图形的文字注写和尺寸标注样式中设置好相应的角度值,三维图形的文字注写和尺寸标注应特别注意其方向性。

轴测图顶面的旋转角度和倾斜角度设置。在顶面进行文字注写和尺寸标注时,设置文字的选择(Rotation)角度为“30°”、倾斜(Obliquing)角度为“－30°”。

轴测图左侧面的旋转角度和倾斜角度设置。在左侧进行文字注写和尺寸标注时,设置文字的旋转(Rotation)角度为“－30°”、倾斜(Obliquing)角度为“－30°”。

在右侧面进行文字注写和尺寸标注。设置文字的旋转(Rotation)角度为“30°”、倾斜(Obliquing)角度为“30°”。

9.1　轴测平面和轴测轴

为了绘图方便,一般的投影都是使用正交投影。采用正交投影绘制工程图样的优点是,投影物体在投影视图上的图样能够反映投影物体的实际形状和实际长度,缺点是不能够直观地反映投影物体在空间上的实际形状,但轴测图却可以通过二维图形表现投影物体的立体效果。轴测图的投影方向与观察者的视觉方向如图 9－1 所示。

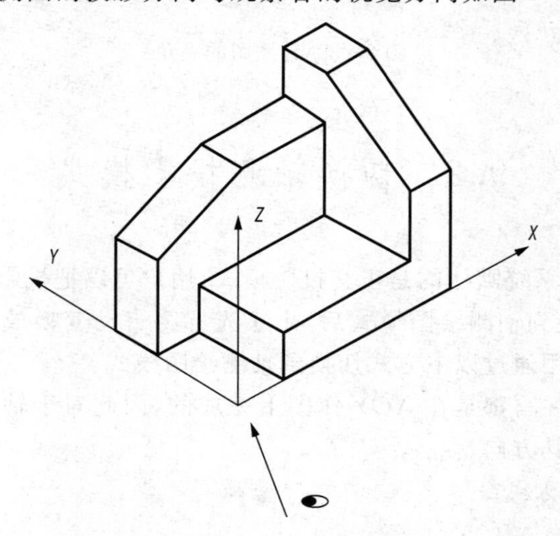

图 9－1　投影方向与视觉方向

正方体的轴测投影最多只有 3 个平面是可以同时看到的。为了便于绘图，在绘制轴测图时用户可以将顶轴测平面、右轴测平面和左轴测平面作为绘制直线、圆弧等图素的基准平面。如图 9－2 所示为不同的轴测平面内绘图光标的形状：

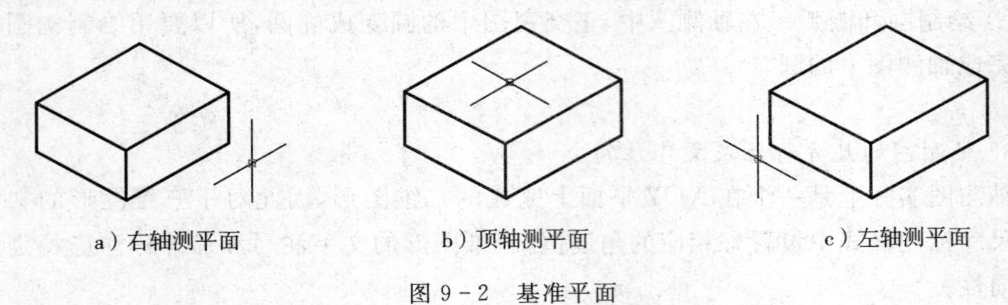

图 9－2　基准平面

轴测图中，组合体的互相垂直的 3 条边与水平线的夹角分别为 30°、90°、150°。在绘制轴测图时可以假设建立一个与投影视图互相平行的坐标系，一般称该坐标系的坐标轴为轴测轴，它们所处的位置如图 9－3 所示：

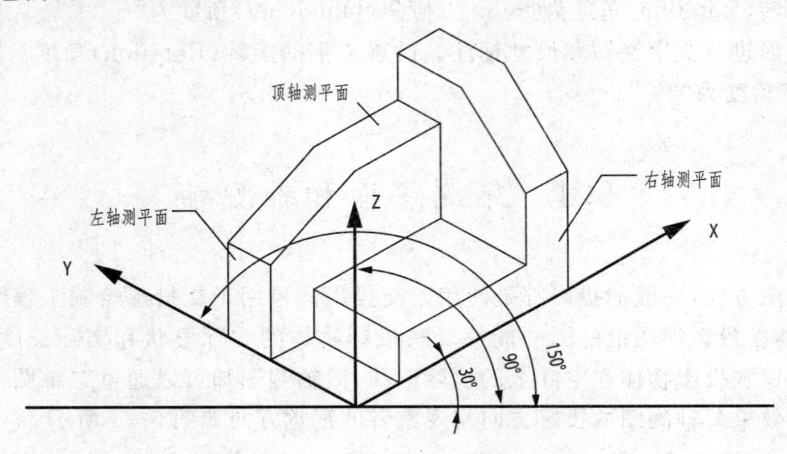

图 9－3　轴测图的夹角

9.2　切换轴测投影模式

在 AutoCAD 里，系统默认的是正交投影模式，用户可以把投影模式切换成轴测投影模式辅助绘图，当切换到轴测绘图模式后，十字光标将自动变换成与当前指定的绘图平面一致。用户可以使用通过以下方式切换到轴测绘图模式。

尺寸标注和文字注写都是在 *XOY* 作图上完成的，因此对于轴测图形的文字注写和尺寸标注要特别注意其方向。

1. 轴测图的进入方式

(1)命令：snap

指定捕捉间距或[开(ON)/关(OFF)/样式(S)/类型(T)]<10.0000>：S

输入捕捉栅格类型[标准(S)/等轴测(I)]＜I＞:i

指定垂直间距＜10.0000＞:↙

(2)等轴测捕捉

如图 9-4 所示在界面的中下方捕捉位置单击右键选择“设置”→“捕捉和栅格”中捕捉类型中选择“等轴测捕捉”。

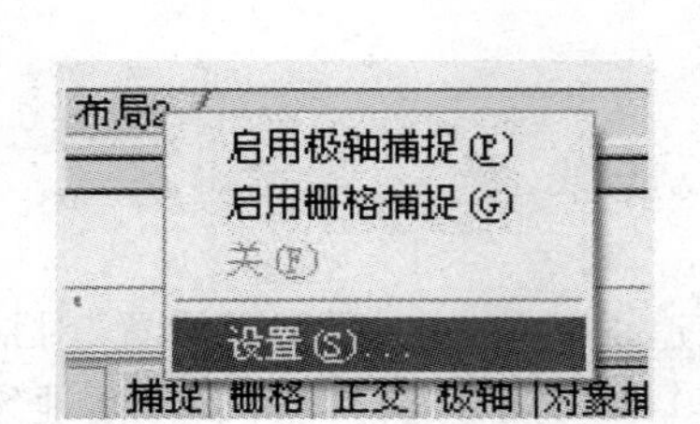

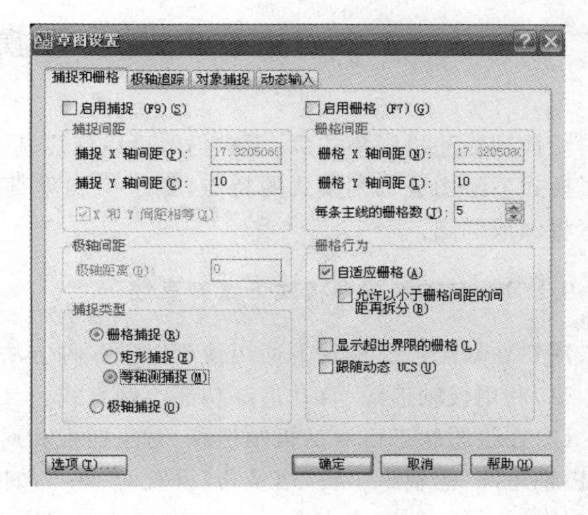

图 9-4　等轴测图的进入

(3)命令

菜单栏:工具(T)→草图设置(F)→“草图设置”对话框→“捕捉和栅格”选项卡→选择“等轴测捕捉”,如图 9-5 所示,用户也可以把光标移动到绘图状态区上然后点击鼠标的右键就能弹出“草图设置”对话框。

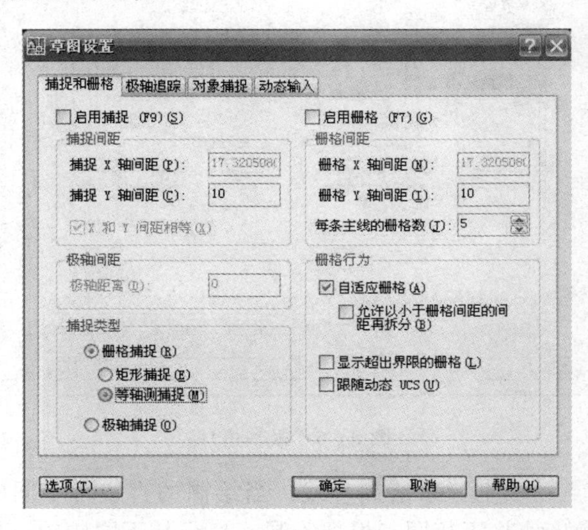

图 9-5　“草图设置”对话框

(4)功能

将投影模式由正交模式切换到轴测投影模式。

[**注意**]：当系统切换到轴测投影模式后，捕捉和栅格的间距将由 Y 轴间距控制，X 轴间距将变得不可设置，如图 9－5 所示：

当投影模式切换到轴测投影模式后，用户可以通过按“F5”(或者按 Ctrl＋E)键使绘图平面分别在“上轴测面”、“右轴测面”、“左轴测面”3 个绘图平面之间切换。

9.3 在轴测投影模式下绘图

切换到轴测投影模式后，用户仍然可以使用基本的二维绘图命令绘图。只是在轴测投影模式下绘图有轴测模式的特点，如水平和垂直的直线都将画成斜线，而圆在轴测模式下将画成椭圆。

9.3.1 在轴测投影模式下绘制直线

用户在轴测投影模式下通用使用以下 3 种方法绘制直线：

(1)利用极轴追踪、自动追踪功能绘制直线。

(2)在绘图状态区激活极轴追踪、对象捕捉和对象追踪功能，并在“草图设置”对话框的“极轴追踪”选项卡中将“增量角”设置为“30°”，如图 9－6 所示，这样就可以方便地绘制出与各极轴平行的直线；

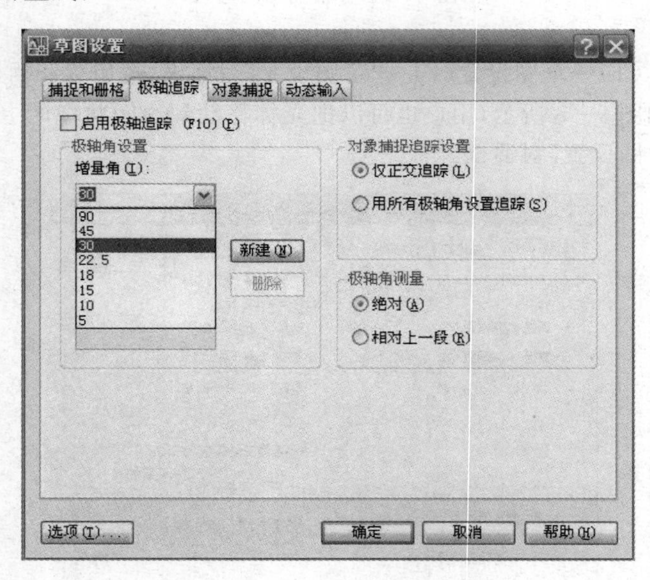

图 9－6 极轴追踪

(3)通过输入各点的极坐标来绘制直线。当绘制的直线与不同的轴测轴平行时，输入对应的极坐标的角度值将不相同。根据绘制的直线与不同的轴测轴互相平行，有以下三种情况：

- 当绘制的直线与 X 轴平行时，极坐标的角度为 30°或者－150°；
- 当绘制的直线与 Y 轴平行时，极坐标的角度为－30°或者 150°；

●当绘制的直线与 Z 轴平行时，极坐标的角度为 90°或者−90°。

在绘图状态区激活“正交”功能辅助绘制直线。此时所绘制的直线将自动与当前轴测面内的某一轴测轴方向一致。例如，如若处于上轴测绘图且激活“正交”功能，那么所绘制的直线将沿着与水平线成 30°或者 90°。在此状态下，用户可以在确定绘制直线方向的情况下，直接通过键盘输入数字，确定直线的长度去绘制出直线。

[注意]：当所绘制的直线与任何轴测轴都不平行时，为了绘图方便，应该尽量找出与轴测轴平行的点，然后再将这些点连接起来。

【9-1】 绘制一个长、宽、高分别为 40mm、30mm 和 50mm 的长方体的轴测图，如图 9-7 所示：

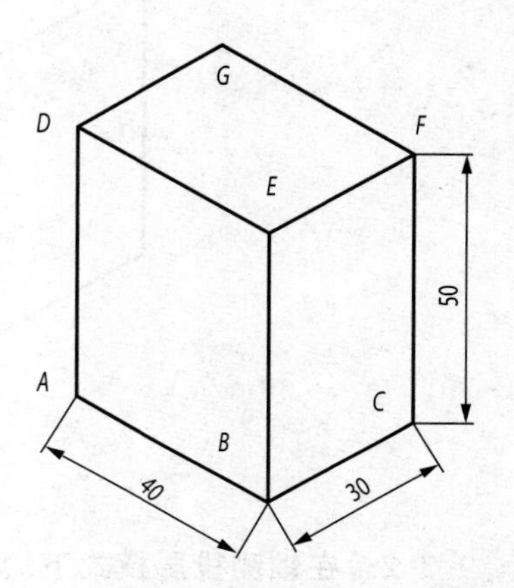

图 9-7　绘制轴测图

[步骤]：

(1)通过“草图设置”对话框—“捕捉和栅格”选项卡将投影模式设置为轴测投影模式；

(2)在绘图状态区点击“对象捕捉”按钮，激活这“对象捕捉”功能，通过输入各点的极轴坐标，完成长方体上表面的绘制：

命令：＜等轴测平面上＞

命令：_line 指定第一点：

指定下一点或[放弃(U)]：@40<150

指定下一点或[放弃(U)]：@30<30

指定下一点或[闭合(C)/放弃(U)]：@40<−30

指定下一点或[闭合(C)/放弃(U)]：

指定下一点或[闭合(C)/放弃(U)]：*取消*

(3)在绘图状态区点击“正交”按钮，激活“正交”功能，通过“正交”功能和“对象捕捉”功能辅助绘制直线：

命令：＜等轴测平面左＞

命令：_line 指定第一点：

指定下一点或[放弃(U)]：50

直接输入 D 点与 A 点的距离，绘制出直线 DA

指定下一点或[放弃(U)]：40

直接输入 A 点与 B 点的距离，绘制出直线 AB

指定下一点或[闭合(C)/放弃(U)]：

指定下一点或[闭合(C)/放弃(U)]：*取消*

(4)在绘图状态区点击“对象追踪”按钮，激活“对象追踪”功能。通过“对象追踪”功能找出 C 点位置，再分别连接 CB 和 CF，完成长方体右侧表面的绘制：

命令：＜等轴测平面左＞

命令：_line 指定第一点：

分别把光标移动到 B、F 点，

然后通过“对象追踪”功能
找出 C 点位置，如图 9－8 所示，
再分别连接 CB 和 CF，
完成长方体右侧表面的绘制。

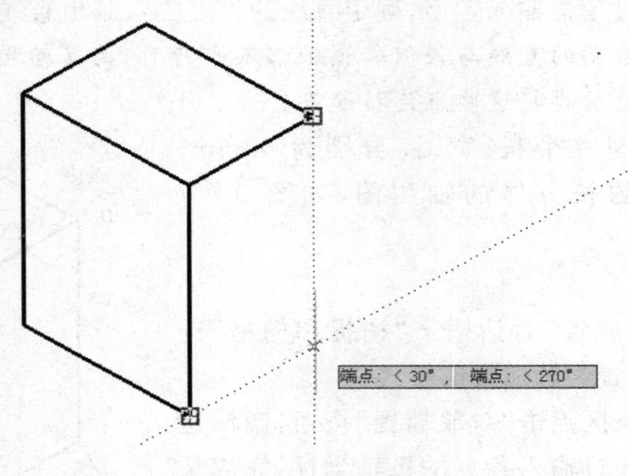

图 9－8　C 点的追踪

9.3.2　在轴测投影模式下绘制角

由于在轴测投影模式下，各坐标轴并不是互相垂直，投影角度值与实际角度值是不相符合的，所以在轴测投影模式下绘制角度时，不能按照实际角度直接进行绘制。用户也可以计算实际角度在各坐标轴成一定角度下的绘制角度，但计算起来很麻烦，不利于快速绘图。故此，用户可以先通过绘制直线确定角边上各点的轴测投影，然后通过连线命令获得角的轴测投影。

【9－2】　如图 9－9a 所示，在该图的基础上，将该实体的一个边角倒角，使倒角角度为 45°，倒角长度为 5，倒角后如图 9－9b 所示。

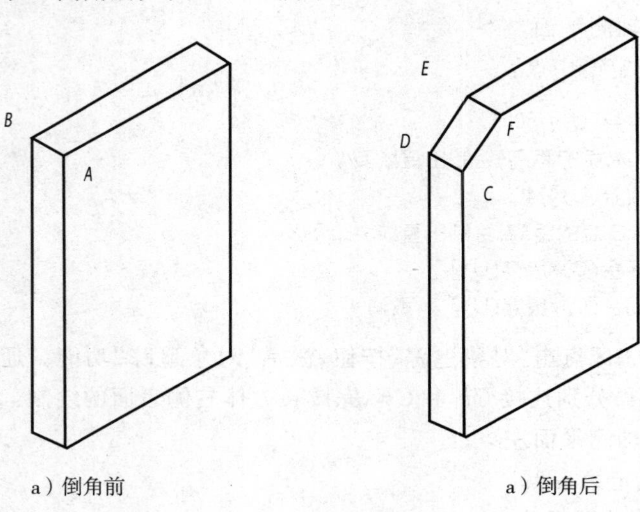

图 9－9　倒角

[**步骤**]:

在“草图设置”对话框种设置极轴追踪角度增量为 30°,并将“极轴追踪”、“对象捕捉”和“对象追踪”功能激活。

进入绘制直线命令,通过输入绘制直线长度,分别绘制出 *F*、*E*、*C*、*D* 四点:

命令:_line 指定第一点:

指定下一点或[放弃(U)]:5
指定下一点或[放弃(U)]:*取消*

命令:_line 指定第一点:

指定下一点或[放弃(U)]:5
指定下一点或[放弃(U)]:

命令:_line 指定第一点:

指定下一点或[放弃(U)]:5
指定下一点或[放弃(U)]:

命令:_line 指定第一点:

指定下一点或[放弃(U)]:5
指定下一点或[放弃(U)]:*取消*

连接 FC、ED、EF、DC,修剪多余的线段,结果如图 9-9b 所示。

9.3.3　在轴测投影模式下绘制平行线

在绘制轴测图过程中,我们经常需要绘制平行线。但在轴测平面内绘制平行线与正交模式下绘制平行线的方法有所不同。如图 9-10a 所示,在上轴测平面内绘制直线 1 的平行线 2,使两条平行线之间沿 30°方向的间距为 50mm。用户可以通过使用“复制”命令方便地在轴测平面内完成平行线的绘制,如图 9-10b 所示。

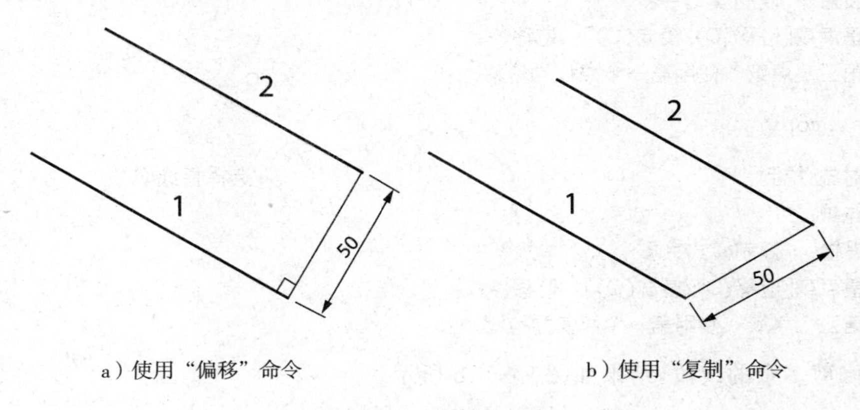

a) 使用“偏移”命令　　b) 使用“复制”命令

图 9-10　绘制平行线

【9-3】　如图 9-11a 所示,在右轴测平面上绘制原有图案的所有线段的平行线,并使各平行线之间的间距为 5mm,绘制后如图 9-11b 所示。

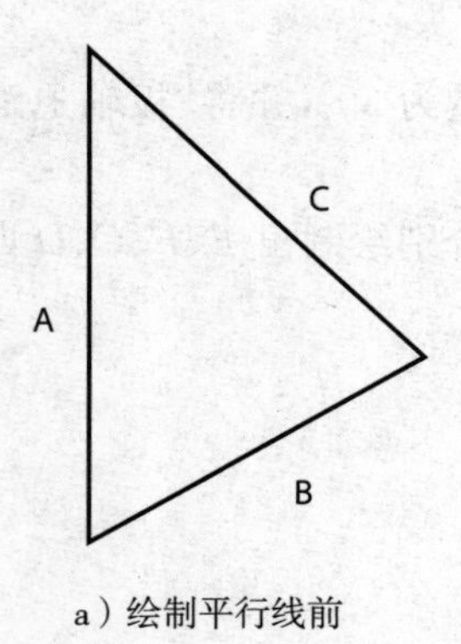

a）绘制平行线前

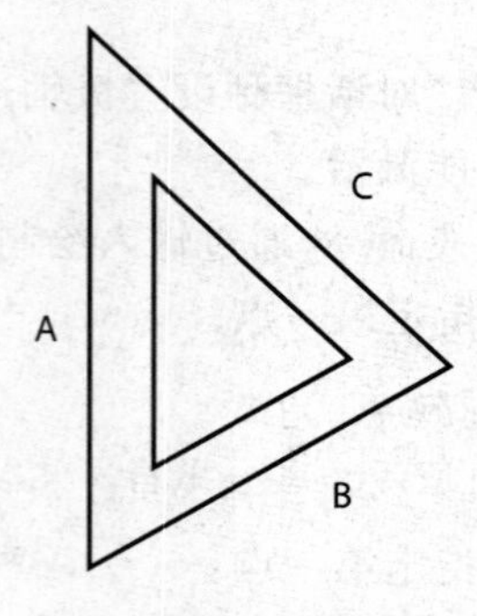

b）绘制平行线修剪后

图 9－11　复制平行线

[步骤]：

(1)在“草图设置”对话框种设置极轴追踪角度增量为 30°，并将“极轴追踪”、“对象捕捉”和“对象追踪”功能激活；

(2)激活复制命令，分别复制 3 条原有直线：

命令：_copy

选择对象：找到 1 个　　　　　　　　　　//选择直线 A
选择对象：
当前设置：　复制模式 = 多个
指定基点或[位移(D)/模式(O)]<位移>：
指定第二个点或<使用第一个点作为位移>：5

命令：_copy

选择对象：找到 1 个　　　　　　　　　　//选择直线 B
选择对象：
当前设置：　复制模式 = 多个
指定基点或[位移(D)/模式(O)]<位移>：
指定第二个点或<使用第一个点作为位移>：5

命令：_copy

选择对象：找到 1 个　　　　　　　　　　//选择直线 C
选择对象：
当前设置：　复制模式 = 多个
指定基点或[位移(D)/模式(O)]<位移>：
指定第二个点或<使用第一个点作为位移>：5

(3)修剪多余的线段，结果如图 9－11b 所示。

9.3.4　在轴测投影模式下绘制圆

根据轴测投影规律，空间的圆在轴测图中显示为椭圆。如图 9－12a 所示，空间圆在不同的投影面上的椭圆的正确画法，绘制出的椭圆看起来就不像是圆的轴测投影了，如

图 9-12b 所示。

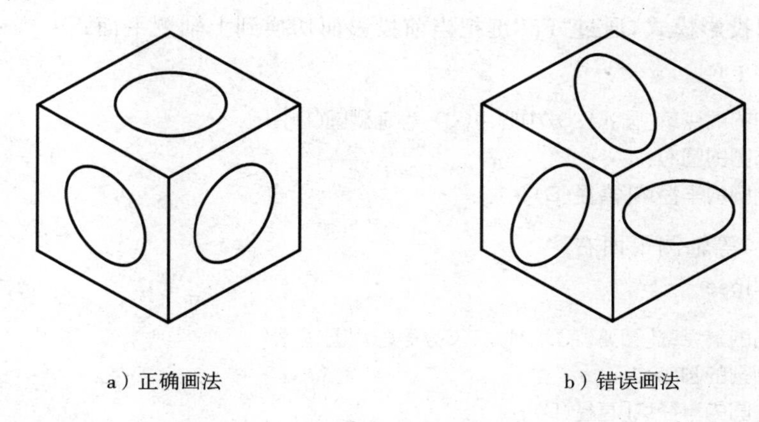

a）正确画法　　b）错误画法

图 9-12　空间圆的正确画法

1. 命令

“绘图”工具栏：“绘图”菜单：椭圆(E)→中心点(C)

命令：ellipse

2. 功能

在当前等轴测绘图平面绘制一个等轴测圆。

3. 格式

命令：ellipse↙

指定椭圆的轴端点或[圆弧(A)/中心(C)/等轴测圆(I)]:

[注意]：绘制圆的轴测投影椭圆时，应该在激活轴测投影模式的情况下选择“椭圆”命令的“等轴测圆(I)”选项。

【9-4】　如图 9-13a 所示，在该正方体的各轴测平面上绘制一个半径为 4mm 的圆，绘制后如图 9-13b 所示。

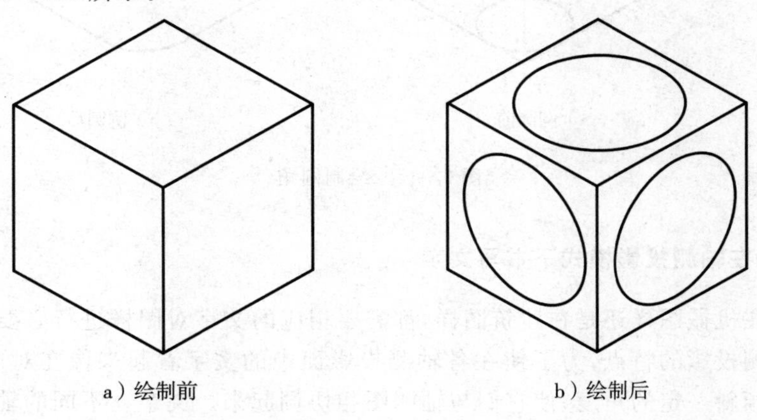

a）绘制前　　b）绘制后

图 9-13　绘制空间圆

[步骤]:

激活轴测投影模式,通过“F5”键把当前投影面切换到上轴测平面;

命令:_ellipse

指定椭圆轴的端点或[圆弧(A)/中心点(C)/等轴测圆(I)]:i

指定等轴测圆的圆心:

指定等轴测圆的半径或[直径(D)]:4

命令: ＜等轴测平面右＞

命令:_ellipse

指定椭圆轴的端点或[圆弧(A)/中心点(C)/等轴测圆(I)]:i

指定等轴测圆的圆心:

指定等轴测圆的半径或[直径(D)]:4

命令: ＜等轴测平面左＞

命令:_ellipse

指定椭圆轴的端点或[圆弧(A)/中心点(C)/等轴测圆(I)]:i

指定等轴测圆的圆心:

指定等轴测圆的半径或[直径(D)]:4

在机械结构中,常常需要对锐角或者直角进行加工工艺处理成圆角的。这样的结构在轴测图中经常需要将过渡圆弧绘制成椭圆弧。对于这样的情况,用户可以在相应位置绘制出一个完整的椭圆,然后通过“修剪”命令多余的线段。如图 9-14 所示。

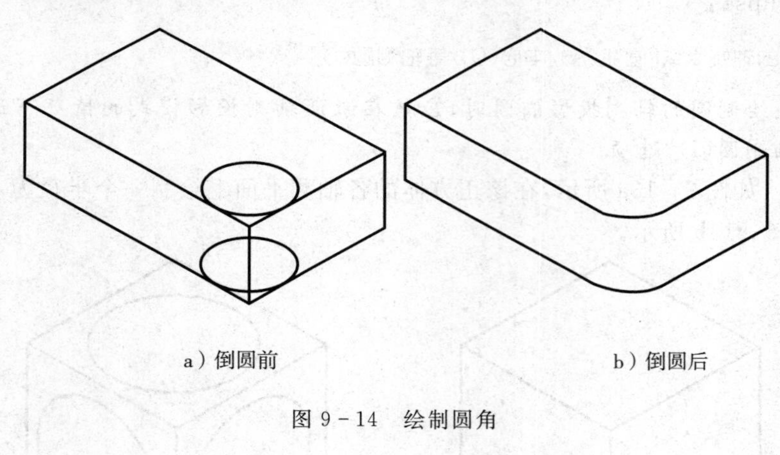

a)倒圆前　　b)倒圆后

图 9-14　绘制圆角

9.3.5　在轴测投影模式下书写文字

无论是在机械图样还是在建筑图样,都需要相应的文字对图样进行必要的解释和说明。根据轴测投影的特点,为了使在各轴测投影面中的文字看起来像在对应轴测面内,需要将文字倾斜一定的角度,使它们与轴测图相协调起来。文字在不同的轴测图上采用适当的倾斜角的效果如图 9-15 所示。

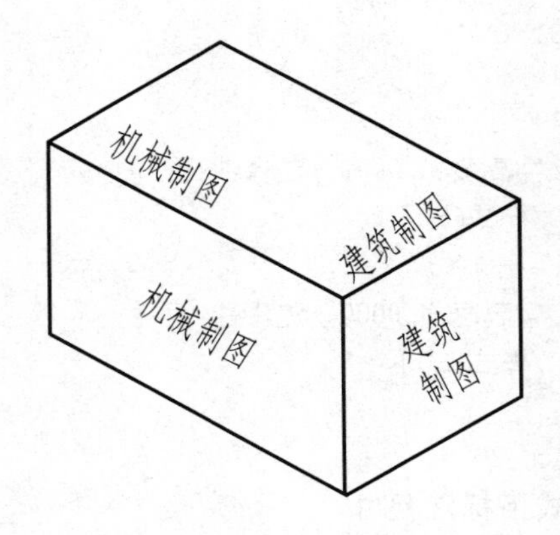

图 9-15　文字的写入

各轴测投影面上的文字倾斜规律分别为：

- 在上轴测投影面，当文字平行于 X 轴时，文字需要采用－30°的倾斜角；
- 在上轴测投影面，当文字平行于 Y 轴时，文字需要采用 30°的倾斜角；
- 在右轴测投影面上时，文字需要采用 30°的倾斜角；
- 在左轴测投影面上时，文字需要采用－30°的倾斜角。

[提示]：根据以上规律，文字在各轴测投影面上的倾斜角度均为 30°和－30°。为了在绘图方便，用户可以在书写文字前分别建立倾角为 30°和－30°两种文字样式。

【9-5】　如图 9-16a 所示，在该长方体的上轴测投影面上分别书写与 X、Y 轴平行的文字，如图 9-16b 所示。

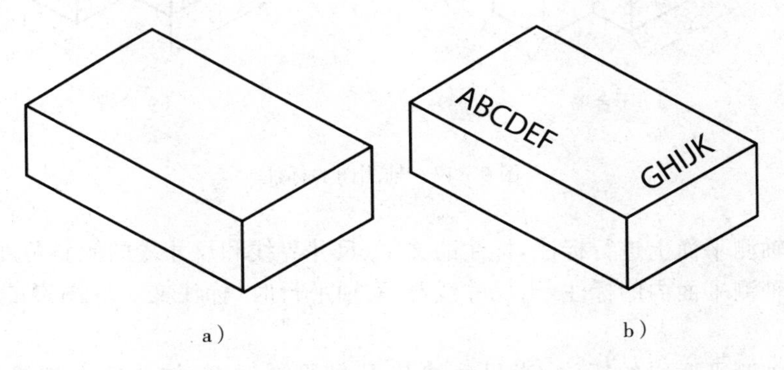

图 9-16　与 X、Y 轴平行方向的文字写入

[步骤]：

(1)建立倾角分别为 30°和－30°的两种文字样式，并在文字样式对话框中设置好字体、高度、宽度因子等参数，在此练习中设置样式名为“左＋X”的文字样式的倾斜角度为－30°，设置样式名为“右＋Y”的文字样式的倾斜角度为 30°，方便书写文字时直接调用。

(2)命令：text

当前文字样式：“右 + Y”　文字高度：1.0000　注释性：否

//调用倾斜角度为 30°“右 + Y”文字样式

指定文字的起点或[对正(J)/样式(S)]：

指定文字的旋转角度＜－30＞：

命令：TEXT

当前文字样式："右＋Y"　文字高度：1.0000　注释性：否
指定文字的起点或[对正(J)/样式(S)]：S
输入样式名或[?]＜右＋Y＞：左＋X
当前文字样式："右＋Y"　文字高度：1.0000　注释性：否
指定文字的起点或[对正(J)/样式(S)]：
指定文字的旋转角度＜30＞：

9.3.6　在轴测投影模式下标注尺寸

尺寸标注是机械、建筑图样非常重要的内容之一。在轴测图中，为了让各轴测平面内的尺寸标注与对应的投影平面的图样协调、统一，用户需要将尺寸标注的尺寸界线、尺寸线与尺寸标注的文字一样倾斜一定的角度。在轴测图中正确标注效果如图 9－17 所示：

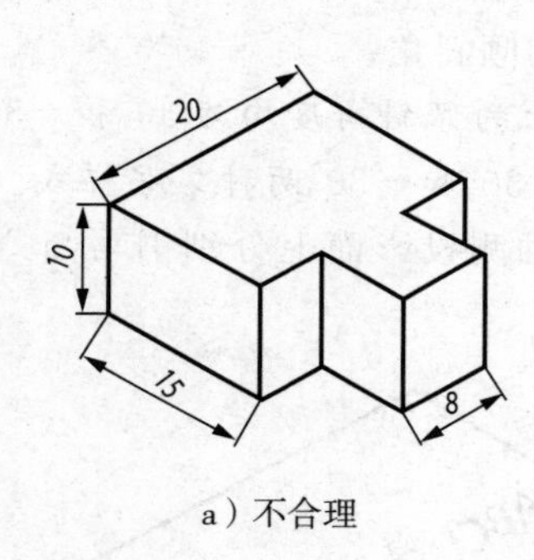

a）不合理

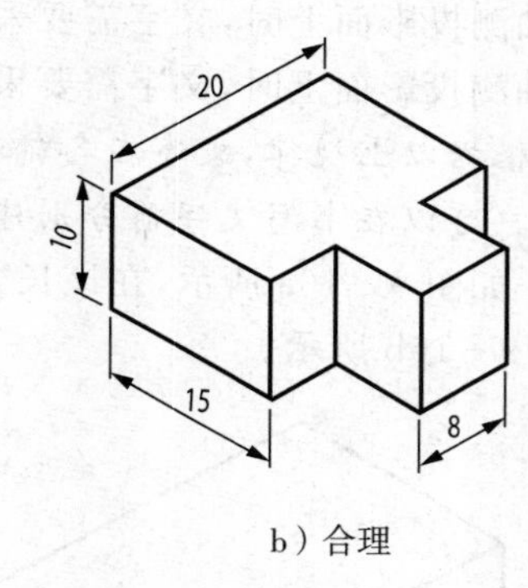

b）合理

图 9－17　轴测图的标注

· 在各轴测平面上进行标注，标注的文字、尺寸界线和尺寸线的倾斜角度分别如下：

● 在上轴测平面内的标注，当尺寸线与 X 轴平行时，标注文字等图素的倾斜角度为 $-30°$；

● 在上轴测平面内的标注，当尺寸线与 Y 轴平行时，标注文字等图素的倾斜角度为 30°；

● 在左轴测平面内的标注，当尺寸线与 Y 轴平行时，标注文字等图素的倾斜角度为 $-30°$；

● 在左轴测平面内的标注，当尺寸线与 Z 轴平行时，标注文字等图素的倾斜角度为 30°；

● 在右轴测平面内的标注，当尺寸线与 X 轴平行时，标注文字等图素的倾斜角度为 30°；

● 在右轴测平面内的标注，当尺寸线与 Z 轴平行时，标注文字等图素的倾斜角度为 $-30°$；

为了更方便、快捷地在轴测图中进行尺寸标注，用户可以采用以下步骤：

分别创建倾斜角度为 30°和－30°的尺寸标注样式；

鉴于轴测投影的特点，在创建轴测图的尺寸标注时，用户应使用尺寸标注中的“对齐”标注方式；

标注完成后，用户还应修改尺寸界线的方向，使其与轴测轴的方向一致，以使尺寸标注与轴测图更协调。

用户使用“对齐”标注方式标注，这样的标注尺寸界线与轴测图的轴测轴并不重合。为了使标注外观更具有立体感，用户还需要使用“编辑标注”命令对标注进行编辑，使尺寸界线的方向与轴测轴的方向一致。

1. 命令

“标注”工具栏：

“标注”菜单：倾斜(F)

命令：dimedit

2. 功能

编辑标注对象上的标注文字和尺寸界线。

3. 格式

命令：dimedit ↙

输入标注编辑类型[默认(H)/新建(N)/旋转(R)/倾斜(O)]<默认>：

4. 选项

● 默认(H)：将旋转标注文字移回默认位置。

● 新建(N)：使用在位文字编辑器更改标注文字。

● 旋转(R)：旋转标注文字。

● 倾斜(O)：调整线性标注尺寸界线的倾斜角度。

用户可以通过使用“编辑标注”命令中的“倾斜(O)”选项使标注的尺寸界线的方向与轴测轴的方向一致。

【9－6】 如图 9－18a 所示，将已有的尺寸标注进行编辑，使标注的尺寸界线与轴测图的轴测轴重合，如图 9－18b 所示。

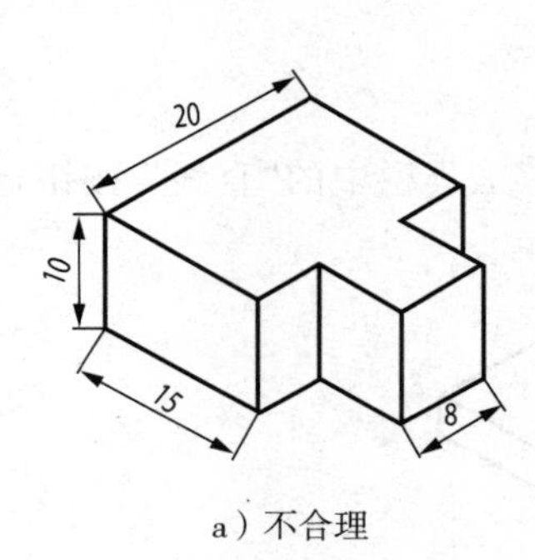

a）不合理

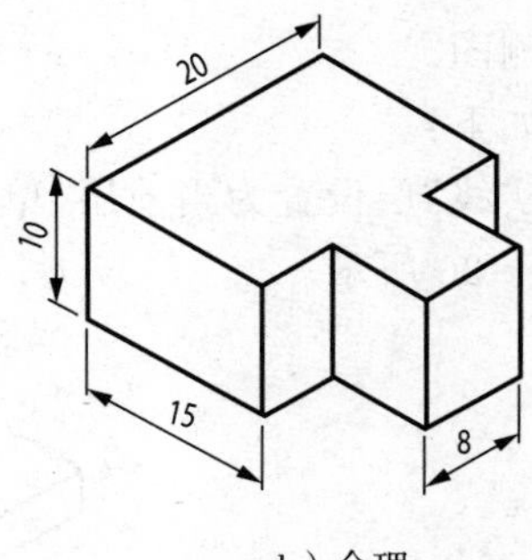

b）合理

图 9－18　尺寸标注的编辑

[步骤]：

(1)选择长度为 20 的标注，点击，进入“编辑标注”命令；

(2)命令：_dimedit

输入标注编辑类型[默认(H)/新建(N)/旋转(R)/倾斜(O)]<默认>:o

找到 1 个

输入倾斜角度(按 ENTER 表示无):90

(3)然后分别选择 10、15、8 的标注，均点击，进入“编辑标注”命令，选择“倾斜(O)”选项，分别输入倾斜角度为－30°、90°、90°。

【9－7】 绘制并标注如图 9－19 所示的轴承座正等轴测图。

现以绘制轴测图为例，说明绘制正等轴测图的方法。

轴承座是较常见的零件，其三视图和轴测图形如图 9－19 所示。

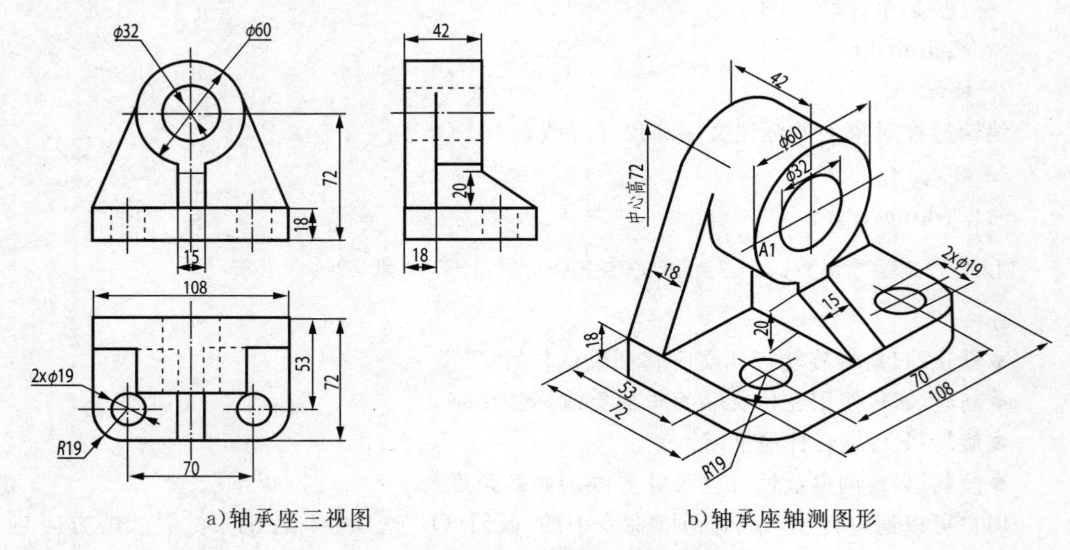

a)轴承座三视图　　b)轴承座轴测图形

图 9－19 轴承座三视图和轴测图形

1. 绘制底座

轴承座由底座、空心圆柱、支板和肋板 4 部分组成，可分别绘制它们的轴测图，首先绘制底座的轴测图。

绘图步骤如下：

(1)将“粗实线”层设置为当前层，单击“绘图”工具栏中的“直线”按钮，连续绘制底座轮廓线，如图 9－20 所示。

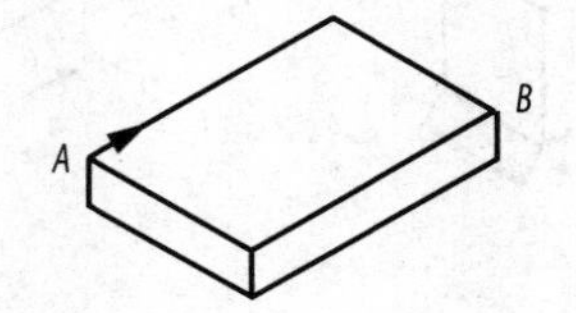

图 9－20　连续绘制底座轮廓线

命令：line

指定第一点：　（按 < F5 > 键，使上轴测面成为当前绘图面，在适当位置点）

指定下一点或[放弃(u)]：108↙　（向右上方移动光标，输入直线长度 108，回车）

指定下一点或[放弃(u)]：72↙　（向右下方移动光标，输入直线长度 72，回车）

指定下一点或[闭合(c)/放弃(u)]：108↙　（向左下方移动光标，输入直线长度 108，回车）

指定下一点或[闭合(c)/放弃(u)]：　（向左上方移动光标，捕捉起点 A）.

指定下一点或[闭合(c)/放弃(u)]：<等轴测平面左>18↙　（按 < F5 > 键，使左轴测面成为当前绘图面，向下移动光标，输入直线长度 18，回车）

指定下一点或[闭合(c)/放弃(u)]：72↙　（向右下方移动光标，输入直线长度 72，回车）

指定下一点或[闭合(c)/放弃(u)j.<等轴测平面右>108↙　（按 < F5 > 键，使右轴测面成为当前绘图面，向右上方移动光标，输入直线长度 108，回车）

指定下一点或[闭合(c)/放弃(u)]：　（向上移动光标，捕捉端点 B）

指定下一点或[闭合(c)/放弃(u)]：↙　（回车，结束直线命令）、'

(2)正等轴测图中 120°角处的圆角可以用等轴测圆直接绘制，轴测椭圆的中一心到 120°角顶点的距离等于等轴测圆的半径，即零件图中圆角的半径。

打开状态栏中的"对象追踪"按钮，按 < F5 > 键，使上轴测面成为当前绘图面。单击"绘图"工具栏中的"椭圆"按钮。

命令：_ellipse

指定椭圆轴的端点或[圆弧(A)/中心点(c)/等轴测圆(I)]：I↙　（输入 I，回车，选择"等轴测圆"选项）

指定等轴测圆的圆心：19↙　（将光标移到端点 c 处，出现端点捕捉标记，向上移动光标，如图 9-21 所示，输入追踪距离 19，回车）

指定等轴测圆的半径或[直径(D)]：19↙　（输入等轴测圆的半径 19，回车）

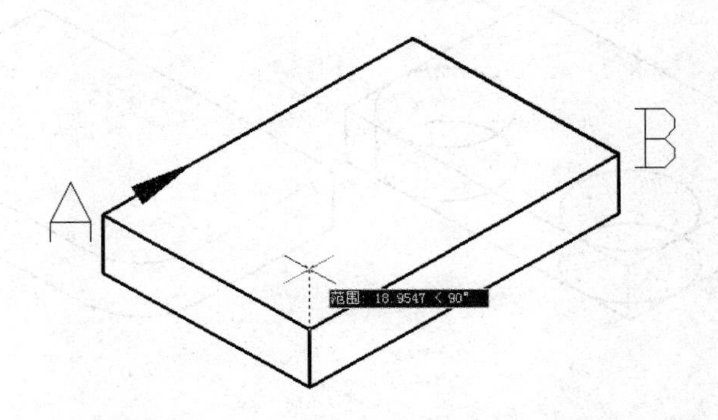

图 9-21　利用"对象捕捉追踪"模式绘制圆角

(3)关闭状态栏中的"对象追踪"按钮，利用"复制"命令复制等轴测圆，如图 9-22a 所示。

命令：_copy

选择对象：指定对角点：找到 1 个　　（选择等轴测圆为复制对象）

选择对象：↙　　（回车，结束选择复制对象）

当前设置：复制模式＝多个

指定基点或[位移(D)/模式(O)]<位移>：　　　　（捕捉等轴测圆的圆心为复制基点）

指定第二个点或<使用第一个点作为位移>：70↙　（向右上方移动光标，输入复制距离 70，回车）

指定第二个点或[退出(E)/放弃(U)]<退出>：　<等轴测平面右>18↙　（按< F5 >键，使右轴测面成为当前绘图面，向下移动光标，输入复制距离 18，回车）

指定第二个点或[退出(E)/放弃(u)]<退出>：↙　（回车，结束"复制"命令）

(4)按< F5 >键，使上轴测面成为当前绘图面。利用"复制"命令复制底座下表面的等轴测圆，复制距离为 70，如图 9－22b 所示。

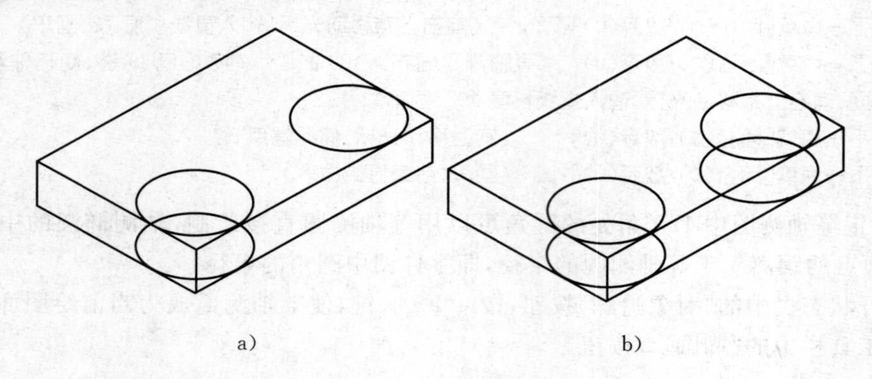

a)　　　　b)

图 9－22　复制轴测圆

(5)利用"直线"命令，并捕捉两个 60°角处的两个轴测圆的象限点，绘制这两个轴测圆的公切线，如图 9－23a 所示。

(6)利用"修剪"命令和"删除"命令修剪、删除多余线条，修剪过程中可以利用窗口缩放命令放大显示图形，如图 9－23b 所示。

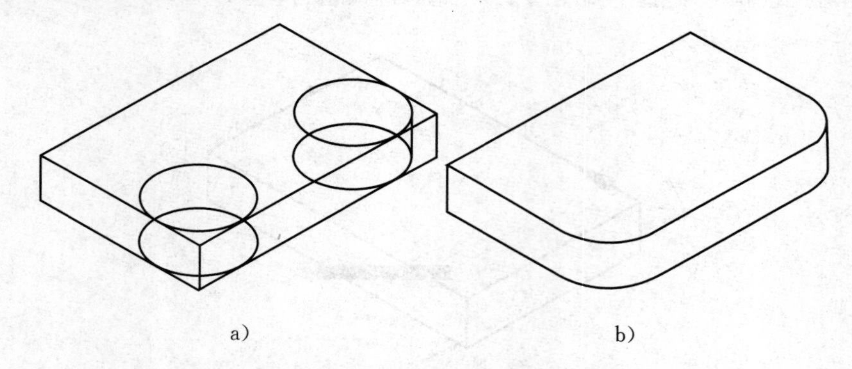

a)　　　　b)

图 9－23　绘制轴测圆公切线，修剪、删除多余线条

(7)按< F5 >键，使上轴测面成为当前绘图面。单击"绘图"工具栏中的"椭圆"按钮，绘制底座上的圆孔轴测圆。

命令：

指定椭圆轴的端点或[圆弧(A)/中心点(C)/等轴测圆(I)]：I

指定等轴测圆的圆心：

指定等轴测圆的半径或[直径(D)]：　<等轴测平面左>　<等轴测平面上>9.5

命令:_ellipse

指定椭圆轴的端点或[圆弧(A)/中心点(c)/等轴测圆(I)]:I↙　(输入 I,回车,选择"等轴测圆"选项)

指定等轴测圆的圆心:　　(捕捉圆角的中心为等轴测圆的圆心)

指定等轴测圆的半径或[直径(D)]:9.5↙　　(输入等轴测圆的半径 9.5,回车)

(8)利用"复制"命令,将等轴测圆复制到另一个圆角的中心处,如图 9-24 所示。

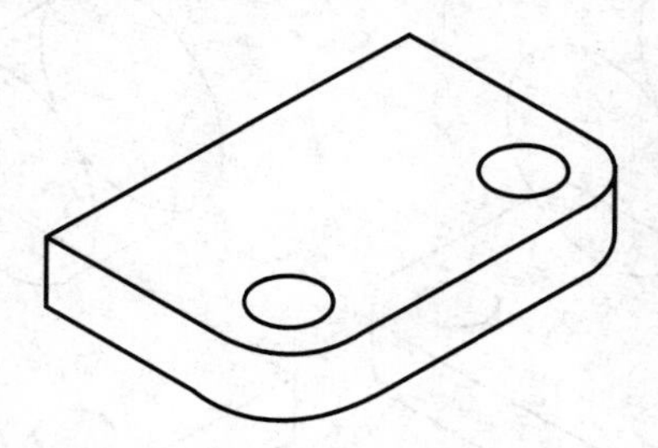

图 9-24　绘制底座可见轮廓线

2. 绘制空心圆柱

绘图步骤如下:

(1)打开状态栏中的"对象追踪"按钮,按 < F5 > 键,使右轴测面成为当前绘图面。单击"绘图"工具栏中的"椭圆"按钮,绘制空心圆柱后端面轴测圆。

命令:ellipse

指定椭圆轴的端点或[圆弧(A)/中心点(c)/等轴测圆(I)]:I↙　　(输入 I,回车,选择"等轴测圆"选项)

指定等轴测圆的圆心:54↙　(将光标移到底座后端面轮廓线中点 D 处,出现中点捕捉标记,向上移动光标,如图 9-25a 所示,输入追踪距离 54,回车)

指定等轴测圆的半径或[直径(D)]:30↙　(输入等轴测圆的半径 30,回车)

绘制的轴测圆如图 9-25b 所示。

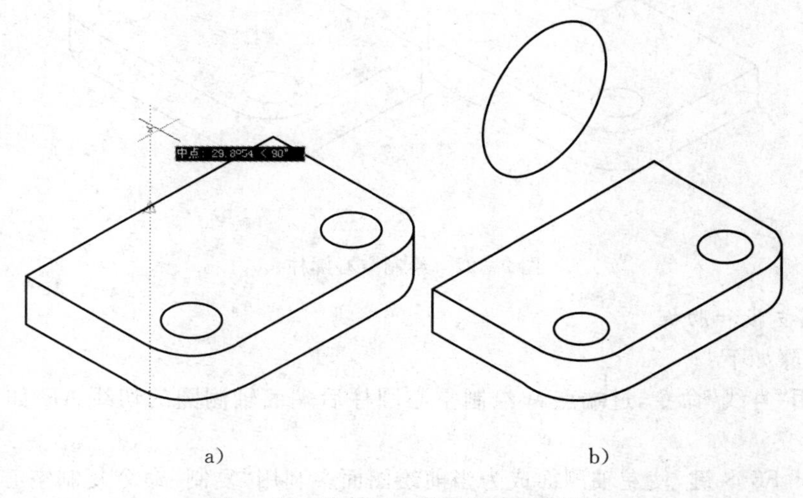

图 9-25　绘制空心圆柱后端面轴测圆

(2)关闭状态栏中的“对象追踪”按钮，按 < F5 > 键，使左轴测面成为当前绘图面。

(3)利用“复制”命令复制该等轴测圆，向右下方复制的距离为 42，如图 9－26a 所示。

(4)利用“直线”命令，并捕捉两个轴测圆的象限点，绘制这两个轴测圆的公切线，如图 9－26b 所示。

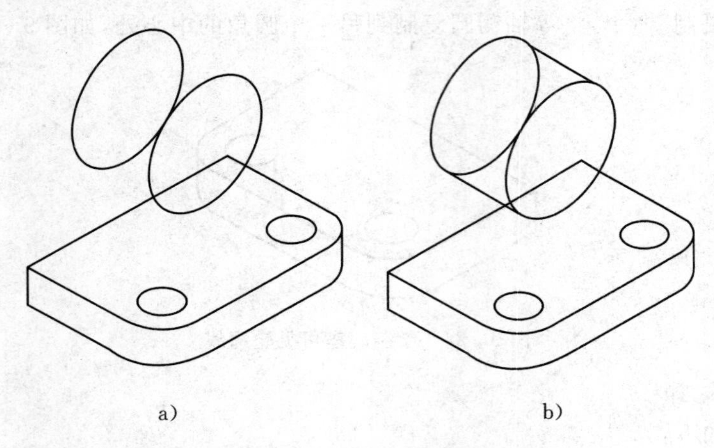

图 9－26　复制轴测圆并绘制公切线

(5)单击“绘图”工具栏中的“椭圆”按钮，绘制空心圆柱内孔前表面的等轴测圆，半径为 16mm，如图 9－27a 所示。

(6)利用“修剪”命令修剪不可见的轮廓线，如图 9－27b 所示

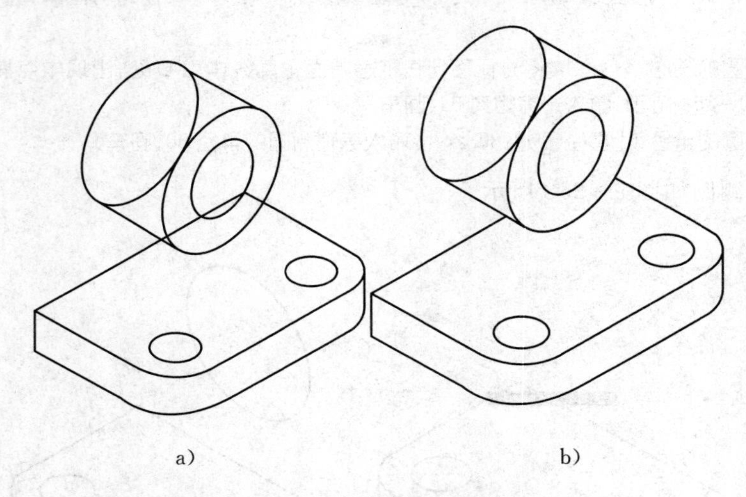

图 9－27　绘制空心圆柱

3. 绘制支板和肋板

绘图步骤如下：

(1)利用“直线”命令，过端点 A 绘制空心圆柱后端面轴测圆的切线 AE 如图 9－28a 所示。

(2)按 < F5 > 键，使左轴测面成为当前绘图面。利用“复制”命令复制空心圆柱前表面的等轴测圆，向左上方复制的距离为 24。

(3)利用“复制”命令复制直线 AE,向右下方复制的距离为 18,得到轮廓线 FG,如图 9-28b 所示。

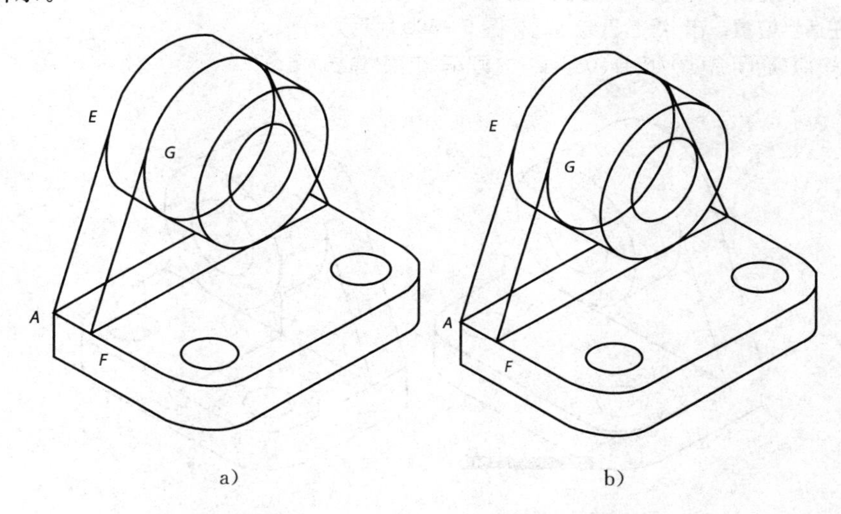

a)　　　　b)

图 9-28　利用“复制”Copy 命令绘制支板

(4)利用“直线”命令绘制直线 FH,长度为 108mm。

(5)利用“直线”命令,过端点 H 绘制与直线 FG 相切的轴测圆的切线 HI,如图 9-29a 所示。

(6)利用“修剪”命令修剪不可见的轮廓线,结果如图 9-29b 所示。

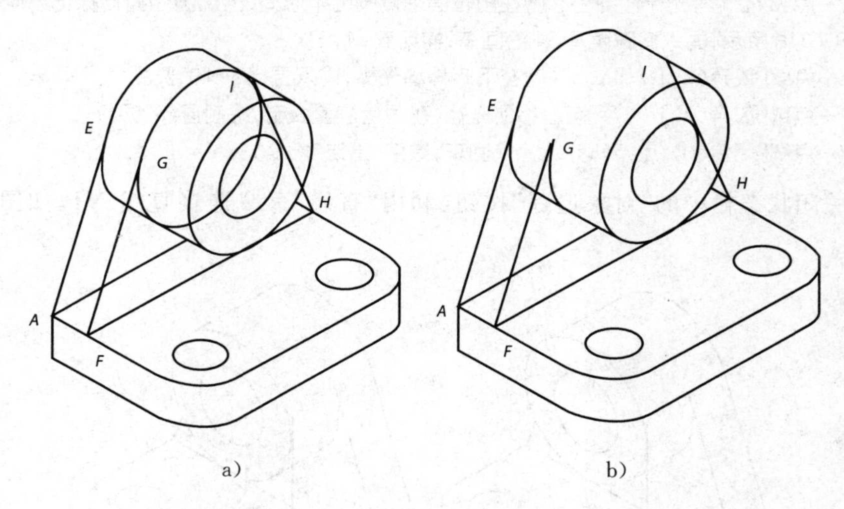

a)　　　　b)

图 9-29　绘制支板

(7)打开状态栏中的“对象追踪”按钮,按 < F5 > 键,使上轴测面成为当前绘图面。

(8)单击“绘图”工具栏中的“直线”按钮,绘制肋板轮廓线。

命令:line

指定第一点:7.5↙　(将光标移到底座前表面轮廓线中点处,出现中点捕捉标记后,向左下方移动光标,如图 9-30a 所示,输入追踪距离 7.5 后回车,捕捉到 J 点)

指定下一点或[放弃(u)]:54↙ （向左上方移动光标，输入直线 JK 的长度 54，回车）

指定下一点或[放弃(u)]:<等轴测平面右> （按 < F5 > 键，使上轴测面成为当前绘图面，向上移动光标，在适当位置单击，绘制直线 KL，如图 9-30b 所示）

指定下一点或[闭合(c)/放弃(u)]:↙ （回车，结束“直线”命令）

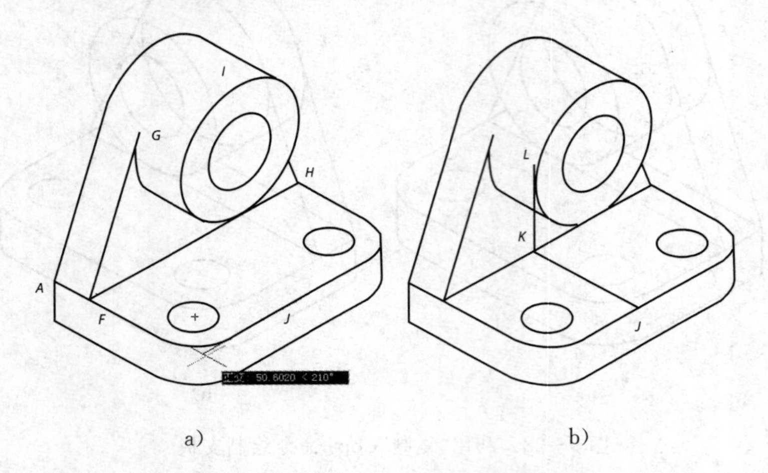

图 9-30 利用“对象追踪”绘制直线

(9)按 < F5 > 键，使右轴测面成为当前绘图面。利用“直线”命令，继续绘制肋板轮廓线。

命令：line

指定第一点:34↙（将光标移到空心圆柱前表面轴测圆的中心处，出现圆心捕捉标记后向下方移动光标，如图 9-31a 所示，输入追踪距离 34 后回车，捕捉到 M 点）

指定下一点或[放弃(u)]:7.5↙ （向左下方移动光标，输入直线 MN 的长度 7.5，回车）

指定下一点或[放弃(u)]: （向上移动光标，在适当位置点击，绘制直线 NP。）

指定下一点或[闭合(c)/放弃(u)]:↙ （回车，结束“直线”命令）

(10)关闭状态栏中的“对象追踪”按钮：利用“直线”命令连接直线 NJ，如图 9-31b 所示。

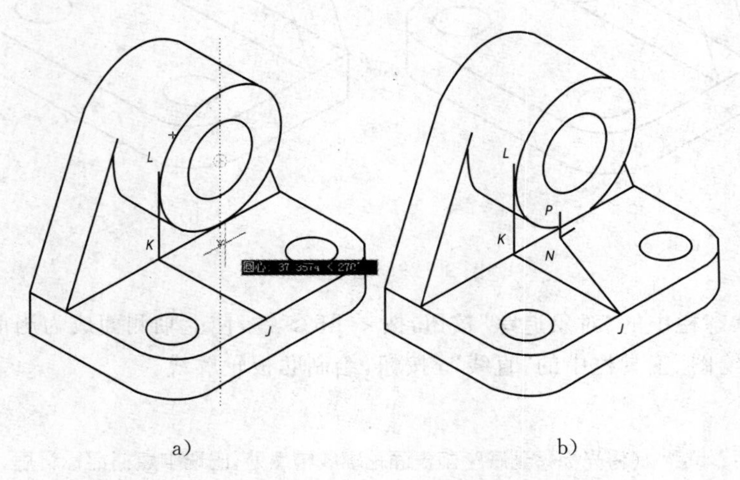

图 9-31 绘制肋板轮廓线

(11)利用“复制”命令向右上方复制直线 JK 和 KL，复制的距离为 15，得到直线 QR 和 RS，如图 9-32a 所示。

(12)利用“直线”命令连接端点 M、R。

(13)利用“修剪”命令修剪不可见的轮廓线和多余的线条，即可绘制出轴承座的正等轴测图，如图 9-32b 所示。

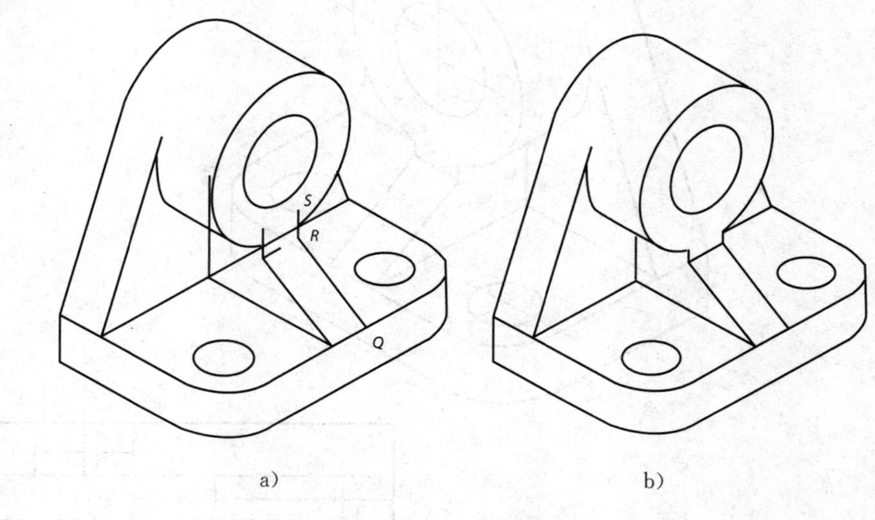

图 9-32　复制后修剪线条

4. 在正等轴测图上标注尺寸

在正等轴测图上标注尺寸前，要设置尺寸样式，可以只设置工程图样尺寸样式和隐藏样式。这是由于在正等轴测图上很少标注公差，也没有真正意义上的直径标注和半径标注。

也可以将绘制的轴测图复制到剪贴板，然后粘贴在样板图形上，直接利用样板图形中的尺寸样式进行尺寸标注。

在正等轴测图上标注尺寸，尺寸线必须与轴测轴平行，利用尺寸标注命令标注尺寸后，还需要对尺寸进行编辑。

下面以轴承座的轴测图为例，说明在正等轴测图上标注线性尺寸、直径尺寸和半径尺寸的方法。

5. 在轴测图上标注线性尺寸和直径尺寸

标注尺寸的步骤如下：

(1)单击“标准”工具栏中的“复制到粘贴板”按钮，选择轴承座的轴测图为复制对象，回车，将其复制到剪贴板。

(2)打开 A3 样板图形，单击“标准”工具栏中的“从剪贴板粘贴”按钮，在适当位置单击，将轴承座的轴测图粘贴到 A3 样板图形。

(3)在命令行中输入 Z，回车，输入 A，回车，显示出全图。

(4)单击“修改”工具栏中的“移动”按钮，将轴承座的轴测图移动到边框内。

(5)再次在命令行中输入 z，回车，输入 A，回车，显示出全图。

(6)打开“草图设置”对话框，启动“等轴测”模式，如图 9-33 所示。

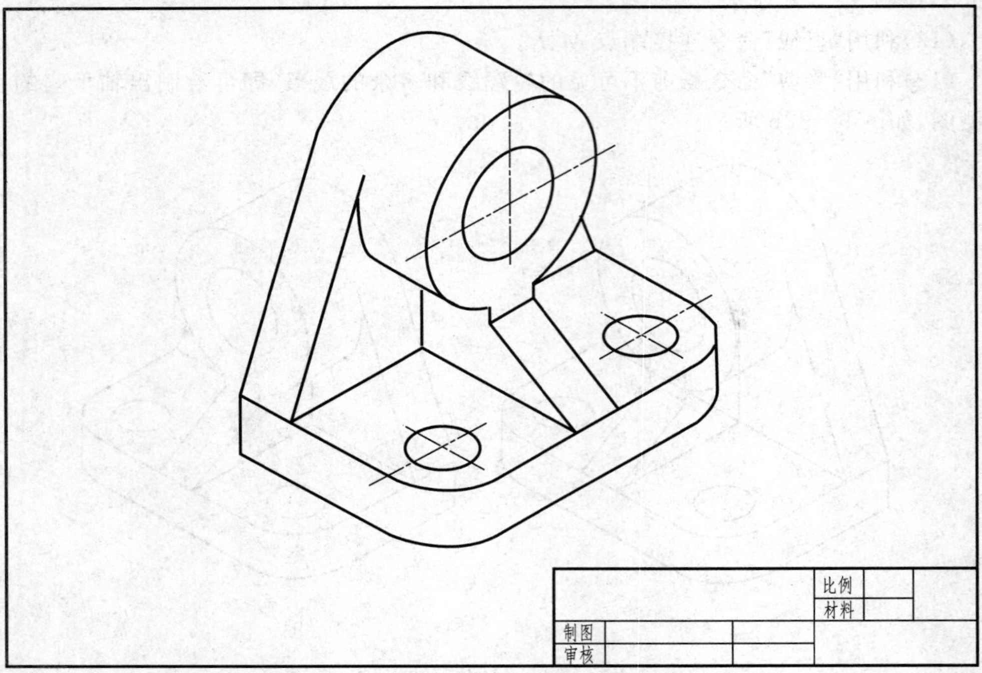

			比例		
			材料		
制图					
审核					

图 9-33 利用剪贴板将轴测图粘贴到样板图形

(7)将“点画线”层设置为当前层，利用“直线”命令、以及“正交”模式和“对象捕捉”模式绘制等轴测圆的中心线，如图 9-34a 所示。其中底座孔等轴测圆中心线是在上轴测面上绘制的，空心圆柱前端面中心线是在右轴测面上绘制的。

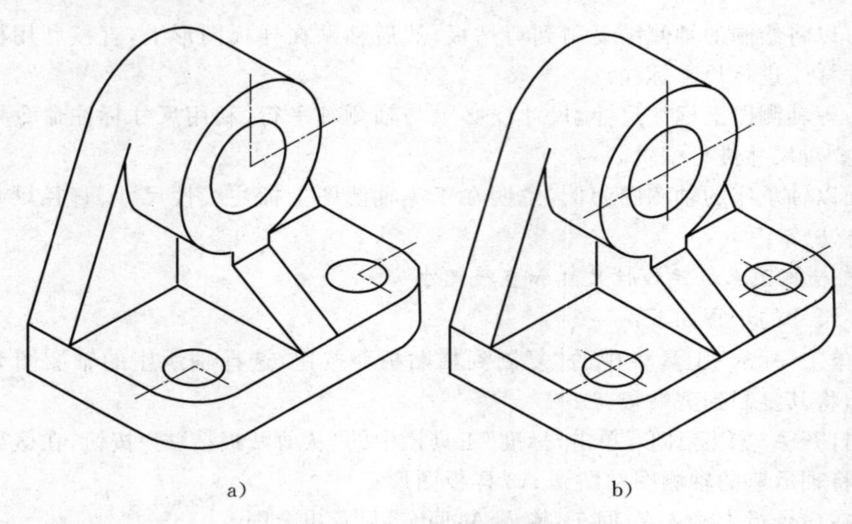

a) b)

图 9-34 绘制等轴测圆的中心线

(8)选择菜单“修改”→“拉长”选项，在命令行中输入 DY 后回车，利用“动态”选项拉长底座孔等轴测圆中心线和空心圆柱前端面中心线，如图 9－34b 所示。

(9)按 < F5 > 键，使左轴测面成为当前绘图面，将“标注”层设置为当前层。

(10)单击“标注”工具栏中的“线性标注”按钮，分别捕捉端点 A 和 s，可以标注出底座的厚度 18。

(11)打开状态栏中的“对象追踪”按钮，利用“线性标注”命令标注空心圆柱的轴线到底座底面的距离 72。

命令：_dimlinear(单击“标注”工具栏中的“线性标注”按钮)

指定第一条尺寸界线原点或＜选择对象＞：42↙(将光标移到端点 S 处，出现端点捕捉标记，向右下方移动光标，输入追踪距离 42，回车)

指定第二条尺寸界线原点：(捕捉空心圆柱前表面轴测圆的水平中心线的左端点)

指定尺寸线位置或[多行文字(M)/文字(T)/角度(A)脉平(H)/垂直(V)/旋转(R)]：T↙

(输入 T，回车，选择“单行文字”选项)

输入标注文字＜79.1＞：72↙(输入尺寸文字 72，回车)

指定尺寸线位置或[多行文字(M)/文字(T)/角度(A)/水平(H)/垂直(V)/旋转(R)]：(在适当位置单击)

标注文字＝79.1

(12)利用“线性标注”命令标注肋板倾斜面的高度 20，如图 9－35 所示。

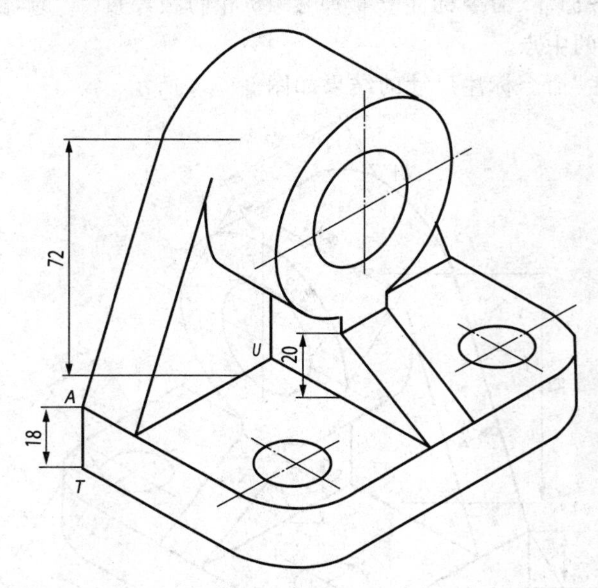

图 9－35　利用线性标注命令标注尺寸

命令：_dimlinear(单击“标注”工具栏中的“线性标注”按钮)

指定第一条尺寸界线原点或＜选择对象＞：24↙(将光标移到端点 U 处，出现端点捕捉标记，向右下方移动光标，输入追踪距离 24，回车)

指定第二条尺寸界线原点：(捕捉肋板倾斜面轮廓线的上端点)

指定尺寸线位置或[多行文字(M)/文字(T)/角度(A)脉平(H)/垂直(V)/旋转(R)]：(在适当位置单击)

标注文字＝20

(13)打开状态栏中的“对象追踪”按钮，按 < F5 >键，使上轴测面成为当前绘图面。

(14)单击“标注”工具栏中的“对齐标注”按钮。

命令：_dimaligned

指定第一条尺寸界线原点或<选择对象>：(捕捉交点 A1)

指定第二条尺寸界线原点：(捕捉交点 B1)

指定尺寸线位置或[多行文字(M)/文字(T)/角度(A)脉平(H)/垂直(V)/旋转(R)]：T↙

(输入 T，回车，选择“文字”选项)

输入标注文字<60>：%%C60↙(输入尺寸文字，回车)

指定尺寸线位置或[多行文字(M)/文字(T)/角度(A)脉平(H)/垂直(V)慌转(R)]：(在适当位置单击)

标注文字：60

(15)用同样的方法，标注尺寸 θ32.2×θ19、70、108、53。

(16)利用“对齐标注”命令标注空心圆柱的长度 42 时，需要先过交点 $A1$ 绘制一条辅助线 $A1C1$。

(17)利用“对齐标注”命令标注底座宽度 72 时，需要先过交点 $D1$ 绘制一条辅助线 $D1E1$。

(18)利用“对齐标注”命令标注支板厚度 18 和肋板厚度 15 时，需要利用中点捕捉，即捕捉倾斜轮廓线的中点。

利用“对齐标注”命令标注尺寸的结果如图 9－36 所示。

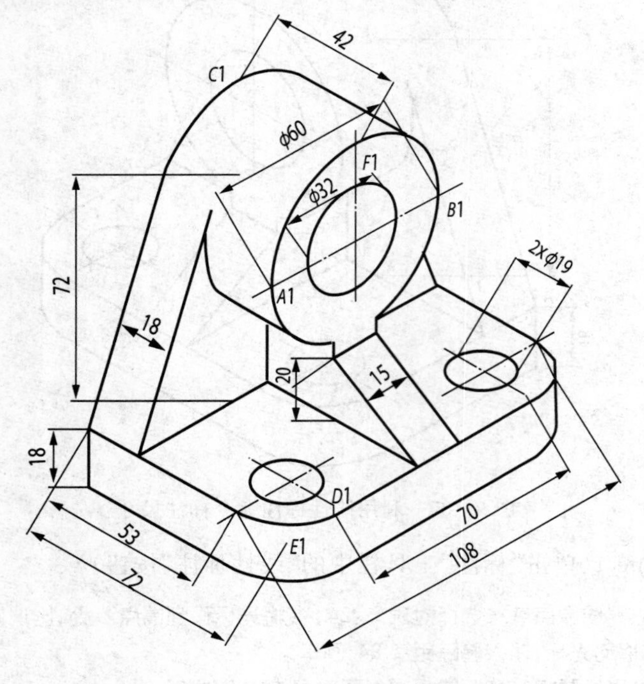

图 9－36 利用对齐标注命令标注尺寸

6. 在轴测图上编辑线性尺寸和直径尺寸

利用“线性标注”命令和“对齐标注”命令标注的尺寸，尺寸线与尺寸界线垂直。而在轴测图中标注尺寸，尺寸线应与轮廓线平行，即尺寸线与尺寸界线倾斜。利用“编辑标注”命令可以使尺寸界线倾斜，编辑尺寸时一般同时编辑尺寸线平行的尺寸。

编辑尺寸的步骤如下：

(1)编辑长度方向的尺寸

长度方向的尺寸既可以标注在上轴测面上，尺寸界线倾斜的角度为150°或－30°，也可以标注在右轴测面上，尺寸界线倾斜的角度为90°或－90°。

单击“标注”工具栏中的“编辑标注”按钮。

命令：dimedit

输入标注编辑类型[默认(H)/新建(N)/旋转(R)顺斜(0)]＜默认＞：0↙　(输入0，回车，选择“倾斜”选项)

选择对象：(单击尺寸70)

找到1个

选择对象：(单击尺寸108)

找到1个，总计2个

选择对象：↙　(回车，结束选择编辑对象)

输入倾斜角度(按 < ENTER > 键表示无)：150↙　(输入尺寸线倾斜角度150，回车)

单击“标注”工具栏中的“编辑标注”按钮。

命令：dimedit

输入标注编辑类型[默认(H)/新建(N)/旋转(R)/倾斜(O)]＜默认＞：0↙　(输入0，回车，选择“倾斜”选项)

选择对象：(单击尺寸θ32)

找到1个

选择对象：(单击尺寸θ60)

找到1个，总计2个

选择对象：↙　(回车，结束选择编辑对象)

输入倾斜角度(按 < ENTER > 键表示无)：90↙　(输入尺寸线倾斜角度90，回车)

(2)编辑宽度方向的尺寸

宽度方向的尺寸既可以标注在上轴测面上，尺寸界线倾斜的角度为30°或210°，也可以标注在左轴测面上，尺寸界线倾斜的角度为90°或－90°。

单击“标注”工具栏中的“编辑标注”按钮。

命令：dimedit

输入标注编辑类型[默认(H)/新建(N)/旋转(R)/倾斜(O)]＜默认＞：0↙　(输入O，回车，选择“倾斜”选项)

选择对象：(单击尺寸2×θ19)

找到1个

选择对象：(单击尺寸42)

找到1个，总计2个

选择对象：（单击尺寸 53）

找到 1 个，总计 3 个

选择对象：（单击尺寸 72）

找到 1 个，总计 4 个

选择对象：↙ （回车，结束选择编辑对象）

输入倾斜角度（按（ENTER）键表示无）：30 ↙ （输人尺寸线倾斜角度 30，回车）

（3）编辑高度方向的尺寸

高度方向的尺寸既可以标注在左轴测面上，尺寸界线倾斜的角度为－30°或 150°，也可以标注在右轴测面上，尺寸界线倾斜的角度为 30°或 210°。

单击“标注”工具栏中的“编辑标注”按钮。

命令：dimedit

输入标注编辑类型[默认（H）/新建（N）/旋转（R）/顺斜（O）]＜默认＞：0 ↙ （输入 O，回车，选择“倾斜”选项）

选择对象： （单击底座高度尺寸 18）

找到 1 个

选择对象： （回车，结束选择编辑对象）

输入倾斜角度（按 < ENTER > 键表示无）：150 ↙ （输入尺寸线倾斜角度 150，回车）

单击“标注”工具栏中的“编辑标注”按钮。

命令：dimedit

输入标注编辑类型[默认（H）/新建（N）/旋转（R）/倾斜（O）]＜默认＞：0 ↙ （输入 O，回车，选择“倾斜”选项）

选择对象：（单击尺寸 72）

找到 1 个

选择对象：（单击尺寸 20）

找到 1 个，总计 2 个

选择对象：↙ （回车，结束选择编辑对象）

输入倾斜角度（按（EN～TER）键表示无）：30 ↙ （输入尺寸线倾斜角度 30，回车）

将尺寸界线倾斜后，再将辅助线删除。可以单击“标注”工具栏中的“编辑尺寸文字”按钮，调整尺寸文字的位置。

支板的厚度尺寸 18mm 和肋板的厚度尺寸 15mm 需要利用“分解”命令将其分解，利用“删除”命令将尺寸界线删除。编辑线性尺寸和直径尺寸的结果如图 9－37 所示。

7. 在轴测图上标注、编辑半径尺寸

在轴测图上标注半径尺寸不能直接利用“半径标注”命令标注，因为半径标注的对象必须是圆和圆弧，轴测圆弧不能作为半径标注的对象。但我们可以绘制辅助圆，辅助圆与轴测圆弧相交或相切，在辅助圆上标注半径尺寸，再将辅助圆删除，编辑半径尺寸即可。操作步骤如下：

（1）单击“标准”工具栏中的“窗口缩放”按钮，将底座上表面 120°处的圆角轴测圆弧放大显示。

（2）单击“绘图”工具栏中的“圆”按钮，以小孔在底座上表面的轴测圆的中心为圆

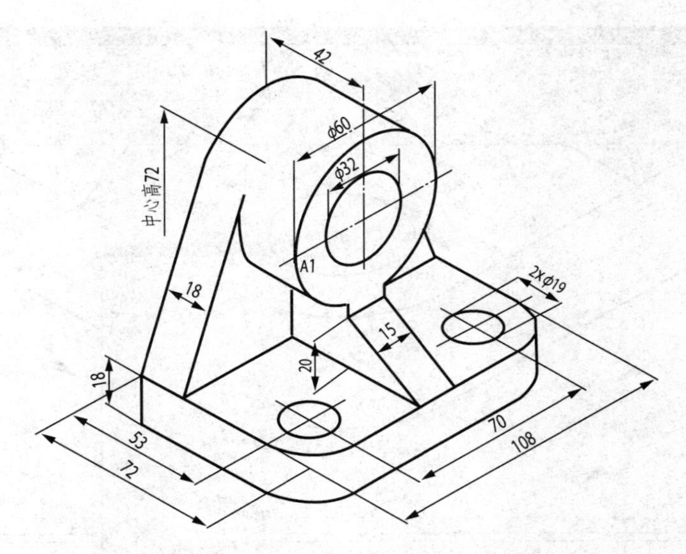

图 9-37　编辑线性尺寸和直径尺寸的结果

心，绘制一个适当大小的辅助圆与底座上表面圆角的轴测圆弧相交。

(3)将“机械标注样式”设置为当前样式，单击“标注”工具栏中的“半径标注”按钮，标注辅助圆的半径尺寸。注意，需要利用“文字”选项将尺寸文字修改为 $R19$，指定尺寸位置时，捕捉辅助圆与轴测圆弧的交点，使尺寸线过该交点，如图 9-38 所示。

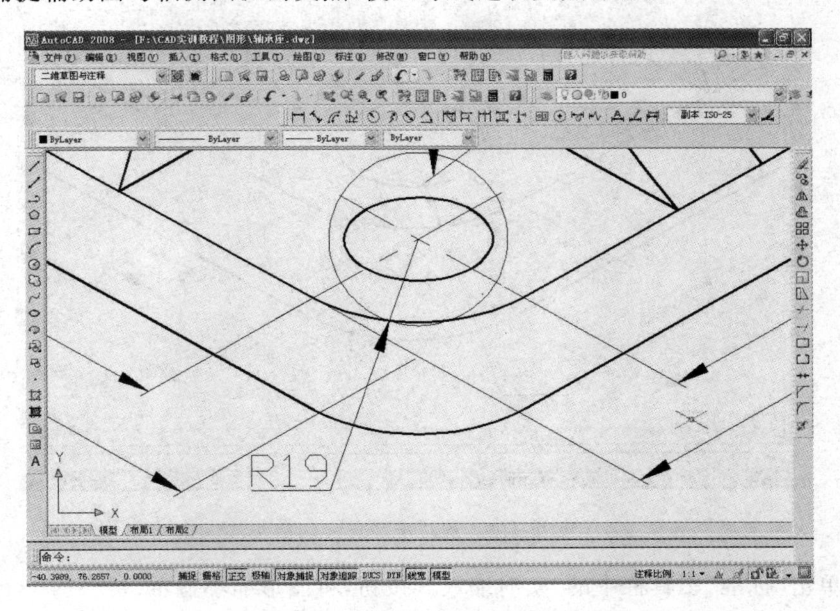

图 9-38　利用辅助圆标注半径尺寸

(4)用光标点击半径尺寸 $R19$，再单击鼠标右键，在弹出的如图 9-39 所示的快捷菜单中选择“翻转箭头”选项，半径尺寸 $R19$ 的箭头翻转 180°，处于辅助圆的圆周内，如图 9-40所示。

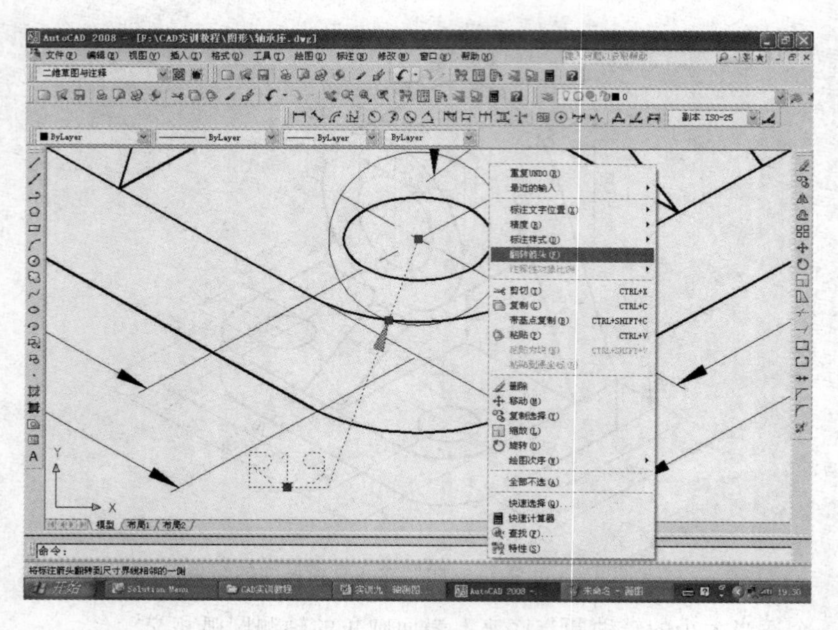

图 9-39　利用快捷菜单编辑标注

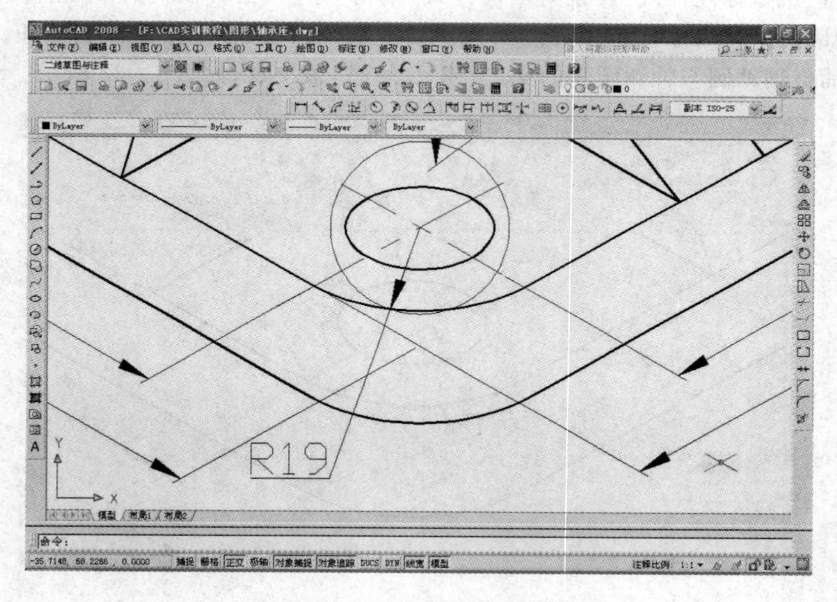

图 9-40　翻转半径尺寸的箭头

(5)单击“标准”工具栏中的“实时缩放”按钮，将图形缩小显示。

(6)利用“分解”命令将半径尺寸分解。

(7)利用“拉长”命令中的“动态”选项，将半径尺寸的尺寸线适当拉长。

(8)利用“移动”命令将半径尺寸的文字和水平引线移到新的尺寸线端点处，如图 9-41 所示。

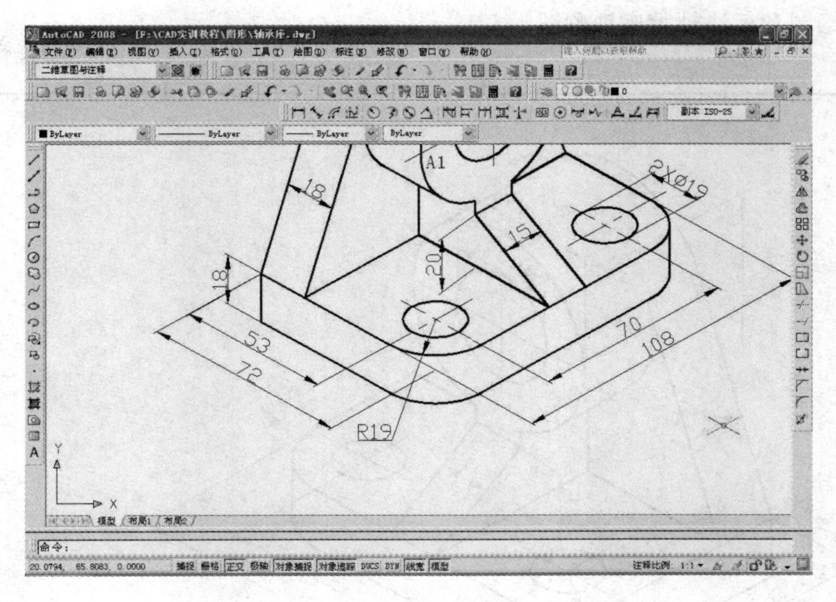

图 9 - 41　调整半径尺寸文字的位置

(9)利用"旋转"命令,将尺寸文字"R19"旋转 30°。

(10)利用"删除"命令将辅助圆删除,如图 9 - 42 所示。

(11)在命令行输入 Z,回车,再输入 A,回车,将图形全部显示。

(12)将"文字"层设置为当前层,利用"多行文字"命令在标题栏中输入"轴承座轴测图",字高为 7,如图 9 - 43 所示。

(13)选择菜单"文件"→"另存为"选项,将绘制的轴测图保存为"轴承座轴测图.dwg"。

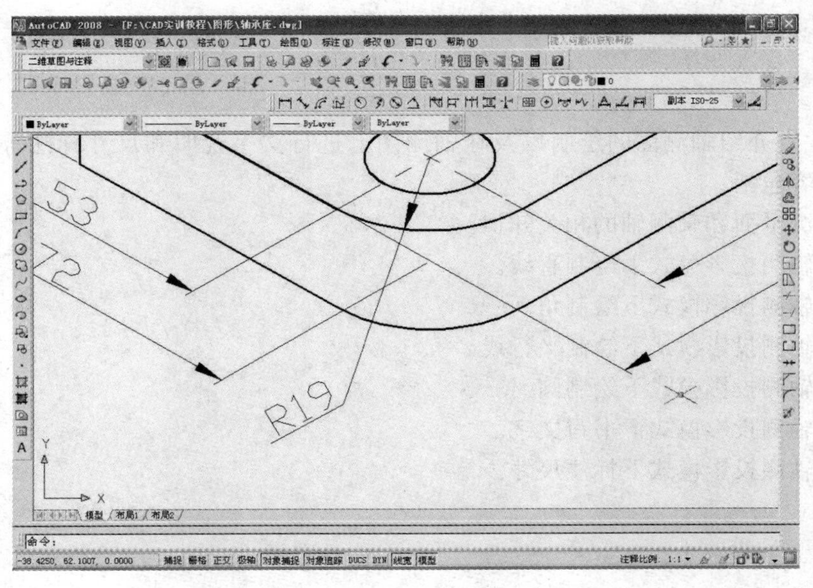

图 9 - 42　标注半径尺寸的结果

完成绘制和标注轴承座轴侧图。

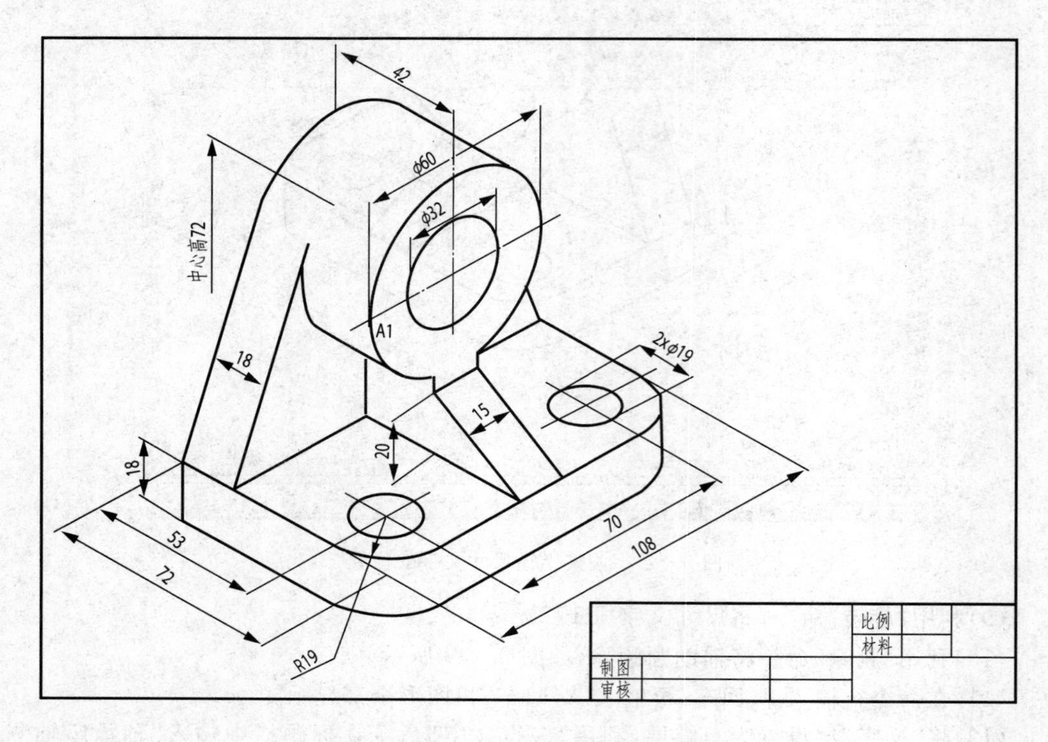

图 9-43 在轴测图中标注尺寸的结果

小 结

本章主要介绍轴测图的绘制以及在轴测图上进行文字说明和尺寸标注等方面的知识,具体内容包括：

(1)轴测平面和轴测轴的相关知识。

(2)在轴测投影模式下绘制直线。

(3)在轴测投影模式下绘制角。

(4)在轴测投影模式下绘制平行线。

(5)在轴测投影模式下绘制圆。

(6)在轴测投影模式下书写文字。

(7)在轴测投影模式下标注尺寸。

习　题

1. 根据本节所学内容，绘制如图习题 9－1 所示的三维实体的轴测图。

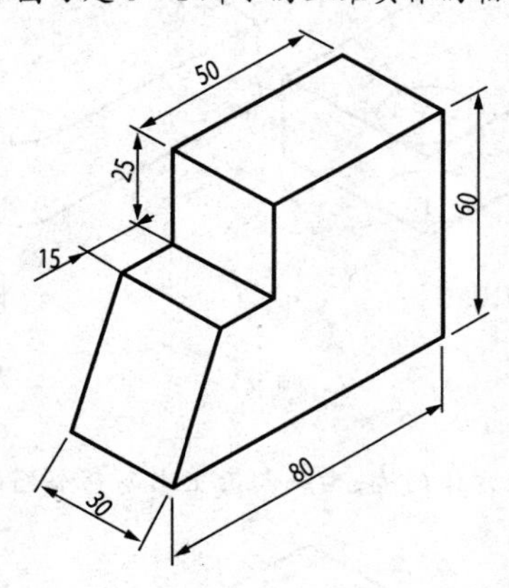

习题 9－1

2. 如图习题 9－2a 所示，在已经将该实体倒了一个边角的基础上，将该实体的右上角倒角，使倒角长度为 8×10，倒角后如图习题 9－2b 所示。

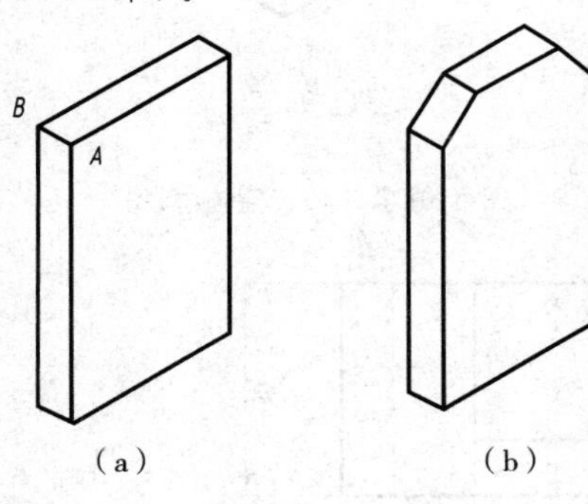

习题 9－2

3. 激活轴测投影模式，并打开正交模式，然后使用 LINE 命令绘制习题图 9－3 所示的图形。

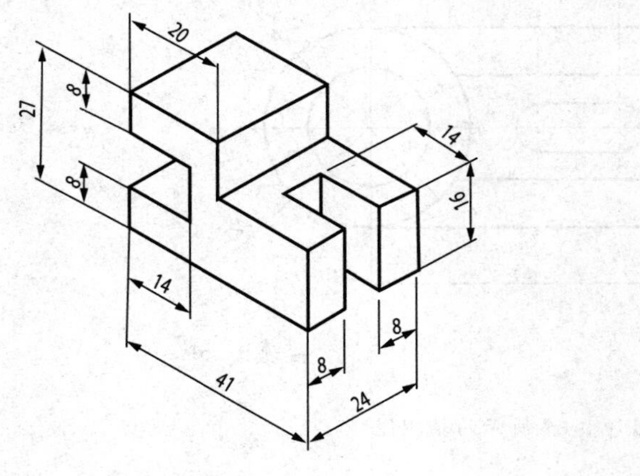

习题 9－3

4. 如图习题 9 - 4a 所示，将该长方体的一个直角绘制成过渡圆弧，如图习题 9 - 4b 所示。

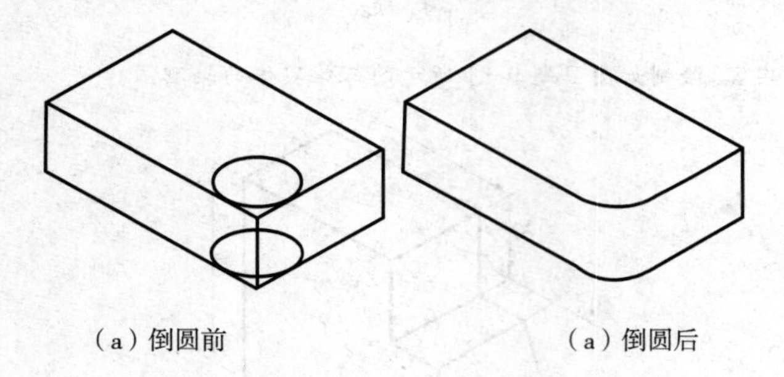

(a) 倒圆前　　　　(a) 倒圆后

习题 9 - 4

5. 如图习题 9 - 5 所示，在该长方体的左、右轴测面上书写符合倾斜规律的文字。

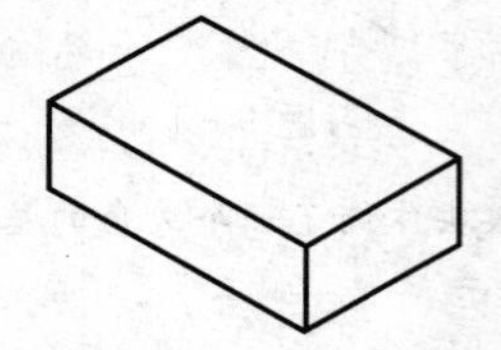

习题 9 - 5

6. 根据习题图 9 - 6 所示的二维视图绘制零件的正等轴测图。

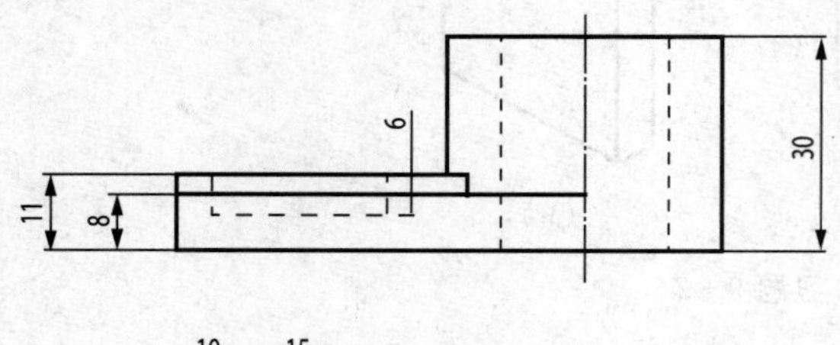

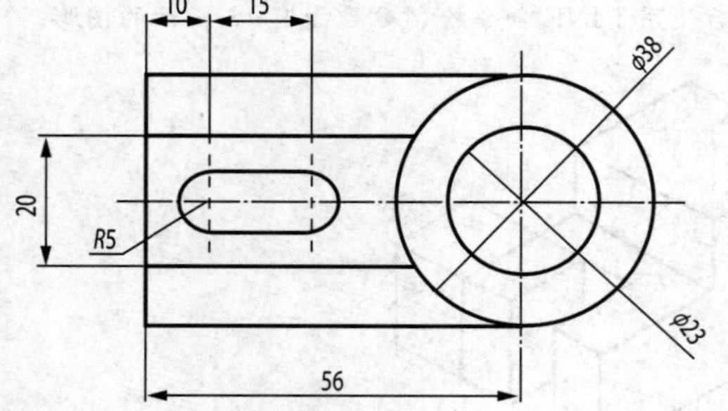

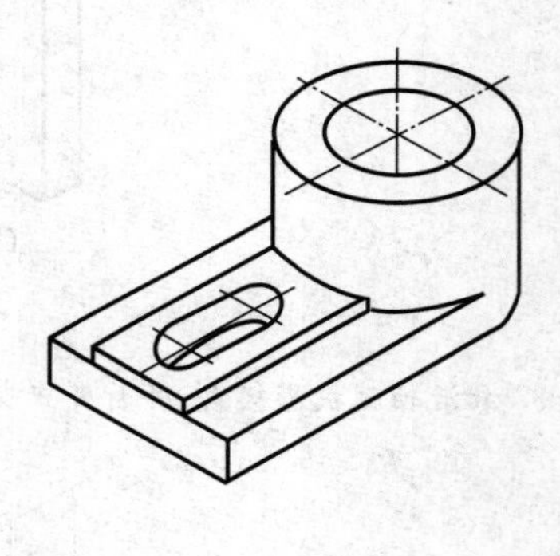

习题 9 - 6

7. 绘制如图习题 9 - 7 所示的轴测图。

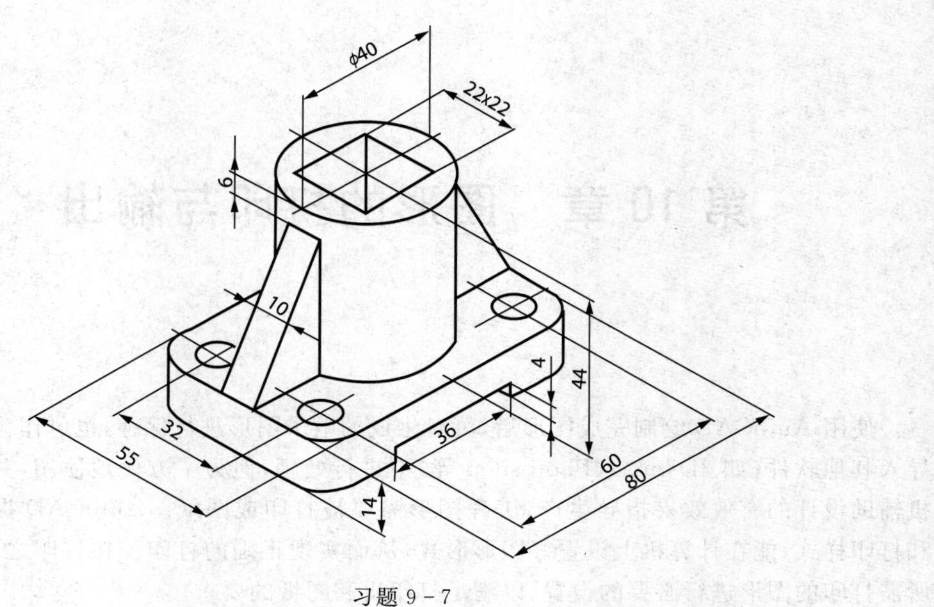

习题 9 - 7

第 10 章　图形的打印与输出

使用 AutoCAD 绘制完成图形后，可对生成的电子图形进行保存，也可作为原始模型导入其他软件（如 3Ds max、Photoshop 等）中进行处理，但为了方便地使用，并作为计算机辅助设计的有效效果指导生产，工程图形需要被打印成图纸。AutoCAD 提供的布局和打印样式，能在计算机上设置好图形形式，从而实现正确的打印。在打印之前，需要对所需打印的图形进行必要的设置，以满足打印机和图纸的要求。

本章将从 AutoCAD 的空间开始讲解，分别介绍了模型空间、图纸空间、布局编辑操作、图形打印输出和发布的技术与方法。

10.1　模型空间和图纸空间

在 AutoCAD 中，绘制的图形可通过模型空间或图纸空间打印输出，下面分别介绍这两种空间的特点。

10.1.1　模型空间

模型空间是用户对图形进行绘制编辑的空间，大多数的绘制工作都是在模型空间中进行的。

前面提到的实例都是在模型空间绘制的。默认情况下，用户是从该空间完成图形的打印与输出的。但在模型空间中，不能打印所有视口的图形，只能对一个视口的图形进行打印，所以在 AutoCAD 中一般使用模型空间进行打印输出草图。

10.1.2　图纸空间

用户在模型空间里进行图形设计后，经常需要进入图纸空间对图形的布局进行安排，以便进行打印输出。

图纸空间是以布局的形式出现在 AutoCAD 中，它可完全模拟图纸页面。在图形打印输出之前，我们可以先在图纸上布置图形的不同视图，从而创建图形最终打印输出的布局。图形一般在图纸空间里进行打印输出。

10.1.3　模型空间和图纸空间的切换

在绘制图形的过程中，有时需要在模型空间与图纸空间中进行切换操作。在绘图区下方单击“模型”和“布局”标签，如图 10－1 所示，或在状态栏中单击“图纸”或“模型”按钮。如图 10－2 所示，或在命令行中输入 mspace 后按 Enter 键进入模型空间，输入 pspace 后按 Enter 键进入图纸空间。用户可通过上述方法完成这两种空间的切换。

图 10－1　“模型”和“布局”标签

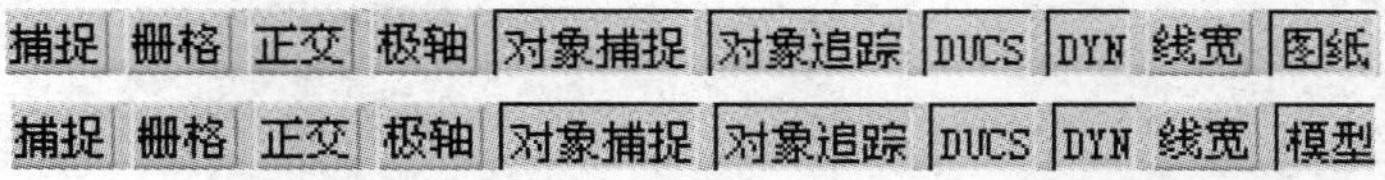

图 10－2　状态栏中的模式切换

10.2　布局的编辑操作

布局是图纸空间在 AutoCAD 中的具体表现。用户可在图纸空间创建一个或多个布局，每一个布局表示一张输出图形的图纸，布局在打印图形时很重要，下面将详细介绍布局的相关编辑操作。

10.2.1　创建新布局

AutoCAD 默认创建两个布局空间：布局 1 和布局 2，用户可根据需要创建新的布局。AutoCAD 提供了多种创建新布局的方法，下面简单介绍几种常用的创建新布局的方法。

1. 使用“新建布局”命令创建新布局

在菜单栏中选择“插入”→“布局”→“新建布局”命令，或单击如图 10－3 所示的“布局”工具栏中的“新建布局”按钮，或在命令行输入 layout 命令，均可创建新布局。

2. 使用布局向导创建新布局

使用该方法在创建新布局的同时需要对布局（如打印机的选择、图纸的尺寸、图纸空间、图纸方向、定义视口等）进行详细的设置。

图 10－3　“布局”工具栏

使用布局向导创建布局的具体步骤如下：

（1）在菜单栏中选择“插入”→“布局”→“创建布局向导”命令，或选择“工具”→“向导”→“创建布局”命令，弹出如图 10－4 所示“创建布局－开始”对话框。该对话框用于设置新创建的布局名称，在“输入新布局的名称”文本框中输入新布局名称。

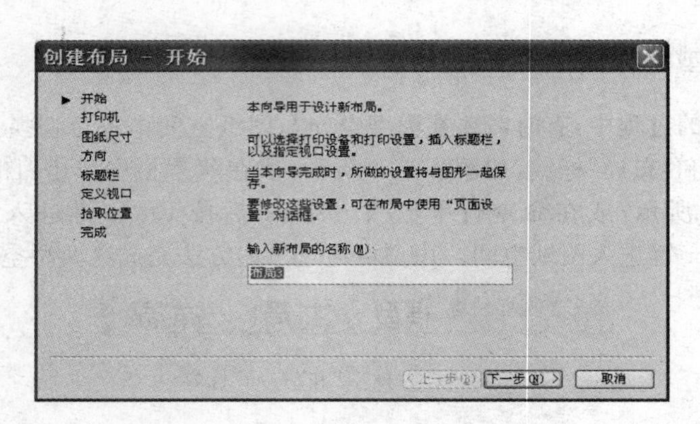

图 10－4 “创建布局－开始”对话框

(2)单击“下一步”按钮，弹出如图 10－5 所示的“创建布局－打印机”对话框。该对象框用于为新布局选择配置的绘图仪，在“为新布局选择配置的绘图仪”列表框中给出了当前已经配置完成的打印设备。

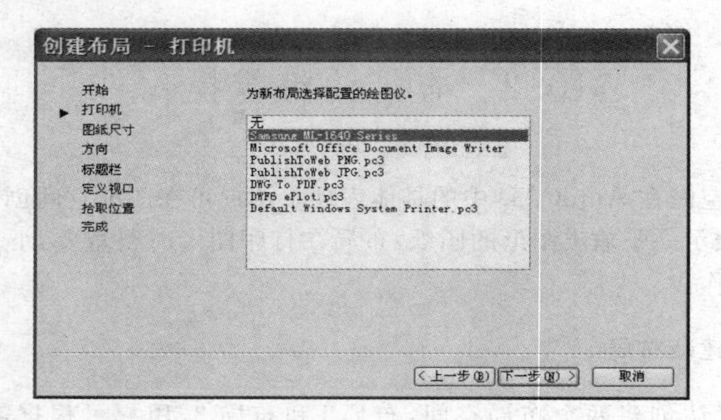

图 10－5 “创建布局－打印机”对话框

(3)牙塔单击“下一步”按钮，弹出如图 10－6 所示的“创建布局－图纸尺寸”对话框，该对话框用于选择布局使用的图纸尺寸。在下拉列表框中选择要使用的纸张大小，在“图形单位”选项组中指定图形所使用的打印单位。

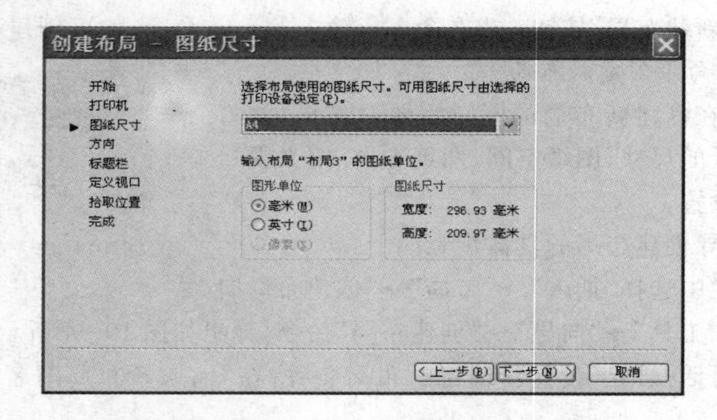

图 10－6 “创建布局－图纸尺寸”对话框

(4)单击“下一步”按钮,弹出如图 10-7 所示的“创建布局一方向”对话框,该对话框用于选择图形在图纸上的方向。

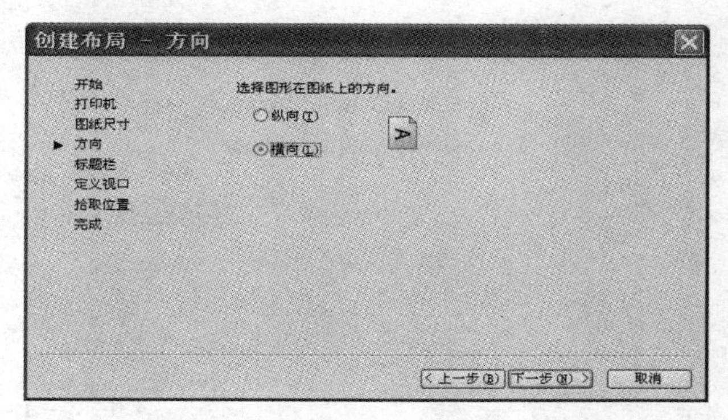

图 10-7　“创建布局一方向”对话框

(5)单击“下一步”按钮,弹出如图 10-8 所示的“创建布局一标题栏”对话框。该对话框用于选择应用于此布局的标题栏,用户可以在“路径”列表框中选择合适的标题栏。

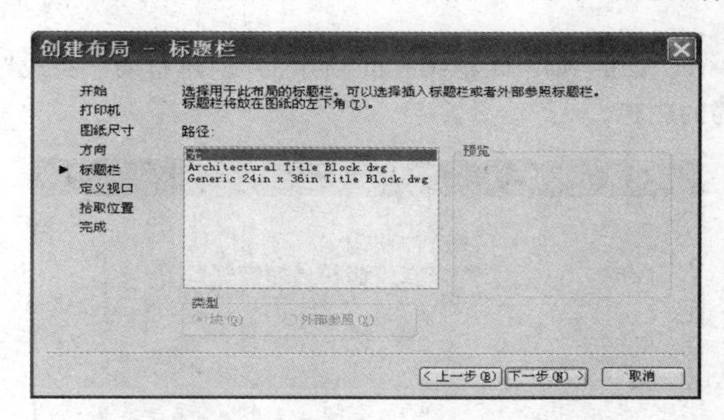

图 10-8　“创建布局一标题栏”对话框

(6)单击“下一步”按钮,弹出如图 10-9 所示的“创建布局一定义视口”对话框,该对话框用于设置该布局视口的类型以及比例等。用户可以在“视口设置”选项组中选择视口类型,在“视口比例”下拉列表框中选择比例。“行数”、“列数”、“行间距”和“列间距”等文本框用于设置行、列及其间距。

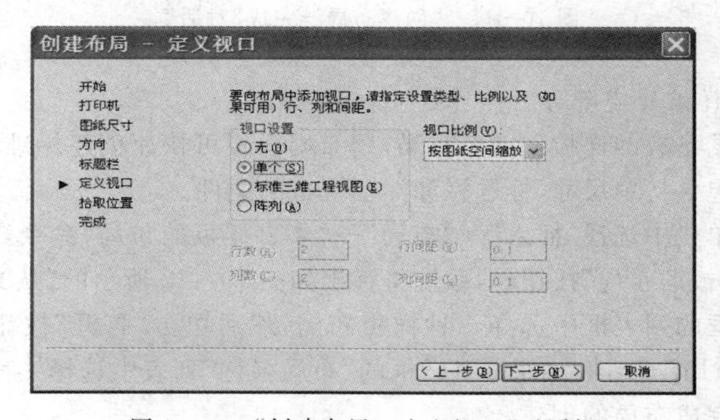

图 10-9　“创建布局一定义视口”对话框

(7)单击“下一步”按钮，弹出如图 10－10 所示的“创建布局—拾取位置”对话框，该对话框用于选择要创建的视口配置的角点。

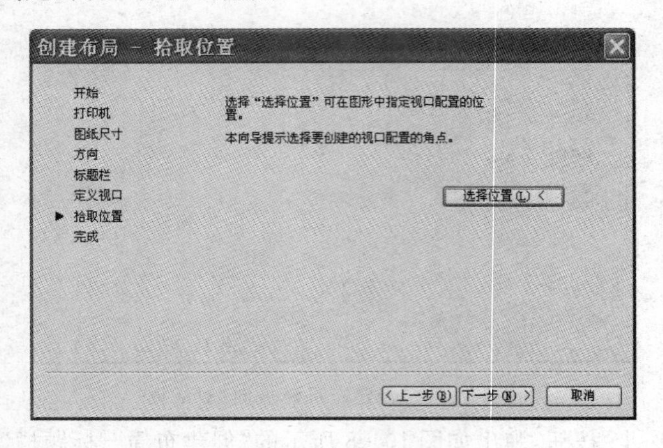

图 10－10 “创建布局—拾取位置”对话框

(8)单击“下一步”按钮，弹出如图 10－11 所示的“创建布局—完成”对话框，单击“完成”按钮，完成布局的创建。

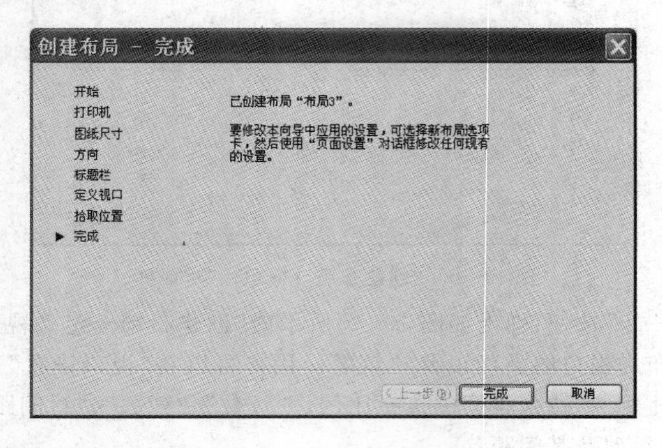

图 10－11 “创建布局—完成”对话框

3. 使用布局样板创建布局

用户还可根据已有的样板创建新布局，用布局样板可快速创建标准布局图。所谓布局样板就是一类包含特定尺寸、标题栏和浮动视口的文件。

用户可在菜单栏中选择“插入”→“布局”→“来自样板的布局”命令，或单击“布局”工具栏中的“来自样板的布局”按钮，系统将弹出如图 10－12 所示的“从文件选择样板”对话框。在该对话框的列表框中选择一种样板布局，然后单击“打开”按钮，弹出如图 10－13 所示的“插入布局”对话框。在该对话框的“布局名称”列表中选择一种布局，然后单击“确定”按钮即可完成布局的创建。

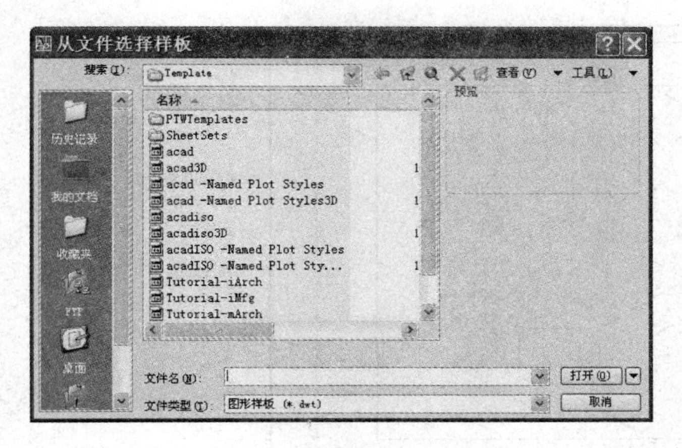

图 10-12　"从文件选择样板"对话框

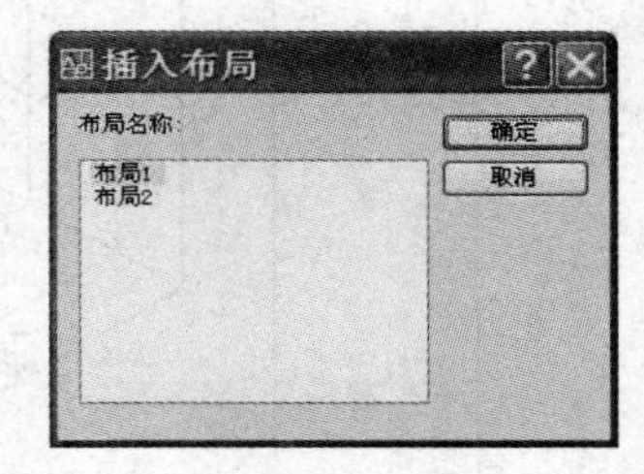

图 10-13　"插入布局"对话框

10.2.2　布局的管理

在当前文件创建好多个布局后，有时需要对其进行编辑操作，如删除、重命名、移动或复制和新建等操作。需要对布局进行编辑操作时，在该布局的标签上单击鼠标右键，系统弹出如图 10-14 所示的快捷菜单，在该菜单中选择相应的选项即可。

这些编辑命令的用法比较简单，在此不再赘述。

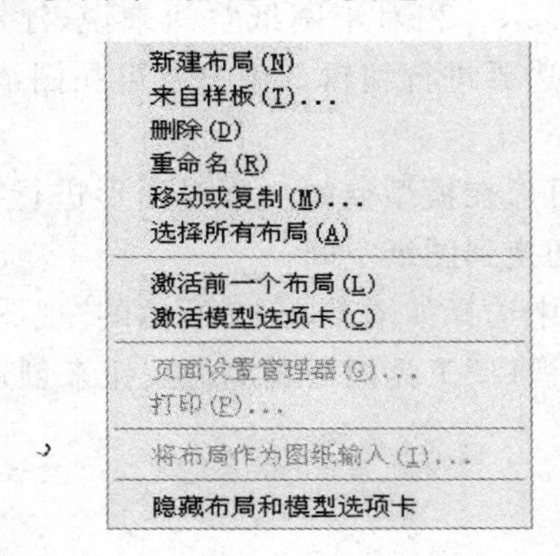

图 10-14　快捷菜单

10.2.3　布局的设置

布局是在打印图形时用来安排图形对象在纸张上的分布的，下面对布局的结构和相关参数的设置进行介绍。

1. 布局的结构

布局结构如图 10-15 所示。布局中各部分的功能如下。

(1)图纸边界：用来提示当前配置的图形尺寸。

(2)可打印区域边界：用来提示纸张的可打印区域。

(3)浮动视口边界：提示用于显示模型图形的浮动视口区域。

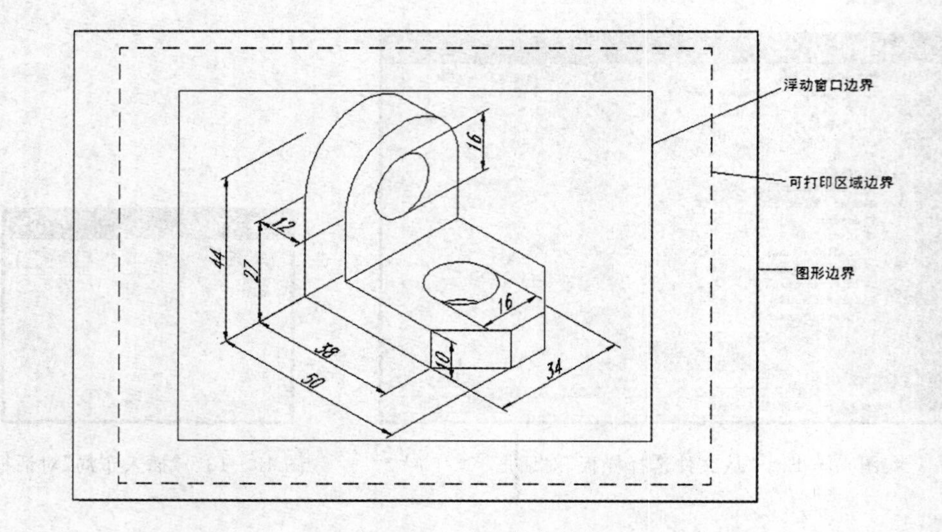

图 10-15　布局的结构

2. 浮动视口的特点与设置

浮动视口就是在布局图中浮动视口边界的内部，用来显示模型空间中的图形，是布局的一个非常重要的工具。

创建布局图时，系统会自动创建一个浮动视口，在该视口双击鼠标左键，可进入浮动模型空间，其边界线将以粗线显示。相对于图纸空间来说，浮动窗口是一个对象，因此，用户可在图纸空间对浮动窗口边界进行编辑。用户也可在图纸空间创建多个浮动视口，且各浮动视口之间可以重叠。

在浮动模型空间中，用户可像在模型空间一样对图形进行各种编辑。在浮动视口外双击鼠标，可从浮动模型空间切换到图纸空间。

用户可根据需要在菜单栏中选择如图 10-16 所示的"视图"→"视口"子菜单中的命令或单击如图 10-17 所示的"视口"工具栏中相应的按钮来创建符合要求的浮动视口。

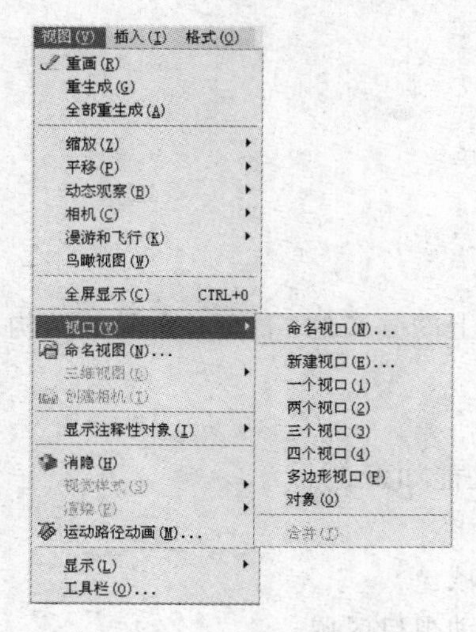

图 10-16　"视口"子菜单

图 10-17　"视口"工具栏

3. 布局参数的设置

布局参数包括图纸尺寸、可打印区域和浮动视口的大小、打印设备、打印样式表和打印比例等参数。

在菜单栏中选择“文件”→“页面设置管理器”命令，或单击“布局”工具栏中的“页面设置管理器”按钮，或在命令行中输入 pagesetup 命令，系统弹出如图 10－18 所示的“页面设置管理器”对话框。布局参数的设置需要在“页面设置管理器”对话框中完成，在该对话框中进行参数设置的具体操作步骤如下：

(1)激活要进行参数设置的布局，如激活“布局”，选择“页面设置管理器”命令，弹出“页面设置管理器”对话框。

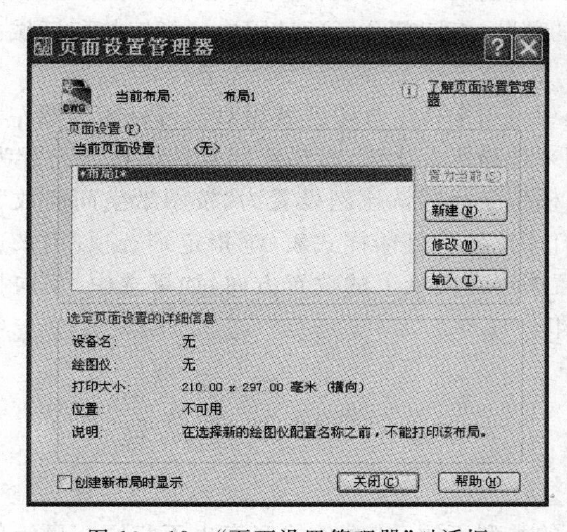

图 10－18 “页面设置管理器”对话框

(2)单击“页面设置管理器”对话框中的“修改”按钮，弹出如图 10－19 所示的“页面设置－布局 1”对话框。

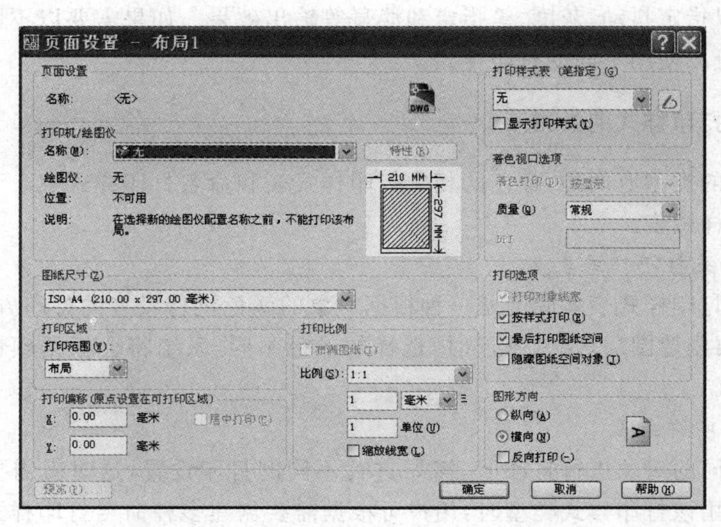

图 10－19 “页面设置－布局 1”对话框

(3)“页面设置－布局1”对话框中的“打印机/绘图仪”选项组,用来指定打印布局时使用已布置的打印设备,或单击“特性”按钮,系统弹出“绘图仪配置编辑器”对话框,从中可查看或修改当前绘图仪的配置、端口、设置和介质设置。

(4)在该对话框中的“图形尺寸”的下拉列表框中,设置所选打印设备的可用标准图纸尺寸。

(5)“打印范围”下拉列表框用来选择要打印的图形区域。有布局、范围、显示、窗口4种选择。“布局”选项用来表示打印“布局”选项卡中尺寸边界内的所有图形;“范围”选项用来打印包含对象的图形部分的当前空间,该空间内的所有几何图形都将被打印;“显示”选项用来打印选定的当前视口中的视图或布局中的当前图纸的空间视图;“窗口”选项用来打印指定图形的部分,打印部分可通过用鼠标指定打印区域的两个角点或输入点的坐标值来确定。

(6)“打印偏移”选项组用来指定打印区域相对于可打印区域左下角或图纸边界的偏移;“打印比例”选项用来选择所放比例,布局空间默认的比例设置为1:1,表示打印效果与局部视图完全一致;模型空间默认比例设置为“按图纸空间所放”,表示系统自动根据尺寸和图形尺寸调整打印比例;“打印样式表(笔指定)”选项:用来选择打印样式表;“图形空间”选项:用来设置图形在图纸上的放置方向,如果选中“反向打印(一)”复选框,表示将图形旋转180°打印。

10.3 打印样式表

图形输出时,对象的类型不同,其线条的宽度也不相同。尽管用户在绘图时已通过图层或对象的属性为对象设置线宽,如图形中的实线通常为粗线,辅助线通常为细线,但通过打印样式可进行更多地设置线条。在打印样式表中,用户可以指定端点、连接和填充样式,也可以指定抖动、灰度、笔指定和淡显等输出效果。如果需要以不同的方式打印同一图形,也可以使用不同的打印样式。

10.3.1 打印样式的类型

打印样式的类型有两种:颜色的相关打印样式表和命名打印样式表。下面将分别介绍这两种打印样式表。

1. 颜色相关打印样式表

所谓颜色打印样式表实际上是一种根据对象的颜色进行设置的打印方案,用户绘制图形时,通常要创建图层,绘制图形时,选择的颜色不同,系统将会根据颜色为其指定不同的打印样式。

2. 命名打印样式表

对颜色相同的对象进行打印时,需要进行不同的打印设置,这时就需要使用命名打印样式表。使用该打印样式类型时,用户可根据需要创建多种命名打印样式并将其指定打印对象,但在实际工作中,该种类型很少被使用。

10.3.2　创建、编辑和选择打印样式表

AutoCAD 图形打印时，选择一个合适的打印样式表非常重要，下面详细介绍打印样式表的创建、编辑和选择。

1. 创建打印样式表

创建打印样式表的步骤如下：

(1)在菜单栏中选择“工具”→“向导”→“添加打印样式表”命令，弹出如图 10－20 所示的“添加打印样式表”对话框。

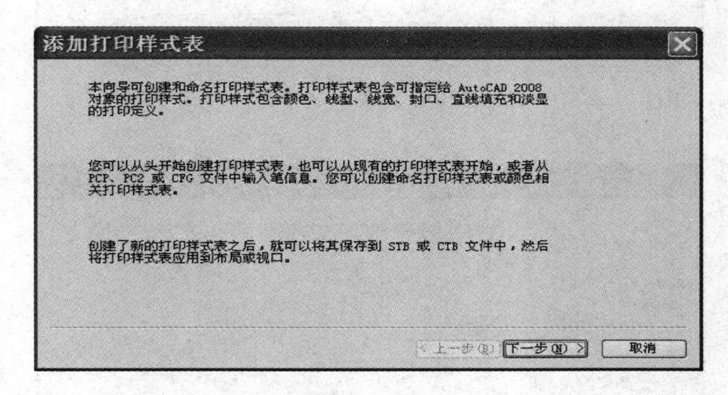

图 10－20　“添加打印样式表”对话框

(2)单击“下一步”按钮，系统弹出如图 10－21 所示的“添加打印样式表－开始”对话框。该对话框中有 4 个用于选择创建打印样式的单选按钮。其中“使用 R14 绘图仪配置”或“使用 PCP 或 PC2 文件”单选按钮用于输入笔表特性；“使用现有打印样式表”单选按钮表示新打印样式表的类型将与原来的打印样式表类型相同。

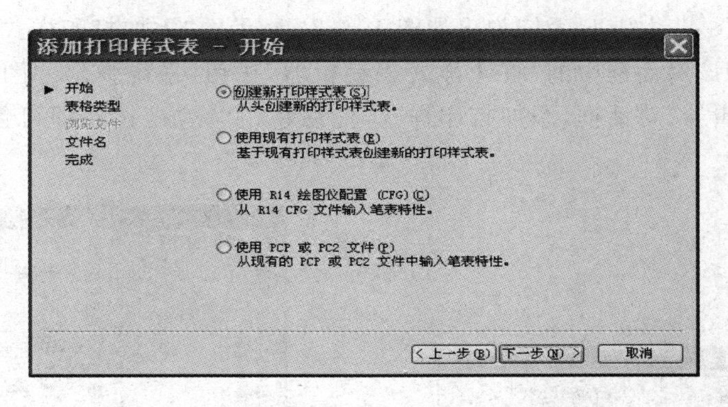

图 10－21　“添加打印样式表－开始”对话框

(3)单击“下一步”按钮，系统弹出如图 10－22 所示的“添加打印样式表－选择打印样式表”对话框，用于选择颜色相关打印样式表或命名打印样式表。

(4)单击“下一步”按钮，如果在“添加打印样式表－开始”对话框中选择“创建新打印样式表”选项，系统弹出如图 10－23 所示的“添加打印样式表－文件名”对话框；否则系统弹出“添加打印样式表－浏览文件名”对话框。

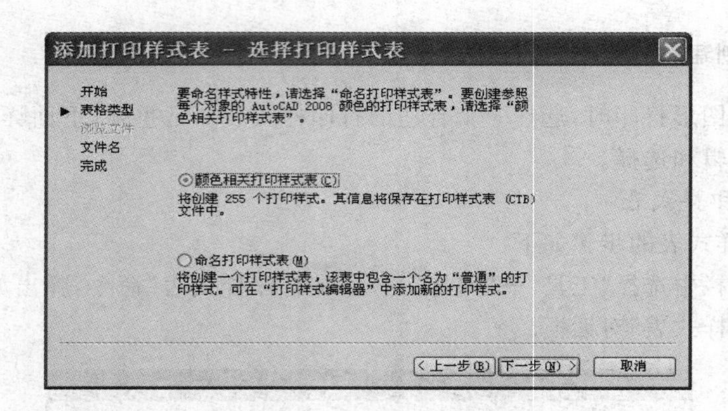

图 10－22 “添加打印样式表－选择打印样式表”对话框

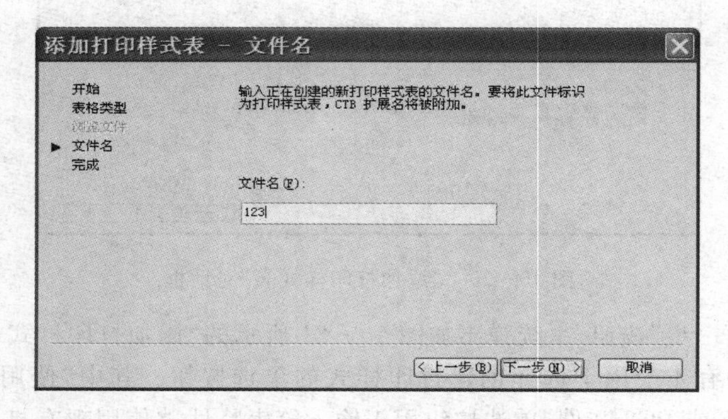

图 10－23 “添加打印样式表－文件名”对话框

(5)单击“下一步”按钮，系统弹出如图 10－24 所示的“添加打印样式表－完成”对话框。用户可单击该对话框中的“打印样式表编辑器”按钮，系统弹出如图 10－25 所示的“打印样式表编辑器”对话框，添加打印样式，然后单击“完成”按钮即可创建打印样式表文件。

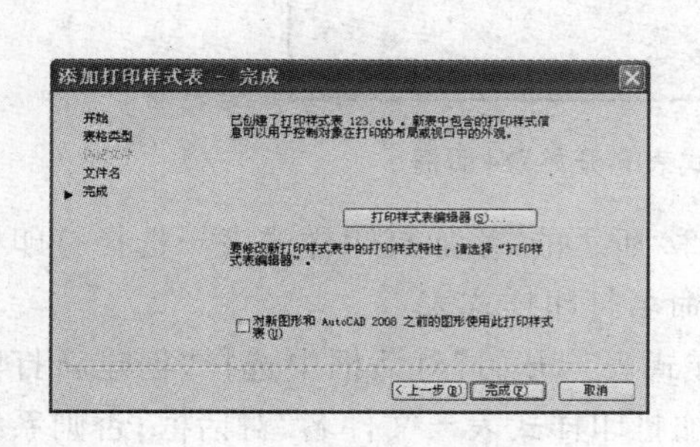

图 10－16 “视口”子菜单

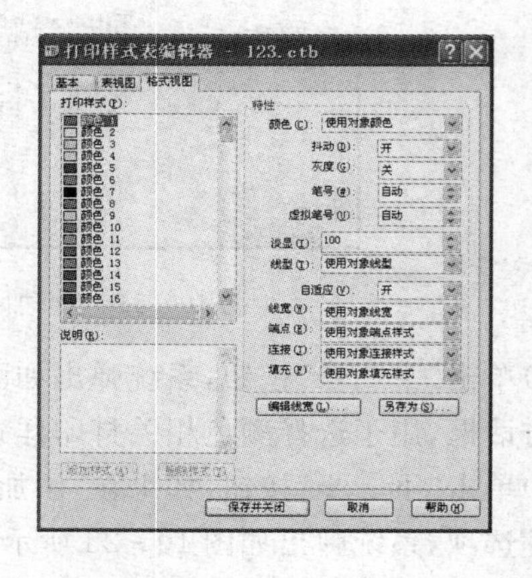

图 10－25 “打印样式表编辑器”对话框

2. 编辑打印样式表

打印样式表创建好后将以文件形式被保存，可通过“打印样式表编辑器”对其设置进行修改，具体操作步骤如下：

(1)在菜单栏中选择“文件”→“打印样式管理器”命令，系统弹出已保存的打印样式表文件所在的窗口，如图 10－26 所示。

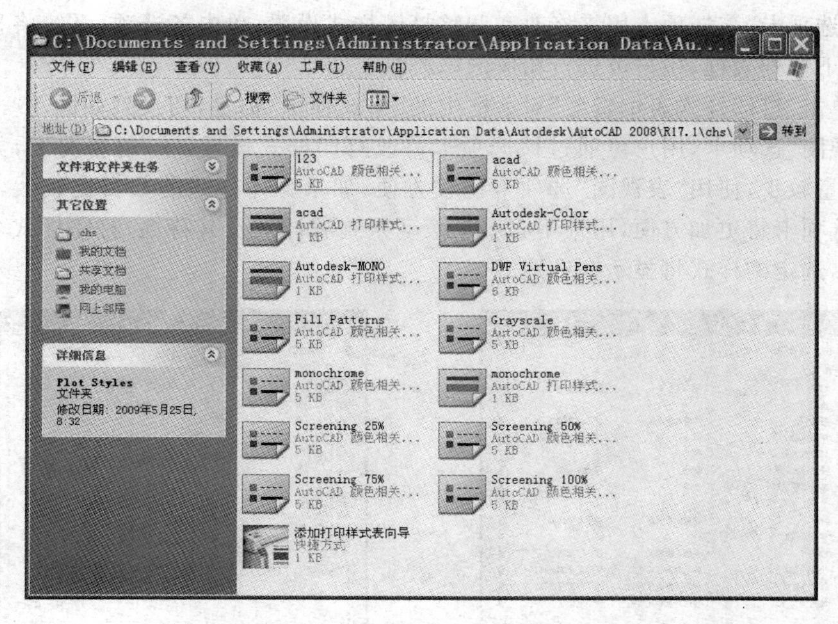

图 10－26　保存打印样式表文件窗口

(2)用鼠标双击要进行编辑的打印样式表文件，系统弹出如图 10－27 所示的“打印样式表编辑器”对话框。该对话框中有“基本”、“表视图”和“格式视图”3 个选项卡。

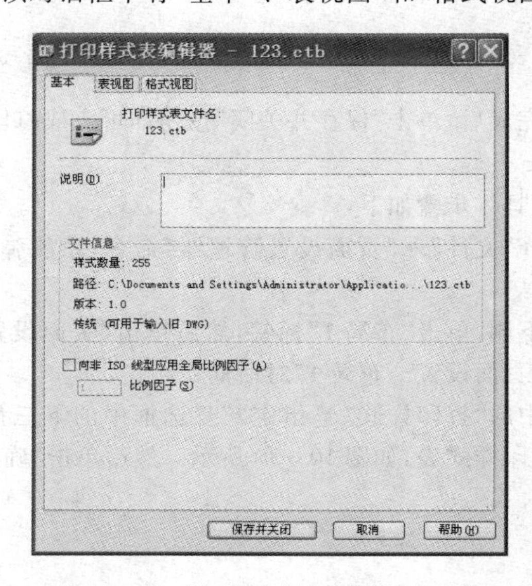

图 10－27　“打印样式表编辑器”对话框

(3)单击“打印样式表编辑器”对话框中的“基本”标签，切换到“基本”选项卡，该选项卡中的“说明”文本框用于修改打印样式表的说明信息；“向非 ISO 线型应用全局比例因子”复选框可按比例因子缩放由该打印样式表控制的对象打印样式中的所有非 ISO 线型和填充图案。

(4)单击“打印样式表编辑器”对话框中的“表视图”标签，切换到如图 10－28 所示的“表视图”选项卡，该选项卡用来修改和调整打印样式设置，单击各选项，系统将显示相应的文本或下拉列表框，用户可进行相应的修改。

(5)单击“打印样式表编辑器”对话框中的“格式视图”标签，切换到如图 10－29 所示的“格式视图”选项卡，用户可通过该选项卡修改打印样式设置。一般情况下，如果打印样式的数量较少，使用“表视图”选项卡比较方便；如果打印样式的数目比较大，使用“格式视图”选项卡将更加方便，用户不必水平滚动来查看样式及其特性，打印样式名列在选项卡左边，选定的样式将显示在右边。

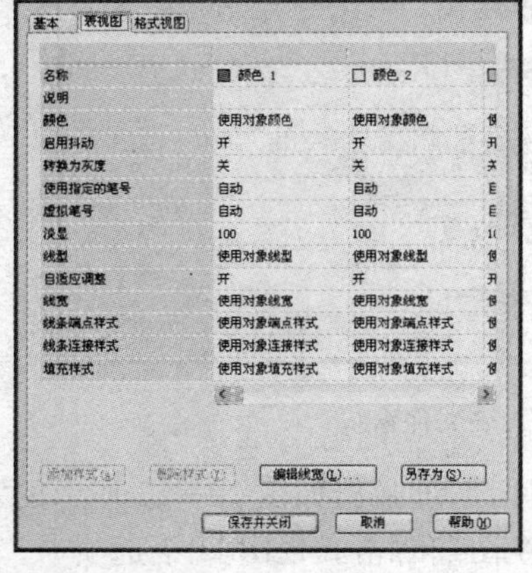
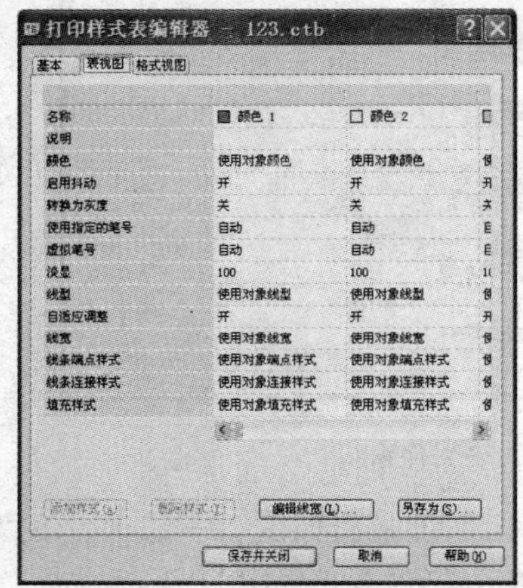

图 10－28 “表视图”选项卡

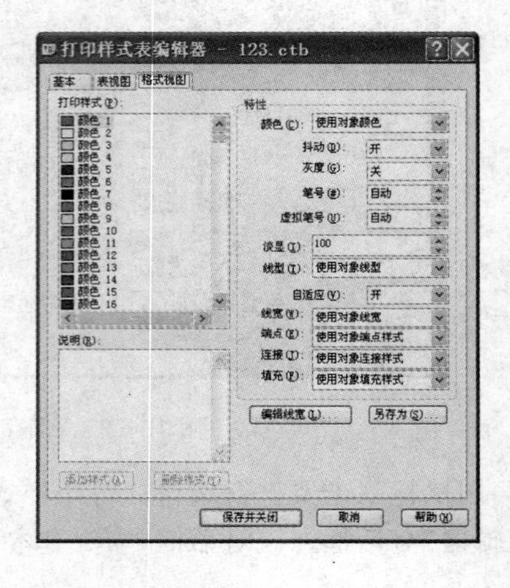

图 10－29 “格式视图”选项卡

(6)打印样式设置完成后，单击“保存并关闭”按钮即可完成打印样式表的编辑。

3. 选择打印样式表

选择打印样式表的具体步骤如下：

(1)在菜单栏中选择“文件”→“页面设置管理器”命令，系统弹出“页面设置管理器”对话框。

(2)在绘图区的左下侧，单击“布局 1”标签，然后单击“页面设置管理器”对话框中的“修改”按钮，系统弹出“页面设置－布局 1”对话框。

(3)单击该对话框中的“打印样式(笔指定)”复选框中的下三角按钮，在弹出的下拉列表框中选择合适的打印样式表，如图 10－30 所示。然后单击“确定”按钮即可完成打印样式表的选择。

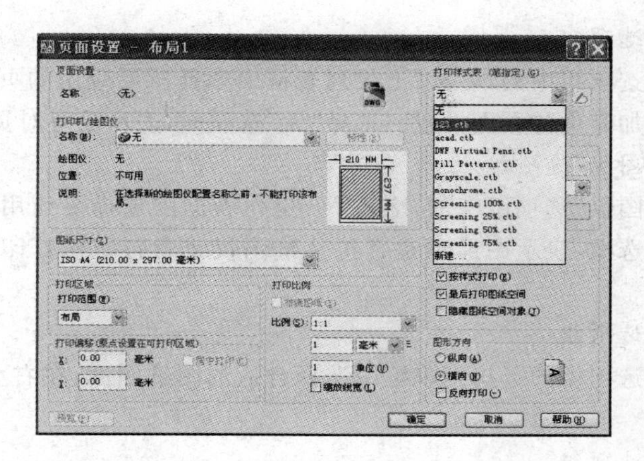

图 10－30　“页面设置－布局 1”对话框

10.4　打印输出

在有打印机和适当的打印纸的情况下，打印的布局和样式设置完成后，就可以对图形进行打印。

10.4.1　图形的打印

在菜单栏中选择“文件”→“打印”命令，或单击“标准”工具栏中的“打印”按钮，或在命令行输入 plot 命令，系统弹出如图 10－31 所示的“打印”对话框。在该对话框中可以对打印的一些参数进行设置。

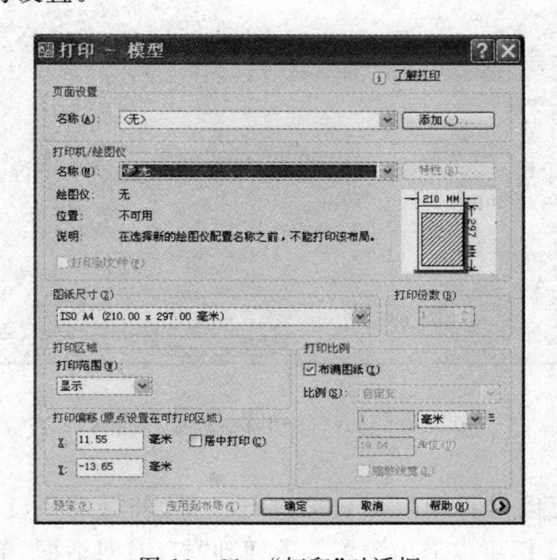

图 10－31　“打印”对话框

1."页面设置"选项组

在"页面设置"选项组中的"名称"下拉列表框中选择所要应用的页面设置名称，然后单击"添加"按钮添加其他的页面设置。选择"无"选项时，表示没有对页面进行设置。

2."打印机/绘图仪"选项组

在"打印机/绘图仪"选项组中的"名称"下拉列表框中选择要使用的绘图仪，然后选中"打印到文件"复选框，表示图形不是直接从绘图仪或者打印机打印，而是输出到文件后再打印。

3."图纸尺寸"选项组

在"图纸尺寸"选项组的下拉列表框中选择合适的图纸幅面，在右上角预览图纸幅面的大小。

4."打印区域"选项组

在"打印区域"选项组中，用户可通过布局、窗口、范围和显示 4 种方法来确定打印范围。该选项组 4 种选项的含义与页面设置中图形区域打印设置类似，在此不再赘述。

5."打印比例"选项组

在"打印比例"选项组中，选中"布满图纸"复选框后，其他选项均显示为灰色，表示不能更改；清除该复选框后，用户可对比例进行设置。

单击"打印"对话框右下角的⊗按钮，展开如图 10－32 所示"打印"对话框。在展开部分，用户可在"打印样式表"选项组的下拉列表框中选择合适的打印样式表，在"图形方向"选项组中可以选择图形打印的方向和文字的位置，如果选中"反向打印"复选框，则打印内容将会反向。

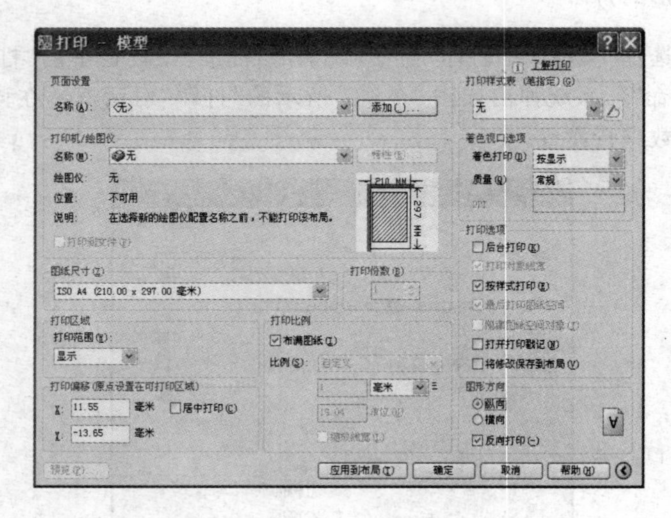

图 10－32 "打印"对话框展开部分

单击"预览"按钮可以对打印图形效果进行预览，若对某些设置不满意可以返回修改。在预览中，按 Enter 键可以退出预览并返回到"打印"对话框，单击"确定"按钮进行打印即可。

10.4.2　电子打印

电子打印可以生成针对打印或查看而优化的电子图形文件，所创建的文件以 Web 图形格式(DWF)存储，该格式支持实时平移和缩放，以及图层和命名视图的显示。

执行电子打印时，需要为打印的 .DWF 文件指定或修改装置，具体操作步骤如下：

(1)在“打印”对话框中的“打印机/绘图仪”选项组中的“名称”下拉列表框中选择 DWF 打印设备，然后单击“特性”按钮，系统弹出如图 10－33 所示的“绘图仪配置编辑器”对话框。

(2)在“绘图仪配置编辑器”对话框中的“设备和文档设置”选项卡中，选择“自定义特性”选项，在“访问自定义对话框”选项区中单击［自定义特性(C)...］按钮，系统弹出如图 10－34 所示的“DWF6 电子打印特性”对话框。

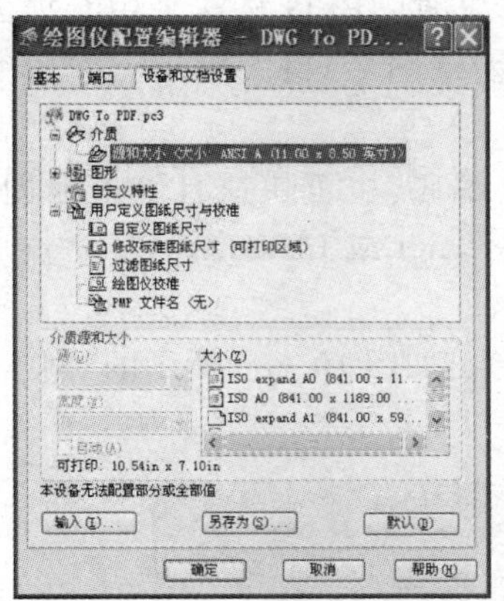

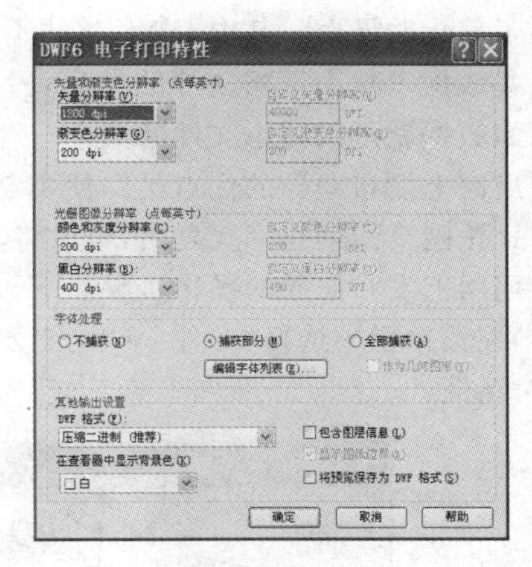

图 10－33　“绘图仪配置编辑器”对话框　　　　图 10－34　“DwF6 电子打印特性”对话框

(3)在“DWF6 电子打印特性”对话框中的“其他输出设置”选项组中，选中“将预览保存为 DWF 格式”复选框，然后单击“确定”按钮，返回到“绘图仪配置编辑器”对话框中，单击“确定”按钮，系统弹出如图 10－35 所示的“修改打印机配置文件”对话框。

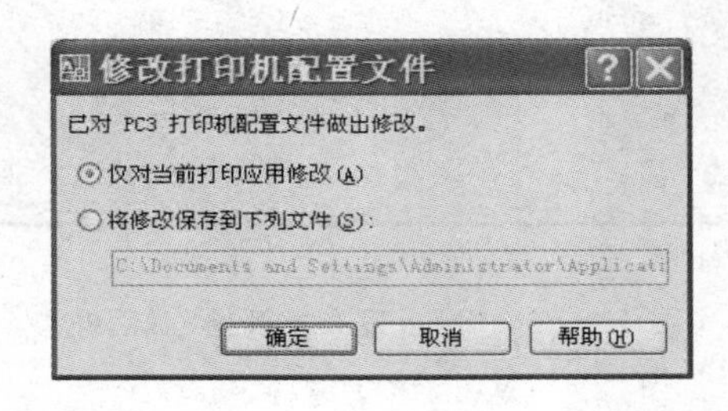

图 10－35　“修改打印机配置文件”对话框

(4)在“修改打印配置文件”对话框中，选中“仅对当前打印应用修改”单选按钮，用来指定配置设置仅作用在当前打印，用户也可选中“将修改保存到下列文件”单选按钮，以将配置修改保存到 DWF 配置。

(5)单击“确定”按钮，即可进行电子打印。

10.4.3 批处理打印

批处理打印就是创建一批要打印的图形的列表，不需要额外的用户干涉来打印列表中的图形。用户可以指定每个图形的打印布局，也可使用已有图形的页面设置、打印设备和图层来替换当前图形中的这些设置。

10.5 Web 页的创建

网上发布向导为创建包含 AutoCAD 图形的 DWF、JPEG 或 PNG 图像的格式化网页提供了简化的界面。其中 DWF 格式不会压缩图形文件；JPEG 格式采用有损压缩，即丢弃一些数据以减小压缩文件的大小；PNG(便携式网络图形)格式采用无损压缩，即不丢失原始数据就可以减小文件的大小。

使用网上发布向导的优点是即使不熟悉 HTML 编码，也可快速且轻松地创建出精彩的格式化网页。创建网页之后，可以将其发布到 Internet 或 Intxanet 上。

使用网上发布向导的操作步骤如下。

(1)在菜单栏中选择"文件"→"网上发布"命令，弹出如图 10-36 所示的"网上发布一开始"对话框。

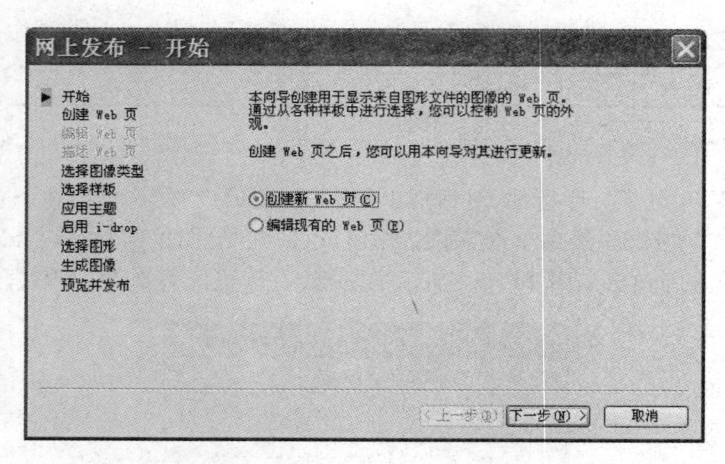

图 10-36 "网上发布一开始"对话框

(2)在"网上发布一开始"对话框中选中"创建新 Web 页"单选按钮。

(3)单击"下一步"按钮，系统弹出如图 10-37 所示的"网上发布一创建 Web 页"对话框。在该对话框"指定 Web 页的名称"文本框中输入 Web 文件名称，在"指定文件系统中 Web 页文件夹的上级目录"中设置文件的保存位置，在"提供显示在 Web 页上的说明"文本框中输入说明。

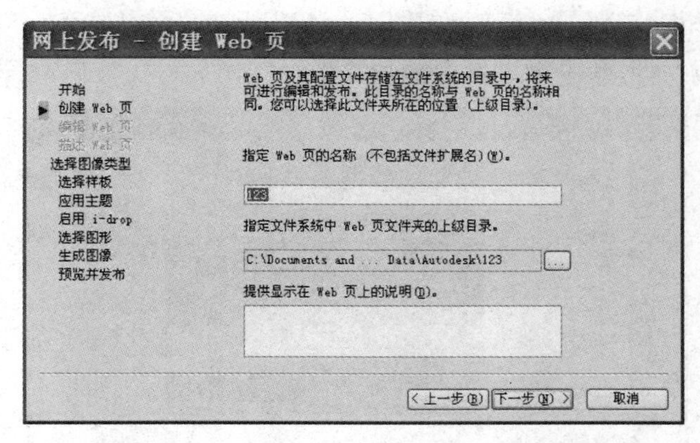

图 10 - 37　“网上发布—创建 Web 页”对话框

(4)单击“下一步”按钮，系统弹出如图 10 - 38 所示的“网上发布—选择图像类型”对话框。在该对话框中选择一种图像类型，包括 DWF、JPEG 和 PNG 共 3 种格式；选择图像大小，包括小、中、大、极大 4 种大小，这里选择 DWF。

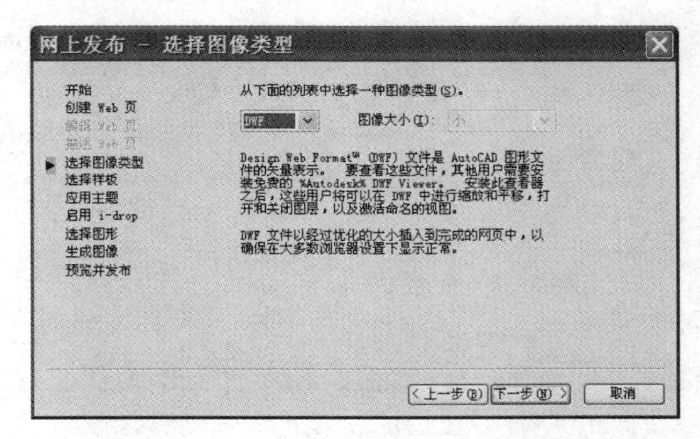

图 10 - 38　“网上发布—选择图像类型”对话框

(5)单击“下一步”按钮，系统弹出如图 10 - 39 所示的“网上发布—选择样板”对话框，选择 4 种样板中的一种，在右侧可以预览其基本样式。

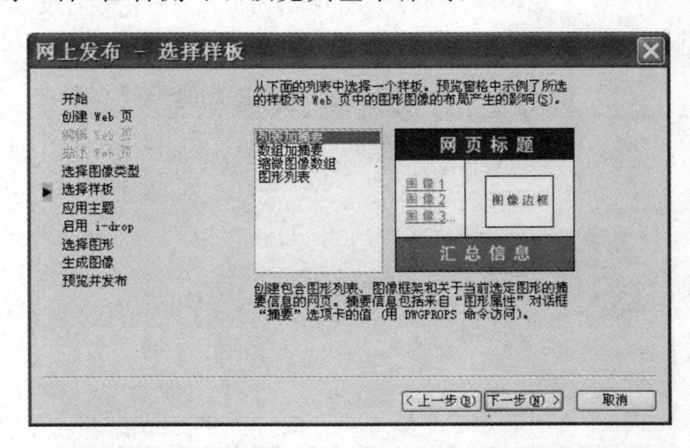

图 10 - 39　“网上发布—选择样板”对话框

(6)单击“下一步”按钮,系统弹出如图 10－40 所示的“网上发布－应用主题”对话框,选择 7 种主题中的一种,在下侧可以预览其效果。

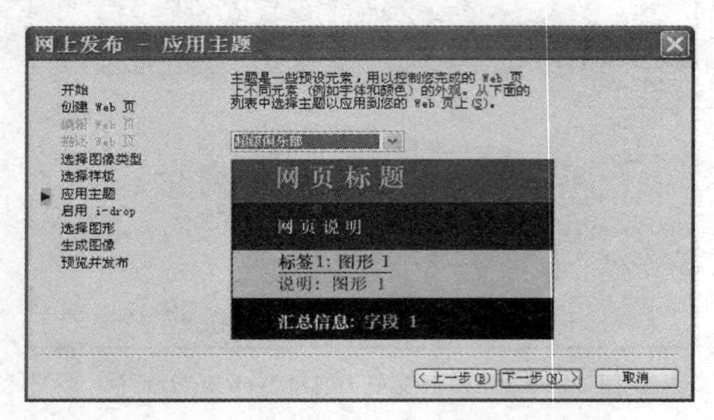

图 10－40 “网上发布－应用主题”对话框

(7)单击“下一步”按钮,系统弹出如图 10－41 所示的“网上发布－启用 i－drop”对话框。为了方便他人使用创作的 AutoCAD 文件,建议选中“启用 i－drop”复选框。

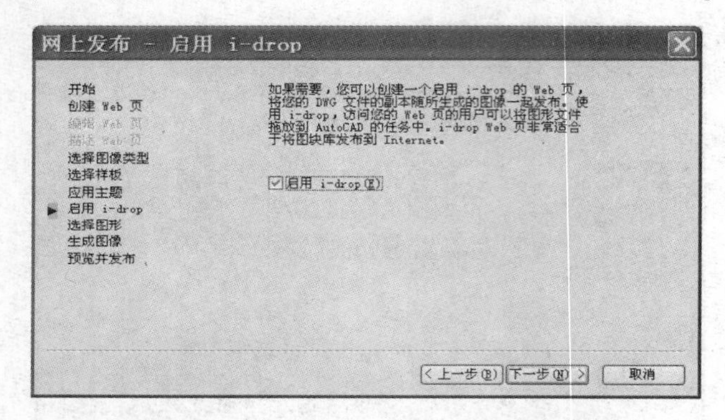

图 10－41 “网上发布－启用 i－drop”对话框

(8)单击“下一步”按钮,系统弹出“网上发布－选择图形”对话框,在“图形”下拉列表框中可以选择需要发布的图形文件,或者单击口按钮打开“网上发布－选择图形”对舌框。从该对话框中选择需要发布的图形对象,单击“添加”按钮将需要生成的图像添加到右侧的图像列表中,如图 10－42 所示。

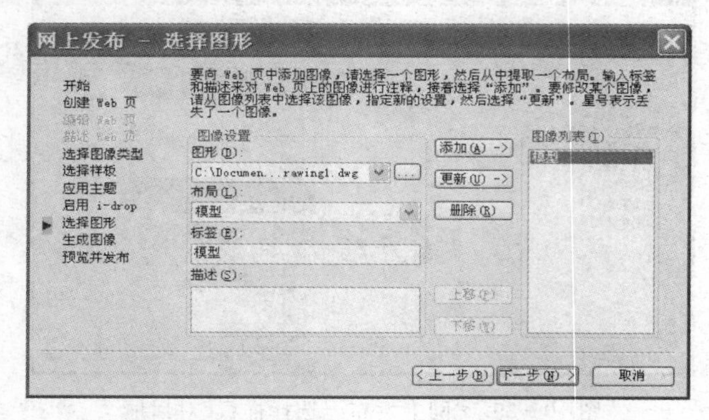

图 10－42 “网上发布－选择图形”对话框

(9)单击“下一步”按钮，系统弹出如图 10－43 所示的“网上发布－生成图像”对话框，选择生成图像的方式。

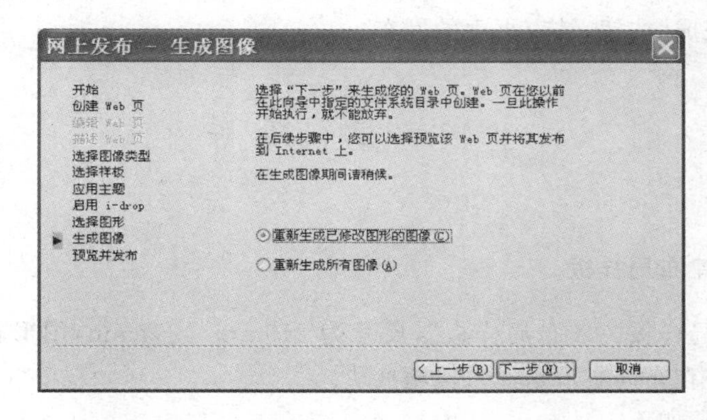

图 10－43　“网上发布－生成图像”对话框

(10)单击“下一步”按钮，系统弹出如图 10－44 所示的“网上发布－预览并发布”对话框。

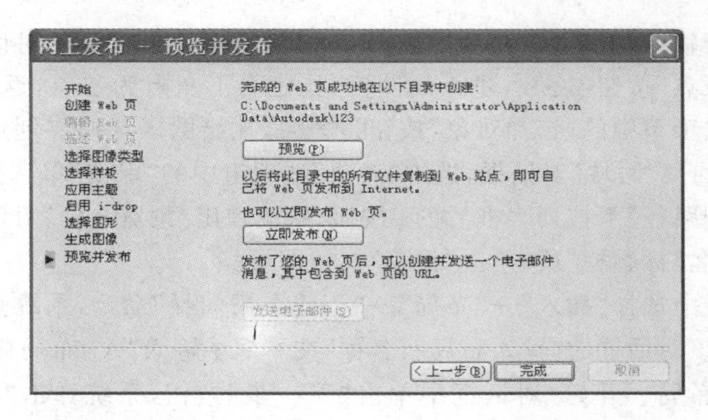

图 10－44　“网上发布－预览并发布”对话框

(11)单击“预览”按钮，在 Internet Explorer 中预览 Web 页效果，如图 10－45 所示。

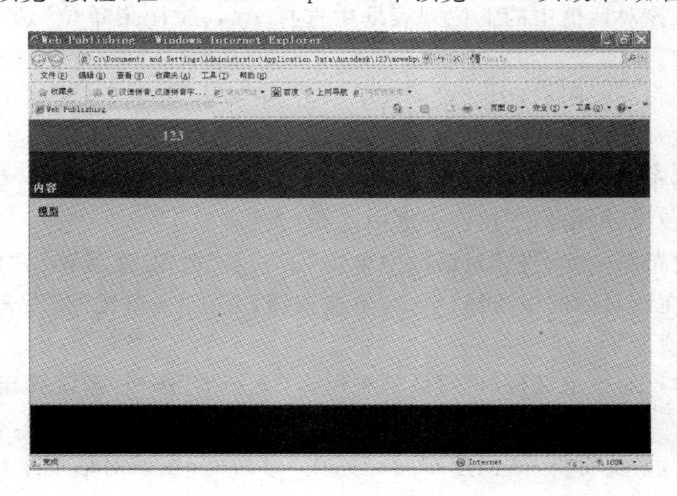

图 10－45　预览 Web 页

(12)单击“立即发布”按钮,打开“发布 Web”对话框,发布 Web 页,通过“发送电子邮件”按钮创建、发送包括 URL 及其位置等信息邮件。

(13)单击“完成”按钮,结束页面的发布。

10.6 实例分析

10.6.1 创建布局样板

创建一个布局样板“A4 布局样板”,尺寸为 210mm×297mm,图形在图纸上的方向设置为“横向”,并在布局右下角插入标题栏块。

具体操作步骤如下:

(1)制作标题栏(标题栏的绘制在本书配套的习题上机实训一已详细介绍,在此不再赘述)。

(2)在命令行输入 wblock. 命令后按 Enter 键,系统弹出“写块”对话框,单击“基点”选项组中的“拾取点”按钮拾取点(K),进入绘图区,指定右下角点为基点,返回到“写块”对话框,单击“对象”选项组中的“选择对象”按钮选择对象(T),在绘图区选择要创建为块的对象,然后按 Enter 键返回到“写块”对话框,选中“对象”选项组中的“保留”单选按钮,单击“目标”选项组“文件名和路径”下拉列表框后的按钮,系统弹出“浏览文件”对话框,选择要保存的路径以及文件名“标题栏”后,单击“保存”按钮即可。

(3)在菜单栏中选择“插入”→“布局”→“创建布局向导”命令,系统弹出“创建布局一开始”对话框,在该对话框的“输入布局新名称”文本框中输入“A4 布局样板”。

(4)在“创建布局一开始”对话框中单击“下一步”按钮,系统弹出“创建布局一打印机”对话框,在该对话框中选择打印机类型,此处采用系统默认设置。

(5)在“创建布局一打印机”对话框中单击“下一步”按钮,系统弹出“创建布局一图纸尺寸”对话框,在该对话框中的下拉列表框中选择 A4,在“图形单位”选项区中默认系统设置的图形单位。

(6)在“创建布局一图形尺寸”对话框中单击“下一步”按钮,系统弹出“创建布局一方向”对话框,在该对话框中选中“纵向”单选按钮。

(7)在“创建布局一方向”对话框中单击“下一步”按钮,系统弹出“创建布局一标题栏”对话框,在该对话框中的下拉列表框中选择“无”。

(8)在“创建布局一标题栏”对话框中单击“下一步”按钮,系统弹出“创建布局一定义视口”对话框。在该对话框中选择“单个”单选按钮,并在“视口比例”列表框中选择“按图纸空间缩放”选项。

(9)在“创建布局一定义视口”对话框中单击“下一步”按钮,系统弹出“创建布局一拾取位置”对话框。在该对话框中单击“选择位置”按钮,将进入图纸空间,在图纸空间指定视口的两个角点,系统将打开“创建布局一完成”对话框,在该对话框中单击“完成”按钮即可,效果如图 10-46 所示。

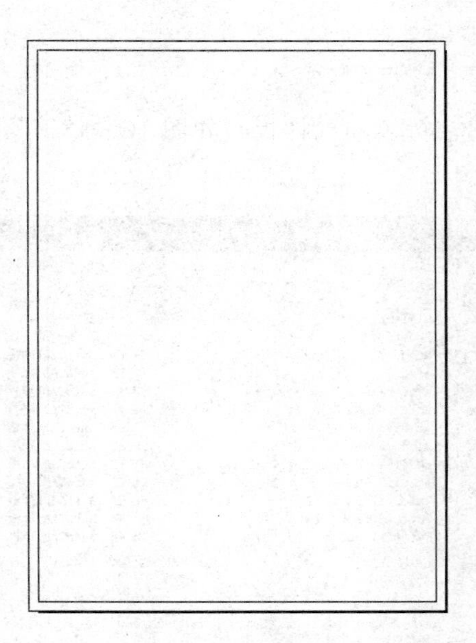

图 10－46　创建的布局

(10)在菜单栏中选择“插入”→“块”命令，系统弹出“插入”对话框，在“名称”下拉列表框中选择“标题栏”选项，在“插入点”选项区中选中“在屏幕上指定”复选框，其他默认系统设置。然后单击“确定”按钮，在绘图区指定视口的右下角点作为“标题栏”块的插入位置，效果如图 10－47 所示。

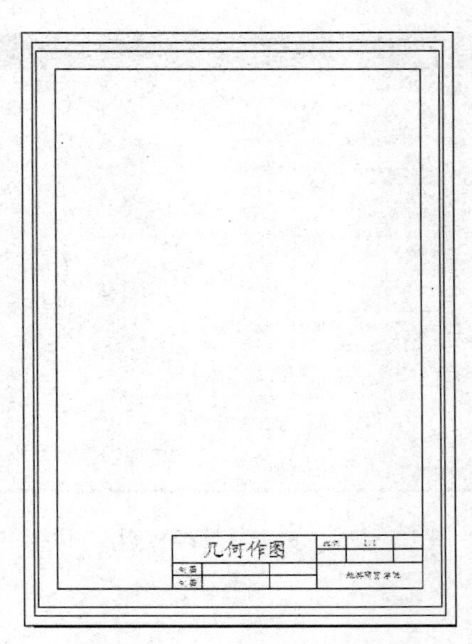

图 10－47　定义好的 A4 布局样板

(11)在命令行中输入 layout 命令，命令行提示如下：

命令：layout

输入布局选项[复制(C)/删除(D)/新建(N)/样板(T)/重命名(R)/另存为(SA)/设置(S)/?]<设置

>:sa

输入要保存到样板的布局<A4 布局样板>:

按 Enter 键，输入文件名(A4 布局样板)，如图 10－48 所示，再单击保存按钮对其进行保存。

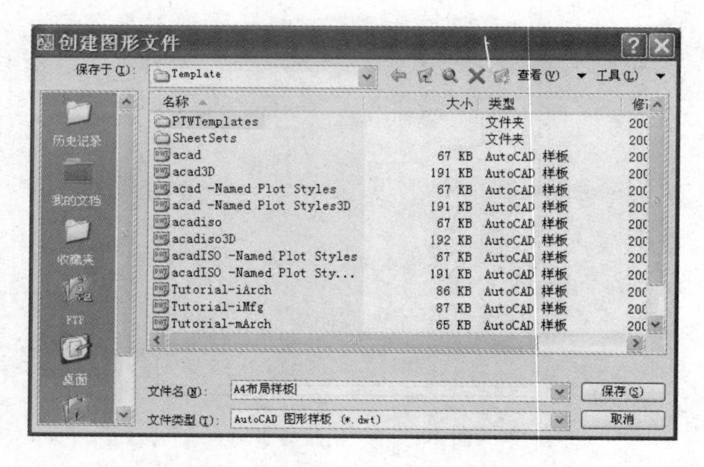

图 10－48　保存创建的布局样板

用户可在菜单栏中选择“插入”→“布局”→“来自样板的布局”命令，系统弹出“从文件选择样板”对话框，如图 10－49 所示。从该对话框的下拉列表中可以看到刚创建的“A4 布局样板”。

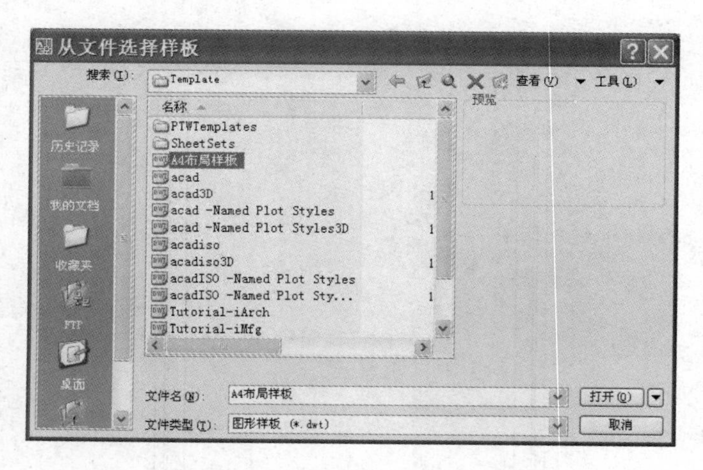

图 10－49　“从文件选择样板”对话框

10.6.2　图形的打印

打印第九章所绘制的图 9－43 所示的轴零件，具体操作步骤如下：

(1)单击“标准”工具栏中的“打开”按钮，打开随书光盘中的“图形源文件”→“轴类零件图”作为当前文件，效果如图 7－70 所示。

(2)单击绘图区下方的 布局1 标签，进入“布局 1”图纸空间，此时系统自动新开一个视图，如图 10－50 所示。

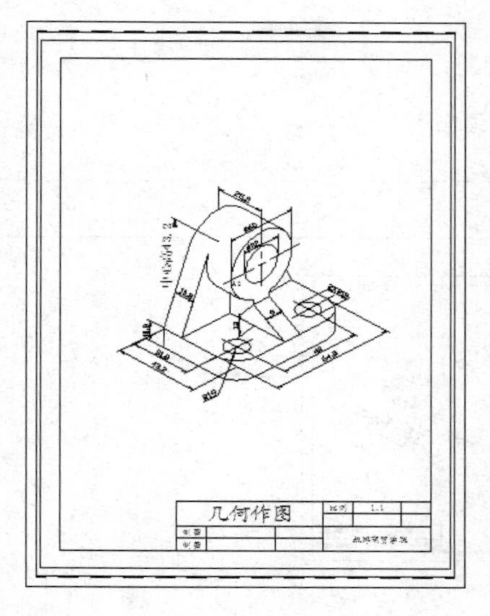

图 10－50　“布局 1”视图

(3)在菜单栏中选择“文件”→“页面设置管理器”命令，系统弹出“页面设置管理器”对话框，单击“页面设置管理器”对话框中的“修改”按钮，系统弹出“页面设置—布局 1”对话框。

(4)在“页面设置一布局 1”对话框中设置打印机设备、当前打印的图纸尺寸、打印区域、打印比例、打印样式表和图形方向等各种参数，如图 10－51 所示。然后单击“确定”按钮，系统返回到“页面设置管理器”对话框，单击“关闭”按钮即可完成页面的设置。

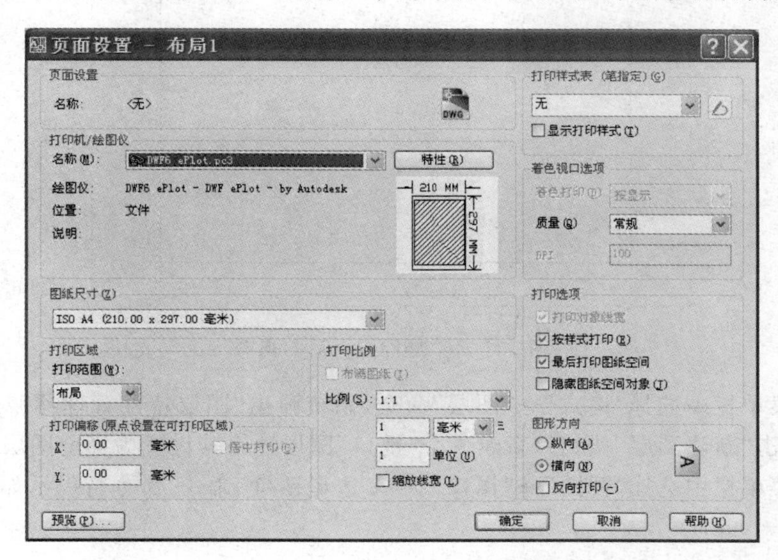

图 10－51　设置页面设置参数

(5)在“二维绘图”面板中单击“删除”按钮，删除系统自动创建的浮动视图，命令行提示如下：

命令：_erase

选择对象:找到 1 个

选择对象:按 Enter 键,结束命令

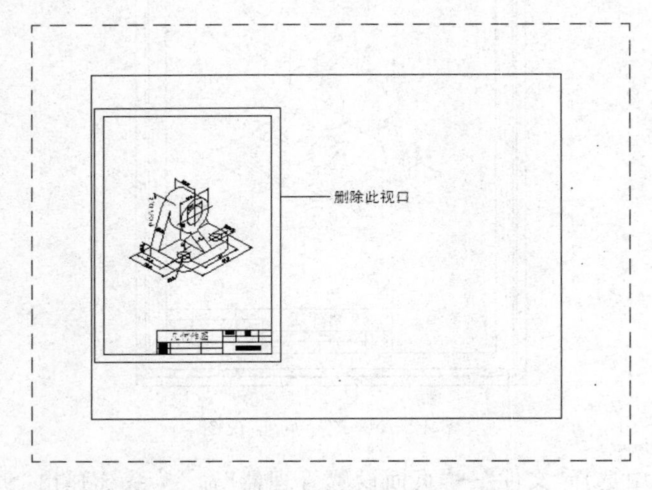

图 10－52　删除视口操作

图 10－53　删除视口后的视图

(6)在菜单栏中选择“格式”→“图层”命令,系统弹出“图层特性管理器”对话框,在该对话框中单击“新建图层”按钮,新建一个“视口”图层并将其设置为当前图层。

(7)在菜单栏中选择“视图”→“视口”→“多边形视口”命令,命令行提示如下：

命令：_－vports

指定视口的角点或[开(ON)/关(OFF)/布满(F)/着色打印(S)/锁定(L)/对象(O)/多边形(P)/恢复(R)/图层(LA)/2/3/4]

＜布满＞:_p

指定起点:第一点
指定下一个点或[圆弧(A)/长度(L)/放弃(U)]:第二点
指定下一个点或[圆弧(A)/闭合(C)/长度(L)/放弃(U)]:第三点
指定下一个点或[圆弧(A)/闭合(C)/长度(L)/放弃(U)]:第四点
指定下一个点或[圆弧(A)/闭合(C)/长度(L)/放弃(U)]:按 Enter 键,结束命令
正在重生成模型。

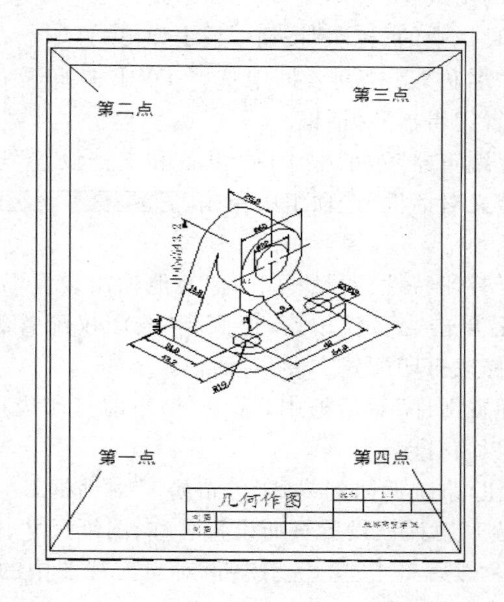

图 10－54　新开多边形视图操作

(8)单击状态栏中的按钮,激活多边形视图,此时当前的浮动视图边框线变为粗线状态,如图 10－55 所示,此时可对视图内的图形进行编辑。

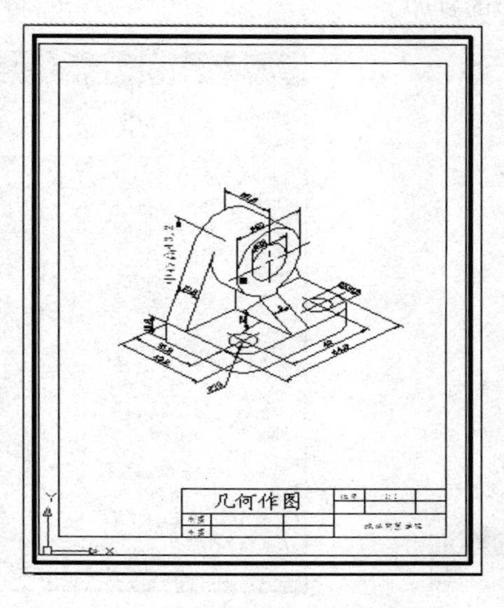

图 10－55　激活浮动视图操作

(9)综合使用“缩放”和“平移”等视图调整工具,大致调整图形的显示大小和位置。

(10)在任一面板上单击鼠标右键,在弹出的快捷菜单中选择“视口”工具栏,系统弹出“视口”工具栏,单击“视口缩放控制”按钮,,将图形出图比例设置为 1∶1,如图 10-56 所示。

(11)单击状态栏中的模型按钮,返回图纸空间,并关闭“视口”图层,到此为止,一张确定了比例并调整好位置的图纸在“布局 1”中设置完成。

(12)单击“标准”工具栏中的“打印”按钮,系统弹出“打印－布局 1”对话框,在“打印机/绘图仪”选项组中的“名称”下拉列表框中选择 DWF 打印设备。然后单击“特性”按钮,系统弹出“绘图仪配置编辑器”对话框。

(13)在“绘图仪配置编辑器”对话框中的“设备和文档设置”选项卡中,选择“自定义特性选项”,在“访问自定义对话框”选项组中单击自定义特性(C)...按钮,系统弹出“DWF6 电子打印特性”对话框。

(14)在“DWF6 电子打印特性”对话框中的“其他输出设置”选项组中,选中“将预览保存为 DWF 格式”,然后单击“确定”按钮,返回到“绘图仪配置编辑器”对话框中,单击“确定”按钮,系统弹出“修改打印配置文件”对话框。

(15)在“修改打印配置文件”对话框中,选中“仅当前打印应用修改”单选按钮,用来指定配置设置仅作用在当前打印。

(16)单击“确定”按钮,系统返回到“打印－布局 1”对话框。

(17)在“打印－布局 1”对话框设置页面设置名称、图纸尺寸、打印区域和打印比例等参数,如图 10-57 所示。然后单击预览(P)...按钮,对当前视图中的图形进行打印预览,效果如图 10-58 所示。

(18)如果此时打印机处于开机状态,用户可单击“预览”快捷菜单中的“打印”按钮,系统弹出“浏览打印文件”对话框。在该对话框中设置文件保存路径和文件名,单击“保存”按钮,即可完成对图形的打印。

图 10-56 调整比例

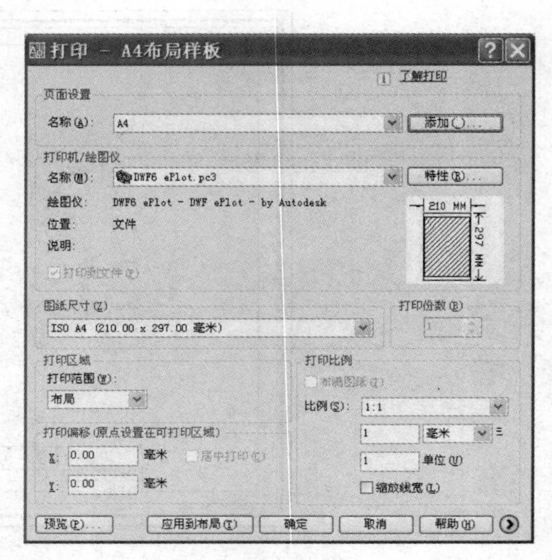

图 10-57 设置打印参数

小　结

使用 AutoCAD 绘制工程图最终要打印成图纸，以方便用户使用。本章主要介绍了布局的相关知识、打印样式表的创建、编辑及选择、图形打印输出的设置以及如何创建 Web 页。通过本章的学习，希望读者能够学会将自己绘制和创建的工程图纸反映在实际的图纸上，并能够学会与他人共享。

习　题

一、简答题

1. 输出图形的目的是什么？
2. 出图样式有什么用途？
3. 图形布局的作用是什么？
4. 有哪两种出图样式？
5. 模型空间和图纸空间的作用是什么？
6. 图纸集有什么用途和优点？
7. 视口有什么用途？
8. 如何创建布局？用向导创建布局的步骤有哪些？
9. 如何将图形进行打印输出？

二、操作题

如图习题 10－1 所示，把该图形的所有内容使用 A3 图纸横向居中打印，并使图形布满图纸，最后把该图形的打印设置保存。

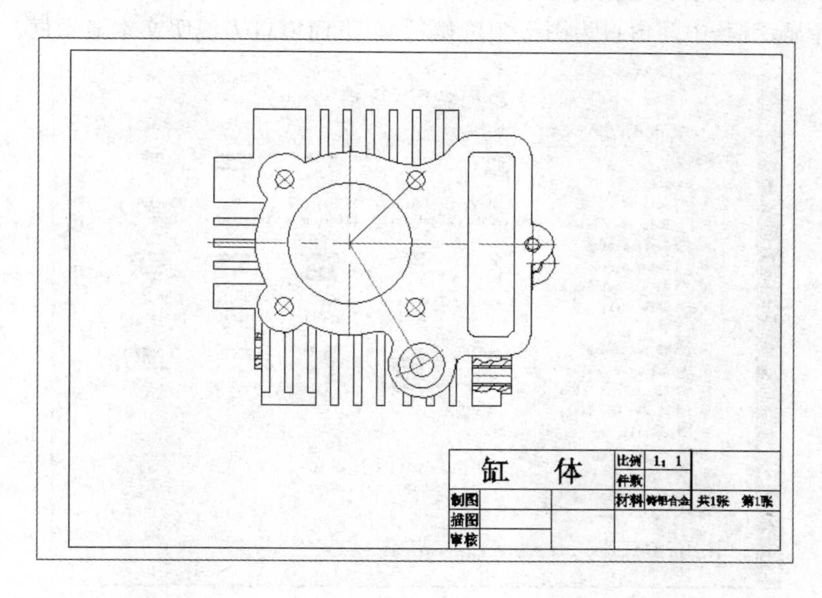

习题 10－1

第 11 章　设计中心与工具选项板

对一个绘图项目来讲，重用和分享设计内容，是管理一个绘图项目的基础，用 Auto-CAD2008 设计中心可以管理块、外部参照、渲染的图像以及其他设计资源文件的内容。

此 AutoCAD 2008 设计中心提供了观察和重用设计内容的强大工具，用它可以浏览系统内部的资源，还可以从 Internet 上下载有关内容。

11.1　观察设计信息

使用 AutoCAD 设计中心可以很容易地组织设计内容，并把它们拖动到自己的图形中。可以使用 AutoCAD 设计中心窗口的内容显示框，来观察用 AutoCAD 设计中心的资源管理器所浏览资源的细目，如图 11－1 所示。在图 11－1 中，左边方框为 AutoCAD 设计中心的资源管理器，右边方框为 AutoCAD 设计中心窗口的内容显示框。其中上面窗口为文件显示框，中间窗口为图形预览显示框，下面窗口为说明文本显示框。

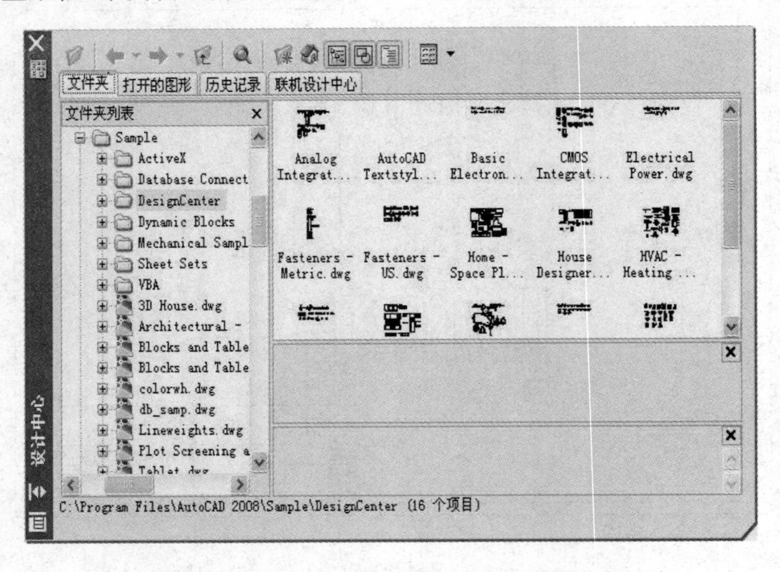

图 11－1　AutoCAD 设计中心的资源管理器和内容显示区

11.1.1　启动设计中心

1. 执行方式

命令：ADCENTER

菜单：工具→设计中心

工具栏：标准—设计中心

快捷键：Ctrl+2

2. 操作步骤

命令：ADCENTER↙

系统打开设计中心。第一次启动设计中心时，它的默认打开的选项卡为"文件夹"。内容显示区采用大图标显示，左边的资源管理器采用 tree view 显示方式显示系统的树形结构，浏览资源的同时，在内容显示区显示所浏览资源的有关细目或内容，如图 11-1 所示。

可以依靠鼠标拖动边框来改变 AutoCAD 设计中心资源管理器和内容显示区以及 AutoCAD 绘图区的大小，但内容显示区的最小尺寸应能显示两列大图标。

如果要改变 AutoCAD 设计中心的位置，可在设计中心工具条的上部用鼠标拖动它，松开鼠标后，AutoCAD 设计中心便处于当前位置，到新位置后，仍可以用鼠标改变各窗口的大小。也可以通过设计中心边框左边下方的"自动隐藏"按钮来自动隐藏设计中心。

11.1.2　显示图形信息

在 AutoCAD 设计中心中，可以通过"选项卡"和"工具栏"两种方式显示图形信息。现分别做简要介绍：

1. 选项卡

如图 11-1 所示，AutoCAD 设计中心有以下 4 个选项卡：

● "文件夹"选项卡：显示设计中心的资源，如图 11-1 所示。该选项卡与 Windows 资源管理器类似。"文件夹"选项卡显示导航图标的层次结构，包括：网络和计算机、web 地址（URL）、计算机驱动器、文件夹、图形和相关的支持文件、外部参照、布局、填充样式和命名对象，包括图形中的块、图层、线型、文字样式、标注样式和打印样式。

● "打开的图形"选项卡：显示在当前环境中打开的所有图形，其中包括最小化了的图形，如图 11-2 所示。此时选择某个文件，就可以在右边的显示框中显示该图形的有关设置，如标注样式、布局块、图层外部参照等。

● "历史记录"选项卡：显示用户最近访问过的文件，包括这些文件的具体路径，如图 11-3所示。双击列表中的某个图形文件，可以在"文件夹"选项卡中的树状视图中定位此图形文件并将其内容加载到内容区域中。

● "联机设计中心"选项卡：通过联机设计中心，用户可以访问数以万计的预先绘制的符号、制造商信息以及集成商站点。当然，前提是用户的计算机必须与网络连接。

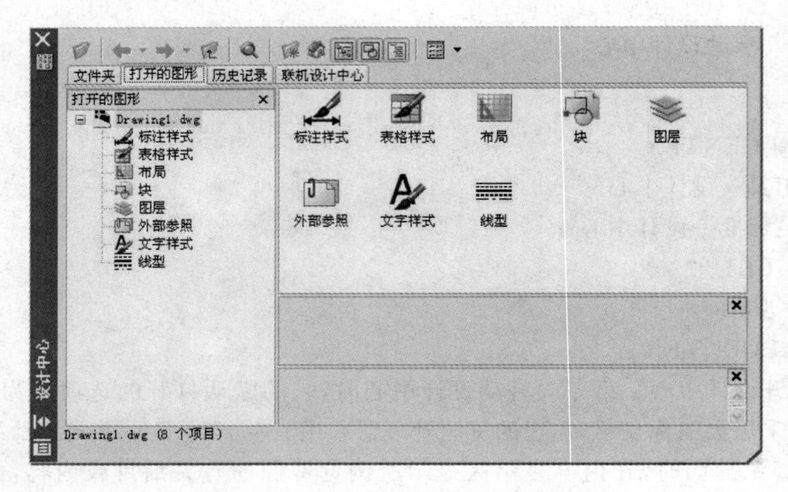

图 11-2 “打开的图形”选项卡

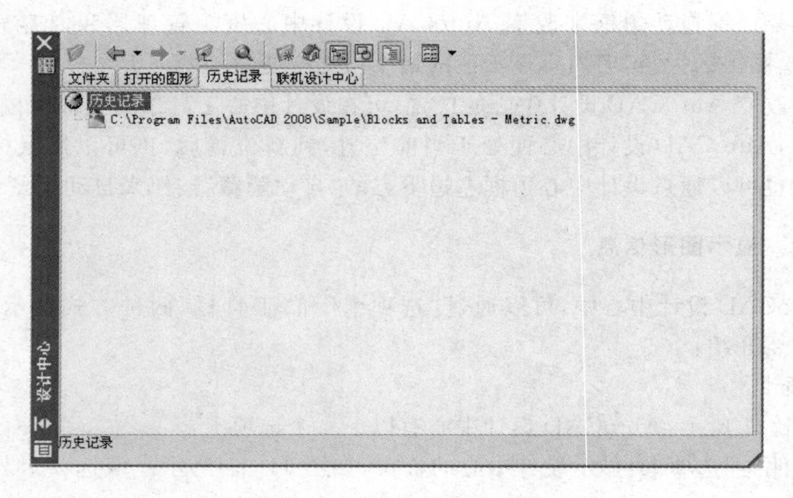

图 11-3 “历史记录”选项卡

2. 工具栏

设计中心窗口项部有一系列的工具栏，包括：“加载”、“上一页(下一页或上一级)”、“搜索”、“收藏夹”、“主页”、“树状图切换”、“预览”、“说明”和“视图”等按钮。

● “加载”按钮：打开“加载”对话框，用户可以利用该对话框从 Windows 桌面、收藏夹或 Internet 网加载文件。

● “搜索”按钮：查找对象。单击该按钮，打开“搜索”对话框，如图 11-4 所示。

● “收藏夹”按钮：在“文件夹列表”中显示 Favorites/Autodesk 文件夹中的内容，用户可以通过收藏夹来标记存放在本地磁盘、网络驱动器或 Internet 网页上的内容，如图 11-5 所示。

● “主页”按钮：快速定位到设计中心文件夹中，该文件夹位于/AutoCAD/Sample 下，如图 11-6 所示。

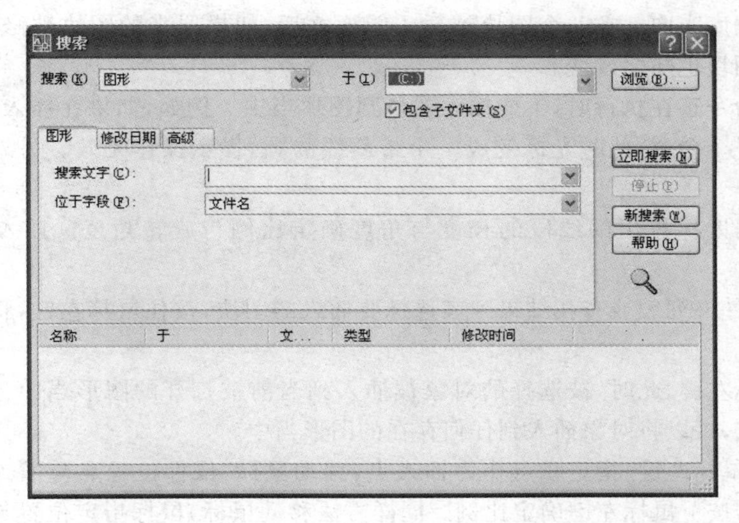

图 11－4　"搜索"对话框

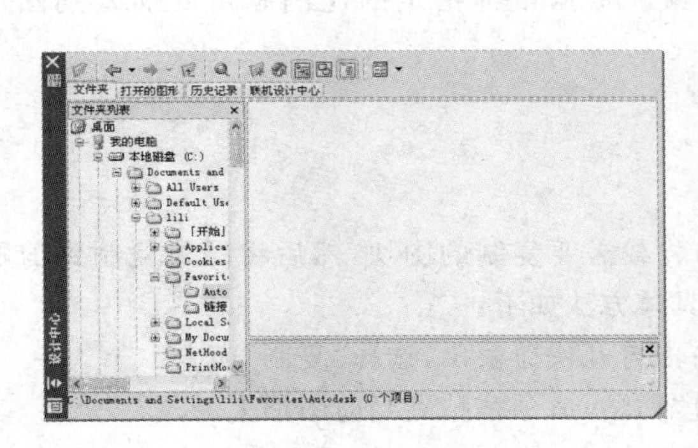

图 11－5　"收藏夹"按钮

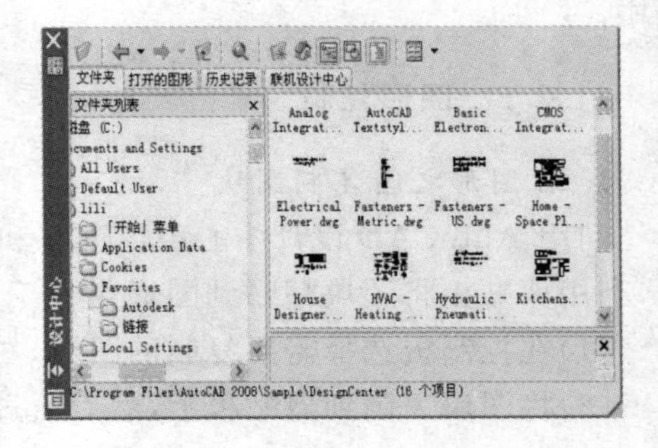

图 11－6　"主页"按钮

11.1.3　查找内容

如图 11－4 所示，可以单击"搜索"按钮寻找图形和其他的内容，在设计中心可以查找的内容有：图形、填充图案、填充图案文件、图层、块、图形和块、外部参照、文字样式、线型、标注样式和布局等。

在"搜索"对话框中有 3 个选项卡，分别给出 3 种搜索方式：通过"图形"信息搜索、通过"修改日期"信息搜索、通过"高级"信息搜索。

11.2　向图形添加内容

11.2.1　插入图块

可以将图块插入到图形当中。当将一个图块插入到图形当中的时候，块定义就被复制到图形数据库当中。在一个图块被插入图形之后，如果原来的图块被修改，则插入到图形当中的图块也随之改变。

当其他命令正在执行时，不能插入图块到图形当中。例如，如果在插入块时，在提示行正在执行一个命令，此时光标变成一个带斜线的圆，提示操作无效。另外一次只能插入一个图块。

系统根据鼠标拉出的线段的长度与角度确定比例与旋转角度。插入图块的步骤如下：

(1)从文件夹列表或查找结果列表选择要插入的图块，按住鼠标左键，将其拖动到打开的图形。

松开鼠标左键，此时，被选择的对象被插入到当前被打开的图形当中。利用当前设置的捕捉方式，可以将对象插入到任何存在的图形当中。

(2)按下鼠标左键，指定一点作为插入点，移动鼠标，鼠标位置点与插入点之间距离为缩放比例。按下鼠标左键确定比例。同样方法移动鼠标，鼠标指定位置与插入点连线与水平线角度为旋转角度。被选择的对象就根据鼠标指定的比例和角度插入到图形当中。

11.2.2 图形复制

1. 在图形之间复制图块

利用 AutoCAD 设计中心可以浏览和装载需要复制的图块，然后将图块复制到剪贴板，利用剪贴板将图块粘贴到图形当中。具体方法如下：

(1)在控制板选择需要复制的图块，右击打开快捷菜单，选择“复制”命令。

(2)将图块复制到剪贴板上，然后通过“粘贴”命令粘贴到当前图形上。

2. 在图形之间复制图层

利用 AutoCAD 设计中心可以从任何一个图形复制图层到其他图形。例如，如果已经绘制了一个包括设计所需的所有图层的图形，在绘制另外的新的图形的时候，可以新建一个图形，并通过 AutoCAD 设计中心将已有的图层复制的新的图形当中，这样可以节省时间，并保证图形间的一致性。

(1)拖动图层到已打开的图形：确认要复制图层的目标图形文件被打开，并且是当前的图形文件。在控制板或查找结果列表框选择要复制的一个或多个图层。拖动图层到打开的图形文件。松开鼠标后被选择的图层被复制到打开的图形当中。

(2)复制或粘贴图层到打开的图形：确认要复制的图层的图形文件被打开，并且是当前的图形文件。在控制板或查找结果列表框选择要复制的一个或多个图层。右击打开快捷菜单，在快捷菜单中选择“复制到粘贴板”命令。如果要粘贴图层，确认粘贴的目标图形文件被打开，并为当前文件。右击打开快捷菜单，在快捷菜单选择“粘贴”命令。

11.3　工具选项板

该选项板是“工具选项板”窗口中选项卡形式的区域，提供组织、共享和放置块及填充图案的有效方法。工具选项板还可以包含由第三方开发人员提供的自定义工具。

11.3.1　打开工具选项板

1. 执行方式

命令：TOOLPALETTES

菜单：工具→工具选项板窗口

工具栏：标准→工具选项板

快捷键：Ctrl+3

2. 操作步骤

命令：TOOLPALETTES/

系统自动打开工具选项板窗口，如图 11-7 所示。

3. 选项说明

在工具选项板中，系统设置了一些常用图形选项卡，这些常用图形可以方便用户绘图。

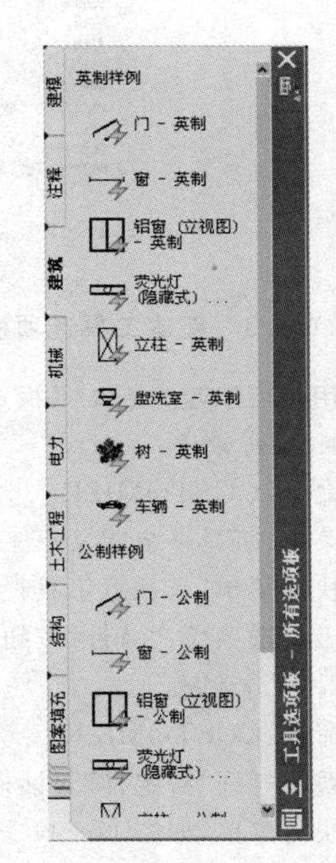

图 11-7　工具选项板窗口

11.3.2　工具选项板的显示控制

1. 移动和缩放工具选项板窗口

用户可以用鼠标按住工具选项板窗口深色边框，拖动鼠标，即可移动工具选项板窗口。将鼠标指向工具选项板窗口边缘，出现双向伸缩箭头，按住鼠标左键拖动即可缩放工具选项板窗口。如图 11-7 所示为工具选项板窗口。

2. 自动隐藏

在工具选项板窗口深色边框下面有一个“自动隐藏”按钮，单击该按钮就可自动隐藏工具选项板窗口，再次单击，则自动打开工具选项板窗口。

3.“透明度”控制

在工具选项板窗口深色边框下面有一个“特性”按钮，单击该按钮，打开快捷菜单，如图 11-8 所示。选择“透明”命令，系统打开“透明”对话框，如图 11-9 所示。通过调节按钮可以调节工具选项板窗口的透明度。

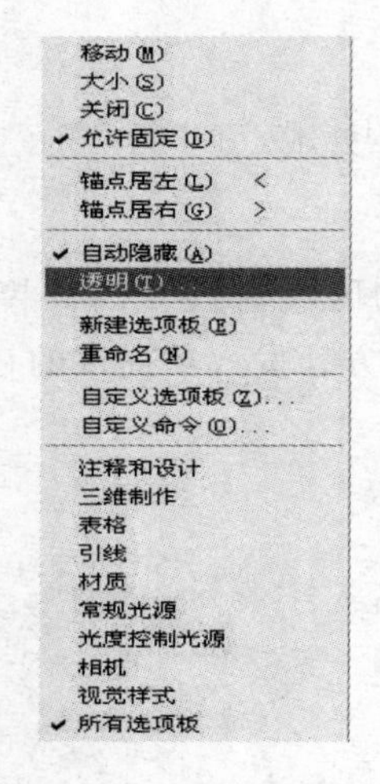

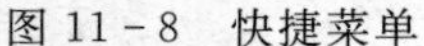
图 11-8 快捷菜单

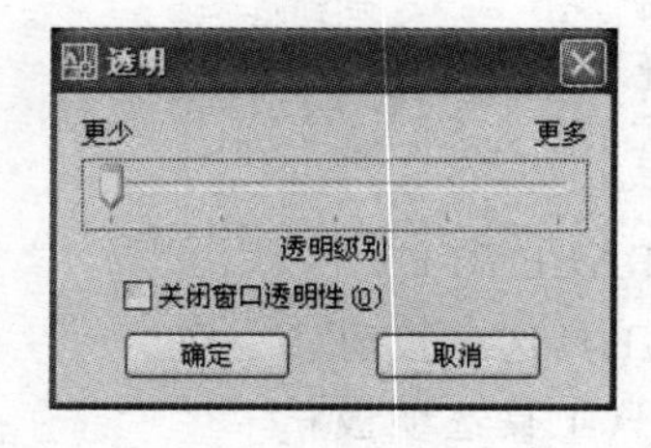

图 11-9 “透明”对话框

11.3.3 新建工具选项板

用户可以建立新工具板，这样有利于个性化作图，也能够满足特殊作图需要。

1. 执行方式

命令：CUSTOMIZE

菜单：工具→自定义→工具选项板

快捷菜单：在任意工具栏上单击右键，然后选择“自定义”

工具选项板：“特性”按钮→自定义（或新建选项板）

2. 操作步骤

命令：CUSTOMIZE

系统打开“自定义”对话框，如图 11-10 所示。在“选项板”列表框中单击鼠标右键，打开快捷菜单，如图 11-11 所示，选择“新建选项板”项，在对话框可以为新建的工具选项板命名。确定后，工具选项板中就增加了一个新的选项卡，如图 11-12 所示。

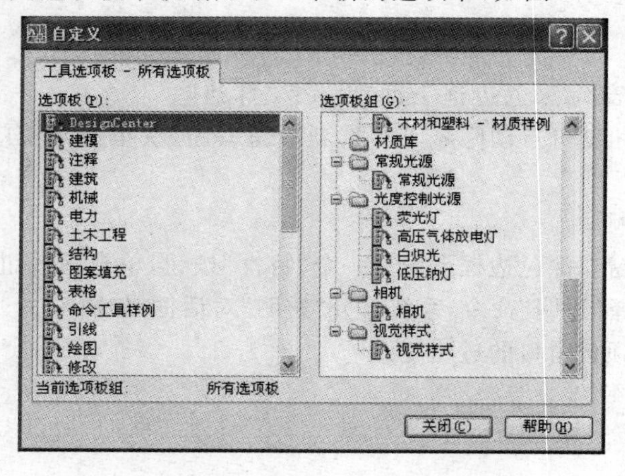

图 11-10 “自定义”对话框

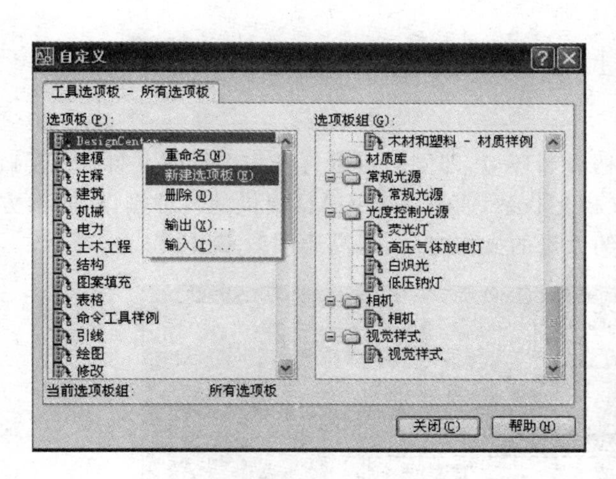

图 11 - 11　“选项板”对话框

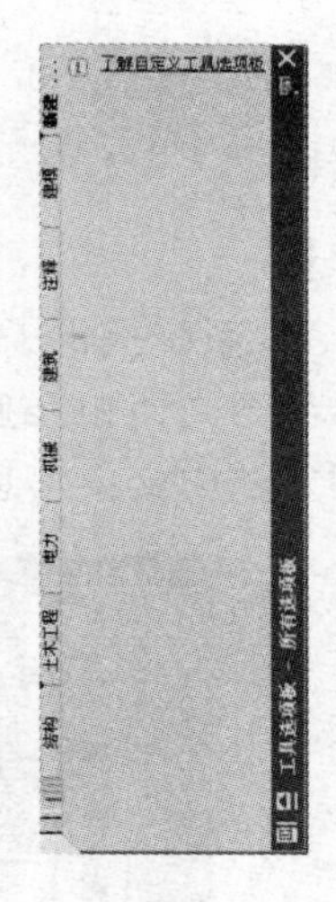

图 11 - 12　新增选项卡

11.3.4　向工具选项板添加内容

(1)将图形、块和图案填充从设计中心拖动到工具选项板上。

例如，在 Designcenter 文件夹上右击鼠标，系统打开右键快捷菜单，从中选择“创建块的工具选项板”命令，如图 11 - 13a 所示。设计中心中储存的图元就出现在工具选项板中新建的 Designcenter 选项卡上，如图 11 - 13b 所示。这样就可以将设计中心与工具选项板结合起来，建立一个快捷方便的工具选项板。将工具选项板中的图形拖动到另一个图形中时，图形将作为块插入。

(2)使用“剪切”、“复制”和“粘贴”将一个工具选项板中的工具移动或复制到另一个工具选项板中。

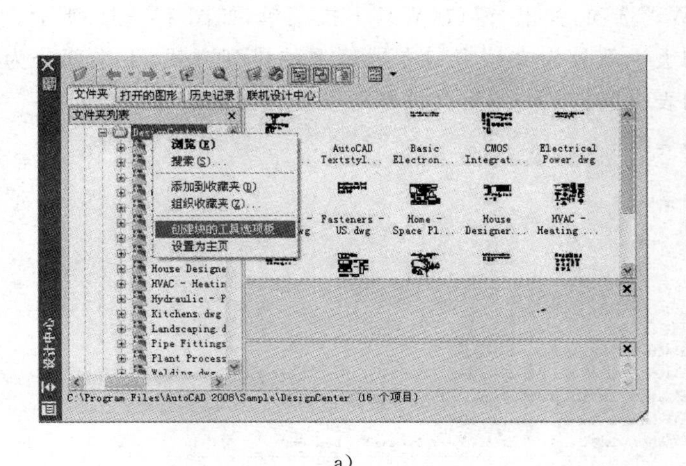

a)

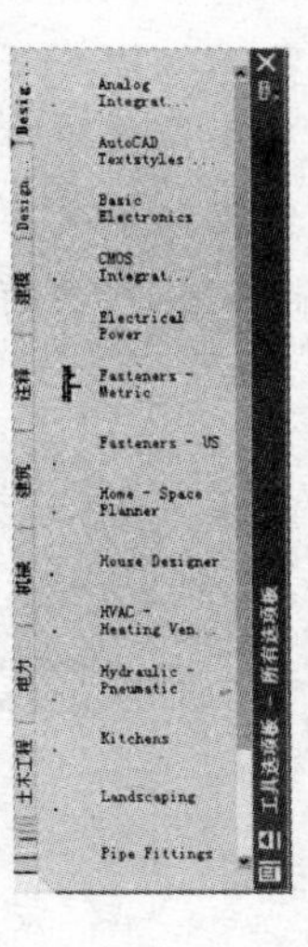

b)

图 11 - 13　将储存图元创建成“设计中心”工具选项板

11.4 多文档界面

AutoCAD 系统提供了多文档设计环境，即同时可以打开多个绘图文件，如图 11－14 所示。每个绘图文档相互独立又相互联系，通过 AutoCAD 提供的各种操作，非常方便地在各个绘图文档中交换信息，节约大量的操作时间，提高绘图效率。

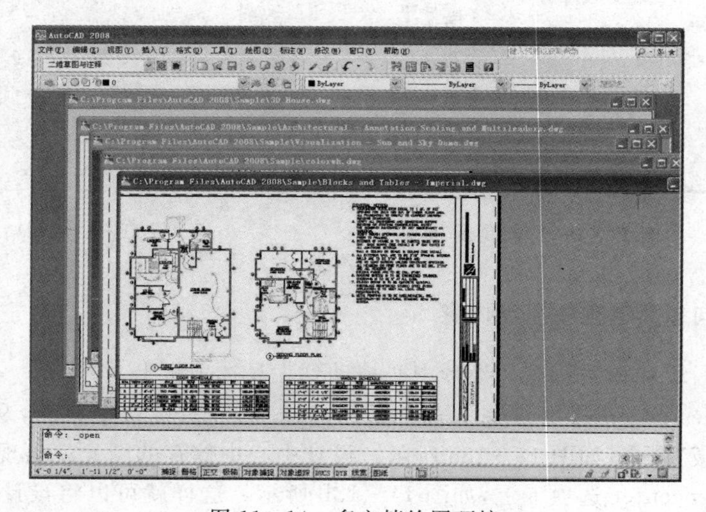

图 11－14 多文档绘图环境

11.4.1 多文档的屏幕显示“窗口(W)”菜单、当前活动文档设置及多文档关闭

所谓活动绘图文档，即指当前被选中的文档，所有绘图操作都在当前文档中进行。

1.“窗口(W)”下拉菜单

单击下拉菜单“窗口(W)”选项，弹出“窗口(W)”下拉菜单，如图 11－15 所示。该下拉菜单分为两个区，菜单的上半部分为文档窗口在屏幕上的排列方式，下半部分为已打开的绘图文档列表，在该列表中单击某一图形文件即可设置为当前活动文档。

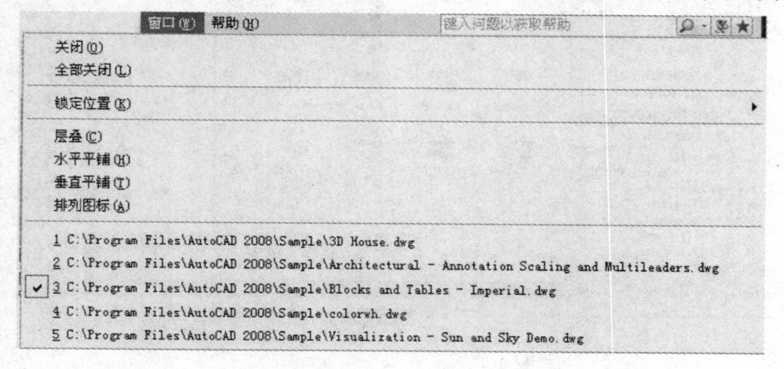

图 11－15 “窗口(W)”下拉菜单

2. 新打开的文档

当新建文件时，系统自动设置为当前活动文档。

3. 设置为当前文档

可通过三种方法把打开的某一文档设置为当前文档：

(1)在某个文档窗口的空白区域内或在图形文件的标题栏处单击鼠标左键。

(2)在“窗口(W)”下拉菜单的下半部分选择某一图形文件打开该图形文件。

(3)使用快捷键 Ctrl＋F6、Ctrl＋Tab 进行多文档之间的转换设置当前活动文档。

11.4.2　关闭当前绘图文档(Close)

在多文档操作工作环境中，关闭当前正在绘图的图形文件。操作方法：

(1)键盘输入命令：Close↙

(2)下拉菜单文件(F)→关闭(C)

11.4.3　全部关闭多文档(Closeall)

在多文档操作工作环境中，关闭全部打开的图形文件。操作方法：

(1)键盘输入命令：Closeall↙

(2)下拉菜单窗口(W)→全部关闭(L)

11.4.4　多文档命令并行执行

AutoCAD 支持在不结束某绘图文档正在执行命令的情况下，切换到另一个文档进行操作，然后又回到该绘图文档继续执行该命令。

11.4.5　绘图文档间相互交换信息

AutoCAD 支持不同图形文件之间的复制、粘贴及“特性匹配”等图形信息交换操作。

11.5　AutoCAD 标准文件

在绘制复杂图形时，绘制图形的所有人员都遵循一个共同的标准，绘制图形中的协调工作变得十分容易。AutoCAD 标准文件对图层、文本式样、线型、尺寸式样及属性等命名对象定义了标准设置，以保证同一单位、部门、行业及合作伙伴在所绘制的图形中对命名对象设置的一致性。

当用 CAD 标准文件来检查图形文件是否符合标准时，图形文件中的所有命名对象都会被检查到。如果确定了一个对象使用了非标准文件，那么这个非标准对象将会被清除出当前图形。任何一个非标准对象都将会被转换成标准对象。

11.5.1　创建 AutoCAD 标准文件

AutoCAD 标准文件是一个后缀为 DWS 的文件。创建 AutoCAD 标准文件的步骤：

(1)新建一个图形文件,根据约定的标准创建图层、标注式样、线型、文本样式及属性等。

(2)保存文件,弹出的"图形另存为"对话框,在"文件类型(T)"下拉列表框中选择"AutoCAD 图形标准(*.dws)";在"文件名(N)"文本中,输入文件名;单击"保存(S)"按钮,即可创建一个与当前图形文件同名的 AutoCAD 标准文件。

11.5.2 配置标准文件

1. 功能

为当前图形配置标准文件,即把标准文件与当前图形建立关联关系。配置标准文件后,当前图形就会采用标准文件对命名对象(图层、线型、尺寸式样、文本样式及属性)进行各种设置。

2. 格式

(1)键盘输入命令:standards↙

(2)下拉菜单:工具(T)→CAD 标准(S)→光标菜单→配置(C)

(3)工具条在"CAD 标准"工具条中,单击"配置标准"图标按钮,如图 11-16 所示。

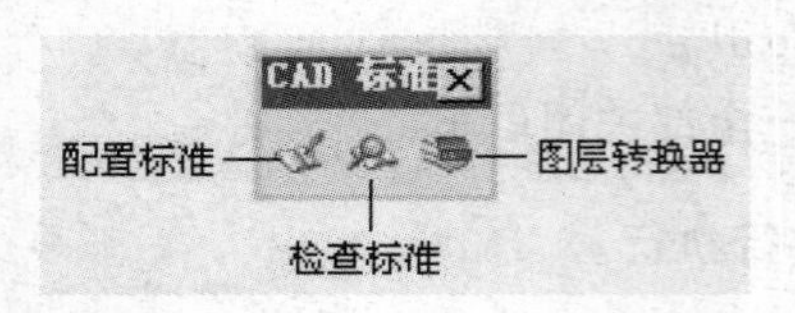

图 11-16 "CAD 标准"工具条

此时,弹出"配置标准"对话框。在该对话框中有两个选项卡:"标准"和"插入模块"。

3."标准"选项卡

在"配置标准"对话框中,单击"标准"选项卡,对话框形式,如图 11-17 所示。把已有的标准文件与当前图形建立关联关系。

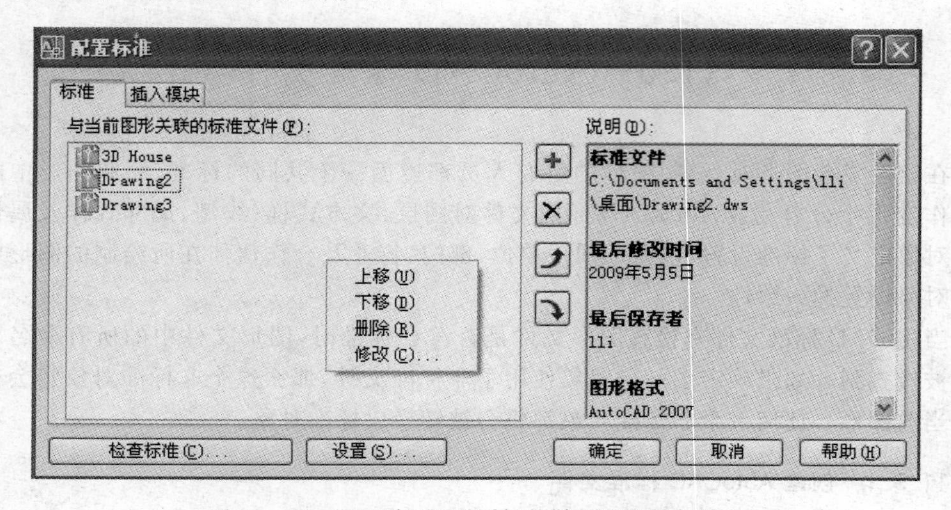

图 11-17 "配置标准"对话框的"标准"选项卡形式

(1)“与当前图形关联的标准文件(F)”显示列表框列出了与当前图形建立关联关系的全部标准文件。可以根据需要给当前图形添加新标准文件,或从当前图形中消除某个标准文件。

(2)“添加标准文件”(F3)按钮给当前图形添加新标准文件。单击该按钮,弹出“选择标准文件”对话框,用来选择添加的标准文件。

(3)“删除标准文件”(Del)按钮将在“与当前图形关联的标准文件(F)”显示列表框中选中的某一标准文件删除,即取消关联关系。

(4)“上移(F4)”和“下移(F5)”按钮将在“与当前图形关联的标准文件(F)”显示列表框中,选择的标准文件上移或下移一个。

(5)快捷菜单在“与当前图形关联的标准文件(F)”显示列表框,单击鼠标右键,弹出一个快捷菜单,如图 11－17 所示。通过该菜单,完成有关操作。

(6)“说明(D)”栏对选中标准文件的简要说明。

4.“插入模块”选项卡

在“配置标准”对话框中,单击“插入模块”选项卡,对话框形式如图 11－18 所示。显示当前标准文件中的所有命名对象。

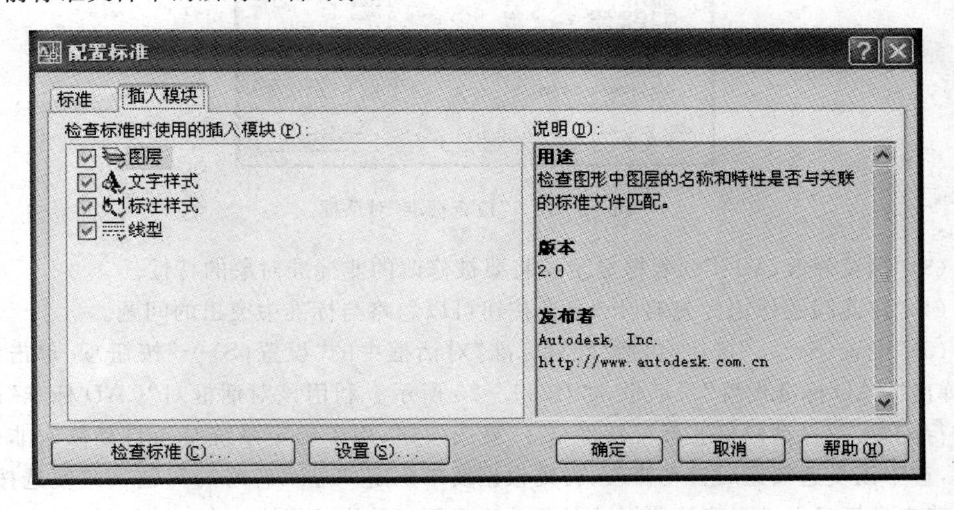

图 11－18　“配置标准”对话框的“插入模块”选项卡形式

11.5.3　标准兼容性检查

1. 功能

分析当前图形与标准文件的兼容性。AutoCAD 将当前图形的每一命名对象与相关联标准文件的同类对象进行比较,如果发现有冲突,给出相应提示,以决定是否进行修改。

2. 格式

(1)键盘输入命令:Checkstandards ↙

(2)下拉菜单:工具(T)→CAD 标准(S)→检查(K)…

(3)工具条在“CAD 标准”工具条中,单击“检查标准”图标按钮

(4)对话框按钮：在“配置标准”对话框中，单击“检查标准(C)…”按钮此时，弹出“检查标准”对话框，如图 11-19 所示：

3. 对话框说明

(1)“问题(P)：”列表框显示检查的结果，实际上是当前图形中的非标准的对象。单击“下一个(N)”按钮后，该列表框将显示下一个非标准对象。

(2)“替换为(R)：”列表框显示了 CAD 标准文件中所有的对象，可以从中选择取代在“问题(P)：”列表框中出现的有问题的非标准对象，单击“修复”按钮进行修复。

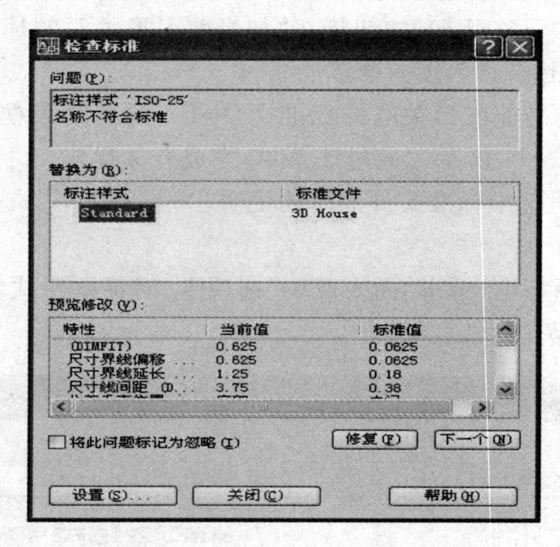

图 11-19 “检查标准”对话框

(3)“预览修改(V)：”列表框显示了将要被修改的非标准对象的特性。

(4)“将此问题标记为忽略(I)”复选按钮可以忽略与标准中突出的问题。

(5)“设置(S)...”按钮(包括“配置标准”对话框中的“设置(S)…”按钮) 单击该按钮，弹出“CAD 标准设置”对话框，如图 11-20 所示。利用该对话框对“CAD 标准”的使用进行配置。“自动修复非标准特性(U)”复选按钮，用于确定系统是否自动修改非标准特性，选中该复选按钮后自动修改，否则根据要求确定；“显示忽略的问题(S)”复选按钮，用于确定是否显示已忽略的非标准对象；“建议用于替换的标准文件(P)”下拉列表框，用于显不和设置用于检查的 CAD 标准文件。

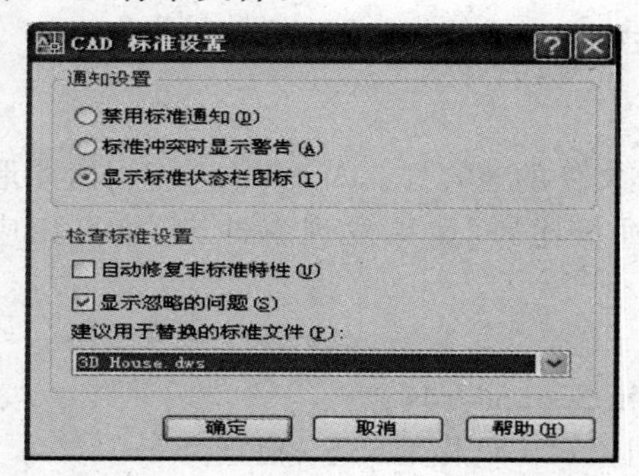

图 11-20 “CAD 标准设置”对话框

11.6　帮助系统

AutoCAD 系统提供了完善和便捷的帮助系统。

11.6.1　使用帮助信息

可以使用软件提供的帮助信息，获得对系统功能的掌握与使用，调用方法：

“快捷帮助”选项卡窗口

(1)键盘输入命令：Help 或？↙

(2)下拉菜单　“帮助”→“帮助”

(3)快捷键　F1 键

(4)工具条在“标准”工具条中，单击“帮助”图标按钮

此时，弹出“AutoCAD2008 帮助”窗口，如图 11－21 所示。通过该对话框的操作，可获得系统的各种帮助信息。

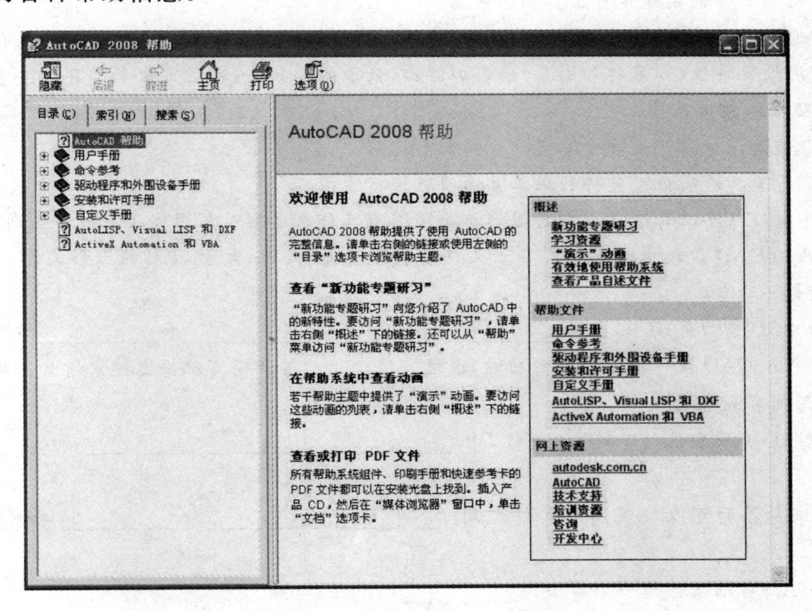

图 11－21　“AutoCAD 帮助”窗口

小　结

本章主要介绍设计中心与工具选项板等方面的知识，具体内容包括：

(1)浏览用户计算机、网络驱动器和 Web 页上的图形内容(例如图形或符号库)。

(2)在定义表中查看图形文件中命名对象(例如块和图层)的定义，然后将定义插入、

附着、复制和粘贴到当前图形中。

(3)更新(重定义)块定义。

(4)创建指向常用图形、文件夹和 Internet 网址的快捷方式。

(5)向图形中添加内容(例如外总参照、块和填充)。

(6)在新窗口中打开图形文件。

(7)将图形、块和填充拖动到工具选项板上以便于访问。

习 题

一、问答题

1. 怎样打开和关闭设计中心?

2. 在绘图时,使用 AutoCAD 设计中心的优点是什么?

3. 怎样利用职权收藏夹组织自己的常用文件?

4. 如何把多文档绘图文件中某一个设置为当前活动文档?

5. 如何将资源管理器的一个图形文件插入到当前图形文件中?

6. 工具选项板的作用是什么?

7. CAD 标准文件的用途是什么? 如何使用?

8. 如何通过对象样例创建工具板?

9. 如何用设置特性(如名称和图层)和添加弹出(嵌套的工具集)自定义命令工具板?

信息选项板的作用是什么?

10. 什么是设计中心? 设计中心有什么功能?

11. 什么是工具选项板? 怎样利用工具选项板进行绘图。

12. 设计中心以及工具选项板中的图形与普通图形有什么区别? 与图块又有什么区别?

13. 在 AutoCAD 设计中心中查找 D 盘文件名包含“HU”文字,大于 2KB 的图形文件。

二、填空题

1.“设计中心”窗口界面中,包括__________、__________、__________和__________四个选项。

2. 使用 AutoCAD 设计中心的搜索功能,通过__________对话框可以快速搜索诸如图形、图层及尺寸样式等图形内容或设置。

3. AutoCAD 系统默认的“工具选项板”由__________、__________、__________和__________选项卡组成。

4. 在多文档界面可以实现图形文件之间__________、__________和__________等图形信息交换操作。

5. AutoCAD 标准文件是一个后缀为__________的文件。

6. 在“配置标准”对话框中有__________和__________两个选项卡,它们分别用于__________、__________。

7. 使用__________对话框,可以分析当前图形与标准文件兼容性,并将发生冲突的当前图形每一命名对象与相关联标准文件的同类对象进行修改。

三、操作题

利用设计中心建立一个常用机械零件工具选项板,并利用选项板绘制如图习题 11-1 所示的盘盖组装图。

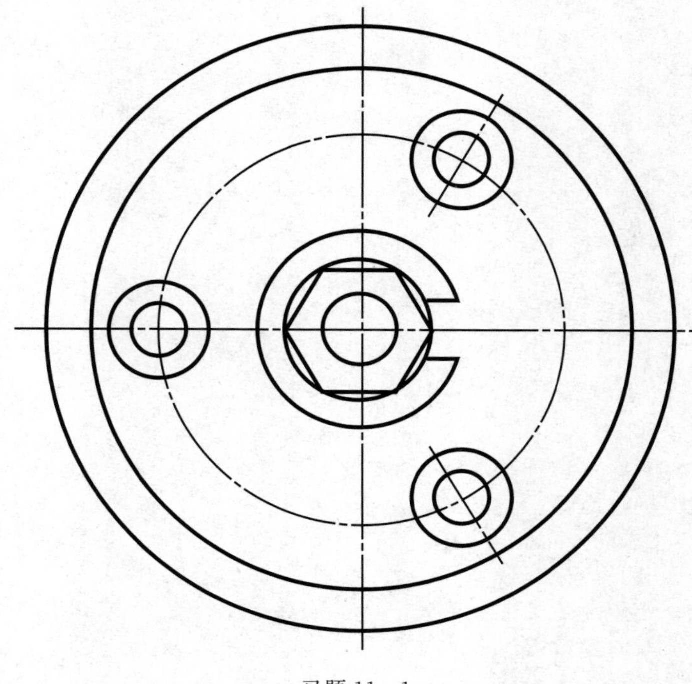

习题 11 - 1

提示：

(1)打开设计中心与工具选项板。

(2)建立一个新的工具选项板标签。

(3)在设计中心中查找已经绘制好的常用机械零件图。

(4)将这些零件图拖入新建立的工具选项板标签中。

(5)打开一个新图形文件界面。

(6)将需要的图形文件模块从工具选项板上拖入到当前图形中，并进行适当组装。

图书在版编目(CIP)数据

AutoCAD 2008 实用教程/李力，熊建强，彭卫东主编．—合肥：合肥工业大学出版社，2012.8(2017.7 重印)

ISBN 978-7-5650-0747-7

Ⅰ.①A…　Ⅱ.①李…②熊…③彭…　Ⅲ.①AutoCAD 软件—教材　Ⅳ.①TP391.72

中国版本图书馆 CIP 数据核字(2012)第 124553 号

AutoCAD 2008 实用教程

李　力　熊建强　彭卫东　主编　　　　责任编辑　马成勋

出　版	合肥工业大学出版社	**版　次**	2012 年 8 月第 1 版
地　址	合肥市屯溪路 193 号	**印　次**	2017 年 7 月第 2 次印刷
邮　编	230009	**开　本**	787 毫米×1092 毫米　1/16
电　话	总　编　室：0551-62903038	**印　张**	26
	市场营销部：0551-62903198	**字　数**	616 千字
网　址	www.hfutpress.com.cn	**印　刷**	合肥现代印务有限公司
E-mail	hfutpress@163.com	**发　行**	全国新华书店

ISBN 978-7-5650-0747-7　　　　定价：59.00 元